HISTOIRE NATURELLE

ILLUSTRÉE

ENCYCLOPÉDIE DE L'ENFANCE

COURS GÉNÉRAL DES CONNAISSANCES UTILES

HISTOIRE NATURELLE

ILLUSTRÉE

NOUVELLE ÉDITION

REVUE ET CORRIGÉE

Rédigée d'après nos meilleurs auteurs classiques

DESSINS PAR MM.

SUSEMIHL, BOCOURT, DE BAR, PAUL GIRARDET, JANET-LANGE, C. NANTEUIL, ROUYER

GRAVURES PAR MM.

ANDREW, BEST, LELOIR, SUSEMIHL, BLAISE, BERTRAND, BOETZEL

CORDIER, DEMARLE, ETHERINGTON, MANINI, PANNEMAKER, POTHEY, TRICHON

PARIS

H. LEBRUN, LIBRAIRE-ÉDITEUR

151bis, RUE DE RENNES, 151bis

ZOOLOGIE

———◦❋◦———

MAMMIFÈRES

LE ROI DES ANIMAUX

INTRODUCTION

L'intéressante étude des corps composant l'Univers forme cette branche des sciences qu'on appelle Histoire naturelle.

On se propose, en étudiant l'Histoire naturelle, d'apprendre à connaître :

1° L'importance de chacun de ces corps dans la nature ; 2° son influence sur les autres corps ; 3° les conditions nécessaires de son existence.

Ces trois considérations forment son histoire particulière.

L'histoire particulière comparée de tous les corps compose l'histoire de la nature entière, d'où l'on déduira les lois générales qui régissent l'univers. Mais ce faisceau énorme de faits particuliers formerait un chaos indébrouillable à l'intelligence de l'homme, si on ne posait un fil conducteur dans cet immense labyrinthe : ce fil est l'ordre analytique.

L'ordre analytique a donné naissance aux méthodes et aux systèmes, qui consistent à établir des *Règnes*, des *Classes*, des *Ordres*, des *Familles* et des *Genres*, où toutes les espèces viennent se grouper aussi naturellement que possible, selon qu'elles ont plus ou moins d'analogie entre elles.

On réunit en Règne les corps qui ont un premier degré d'analogie entre eux. Ce premier degré est l'organisation et la non-organisation : l'organisation, qui produit la vie ; l'inorganisation, qui laisse la matière plongée dans les éternelles ténèbres de la mort. Il ne peut donc, selon ce principe, y avoir que deux règnes : l'organique, composé des êtres vivants, les animaux et les plantes ; l'inorganique, composé des corps bruts et morts, par exemple, les pierres, les métaux et tous les minéraux.

Nous ne nous occuperons ici que des animaux et des plantes, deux divisions que les anciens naturalistes nommaient le Règne animal et le Règne végétal.

L'histoire des Animaux constitue la Zoologie ; celle des Plantes, la Botanique.

Nous commençons notre étude par la Zoologie.

Parmi les Animaux, les uns ont le corps soutenu à l'intérieur par une charpente osseuse longitudinale, nommée par les anatomistes *colonne vertébrale*, et composée d'un plus ou moins grand nombre d'os, ou vertèbres, posés les uns sur les autres et laissant plus ou moins de mobilité au dos ; les autres manquent de cette charpente osseuse intérieure.

De là deux grandes Divisions, ou Embranchements, dont la première comprend les Animaux vertébrés, et la seconde, les Animaux invertébrés.

Ces deux divisions se répartissent en cinq Classes.

Ire DIVISION. — ANIMAUX VERTÉBRÉS.

Parmi les animaux vertébrés, les uns mettent au monde leurs petits vivants. Ils forment la

1re Classe, celle des VERTÉBRÉS VIVIPARES, qui composent un groupe principal, le groupe des mammifères, divisé en huit Ordres : les *Quadrumanes*, les *Carnassiers*, les *Rongeurs*, les *Édentés*, les *Marsupiaux*, les *Pachydermes*, les *Ruminants* et les *Cétacés*.

D'autres font des œufs. Ils forment dans la classification générale la

2e Classe, celle des VERTÉBRÉS OVIPARES, qui se subdivisent en trois groupes principaux : les *Oiseaux*, les *Reptiles*, et les *Poissons*.

IIe DIVISION. — ANIMAUX INVERTÉBRÉS.

Parmi les animaux invertébrés, les uns ont le corps mou, nu, ou en partie recouvert par une coquille simple, ou composée de plusieurs pièces. Leurs muscles sont adhérents à la peau, qui est flexible et contractile, et ils ont des vaisseaux et des organes respiratoires distincts. Ils forment, dans la classification générale, la

3e Classe, celle des MOLLUSQUES.

Les mollusques se subdivisent en six groupes : les *Céphalopodes*, les *Ptéropodes*, les *Gastéropodes*, les *Acéphales*, les *Brachiopodes* et les *Cirrhopodes*.

D'autres animaux invertébrés ont l'enveloppe du corps divisée par des plis transverses en un certain nombre d'anneaux ou tronçons homologues, articulés à la suite les uns des autres, et dont les téguments, durs ou mous, supportent à l'intérieur les attaches des muscles. Ils forment la

4e Classe, celle des ANIMAUX ARTICULÉS ou ANNELÉS.

Les ANIMAUX ARTICULÉS ou ANNELÉS se subdivisent en deux embranchements, les ANIMAUX ARTICULÉS PROPREMENT DITS, et les VERS.

Les ANIMAUX ARTICULÉS PROPREMENT DITS comprennent quatre groupes : les *Insectes*, les *Myriapodes*, les *Arachnides*, et les *Crustacés*.

Les vers forment trois groupes : les *Annélides*, les *Helminthes*, et les *Rotateurs*.

D'autres animaux invertébrés, enfin, ont les organes du mouvement disposés circulairement autour d'un axe ou d'un point central, de façon à donner à l'ensemble du corps une forme rayonnée ou sphérique. Ils forment la

5e Classe, celle des ZOOPHYTES, ou ANIMAUX RAYONNÉS.

Les zoophytes se subdivisent en cinq groupes principaux : les *Échinodermes*, les *Acalèphes*, les *Polypes*, les *Spongiaires*, et les *Infusoires*.

Telle est la classification généralement adoptée pour les Animaux. Certains naturalistes modernes ont cru devoir y apporter quelques modifications. Ainsi, ils placent la classe des ANIMAUX ARTICULÉS ou ANNELÉS avant celle des MOLLUSQUES, et font passer le groupe des *Cirrhopodes*, qui marquent la transition entre ces deux classes, de la seconde dans la première.   H. L.

L'ORANG-OUTANG — L'ORANG-CHIMPANZÉ — LE GORILLE

1re CLASSE. — MAMMIFÈRES.

Le groupe principal des MAMMIFÈRES, en n'y comprenant pas l'Homme, qui appartient à ce groupe et qui en forme le premier ordre, l'ordre des **Bimanes**, se divise en huit ordres :

1° Les **Quadrumanes**, dont les membres se terminent par une main dont le pouce est disposé de façon à pouvoir s'opposer aux autres doigts, les Singes, par exemple ;

2° Les **Carnassiers**, qui n'ont pas, comme les Quadrumanes, les pouces opposables, mais dont les pieds sont armés d'ongles crochus propres à retenir ou à déchirer leur proie, et dont le système dentaire se compose d'incisives, de canines et de molaires ;

3° Les **Rongeurs**, onguiculés comme les Carnassiers, mais n'ayant que de fortes incisives et des molaires, et pas de canines ;

4° Les **Édentés**, différant des précédents par l'absence des incisives, et même quelquefois n'ayant de dents d'aucune sorte ;

5° Les **Marsupiaux**, principalement caractérisés par l'existence d'une poche sous le ventre dans laquelle ils déposent leurs petits.

Tous ces Animaux jusqu'ici ont les doigts flexibles et distincts. Ceux qui suivent les ont encroûtés dans une peau calleuse ne laissant apercevoir que les ongles, ou renfermés dans un seul sabot. Ce sont :

6° Les **Pachydermes**, dont l'appareil digestif est conformé de la manière ordinaire, et n'est pas disposé pour la rumination ;

7° Les **Ruminants**, qui manquent d'incisives à la mâchoire supérieure et dont les estomacs, au nombre de quatre, leur donnent la faculté de ruminer.

Un dernier ordre se compose des Mammifères qui vivent dans l'eau et qui ont été confondus par les anciens naturalistes avec les Poissons. Ce sont :

8° Les **Cétacés**, chez qui les membres postérieurs manquent, et les bras, ou membres thoraciques, sont remplacés par des nageoires. Telle est la Baleine.

1er ORDRE. — LES QUADRUMANES.

L'ordre des Quadrumanes est essentiellement caractérisé, comme son nom l'indique, par l'existence, chez les individus qui le composent, d'une véritable main à l'extrémité de chacun de leurs membres antérieurs et postérieurs, ces mains pouvant être employées aux doubles fonctions du toucher et de la locomotion. On le divise en deux grandes sections :

Les **Singes**, et les **Makis** ou faux Singes.

Les **Singes** sont, de tous les animaux, ceux qui se rapprochent le plus de l'Homme par la forme comme par la taille ; mais ils en diffèrent essentiellement, si on les considère au point de vue purement anatomique. Les Singes ont le museau médiocrement prolongé, le nez peu saillant, le corps ordinairement trapu, mais les membres habituellement grêles. La face, presque toujours nue, est parfois d'un fond noir ou rouge, ou marqué de taches blanches, rouges ou bleues. Le poil, dont presque tout leur corps est recouvert, est tantôt de couleur sombre et uniforme, tantôt d'une couleur vive et brillante, mais qui s'éteint avec l'âge. Leur crâne est presque toujours arrondi ; leur angle facial, assez développé chez les jeunes, va se rétrécissant chez les adultes et les vieux. Ils ont quatre mains, mais leurs mains antérieures ne sauraient rivaliser d'habileté avec celles de l'Homme ; et, comme leurs mains postérieures sont disposées de telle sorte qu'elles ne touchent le sol que par le bord extérieur, ils ne peuvent garder longtemps la station verticale qu'en s'appuyant sur un bâton à l'aide de leurs mains antérieures. Au contraire, ils sont admirablement organisés pour grimper, grâce à la flexibilité de leurs membres et à leurs mains propres, les unes et les autres, à la préhension.

Les Singes habitent les forêts, où ils vivent ordinairement en troupes, et se tiennent presque toujours sur les arbres. Ils sont essentiellement frugivores, bien que leur appareil dentaire se compose, de même que chez l'Homme, d'incisives, de canines et de molaires.

Il n'est pas d'animal chez lequel l'intelligence soit plus développée que chez le Singe ; mais cette intelligence varie beaucoup chez les individus de même genre, de même espèce, et d'un âge à l'autre. Ainsi, dans le jeune âge, la plupart des Singes sont doux, intelligents, enclins à la sociabilité ; mais ces qualités natives, au lieu de se perfectionner avec l'âge comme chez l'Homme, dégénèrent et ne tardent pas à disparaître pour faire place à des habitudes violentes, dangereuses même. Ce changement est surtout manifeste chez les plus intelligents.

A la tête de ceux-ci viennent se placer quatre genres évidemment supérieur à tous les autres, et qui, sous quelques rapports, se rapprochent tellement de l'espèce humaine, que plusieurs auteurs en ont fait une famille distincte, sous le nom de Singes anthropomorphes. Ce sont l'*Orang*, le *Chimpanzé*, le *Gorille* et le *Gibbon*.

✿✿✿✿

LE COLOBE — LE MALBROUGH — LE MAGOT — LE PAPION

L'ORANG-OUTANG (*Simia satyrus*, LIN.).

L'ORANG-CHIMPANZÉ (*Simia troglodyte*, LIN.).

LE GORILLE (*Simia Gorilla*, LIN.).

L'ORANG-OUTANG habite les contrées les plus orientales de l'Asie, comme la Cochinchine, Malaca, et particulièrement l'île de Bornéo. Il atteint quatre pieds et demi de hauteur, et, par la forme de sa tête et le volume de son cerveau, il est de tous les Singes celui qui ressemble le plus à l'Homme. Il est très-doux, s'apprivoise aisément, et s'attache même aux personnes qui le soignent. Quoi qu'en aient dit les auteurs, son intelligence est assez bornée et surpasse à peine celle du chien; mais, comme il a les mouvements posés, réfléchis et analogues à ceux de l'Homme, ce qui tient à ce qu'il a presque sa conformation et ses besoins, on a pu facilement les attribuer à une intelligence plus perfectionnée qu'elle ne l'est réellement.

Le Jardin des Plantes a possédé, en 1840, un Orang-Outang vivant, qui a permis de faire de bonnes observations, quoiqu'il fût très-jeune, et ces observations ont confirmé pleinement ce que nous venons de dire.

L'ORANG-CHIMPANZÉ ressemble beaucoup à l'Orang-Outang, quoiqu'il soit plus grand et qu'il atteigne souvent la taille de l'Homme. Cet animal marche toujours debout; il a le visage nu, plat, basané; les oreilles, les mains, les pieds, nus; le reste du corps est couvert de poils, mais en petite quantité, excepté sur la tête, où il est très-long et lui forme une chevelure pendante sur les côtés et par derrière. Les Chimpanzés habitent les forêts de la Guinée et du Congo; ils vivent en troupes, et savent se bâtir des cabanes de branches et de feuillages, des lits de mousse et de feuilles sèches. Pour repousser les attaques de l'homme ils se servent de pierres, de bâtons, et souvent ils restent maîtres du champ de bataille, surtout s'ils n'ont affaire qu'à des nègres sans armes à feu. S'ils sont blessés, ils savent extraire avec beaucoup d'adresse la balle ou le fer de flèche qui est resté dans la blessure, puis ils la pansent avec des herbes mâchées et la couvrent d'un appareil maintenu avec des lanières d'écorce.

En captivité, l'Orang-Outang et l'Orang-Chimpanzé montrent à peu près la même intelligence et la même douceur. On les accoutume très-bien à s'asseoir sur une chaise pour manger à table, à se servir de l'assiette, de la cuiller, de la fourchette et de la serviette, etc. On en a vu qui faisaient les petites commissions dans la maison où ils avaient été élevés, qui tournaient la broche, allaient chercher du bois, de l'eau à la fontaine, et enfin tâchaient de s'utiliser en rendant tous les petits services dont ils étaient capables.

Le GORILLE ou PONGO, de la Guinée et du Gabon, est presque entièrement noir, ce qui lui a fait donner le nom de *Troglodyte noir*; le front seul présente quelques places d'un brun roussâtre. Il est très-grand, et d'une force musculaire qui le rend d'autant plus redoutable, qu'il a des habitudes farouches et constamment offensives. Il ne fuit jamais devant l'Homme, comme le fait le Chimpanzé, et lutte jusqu'à la dernière extrémité. Aussi est-il presque impossible de s'emparer des Gorilles adultes à l'état vivant. D'ailleurs, toutes les tentatives faites jusqu'ici pour élever en captivité de jeunes Gorilles enlevés à leur mère sont demeurées inutiles.

Le GIBBON (*Hylobata*) a moins d'intelligence que l'Orang ou le Chimpanzé. La douceur, l'apathie même, constituent le fond dominant de son naturel. On le trouve dans l'Indoustan, dans l'Indo-Chine et dans les principales îles de l'archipel Malais.

Après la série des Anthropomorphes vient un nombre considérable de Singes marchant à quatre pattes, à museau plus ou moins court, à queue plus ou moins longue, que les naturalistes divisent en quatre groupes : les *Semnopithèques*, les *Cercopithèques*, les *Macaques* et les *Cynocéphales*.

Les SEMNOPITHÈQUES ont le corps grêle, le museau court, les membres allongés, les mains antérieures longues, étroites et à pouce très-court, ou même nul, et la queue fort longue. Ces Singes, leur nom l'indique, sont d'un naturel froid, calme, sans pétulance.

Les CERCOPITHÈQUES, les *Guenons* de Buffon, ont également les formes grêles, la queue et les membres longs, mais leurs pouces sont bien développés, surtout aux membres postérieurs. Leur face est aplatie, leur nez court et leur front nul dans l'état adulte; mais l'allongement du museau varie avec les espèces. Les espèces à museau saillant ont des formes peu gracieuses et sont d'une méchanceté que les caresses ne peuvent diminuer, et que les châtiments changent simplement en dissimulation. Les espèces à museau moins saillant ont, au contraire, des formes plus élégantes et un naturel plus doux. Elles sont sensibles aux bons traitements et se montrent reconnaissantes et dociles. Ainsi, chose digne d'attention, la douceur de caractère coïncide ici avec l'élégance des formes. — A l'état de liberté, les mœurs de ces singes sont peu connues; on sait cependant qu'ils vivent dans les forêts, d'où, réunis par bandes, ils s'en vont faire la maraude avec une tactique remarquable. Pendant que des sentinelles placées sur des arbres élevés font le guet, les individus de la bande se ruent sur les plantations, les dévastent, et regagnent rapidement leur retraite pour y déposer leur butin. Quelque ennemi se présente-t-il, les sentinelles donnent l'alarme, et la bande se retire avec prestesse et ordre.

Ils habitent exclusivement l'Afrique et la partie de l'Asie voisine de cette péninsule.

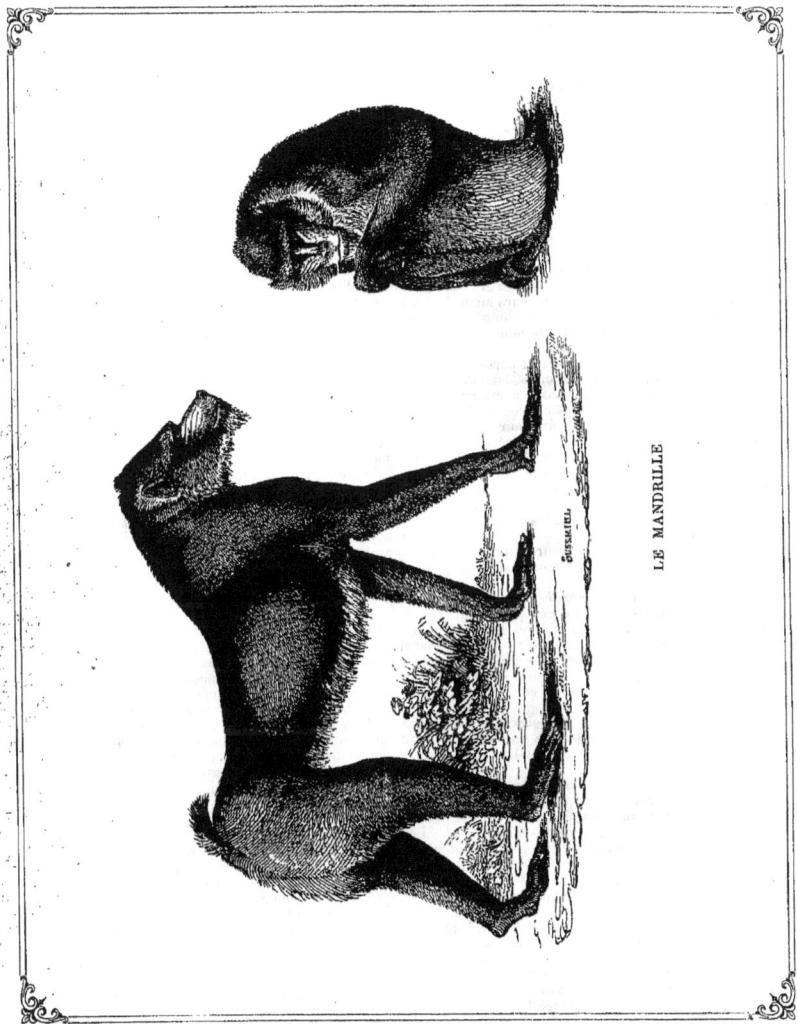

LE MANDRILLE

Les MACAQUES semblent établir le passage des Cercopithèques aux Cynocéphales. Ils ont le museau plus large et plus prononcé que les premiers, mais moins que les seconds. Leur corps est généralement plus trapu que celui des Guenons, et leurs membres sont assez bien proportionnés. Leur queue varie beaucoup de longueur. Ils sont intelligents et adroits, comme il est facile de l'observer chez les individus que les bateleurs dressent à faire des tours. Dociles et assez familiers quand ils sont jeunes, ils deviennent intraitables en vieillissant. Cependant les femelles conservent quelque chose de la douceur et de la docilité du jeune âge. Ils se trouvent en Afrique, en Asie et dans l'archipel Indien.

Les CYNOCÉPHALES ont en général la taille d'un grand Chien. Leurs formes sont lourdes et trapues, leurs membres forts et vigoureux, leur museau très-allongé et comme tronqué au bout, ce qui leur a valu le nom générique sous lequel on les désigne. Les uns habitent les forêts, les autres les montagnes ou les coteaux parsemés de rochers. Chaque espèce paraît circonscrite dans des régions distinctes. Ils vivent en troupes assez nombreuses qui défendent leurs territoires, même contre les Hommes, l'accès des cantons où ils ont fixé leur domicile. Comme les Cercopithèques, ils sont un véritable fléau pour les vergers et les jardins près desquels ils habitent. Enfin, autant du moins qu'on peut en juger par les individus en captivité, leur caractère est assez docile jusqu'à l'âge de la puberté; mais à partir de cet âge, ils deviennent d'une extrême méchanceté que les châtiments sont impuissants à réprimer.

Les individus que reproduit notre gravure appartiennent à chacun des quatre groupes que nous venons de décrire.

Le COLOBE, qui fait partie des Semnopithèques, n'a pas de pouce aux mains antérieures. Il est remarquable par sa face noire, encadrée de blanc, et les franges longues et blanches qui lui couvrent chaque côté du corps.

Le MALBROUGH, de l'espèce des Guenons, est compris dans les Cercopithèques. Son pelage est de couleur verte, sauf la tête, qui est mélangée de blanc. Il se distingue par son intelligence et sa mémoire.

Le MAGOT appartient au groupe des Macaques. C'est le Singe ordinaire des bateleurs, et on le voit souvent en Europe pour cette raison. Sa face est de couleur chair livide, son pelage d'un gris jaunâtre.

Le PAPION fait partie des Cynocéphales. Il a les narines proéminentes, son pelage est strié de noir et de roux. Le Papion se fait remarquer par son activité, son adresse et une facilité de conception vraiment extraordinaire.

Au groupe des Cynocéphales appartient encore un individu qui mérite une mention particulière, ne fût-ce que pour sa laideur, c'est le MANDRILLE ou MORMON.

Après le Gorille, le MANDRILLE est un des plus grands Singes. Il est d'un gris brun, olivâtre en dessus, avec une petite barbe d'un jaune citron au menton; il a les joues bleues et sillonnées. Les mâles adultes ont le nez rouge, surtout au bout, où il est presque écarlate, et cette différence de couleur avec le jeune mâle avait fait penser à Linné et à d'autres naturalistes qu'il y avait deux espèces de Mandrilles: l'une le Maimon, l'autre le Mormon;

mais on a observé au Jardin des Plantes, à Paris, deux ou trois jeunes Maimons qui se sont changés en Mormons en vieillissant.

On ne peut se figurer un animal qui ait une figure plus hideuse et plus extraordinaire que celle du Mandrille, et son caractère féroce et brutal répond parfaitement à sa physionomie; aussi est-il la terreur des nègres de la Guinée, pays où il est très-commun.

Avec les Cynocéphales se termine la première division des Quadrumanes. Les MAKIS, ou faux Singes, forment la seconde.

Les MAKIS, appelés vulgairement faux Singes en raison de leurs nombreux rapports avec les Singes proprement dits, et Singes à museau de Renard à cause de leur museau pointu, ont reçu des zoologistes le nom de Lémuriens. Ce sont des animaux agiles qui vivent par troupes dans les forêts, où ils se nourrissent de fruits et d'insectes. Leur taille varie de 30 à 55 centimètres, non compris la queue, de longueur variable. On ne les trouve qu'à Madagascar et dans quelques îles voisines.

Tous les Singes dont nous avons parlé jusqu'ici appartiennent à l'ancien Continent. Il existe aussi dans les vastes forêts du Nouveau-Monde de nombreuses espèces de Quadrumanes, auxquelles on a donné les noms de Sajous ou Sapajous, Sakis et Ouistitis, et dont les Zoologistes ont fait trois genres: les Hélopithèques, les Géopithèques et les Hapaliens.

Les Hélopithèques, les Sajous ou Sapajous de Buffon, se distinguent des autres Quadrumanes par leur queue, nue et calleuse à l'extrémité, qui leur sert comme une cinquième main pour se suspendre aux branches, se balancer dans les airs, et prendre leur élan quand ils veulent sauter d'un arbre à l'autre. Ils ont la tête grosse et ronde, le museau large et camus, les membres robustes et proportionnés. Ils sont pleins d'adresse et d'intelligence, vifs, remuants, et cependant doux et dociles. Ils sont très-communs au Brésil et à la Guyane.

Les Géopithèques n'ont pas, comme les précédents, la queue préhensile. En outre, le mode d'organisation de leur vue leur permet à peine de supporter la lumière du jour. De là, chez eux, une disposition à s'inquiéter et à s'effrayer de la moindre chose, du moindre bruit. Vivant continuellement à terre, d'où leur nom de Géopithèques, ils se tiennent tapis tout le jour dans les broussailles ou les crevasses des rochers, et ne sortent de leur retraite que, le soir venu, pour aller, réunis en troupes de sept ou huit individus, à la recherche des fruits et des abeilles dont ils font leur nourriture.

Les Hapaliens, ou Ouistitis, ont tous les doigts des mains, à l'exception du pouce des membres postérieurs que recouvre un ongle, pourvus de griffes dont ils font usage pour grimper après les arbres les plus gros, ce qui leur a valu le nom de Singe-Ours.

La taille des Ouistitis ne dépasse pas celle d'un Écureuil, et leurs mouvements sont pleins de grâce et de gentillesse. Ils s'apprivoisent très-facilement, mais tout en conservant leur caractère, qui est fantasque et mobile, et s'irrite à la moindre contrariété.

On les trouve en grand nombre dans la Guyane et au Brésil.

LA MARTE

2º ORDRE. — LES CARNASSIERS.

L'ordre des CARNASSIERS, dans tous les systèmes zoologiques, constitue l'un des plus importants de la classe des Mammifères ; mais, selon les vues de chaque auteur, cet ordre embrasse un plus ou moins grand nombre de genres ou de familles. Malgré les critiques plus ou moins fondées auxquelles a donné lieu la classification établie par G. Cuvier, c'est à son système que nous continuerons à donner la préférence.

Le savant zoologiste divise l'ordre des CARNASSIERS en plusieurs familles très-faciles à caractériser.

La première famille est celle des CHEIROPTÈRES. Elle renferme les petits animaux chez lesquels une membrane, composée d'un grand repli de la peau des flancs s'étendant jusqu'aux doigts, forme comme une aile quand elle est tendue. Tels sont les *Chauves-Souris* et les *Galéopithèques*.

Les *Chauves-Souris*, animaux nocturnes d'un aspect repoussant, se retirent, le jour, dans les carrières, dans les greniers, dans les troncs d'arbres où elles attendent, dans un état d'immobilité presque complète, l'heure du crépuscule. Alors elles sortent de leur retraite, et font une guerre acharnée aux insectes dont elles se nourrissent.

Il en existe de nombreuses variétés répandues dans toutes les parties du monde.

Les *Galéopithèques* sont munis, comme les Chauves-Souris, d'une membrane en forme d'aile s'étendant du cou jusqu'à la queue ; mais, par sa disposition, cette membrane leur sert plutôt de parachute que d'aile, quand ils s'élancent d'un arbre sur un autre. On les a d'abord désignés sous les noms vulgaires de *Singes volants*, de *Chats volants* et d'*Écureuils volants*. Ils vivent dans les arbres, où ils donnent la chasse aux insectes et aux petits Oiseaux. On en connaît trois ou quatre espèces, propres aux îles Philippines, de la Sonde et de Ceylan.

La deuxième famille est celle des INSECTIVORES, qui ont les molaires hérissées de pointes coniques, et dont la vie est le plus souvent nocturne ou souterraine ; dans les pays froids, beaucoup d'entre eux passent l'hiver en état de léthargie. Ce groupe a pour types la *Taupe*, la *Musaraigne* et le *Hérisson*.

La TAUPE, ce petit animal à qui nous devons la création dans nos jardins de ces petits monticules qu'on nomme *Taupinières*, a reçu de la nature des instruments admirablement appropriés à la vie souterraine. Une tête allongée, terminée par une espèce de boutoir propre à percer et à soulever la terre ; des membres antérieurs, très-rapprochés de la tête et armés d'ongles plats et tranchants affectant la forme de pelles ou de pioches, lui permettent de creuser avec une extrême rapidité ces longues galeries reliées entre elles et aboutissant au lieu dont elle a fait son gîte principal. Chassée dans les campagnes comme un animal malfaisant, la Taupe ne mérite pas entièrement sa réputation. S'il est vrai qu'elle nuit aux plantes en minant le sol autour de leurs racines, elle en protège un plus grand nombre par la destruction incessante qu'elle opère d'une multitude prodigieuse de larves, d'insectes et de vers qui viendraient les détruire.

Les MUSARAIGNES ont beaucoup de ressemblance avec les Souris. Elles vivent de vers, d'insectes et autres petites proies, et habitent dans les troncs d'arbres, dans des trous qu'elles creusent en terre et dont elles ne sortent guère que le soir. On en trouve dans toutes les parties du monde.

Les HÉRISSONS ont le corps épais, ramassé, les jambes très-courtes. Du sommet de la tête jusqu'à la croupe et sur les côtés s'étend comme un bouclier armé de piquants acérés et très-durs dans lequel l'animal, en fléchissant la tête et les pattes vers le ventre, se renferme comme dans une boule, présentant de toutes parts ses piquants à l'ennemi. Les Hérissons se nourrissent d'insectes, de mollusques, de crapauds, quelquefois de fruits et de racines. Le jour, ils sommeillent dans des trous, ou cachés sous la mousse, sous des pierres ; ils emploient la nuit à la chasse.

La troisième famille est celle des CARNIVORES, qui renferme les Carnassiers les plus grands, les plus courageux et les plus terribles. Les uns ont reçu le nom de *Digitigrades*, parce qu'en marchant, ils ne posent à terre que l'extrémité des doigts, ce qui leur donne une démarche légère et leur permet beaucoup de rapidité à la course. Les autres ont reçu le nom de *Plantigrades*, parce qu'ils appuient la plante entière des pieds sur le sol, ce qui leur donne plus de facilité pour se dresser sur leurs pieds de derrière.

On subdivise les Carnivores digitigrades en plusieurs genres :

Le genre *Marte* ou *Putois*, comprenant la Marte, le Putois, la Loutre, le Furet, la Belette, etc.

Le genre *Chat*, renfermant les Chats proprement dits, le Lion, le Tigre, le Léopard, etc.

Le genre *Chien*, comprenant les Chiens proprement dits, le Loup, le Renard, la Hyène, etc.

Le genre *Marte* ou *Putois*, dont la MARTE peut être considérée comme le type, se compose de Carnivores de petite taille, fort vifs, fort agiles et très-avides de sang et de carnage. La brièveté de leurs pieds, la longueur et la souplesse de leur corps, qui leur permettent de passer par les plus petites ouvertures, leur ont valu le nom de *Vermiformes*. La Marte est d'une belle couleur brune avec une large tache jaune sous la gorge. Sa fourrure, surtout celle de la Marte Zibeline, une variété de l'espèce, est très-recherchée. La Marte fuit les lieux habités ; son naturel farouche la retient dans les bois, où elle fait une chasse des plus actives au menu gibier et aux petits oiseaux, qu'elle poursuit jusque sur les branches les plus élevées des arbres. Si parfois elle se hasarde à pénétrer la nuit dans la basse-cour d'une ferme voisine des bois, elle y laisse des traces funestes de son passage, car, avant de choisir la proie qu'elle emportera, elle massacre toutes les volailles sans en excepter une seule. D'ailleurs, ces habitudes sanguinaires sont communes à tous les animaux appartenant à ce groupe : le *Putois*, la *Fouine*, le *Furet*, la *Belette*, etc.

Le FURET, une variété du Putois, semble particulièrement tuer pour le seul plaisir de verser le sang ; s'il pénètre dans un terrier sans être muselé, il en massacre tous les habitants, et après s'être soûlé de sang, il s'endort sur ses victimes.

Quelques-uns de ces animaux, le PUTOIS (*Putorius*), la MOUFETTE (*Mephitis*) surtout, une espèce propre à l'Amérique Septentrionale, exhalent une odeur très-désagréable ; de là le nom de *Bêtes puantes* sous lequel on les désigne quelquefois. Cette odeur infecte, qu'elles répandent au dehors lorsqu'elles sont irritées ou qu'elles veulent éloigner leurs ennemis, provient d'une liqueur sécrétée par deux glandes anales assez volumineuses.

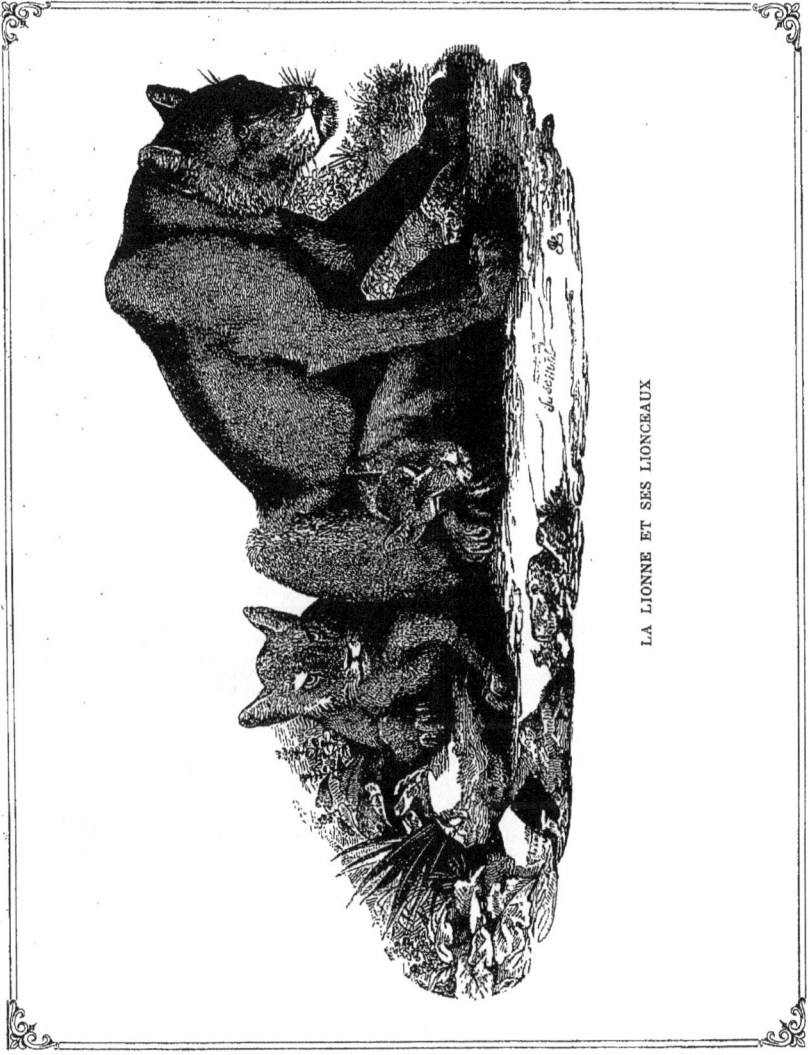

LA LIONNE ET SES LIONCEAUX

Le grand genre *Chat* constitue dans la classification que nous avons adoptée une des familles les plus importantes de l'ordre des Carnassiers. Destinés par leur organisation à se nourrir exclusivement de chair, pour saisir une proie qui souvent leur résiste, ces animaux ont besoin d'une force considérable dans les mâchoires. Aussi les muscles qui servent à mouvoir et à rapprocher ces organes sont-ils prodigieusement forts et développés ; c'est ce développement qui donne à la tête et au museau des Chats la largeur et la forme arrondie qui sont caractéristiques de l'espèce. De plus leurs mâchoires sont articulées de telle sorte que, tout mouvement latéral leur étant interdit, les dents s'engrènent et glissent l'une sur l'autre comme font les branches de ciseaux.

Leur système dentaire est en rapport avec leurs habitudes plus ou moins carnassières. Ceux qui vivent le plus exclusivement de proie ont les dents les plus tranchantes et les mâchoires les plus courtes ; ceux qui se nourrissent de substances végétales aussi bien que de chair ont les dents en majeure partie tuberculeuses.

Les ongles des Chats sont pour eux des armes tout aussi formidables que leurs dents, et la nature a pourvu par un mécanisme ingénieux à leur conservation. Un ligament élastique les maintient naturellement relevés pendant la marche, de sorte que, n'éprouvant aucun frottement sur le sol, leur pointe aiguë conserve tout son tranchant. Mais, si l'animal veut saisir et déchirer une proie, il contracte les muscles de ses phalanges unguéales, et ces griffes acérées sortent alors, pour se relever d'elles-mêmes lorsque la contraction a cessé. Cette disposition, qui est exclusivement propre aux Féliens, est désignée par l'expression d'*ongles rétractiles*.

Les organes des sens présentent chez tous les Carnivores un grand développement, mais ce développement ne porte pas chez tous sur les mêmes sens. La vue et l'ouïe sont très-perfectionnés chez les Carnivores par excellence : les Chats perçoivent des sons absolument inappréciables par nous ; ce sont au contraire l'odorat et le goût qui prédominent chez ceux d'entre les Carnivores qui inclinent vers le règne végétal. Ceci explique l'étonnante faculté possédée par une grande partie des Carnassiers, les Chiens par exemple, de *suivre une piste* en recueillant des émanations qui ne font aucune impression sur l'odorat humain.

A la tête du genre *Chat*, se place un animal qu'on s'est toujours plu à considérer comme le plus puissant des animaux Carnassiers : c'est le *Lion*.

LE LION (*Felis Leo*, LIN.).

Cet animal superbe, dont la force est telle que d'un seul coup de patte il brise parfois les reins d'un Cheval, et que d'un seul coup de queue il terrasse l'Homme le plus robuste, se distingue des autres grands Chats par sa couleur fauve uniforme, le flocon de poils qui termine sa longue queue, et la crinière qui revêt la tête, le cou et les épaules chez le mâle. Autrefois répandu dans les trois parties de l'ancien monde, on n'en trouve plus aujourd'hui qu'en Afrique, dans quelques rares cantons de l'Arabie et dans certaines régions de l'Inde et de la Perse. L'espèce a donc énormément diminué, et l'on peut dire que par le perfectionnement des armes à feu elle est menacée d'une destruction complète.

De temps immémorial, le Lion a été l'emblème de la noblesse et du courage, et on s'est plu à faire, de celui qu'on est convenu d'appeler le Roi des animaux, un modèle de générosité, de magnanimité et de grandeur d'âme. Il est fâcheux et presque pénible d'être forcé de venir détruire de si belles erreurs, en montrant le Lion tel qu'il est, c'est-à-dire cruel, féroce, implacable et traître.

Le Lion, par ses mœurs, ressemble à tous ses congénères. Comme eux, il lui faut des victimes palpitantes, et il ne se désaltère que dans le sang encore tout fumant. Si, en se glissant dans les ombres de la nuit, il s'est approché d'un krahal sans être découvert, s'il a pu pénétrer dans un parc de Moutons, comme le Tigre et la Panthère, il égorge tout avant de choisir la proie qu'il veut emporter ou dévorer. Quand sa faim est assouvie, il se calme et regagne sa demeure, sans faire de nouvelles victimes ; mais cela vient tout simplement de ce que, certain de sa supériorité de force, n'ayant jamais rencontré dans ses forêts un être tenté de lui résister, et comptant sur une agilité qui n'est comparable qu'à sa force pour surprendre d'un bond prodigieux les Gazelles qu'il attend caché dans les roseaux, il ne craint jamais de manquer de proie. Tel il est dans le désert : **cruel** quand il a faim, **magnanime** quand il est repu ; voilà sa générosité. Il n'a pas peur parce qu'il n'a rien à craindre ; voilà son **courage**.

Mais, si l'Homme a envahi ses solitudes, s'il lui a déjà fait sentir sa puissance, alors le Lion perd toute sa fierté, fuit devant lui et même devant des Chiens de chasse dressés à sa poursuite : « Les Lions qui habitent aux environs des villes et bourgades de l'Inde et de la Barbarie, dit Buffon, ayant connu l'Homme et la force de ses armes, ont perdu leur courage au point d'obéir à sa voix menaçante, de n'oser l'attaquer, de ne se jeter que sur le menu bétail, et enfin de s'enfuir en se laissant poursuivre par des femmes ou par des enfants, qui leur font, à coups de fouet, quitter prise et lâcher indignement leur proie. »

Quoi qu'il en soit, le Lion a la figure imposante et mobile comme celle de l'Homme, le regard assuré, la démarche fière et la voix terrible. Tous les animaux tremblent à une demi-lieue à la ronde quand son rugissement fait retentir les forêts ; sa taille n'est ni lourde, ni trop légère, mais si bien proportionnée, que son corps est un modèle de force jointe à l'agilité. Il peut faire de suite plusieurs bonds pour se précipiter sur sa proie ; mais il ne court pas, et s'il l'a manquée de prime abord, il ne la poursuit pas. Il atteint jusqu'à huit ou neuf pieds de longueur depuis le bout du nez jusqu'à la naissance de la queue, mais seulement dans les déserts où il n'est pas inquiété et où il trouve une nourriture abondante.

La Lionne est d'environ un quart plus petite que le Lion. Elle montre pour ses petits un attachement extrême. Elle les cache dans les lieux les plus écartés, chasse pour eux, leur apprend à déchirer le gibier, et combat pour leur défense jusqu'à la dernière extrémité.

LA CHASSE AU LION

Nous empruntons aux *Souvenirs d'un Aveugle* (1), par Jacques Arago, le récit intéressant d'une chasse au Lion dans les environs du Cap :

« Le troisième jour, dit-il, nous étions à table chez M. Anderson, quand un esclave hottentot accourut pour nous prévenir qu'il avait entendu le rugissement du Lion.

— Qu'il soit le bienvenu, dit Rouvière en souriant. Aux armes ! mes amis.

D'autres esclaves, effrayés, vinrent confirmer le dire du premier, et nous nous mîmes en marche vers un bois où M. Rouvière pensait que se reposait la bête féroce. Plusieurs esclaves du planteur s'étaient volontairement joints à notre petite caravane, et, connaissant les environs, ils furent chargés de tourner le bois et de pousser, si faire se pouvait, l'ennemi en plaine ouverte. Nous fîmes halte à une clairière bordée par le bois d'un côté, et de l'autre par de rudes aspérités, de sorte que nous étions enfermés comme dans un cirque.

— Il est entendu, mes amis, que seul je commande, que seul je dois être obéi ; sans cela pas un de nous peut-être ne reverra le Cap, nous dit M. Rouvière en se pinçant de temps à autre les lèvres et en relevant sa chevelure. L'ennemi n'est pas loin. Là, les Buffles et le chariot ; ici, vous, sur un seul rang ; derrière, les Hottentots avec des fusils de rechange et les munitions pour charger les armes. Moi, à votre front, en avant de vous tous. Mais, au nom du ciel, ne venez pas à mon secours si vous me voyez en péril ; restez unis, coude à coude, ou vous êtes morts... Silence !... j'ai entendu !... Et puis, voyez maintenant nos pauvres Buffles !

En effet, au cri lointain qui venait de retentir, les animaux conducteurs s'étaient pour ainsi dire blottis les uns dans les autres, mais la tête au centre, comme pour ne pas voir le danger qui venait les chercher.

— Ah ! il fit Rouvière en se frottant les mains, le visiteur se hâte. Il faut le fêter en bon voisin.

Un second cri plus rapproché se fit bientôt entendre.

— Diable ! diable ! poursuivit notre intrépide chef, il est fort, il sera bientôt là... Je vous l'ai dit. Salut !

M. Rouvière était admirable de sagacité et d'énergie. Le Lion venait de déboucher du bois, et à notre aspect il s'arrêta, puis il s'approcha à pas lents, sembla réfléchir et se coucha.

— Il sait son métier, poursuivit le brave boulanger ; il a combattu plus d'une fois : allons à lui pour le forcer à se tenir debout ; mais suivez-moi et côte à côte.

Le Lion se leva alors et fit aussi quelques pas pour venir à notre rencontre.

— Visez bien, camarades, nous dit Rouvière un genou à terre, visez bien, et au commandement de *trois*, feu !... Attention... une, deux, trois !...

Nous suivîmes ponctuellement les ordres de notre chef. Une décharge générale eut lieu, et nous saisîmes d'autres armes des mains de nos esclaves. Le Lion avait fait un

(1) *Souvenirs d'un Aveugle, Voyage autour du Monde*, par Jacques Arago, 1 vol. in-4, de 420 pages, orné de 130 gravures dans le texte, et de deux portraits sur acier. Prix, broché, 6 fr. — H. Lebrun, éditeur, Paris.

bond terrible, presque sur place, et des flocons de poil avaient volé en l'air.

— Comme c'est dur à tuer ! nous dit Rouvière ; voyez, il ne tombera pas, le gredin !

Mais la bête féroce poussait des rugissements brefs et entrecoupés de longs soupirs, sa queue battait ses flancs avec une violence extrême, sa langue rouge passait et repassait sur les longues soies de sa face ridée, et deux prunelles fauves et ardentes roulaient dans leur orbite. Pas un de nous ne soufflait mot, mais pas un de nous ne perdait de vue le redoutable ennemi qui en avait vingt-cinq à combattre...

— N'est-ce pas, disait tout bas M. Rouvière en tournant rapidement la tête vers nous comme pour juger de notre émotion, n'est-ce pas que le cœur bat vite ? Du courage ! nous en viendrons à bout.

Mais le sang du Lion coulait en abondance et rougissait la terre autour de lui.

— Allons ! allons ! continua tout bas l'intrépide Rouvière, une nouvelle décharge générale ; et, s'il se peut, que tous les coups portent la tête ou près de la tête.

Nous allions faire feu quand le fusil d'un des tireurs tomba. Celui-ci se baissa pour le ramasser, et laissa voir derrière lui la poitrine nue d'un Hottentot. A cet aspect, le redoutable Lion se redresse comme frappé de vertige, ses naseaux s'ouvrent et se referment avec rapidité ; il s'allonge, se replie sur lui-même, tourne sa monstrueuse tête à droite, à gauche, pour chercher à voir encore la proie qu'il veut, qu'il lui faut, qu'il aura.

— Il y a là un homme perdu, murmura Rouvière.

— Moi mort, dit le Hottentot.

En effet, le Lion prend de l'élan, et, encadré dans son épaisse crinière, il se précipite comme un trait, passe sur Rouvière accroupi, renverse sept à huit chasseurs, s'empare du malheureux Hottentot, l'enlève, le porte à dix pas de là, le tient sous sa puissante griffe, et semble pourtant délibérer encore s'il lui fera grâce ou s'il le broiera.

Nous avions fait volte-face.

— Etes-vous prêts ? dit Rouvière, qui avait repris son poste en avant du peloton.

— Oui.

— Feu, mes amis !...

Le Lion tomba et se releva presque au même instant. Il passait et repassait sur le Hottentot comme fait un Chat jouant avec une Souris. Rouvière s'approcha seul alors et dit à l'infortunée victime : Ne bouge pas !

Et, presque à bout portant, il déchargea sur la tête du Lion ses deux pistolets à la fois. Celui-ci poussa un horrible rugissement, ouvrit sa gueule ensanglantée et fit craquer sous ses dents la poitrine du Hottentot... Quelques minutes après, deux cadavres gisaient là l'un sur l'autre.

— Vous ne me semblez pas très-rassurés, nous dit Rouvière d'un ton dégagé, et je le comprends. Ce n'est pas chose aisée que de venir à bout de pareils adversaires. Je m'estime bien heureux que nous n'ayons à regretter qu'un seul homme. »

⊹⟨⟨-✳-⟩⟩⟨

LE TIGRE ET SES PETITS

LE TIGRE ROYAL (*Felis Tigris*, Lin.).

C'est, après le Lion, le plus terrible des Chats. Sa taille égale et surpasse celle du Lion. Sa tête est plus arrondie, et ses jambes sont proportionnellement plus longues. Son pelage, d'un fauve vif en dessus et d'un blanc pur en dessous, est irrégulièrement rayé de noir en travers, ce qui le distingue très-bien de toutes les grandes espèces de son genre. Il habite principalement les Indes, où il exerce de grands ravages.

Nous avons relevé les erreurs vulgaires répandues dans l'histoire du Lion, nous avons à remplir la même tâche relativement au Tigre. Cet animal, tout terrible qu'il est, n'est ni plus cruel, ni plus féroce, ni plus indomptable que le Lion ; seulement il est plus rusé et plus courageux. Le Lion attaque toujours une proie faible, quand il a le choix ; le Tigre combat tous les animaux indistinctement et attaque l'Homme de préférence. Mais il ne se borne pas, comme le roi des animaux, à se cacher pour surprendre sa proie ; il la suit à la piste en employant tous les moyens de se dérober à sa vue, jusqu'à ce qu'elle ne puisse plus lui échapper par la fuite ; il ruse pour l'approcher, l'attaque avec audace, ne se retire jamais du combat, et triomphe ou meurt. Son agilité est prodigieuse, sa force incomparable et son courage sans mesure. Sa course a la rapidité de l'éclair ; on en a vu saisir un cavalier au milieu d'un bataillon, d'une armée, l'emporter dans les bois et disparaître avant même qu'on ait eu le temps de penser à le poursuivre. La force ni le nombre ne l'intimident jamais, et, si quelquefois il s'embusque et se blottit dans les roseaux et les bambous, c'est quand il s'agit de surprendre une proie qui, sans cela, lui échapperait par la rapidité de sa course.

Dans les déserts sablonneux de l'Asie, dans ces vastes prairies qui bordent les grands fleuves, le Tigre, caché dans un lieu fourré, attend au passage le timide Axis à la robe tachetée, ou l'élégant Cheval hémione ; d'un bond de cinquante ou soixante pieds, il se jette sur un de ces animaux, le renverse du premier choc, lui brise le crâne, et l'emporte ensuite au fond des bois avec la même aisance et la même légèreté que s'il emportait un Agneau. Les souverains indiens le chassent avec un grand luxe et font, pour se donner ce plaisir royal, une énorme dépense d'hommes et d'Éléphants. Aussitôt que le Tigre est trouvé commence un combat à mort, et il est rare qu'on parvienne à le tuer avant qu'il ait déchiré quelques chasseurs et même des Éléphants ; car il parvient à terrasser ces gigantesques animaux quand il peut les saisir par la trompe. Blessé et harassé de fatigue, le Tigre se retire un moment dans un fourré pour reprendre haleine ; mais il revient bientôt et ne cesse de combattre que mort ou vainqueur. Rien ne l'effraye, rien ne l'intimide, ni le nombre de ses ennemis, ni la détonation des armes à feu, ni les cris, le bruit, le feu et la fumée, qui ne font qu'augmenter sa fureur.

Le Tigre est donc le plus féroce des animaux ? Non, il n'est que le plus courageux et le plus beau. Pris jeune et élevé dans la domesticité, il s'apprivoise parfaitement, reconnaît son maître, le caresse et s'y attache même jusqu'à un certain point. On sait qu'Héliogabale se montrait à Rome dans un char traîné par des Tigres. Les empereurs tartares employaient à la chasse des Tigres dressés comme des Chiens. Il y a quarante ans qu'un promeneur de ménagerie ambulante montrait, à Francfort, un Tigre auquel il mettait son bras dans la gueule, après l'avoir brûlé et monté comme on fait d'un Cheval. M. Martin, que nous avons presque tous vu à Paris, entrait dans la cage de son Tigre, s'asseyait sur lui, jouait, le caressait, et osait même le contrarier. Les mousses du bâtiment sur lequel on amenait à Paris le Tigre qui existait à la ménagerie en 1835 ne trouvaient rien de mieux, pour dormir, que de s'étendre entre les cuisses de cet animal et de se faire un traversin de son ventre ; du reste, il se promenait librement sur le vaisseau, et on ne l'attachait au pied du mât que pendant les manœuvres.

Nous pourrions multiplier les exemples pour prouver que le Tigre n'est pas plus féroce que le Lion ; mais ceux-ci suffisent pour rétablir l'exactitude des faits.

Le Tigre ne se trouve que dans les Indes orientales, le Tunquin, le royaume de Siam, la Cochinchine, etc. L'espèce du Tigre a toujours été plus rare et beaucoup moins répandue que celle du Lion. La Tigresse montre un extrême attachement pour ses petits : sa rage devient extrême lorsqu'on les lui ravit ; elle brave tous les périls ; elle suit les ravisseurs qui, se trouvant pressés, sont obligés de lui relâcher un de ses petits ; elle s'arrête, le saisit, l'emporte pour le mettre à l'abri, revient quelques instants après, et les poursuit jusqu'aux portes des villes ou jusqu'à leurs vaisseaux, et lorsqu'elle a perdu tout espoir de recouvrer sa perte, des cris forcenés et lugubres, des hurlements affreux, expriment sa douleur cruelle, et font encore frémir ceux qui les entendent de loin.

Le Tigre mâle, au contraire, dévore parfois ses enfants, comme le font plusieurs espèces de Chats.

2

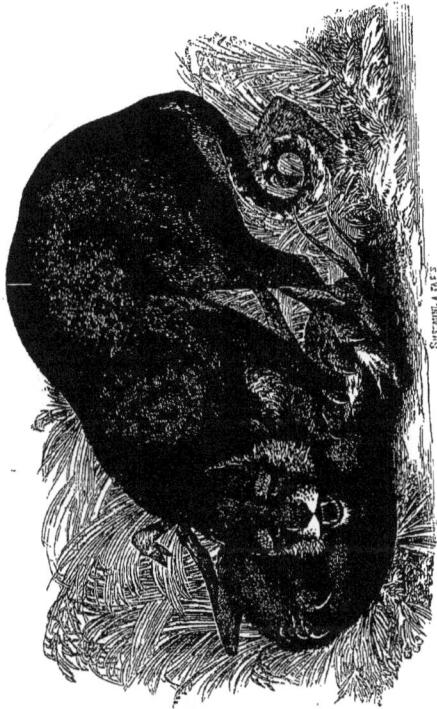

LÉOPARD DÉVORANT UNE PROIE

LE LÉOPARD (*Felis Leopardus*, LINN.)

Plus petit que le Tigre, sa longueur ne dépassant pas 1 mètre 50 cent., le LÉOPARD est répandu dans toute l'Afrique et dans les parties chaudes de l'Asie. Il a le pelage fauve dessus, blanc dessous, avec des rangées de taches noires, généralement au nombre de neuf ou dix, formées chacune, sur les flancs, par assemblage, en forme de roue, de cinq ou six petites taches simples. Sa tête est médiocrement grosse, son museau court, sa gueule large et bien armée de dents, que portent les femmes du pays en guise de colliers. Ses yeux sont vifs et dans un mouvement continuel; il semble que son regard ne respire que le carnage. Il a les doigts des pieds munis de griffes fortes, aiguës et tranchantes; il les ferme comme les doigts de la main et lâche rarement sa proie, qu'il déchire avec les ongles autant qu'avec les dents.

Le Léopard se plaît dans les forêts touffues et fréquente souvent les bords des fleuves et les environs des habitations isolées, où il cherche à surprendre les animaux domestiques et les bêtes sauvages qui viennent boire. Il se jette rarement sur les Hommes,

même quand il est provoqué. Il grimpe avec agilité sur les arbres, où il poursuit les Singes et autres animaux grimpants, qui lui échappent très-difficilement.

Les nègres lui tendent le même piége qu'au Lion. Dans un endroit qu'ils reconnaissent être fréquenté par lui ils creusent une fosse profonde recouverte de roseaux et d'un peu de terre, sur laquelle ils déposent pour appât quelque bête morte. Quelquefois, lorsque les nègres sont en nombre, ils osent l'attaquer corps à corps, afin d'avoir sa peau, qui a beaucoup de valeur, et ils parviennent à le tuer à coups de flèche et de zagaie; mais, quelque percé qu'il soit de leurs coups, il se défend tant qu'il a un reste de vie, et il est rare qu'il ne fasse pas plusieurs victimes.

Quoiqu'ils ne vivent que de proie et qu'ils soient ordinairement fort maigres, les voyageurs prétendent que la chair du Léopard n'est pas à dédaigner; les Indiens et les nègres la trouvent bonne, mais il est vrai qu'ils trouvent celle du Chien encore meilleure et qu'ils s'en régalent comme si c'était un mets délicieux, ce qui ne laisse pas que de rendre leur témoignage, en matière de goût, fort sujet à caution.

LE JAGUAR — LA PANTHÈRE

LE JAGUAR (*Felis Onça*, Linn.). — LA PANTHÈRE

(*Felis Pardus*, Linn.)

Le Jaguar, connu aussi sous le nom de Tigre d'Amérique, est presque aussi grand que le Tigre royal et presque aussi dangereux. Son pelage est d'un fauve vif en dessus, marqué, le long des flancs, de quatre rangées de taches noires, en forme d'œil, c'est-à-dire d'anneaux plus ou moins complets avec un point noir au milieu ; il est blanc dessous, rayé de noir en travers. Il existe des individus noirs, dont les taches, d'un noir plus profond, ne sont visibles qu'autant qu'ils sont exposés d'une certaine façon à la lumière.

Le Jaguar est répandu depuis le Mexique inclusivement jusque dans le sud des *Pampas* de Buénos-Ayres, et nulle part il n'est plus commun et plus dangereux que dans ce pays, malgré le climat tempéré qui y règne et la nourriture abondante que lui fournit la grande quantité de bétail qui paît en liberté dans les plaines. Il y attaque presque constamment l'Homme, tandis que ses congénères du Brésil, de la Guiane et des parties les plus chaudes de l'Amérique fuient devant lui, à moins qu'ils ne soient pressés par la faim ou attaqués les premiers. Cependant, en plaine, le Jaguar fuit presque toujours et ne fait volte-face que lorsqu'il rencontre un buisson ou des hautes herbes dans lesquelles il puisse se cacher. C'est dans ces retraites qu'il attend sa proie et se précipite sur elle à l'improviste, sans lui laisser le temps de se reconnaître.

Les bois marécageux du Parana, du Paraguay et des pays voisins sont peut-être les endroits où cette espèce est le plus multipliée et où les accidents sont les plus fréquents. Elle est également très-commune dans la Guiane et le Brésil, et l'on entend ses cris régulièrement le matin au lever du soleil et le soir à l'entrée de la nuit.

Le Jaguar ne rôde guère pour chercher sa proie que pendant la nuit, et dort pendant le jour, couché au pied d'un arbre ou dans le milieu d'un taillis épais. Si un hasard fatal fait qu'on le rencontre dans cet état, il faut se garder de prendre la fuite, de pousser des cris, ou de faire quelque mouvement extraordinaire, si l'on ne veut s'exposer à une mort inévitable. Le parti le plus sûr est de se retirer lentement, en tenant les yeux fixés sur les siens, et de s'arrêter s'il marche sur vous. Alors il s'arrête lui-même et ne recommence à vous suivre que lorsque vous cherchez à vous éloigner. De halte en halte on parvient à gagner un endroit habité, si toutefois il s'en trouve dans le voisinage. Si l'on est armé et qu'on veuille le tirer, il faut le tuer d'un seul coup, car, s'il est manqué ou s'il n'est que blessé, il se précipite sur le chasseur au feu de l'amorce.

Du reste, tout ce que nous avons dit du Tigre lui convient également, aux différences près que nous venons d'énumérer.

La Panthère, si remarquable par la beauté de son pelage fauve, habite l'Afrique et les parties chaudes de l'Asie. Ses mœurs ressemblent beaucoup à celles du Léopard, avec lequel elle a été confondue bien souvent par les naturalistes. Ce qui la distingue de ce dernier, selon Cuvier, c'est que le nombre de taches qui se suivent en lignes transversales sur le corps de l'animal n'est que de cinq ou six chez la Panthère, tandis qu'il est de neuf ou dix chez le Léopard.

Buffon trace en ces termes le portrait d'une Panthère qu'il a eu occasion de voir vivante : « Elle a l'air féroce, l'air inquiet, le regard cruel, les mouvements brusques et le cri semblable à celui d'un dogue en colère ; elle a même la voix plus rauque et plus forte que le Chien irrité ; elle a la langue rude et très-rouge, les dents fortes et pointues, les ongles aigus et durs, la peau belle, d'un fauve plus ou moins foncé, semée de taches noires arrondies en anneaux ou réunies en forme de roses, le poil court, la queue marquée de grandes taches noires au-dessus et d'anneaux noirs et blancs vers l'extrémité. La Panthère est de la taille et de la tournure d'un dogue de forte race, mais moins haute de jambes. »

LE GUÉPARD — LE COUGUAR — LE LYNX — L'ONCE

LE GUÉPARD (*Guepardus jubatus*). — LE COUGUAR (*Felis concolor*). — LE LYNX (*Lynx vulgaris*). — L'ONCE (*Felis uncia*).

Le GUÉPARD, qu'on nomme aussi quelquefois Tigre chasseur et Léopard à crinière, diffère des Chats proprement dits et des Lynx par ses ongles non rétractiles, qui d'ailleurs sont faibles et peu propres à retenir et à déchirer une proie. Par ses formes générales et par son pelage tacheté, il se rapproche de la Panthère et du Léopard.

Le GUÉPARD habite l'Asie méridionale et quelques contrées de l'Afrique. Il se laisse facilement apprivoiser et n'a pas le caractère perfide des grands Chats avec lesquels on le classe. Il s'attache, au contraire, à un maître, répond à sa voix, le caresse et se laisse dresser à chasser pour lui. En Orient, dans le Malabar et en Perse, on l'emploie à ce dernier usage.

Le COUGUAR, ou Lion d'Amérique, est une autre espèce du genre **Chat**, qui est particulière au Nouveau-Monde. Il a le poil d'un fauve uniforme sans aucune tache. Quoique plus faible, il est aussi féroce et peut-être plus cruel que le Jaguar ; il paraît être encore plus acharné sur sa proie, il la dévore sans la dépecer ; dès qu'il l'a saisie, il l'entame, la suce, la mange de suite, et ne la quitte pas qu'il ne soit pleinement rassasié.

Il n'attaque jamais les hommes, à moins qu'il ne les trouve endormis. Lorsqu'on veut passer la nuit ou s'arrêter dans les bois, il suffit d'allumer du feu pour les empêcher d'approcher. Il se plaît à l'ombre dans les grandes forêts ; il se cache sur un arbre touffu, d'où il s'élance sur les animaux qui passent.

Le LYNX se distingue des autres Féliens par le pinceau de poils dont ses oreilles sont ornées. Son pelage est roux, tacheté de roux brun. Il est indigène de l'Europe tempérée, mais il a presque entièrement disparu des contrées peuplées ; on le trouve encore, mais rarement, dans quelques forêts des Alpes et des Pyrénées. Il est très-commun dans les forêts du Nord de l'Europe, de l'Asie et du Caucase. Aussi agile que fort, il poursuit sur les arbres les Écureuils, les Martes et même les Chats sauvages. Quelquefois il se place en embuscade sur une des basses branches, et, tombant à l'improviste sur un Faon de Cerf, de Daim ou de Chevreuil, il lui brise le cou, lui fait un trou derrière le crâne et lui suce la cervelle par cette ouverture. C'est aussi un grand destructeur de Lièvres, de Lapins et d'autres animaux. Sa vue est tellement perçante, que les anciens lui attribuaient la faculté de voir à travers les murs. Ceci est de la fable : la vérité est qu'il distingue sa proie à une distance beaucoup plus grande que la plupart des Carnivores. Pris jeune, il s'apprivoise facilement et devient très-familier. Comme le Chat ordinaire, il est d'une extrême propreté.

L'ONCE est plus petite que le Léopard ; son pelage rappelle celui de ce dernier, quoiqu'un peu plus long. Son existence a été plusieurs fois révoquée en doute, mais elle est aujourd'hui bien démontrée. L'Once habite les hautes montagnes de la Perse et paraît destinée à vivre dans des pays assez froids.

L'Once s'apprivoise aisément. En Perse et dans plusieurs autres provinces de l'Asie, on la dresse à la chasse. Un cavalier la porte en croupe, et, dès qu'il aperçoit la Gazelle, il fait descendre l'Once, qui est si légère, qu'en trois sauts elle saute au cou de la Gazelle, quoiqu'elle coure d'une vitesse incroyable. L'Once l'étrangle aussitôt avec ses dents aiguës ; mais si par malheur elle manque son coup et que la Gazelle lui échappe, elle demeure sur la place, honteuse et confuse, et dans ce moment un enfant la pourrait prendre sans qu'elle se défendît.

Les autres espèces de Chats, tels que le CHAT SAUVAGE, type de notre Chat domestique, le MÉLAS, l'OCELOT, etc., ne sont dangereuses que pour le gibier et les animaux de basse-cour.

LES CHIENS DOMESTIQUES

LE GENRE CHIEN. — Le terme *Chien* (*canis*), dans la langue de la zoologie moderne, a une signification beaucoup plus étendue que dans la langue vulgaire. Il ne comprend pas seulement les *Chiens domestiques*, mais beaucoup d'espèces sauvages, et les *Loups*, les *Renards*, les *Chacals*, les *Hyènes* même, selon Linné.

LES CHIENS DOMESTIQUES (*Canes familiares*, LIN.).

« Le Chien ! à ce nom, il n'est pas un homme qui n'ait un souvenir agréable ou touchant : celui d'un gai compagnon des jeux de son enfance, d'un gardien sûr et vigilant à la maison, d'un aide indispensable à la chasse, d'un guide ou d'un éclaireur dans un voyage, d'un défenseur intrépide dans le danger, d'un sauveur quelquefois ; mais toujours d'un ami désintéressé, aussi dévoué que fidèle, prêt à partager avec le même empressement les misères ou les joies de son maître. Le Chien n'a qu'une pensée, qu'un besoin, qu'une passion : c'est l'affection ; il faut qu'il aime ou qu'il meure. Pour témoigner son affection à celui qui l'a élevé et dont il a reçu les premières caresses, il est capable de tous les dévouements les plus sublimes ; mais rien n'est la fatigue, la faim, les intempéries de l'air, les privations de tous genres, ne sont rien s'il les supporte avec lui ou pour lui. Par ses caresses, il console le malheureux qui, sans son Chien, n'aurait pas un ami sur la terre ; il peuple, il embellit la solitude d'un obscur réduit ; il occupe son cœur et l'aide à traverser une misérable vie oubliée par les hommes, il l'encourage et semble l'aimer d'autant plus qu'il est plus opprimé par l'adversité. Dans ses durs travaux l'aide même au delà de ses forces ; il s'excède à tirer une voiture, à tourner la roue d'un soufflet de forge, à maintenir l'ordre dans un troupeau ; il fait ses commissions à la ville, et lui sauve même la honte de la mendicité, en tendant pour lui une écuelle de bois aux passants. Cet ami fidèle, ce domestique dévoué, n'est jamais plus heureux que lorsqu'il croit se rendre utile, il reçoit un sourire pour encouragement et une caresse pour récompense. C'est alors qu'il déploie cette admirable intelligence qui le met tant au-dessus des autres animaux.

» Pour défendre son maître, le Chien ne craint ni peine ni danger ; fût-il sûr de périr dans la lutte, il s'élance avec intrépidité, attaque avec fureur, et ne cesse de combattre de toutes ses forces, de tout son courage, qu'en cessant de vivre. Il le défend contre les animaux féroces dix fois plus forts que lui, contre les brigands qui menacent ses jours, et il vit pour le venger si, par le sacrifice de sa propre vie, il n'a pu le sauver du poignard des meurtriers. Il l'est-il blessé, nettoie ses blessures, en étanche le sang en les léchant, et ne le quitte que pour aller chercher des secours. Il l'arrache aux flots qui allaient l'engloutir ; il le réchauffe de son haleine et le couvre de son corps après s'être volontairement enfoncé avec lui sous des avalanches de neige. Enfin, il oublie complètement l'instinct de sa propre conservation pour ne penser qu'à la conservation de celui qu'il aime.

» Le Chien se plaît où son maître se plaît, quitte sans regret le lieu qu'il abandonne, et avec lui passe gaiement de la cuisine du prince au baquet de la gargote. Dans l'intérieur du ménage, il caresse les vieux parents, les flatte et vient dormir à leurs pieds, il cajole les amis de la maison, aime la femme, protège les enfants et joue bien doucement avec eux. En un mot, il ne vit que de la vie de son maître, et, si l'impitoyable mort vient le lui arracher, il se traîne sur son tombeau et y meurt de regret.

» Aussi généreux qu'aimant, il supporte avec une patience inouïe l'ingratitude et les mauvais traitements dont trop souvent on paye ses services et son affection. Si on le gronde, il s'humilie ; si on le frappe, il se plaint, il gémit ; son œil suppliant, si doux, si expressif, demande grâce pour une faute que souvent il n'a pas commise. Il se traîne aux pieds de son tyran, lui lèche les mains, tâche de l'attendrir, de désarmer sa colère ; mais jamais il n'essaye de repousser l'agression, la force par la force, quelles que soient l'injustice et la barbarie de son supplice, et, s'il est blessé mortellement, son dernier regard, en mourant, est encore un regard de pardon et de tendresse. »

À ce portrait du Chien tracé par M. Boitard, ajoutons les lignes suivantes de Buffon, et nous aurons tout dit sur les qualités morales du Chien :

« Le Chien, indépendamment de la beauté de sa forme, de la vivacité, de la force, de la légèreté, a par excellence toutes les qualités intérieures qui peuvent lui attirer les regards de l'Homme ; un naturel ardent, colère même, féroce et sanguinaire, rend le Chien sauvage redoutable à tous les animaux, et cède, dans le Chien domestique, aux sentiments les plus doux, au plaisir de s'attacher et au désir de plaire. Plus docile que l'Homme, plus souple qu'aucun des animaux, non-seulement le Chien s'instruit en peu de temps, mais encore il se conforme aux mouvements, aux manières, à toutes les habitudes de ceux qui le commandent ; il prend le ton de la maison qu'il habite ; comme les autres domestiques, il est dédaigneux chez les grands et rustre à la campagne. Toujours empressé pour son maître et prévenant pour ses seuls amis, il ne fait aucune attention aux gens indifférents, et se déclare contre ceux qui, par état, sont faits pour importuner ; il les connaît aux vêtements, à la voix, à leurs gestes, et les empêche d'approcher. Lorsqu'on lui a confié, pendant la nuit, la garde de la maison, il devient plus fier et quelquefois féroce ; il veille, il fait sa ronde ; il sent de loin les étrangers, et, pour peu qu'ils s'arrêtent ou tentent de franchir les barrières, il s'élance, s'oppose, et par des aboiements réitérés, des efforts et des cris de colère, il donne l'alarme, avertit et combat. Aussi furieux contre les hommes de proie que contre les animaux carnassiers, il se précipite sur eux, les blesse, les déchire, leur ôte ce qu'ils s'efforçaient d'enlever ; mais, content d'avoir vaincu, il se repose sur les dépouilles, n'y touche pas même pour satisfaire son appétit, et donne en même temps des exemples de courage, de tempérance et de fidélité. »

—◦— ◦◊◦ —◦—

LES CHIENS DU MONT SAINT-BERNARD

L'origine du Chien domestique a donné lieu à de nombreuses discussions parmi les naturalistes. Les uns le font descendre du Loup apprivoisé et modifié par des siècles de domesticité, les autres du Chacal ou du Renard. On peut faire une objection grave à toutes ces hypothèses : c'est que le Chien domestique qui a été rendu à la liberté et vit depuis de longues générations à l'état sauvage, se maintient comme espèce distincte du Loup et du Chacal au lieu de rentrer dans l'une d'elles. Ensuite, on retrouve, dans des couches de terrains antédiluviens, des débris de Chiens fossiles mêlés à des os de Loups et de Chacals, d'où cette conséquence que le Chien domestique aurait existé avant l'Homme ; que ce n'est donc ni un Loup, ni un Chacal apprivoisé, mais plutôt une espèce distincte d'une même famille comprenant les Chiens, les Loups et les Chacals.

Quoi qu'il en soit, le Chien est certainement la plus belle, la plus précieuse conquête que l'Homme ait faite parmi les animaux. « Comment l'Homme, dit encore Buffon, aurait-il pu, sans le concours du Chien, conquérir, dompter, réduire en esclavage les autres animaux ? Comment pourrait-il encore aujourd'hui découvrir, chasser, détruire les bêtes sauvages et nuisibles ? Pour se mettre en sûreté et pour se rendre maître de l'univers vivant, il a fallu commencer par se faire un parti parmi les animaux, se concilier avec douceur et par caresses ceux qui se sont trouvés capables de s'attacher et d'obéir, afin de les opposer aux autres ; le premier art de l'Homme a donc été l'éducation du Chien, et le fruit de cet art la conquête et la possession paisible de la terre. »

On divise généralement les CHIENS DOMESTIQUES en trois races principales, selon la forme osseuse de leur tête : les *Mâtins*, à museau long, plus ou moins effilé vers le nez, à oreilles courtes, courbées vers le bas ; les *Épagneuls*, à museau moins long, moins effilé, à oreilles presque toujours longues et pendantes ; et les *Dogues*, à museau court, front saillant, tête arrondie, oreilles courtes, à demi pendantes. Mais ces races mères, si toutefois on doit les considérer ainsi, ont éprouvé, sous les influences du climat, du sol, de la nourriture et principalement de la domesticité, des altérations si profondes, les espèces qui les composent diffèrent tellement entre elles de taille, de forme, de robe, d'aptitudes, qu'il est devenu à peu près impossible de les classer d'une façon méthodique. Bornons-nous donc à citer les espèces les plus utiles, les plus intéressantes.

LE CHIEN DU MONT SAINT-BERNARD. — Le Chien du mont Saint-Bernard appartient à la race des Épagneuls, les Chiens sagaces par excellence, et ne se trouve guère que là et sur les chaînes alpines du Valais. Il est de grande taille, ses membres, parfaitement proportionnés et d'une vigueur peu commune, se couvrent d'un long poil rude ; ses larges pattes paraissent avoir été disposées de manière à n'enfoncer que difficilement dans la neige ; sa physionomie est fière et sauvage, sa démarche imposante ; tout son ensemble enfin est plein de force et de dignité, et, lorsqu'on le rencontre dans les solitudes glacées de la montagne, il semble en parfaite harmonie avec l'aspect grandiose des lieux.

Mais la beauté morale et intellectuelle de ce magnifique animal est supérieure encore à sa beauté physique. Le Chien du mont Saint-Bernard a renoncé à toutes les douceurs du foyer de la vie domestique pour vouer son intelligence à la plus sainte des passions humaines, à secourir l'humanité. Il semble qu'un rayon de cette divine charité qui brûle dans l'âme de ses maîtres ait pénétré dans son cœur. Dès l'aurore, muni d'un manteau attaché sur son dos, d'un petit baril d'eau-de-vie pendu à son cou et d'une clochette qui avertit le voyageur égaré, il part pour la montagne, dont la neige, secouée par l'orage de la nuit, a comblé les sentiers et les défilés sans en laisser la moindre trace. Il scrute tous les passages dangereux, il descend dans tous les abîmes, il visite tous les recoins déserts où les avalanches et le froid jettent d'habitude le découragement et la mort. Il tient tous ses sens, la vue, l'ouïe, l'odorat, éveillés, attentifs ; le nez élevé au vent, il recueille toutes les émanations que peut apporter la brise. Et si quelque accident de couleur, quelque mouvement de neige le frappe, il court aussitôt les reconnaître. Si un murmure plaintif s'élève dans l'espace, il s'élance dans la direction du son, se creuse à travers la neige une route jusque dans les profondes anfractuosités des rochers, et son intelligence lui fait bientôt découvrir la malheureuse victime ensevelie mourante sous les frimas de ces affreux solitudes. Alors, d'une voix qui fait retentir les échos, il appelle au secours l'homme de Dieu qui, ainsi que lui, erre dans les rochers pour accomplir sa divine mission. En attendant, il présente, au voyageur glacé, son manteau pour l'envelopper et son baril pour réveiller son courage. Il gratte doucement, il secoue la neige qui couvre ses membres engourdis ; il le réchauffe de son haleine, lèche ses meurtrissures, et pousse un cri de joie et de triomphe lorsqu'il est parvenu à le rappeler à la vie. Alors il l'aide, en le soulevant avec sa gueule, à se remettre debout, et s'efforce de l'entraîner vers l'hospice. Si ses tentatives sont insuffisantes, il pousse de longs hurlements pour appeler à lui ses compagnons ou les moines, et si le secours n'arrive pas, après avoir pourvu, autant qu'il est en lui, à la sécurité de son protégé, il part de toute sa vitesse pour le sommet de la montagne et revient bientôt en amenant quelques religieux à sa suite.

La renommée, si souvent muette pour les vertus, n'a pas, du moins, manqué au Chien du mont Saint-Bernard. Un de ces nobles animaux fut décoré d'une médaille en mémoire de ce qu'il avait sauvé la vie de vingt-deux personnes, et le Musée de Berne conserve empaillé un autre de ces Chiens, nommé Barry, avec son collier et son flacon. C'est Barry qui, ayant découvert un enfant dont la mère avait été ensevelie par une avalanche, mais qui gisait lui-même sans blessure et engourdi dans le creux d'un glacier, parvint à le réchauffer, à le ranimer à l'aide de quelques gouttes de liqueur, le fit monter sur son dos et le porta ainsi à la porte du couvent ; Barry avait sauvé quarante personnes.

LE CHIEN BARBET OU CANICHE

le Chien Barbet ou Caniche (*Canis aquaticus*, Lin.).

le Chien Barbet fait également partie de la race des *Épagneuls*.

De toutes les espèces qui composent la grande race canine, il n'en est pas qui soit plus réellement l'ami de l'Homme, plus absolument son compagnon, que le Barbet. Toutes les autres familles de Chiens ont été exploitées et réduites à la condition d'instrument d'utilité ou de plaisir : le Dogue garde la maison ; le Chien de berger conduit le troupeau ; le Chien de chasse poursuit le gibier et l'amène sous le fusil du chasseur ; le Danois est un meuble de grande maison, inutile, égoïste comme un laquais ; parmi les petits Chiens, les uns, comme les Magots de la Chine, n'ont de mérite que leur laideur ; les autres, objets d'un caprice ou d'une faiblesse pour les femmes suivant leur âge, sont hargneux, exigeants, volontaires comme des enfants gâtés. Entre toutes ces espèces et l'Homme, les rapports sont toujours d'oppresseur à opprimé, de protecteur à protégé, et le lien d'affection pure est bien faible. Le Barbet est sur un tout autre pied avec nous. Il y a entre lui et son propriétaire égalité dans l'amitié, avec indépendance, avec délicatesse, avec absence de calcul ou d'engouement. Le Barbet n'est point esclave, point tyran. Aucune fonction spéciale ne lui est assignée ; l'Homme ne le rapproche de lui que pour l'aimer et pour en être aimé à tout instant, dans toute fortune ; aussi le Barbet est-il le héros de tous les faits cités à l'honneur de la race canine.

C'est un Barbet qu'Horace Vernet nous représente recevant avec reconnaissance les soins de deux jeunes soldats ; c'est encore un Barbet qu'il nous montre léchant le sang qui coule de la blessure du trompette frappé à mort. Le Chien du Louvre, dont Casimir Delavigne a raconté la touchante histoire, c'était un Barbet ; lorsque le convoi du pauvre s'avance vers le cimetière, un seul ami l'accompagne, un seul... un Barbet. Enfin, quel est ce chien qui, lorsque son infortuné maître va être fusillé, se dresse sur ses pattes de derrière comme pour recevoir en même temps que lui la balle meurtrière ? C'est encore un héroïque et généreux Barbet.

L'intelligence, chez le Barbet, est égale aux qualités du cœur. C'est à cette race qu'appartiennent tous ces chiens-phénomènes qui savent plus ou moins lire, faire leur partie de dominos, exercer les tours de force ou d'adresse. Il est vrai que, plus que tout autre, il déploie une grande aptitude à comprendre, une dextérité merveilleuse à exécuter.

C'est surtout dans les casernes qui, presque toujours, renferment quelques Barbets parmi leurs hôtes que l'art de les instruire a été porté jusqu'à la perfection, et que les résultats les plus étonnants ont été obtenus. Donner la patte demandée, se lever sur les pattes de derrière, au commandement tourner la tête à droite, à gauche, porter un bâton et se *tenir fixe et immobile* comme un soldat au port d'armes, trouver une chose cachée, rapporter ce qu'on lui jette, se précipiter dans les rivières à la recherche d'un bâton flottant, tels sont, entre mille autres gentillesses que nous ne suffirions pas à énumérer, les exploits par lesquels le Barbet sait mériter les faveurs d'un régiment. Et ce n'est pas seulement par son intelligence qu'il se rend cher au soldat, c'est encore par la franchise et la bonté toutes militaires de son caractère, par son courage philosophique à braver le jeûne et la dure, par la sincérité et le désintéressement de son affection ; c'est, en un mot, un bon camarade sur lequel on peut compter dans les circonstances graves et pénibles ; c'est un *loustic* qui distrait aux heures du repos et de la joie.

Malheureusement pour le Barbet, son physique n'est pas en rapport avec son moral. Le Barbet, sortant des mains de la nature, avec ses membres enfoncés sous une épaisse toison, avec sa grosse tête encadrée d'oreilles pendantes et couvertes jusqu'au bout du museau de poils épais, le Barbet représente un Ours, mais un Ours mal léché. Toutefois la facilité avec laquelle le Barbet, couvert de sa toison, résiste au froid, l'ardeur avec laquelle il se lance à l'eau et ses dispositions pour *rapporter*, ont engagé quelques chasseurs à le dresser à la chasse aux marais. Mais, quoique ces essais n'aient pas absolument manqué, la réputation du Barbet, comme chasseur, est restée fort médiocre.

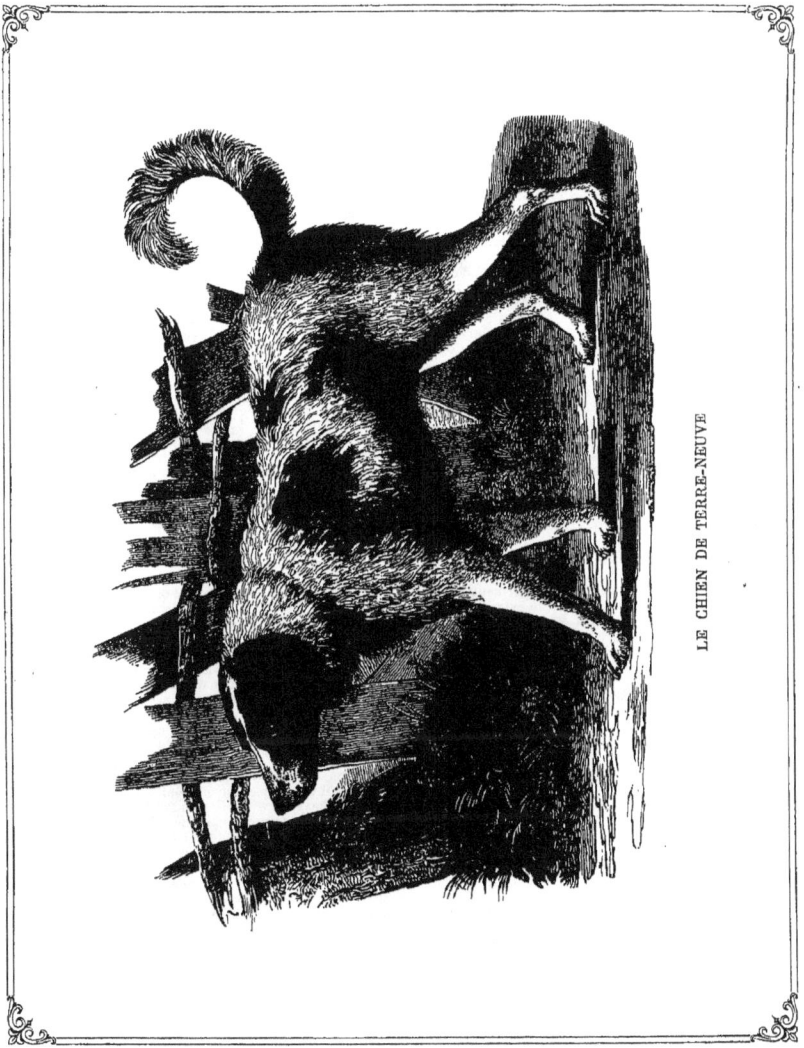

LE CHIEN DE TERRE-NEUVE

LE CHIEN DE TERRE-NEUVE (*Canis aquatilis*).

Le Chien de Terre-Neuve appartient, comme le Barbet, à la famille des Épagneuls ; mais il y occupe un rang plus élevé, et il y remplit une mission plus haute. Le Barbet est l'ami d'un homme ; le Chien de Terre-Neuve, comme le Chien du mont Saint-Bernard, est l'ami de l'humanité.

Cette belle espèce de Chiens est, comme l'indique son nom, originaire de l'île de Terre-Neuve, située à l'entrée du golfe de Saint-Laurent, entre le Labrador et le Canada. Sa taille est plus élevée que celle des autres Chiens, et ses membres sont plus forts et plus robustes. Une toison épaisse et longue l'enveloppe de toutes parts et ne permet guère au froid de pénétrer jusqu'à la peau. Ses pattes sont d'une structure remarquable ; larges et vigoureuses, elles ont la plante plus aplatie et la membrane qui lie les doigts l'un à l'autre beaucoup plus développée que chez les autres espèces de Chiens ; en un mot, les pieds semblent pour ainsi dire palmés. Cette conformation rend le Chien de Terre-Neuve particulièrement propre à la natation, et, comme il est en outre pourvu d'une grande puissance de poumons, il ne plonge pas moins bien qu'il ne nage.

Telles sont sa vigueur et sa rapidité à fendre les flots, sa facilité à se jouer à leur surface ou à disparaître dans leurs profondeurs ; tel est enfin son penchant pour l'eau, qu'on peut, jusqu'à un certain point, le ranger parmi les animaux amphibies. Il y a même dans son museau allongé, dans sa fourrure quelquefois blanche ou grise, dans ses grosses pattes velues, dans ses allures un peu lourdes, mais où se décèlent cependant la force ou la souplesse, quelque chose qui rappelle vaguement l'Ours du pôle. Pour compléter cette harmonie entre le Chien de Terre-Neuve et le pays où il a été placé, le poisson frais ou séché est la nourriture qu'il préfère, et pas plus que les Groënlandais ou les Esquimaux, il n'échangerait un morceau de saumon fumé ou de morue fraîche contre une tranche de bœuf.

Un pareil animal, pourvu au physique de force, d'adresse et d'une santé robuste et doué au moral des meilleures qualités, ne pouvait guère être laissé oisif et inutile dans un pays où la nature n'a pas prodigué ses largesses et où l'homme doit, plus que partout ailleurs, tirer parti de tout. Le Chien de Terre-Neuve a donc été employé comme bête de somme ou de trait à porter ou traîner de l'intérieur des terres au bord de la mer presque tout le bois nécessaire pour les besoins de la marine et de la pêche. La sagacité et la bonne volonté qu'il déploie pour accomplir cette tâche sont vraiment extraordinaires. Quatre Chiens de Terre-Neuve, attelés à un traîneau, portent rapidement plus de quatre cents livres de bois pendant plusieurs milles, et il n'est pas nécessaire qu'un conducteur les accompagne chaque fois ; il suffit de leur avoir montré la direction qu'ils doivent suivre et le point où ils doivent s'arrêter. Après les avoir chargés, on peut les livrer à eux-mêmes ; ils partent, parcourent le trajet et arrivent au but sans s'être plus arrêtés en route que si l'œil du maître eût toujours été sur eux et le fouet sur leurs flancs. Ils reprennent ensuite leur course et retournent à la forêt, pleins de courage et de gaieté, chercher un nouveau fardeau.

Le Chien de Terre-Neuve a encore des titres plus remarquables au rang élevé que nous lui avons assigné. Transporté dans nos climats, il a été appelé à d'autres fonctions, et l'étonnante aptitude qu'il y déploie annonce, pour ainsi dire, que là est sa véritable vocation.

Exploitant son habileté à nager et à plonger, on l'a accoutumé, par une éducation préparatoire, à retirer de l'eau tous les objets qui peuvent y tomber et surtout à sauver les personnes en danger de se noyer. Cette mission, le Chien de Terre-Neuve la remplit avec un dévouement et une intelligence sans bornes. Comme si la pensée de son devoir lui était toujours présente, il surveille sans relâche le cours des eaux, et de son propre mouvement, sans attendre de commandement, il s'y précipite sitôt qu'il aperçoit quelque chose à retirer. Les ports, les canaux, les rivières, n'ont pas de gardiens plus sûrs et plus vigilants ; aussi les Chiens de Terre-Neuve sont-ils comptés à la fois parmi les marins chargés de pourvoir à la sûreté publique, et parmi les instruments et les moyens de sauvetage. On ne sait laquelle choisir des nombreuses anecdotes racontées à la gloire du Chien de Terre-Neuve et qui font ressortir son zèle et sa capacité. Prenons-en une entre mille :

Deux enfants de huit à dix ans s'amusaient à faire sur la surface d'un canal, à Londres, les plus beaux ricochets du monde ; l'un d'eux se penche trop vers l'eau et glisse ; l'autre veut le retenir, il est entraîné et tous deux disparaissent sous les flots. La foule rassemblée contemplait les efforts désespérés des victimes, qui de temps en temps remontaient à la surface ; mais, comme le canal était profond et comme il ne se trouvait aucun bateau dans le voisinage, les deux enfants étaient dans le plus grand péril, lorsque survint un Chien de Terre-Neuve. A peine eut-il vu ce qui se passait, qu'il se précipita dans l'eau ; il reparut bientôt, tenant un des enfants par ses vêtements, mais l'enfant échappa ; le Chien replongea de nouveau, et cette fois, le saisissant avec plus de force, il nagea vers le bord. Arrivé à portée des assistants, il leur tendit pour ainsi dire son fardeau en levant la tête ; puis, dès qu'il l'eut vu en sûreté entre les mains des spectateurs, il nagea vers le lieu où avait disparu l'autre enfant, et il plongea pour le chercher. Ce premier effort fut vain, et il fut forcé de remonter à la surface de l'eau pour respirer sans avoir pu trouver l'enfant. Il ne se découragea pas cependant, il plongea de nouveau, et revint triomphant en tenant à la gueule celui qu'il venait d'arracher à une mort certaine. Dès qu'il fut arrivé sur la terre avec son fardeau, il le déposa, et, comprenant que son rôle était terminé, il s'éloigna, après avoir secoué ses longues soies humides, comme s'il eût voulu se dérober aux applaudissements bruyants de la foule.

1. CHIEN-LOUP — 2. CHIEN DE L'OCÉANIE — 3. CHIEN DE LA NOUVELLE-HOLLANDE
4. LÉVRIER — 5. LEVRETTE — 6. BRAQUE DU BENGALE — 7. DOGUE DU THIBET

Après ces trois amis de l'Homme, nous citerons parmi les Chiens qu'on peut considérer comme ses serviteurs :

LE CHIEN DE BERGER. — Ce Chien a les oreilles courtes et droites, la queue horizontale ou pendante, le pelage long, hérissé, noir ou noirâtre. Ses variétés sont nombreuses, il y en a de toutes les tailles et de toutes les couleurs, mais toujours avec les mêmes formes et le poil hérissé. En même temps qu'il est très-sobre et très-attaché à son maître, il est remarquable par son intelligence, surtout pour la garde des troupeaux. En voici un curieux exemple, raconté par un témoin du fait :

Un troupeau de près de 2,000 bêtes à laine avait été dispersé, comme il arrive souvent, par une de ces tempêtes accompagnées de tourbillons de neige qui sont fréquentes sur les pâturages élevés des monts Cheviats, en Écosse. La tempête apaisée, le berger désespéré cherchait partout son troupeau et n'en avait pas de nouvelles. Au bout de deux jours, le Chien préposé à la garde des moutons les lui ramena, sans qu'il en manquât un seul. Les montagnards l'avaient vu, avec admiration, aller chercher dans tous les glens ou vallons rocailleux, à 12 ou 15 kilomètres à la ronde, les détachements isolés du troupeau de son maître, les réunir tous sur un seul point, puis, quand il les avait vus complets, les ramener à la bergerie.

LE CHIEN DE LA NOUVELLE-HOLLANDE, ou DINGO. — Le Dingo a la taille et les proportions du Chien de berger ordinaire, mais sa tête et son museau plus allongé lui donnent quelque ressemblance avec le Renard. Aussi misérable que les sauvages tribus australiennes qu'il suit dans leurs migrations, le Dingo, toujours affamé, est extrêmement vorace. A l'état sauvage, aux environs de Port-Jackson, il s'occupe chaque nuit à donner la chasse aux Volailles et aux Brebis importées par les Européens en Australie; de là la guerre soutenue que lui font les colons. Le Jardin des Plantes a possédé pendant quelques années un Chien de cette race. D'une force musculaire supérieure à celle de nos Chiens domestiques de même taille, il attaquait sans la moindre hési-

tation les Chiens de la plus forte espèce. « Je l'ai vu plusieurs fois, dit Fréd. Cuvier, se jeter en grondant sur les grilles au travers desquelles il apercevait une Panthère, un Jaguar ou un Ours, lorsque ceux-ci avaient l'air de le menacer. La présence de l'Homme ne l'intimidait point : il se jetait sur la personne qui lui déplaisait et sur les enfants surtout, sans aucun motif apparent. Il n'obéissait point à la voix, et le châtiment l'étonnait et le révoltait. Il affectionnait particulièrement celui qui le faisait jouir le plus souvent de sa liberté; il lui donnait quelques marques d'attachement, qui consistaient à sauter vivement à ses côtés et à lui lécher la main. Bien différent de nos Chiens domestiques, celui-ci n'avait aucune idée de la propriété de l'Homme, et il ne respectait rien de ce dont il lui convenait de faire la sienne ; il se jetait avec fureur sur la volaille, et semblait ne s'être jamais reposé que sur lui-même du soin de se nourrir. Ce que cet animal mangeait le plus volontiers, c'était la viande crue et fraîche ; le poisson ne paraissait jamais avoir fait sa nourriture, car la faim elle-même ne le décidait pas à en manger ; il ne refusait pas le pain, et paraissait goûter avec plaisir les matières sucrées.

LE CHIEN DE L'OCÉANIE est une variété du Dingo.

LE LÉVRIER. — Le Lévrier est le plus svelte et le plus léger de tous les Chiens. Il a fort peu d'intelligence, mais il a une vivacité et une gaieté qui, jointes à l'élégance de ses formes, plaisent généralement. Un instinct particulier le porte à courir les Lièvres et les Lapins. Comme le Lévrier a peu d'odorat, il ne peut suivre ces animaux à la piste ; mais en plaine, lorsque rien ne peut les dérober à sa vue, il se met à leur poursuite avec la rapidité de l'éclair et ne tarde pas à les atteindre.

LA LEVRETTE est une sous-variété très-petite du Lévrier ; c'est un Chien de luxe délicat et difficile à élever.

Le Chien de berger, le Dingo, le Lévrier et la Levrette appartiennent à la famille des *Mâtins*. Ceux dont la description va suivre font partie du groupe des *Épagneuls*.

1. PETIT BARBET — 2. BRAQUE FRANÇAIS — 3. CHIEN D'ARRÊT — 4. CHIEN DE BERGER
5. CHIEN DE TERRE-NEUVE — 6. CHIEN COURANT — 7. LIMIER — 8. CHIEN DE SIBÉRIE

LE CHIEN-LOUP. — Le Chien-Loup se distingue du Chien de berger par sa tête, qui est dégarnie de poils, ainsi que ses oreilles et ses pieds. Il porte toujours sa queue très-relevée et ordinairement enroulée en dessus ; elle est remarquable par les longs poils qui la garnissent. Le poil du corps est long, soyeux, le plus souvent de couleur noire ou blanche, rarement grise ou fauve. Il peut être employé à la garde des troupeaux. Il montre un extrême attachement à son maître ; c'est un excellent gardien dont le courage surpasse les forces.

LE CHIEN DE SIBÉRIE a le pelage très-long sur tout le corps, d'un gris ardoisé ou cendré, ou noir avec un collier blanc. L'extrémité de l'oreille est un peu courbée. Dans son pays d'origine, où il est plus fort, plus robuste, on l'attelle à des traîneaux.

LE PETIT BARBET diffère du grand par sa taille plus petite, très-variable, et par son pelage un peu moins laineux et plus hérissé. Il a à peu près les mêmes qualités que le grand Barbet. Il fait partie de la catégorie des *Chiens d'appartement.*

Les *Épagneuls* qui vont suivre composent le groupe des *Chiens de chasse ;* ils sont remarquables par leurs oreilles larges, longues et pendantes, par la délicatesse de leur odorat et leur intelligence.

LE CHIEN COURANT. — Il a le museau allongé, les jambes longues et fortes. Son poil est court, sa queue relevée. Le plus souvent sa couleur est le blanc avec des taches noires ou fauves. Il est excellent pour la chasse du Lièvre, du Cerf, du Sanglier ; mais il est brutal, égoïste, et n'a aucun attachement pour son maître.

LE LIMIER ressemble au Chien courant, mais il est plus grand, plus robuste. Son nez est plus gros, ses lèvres sont un peu pendantes. Il s'emploie, comme le *Courant*, à la chasse du Lièvre et des grandes bêtes fauves.

LE CHIEN D'ARRÊT a les oreilles plus courtes, moins larges et surtout moins pendantes que les précédents. Son museau est un peu moins long, assez épais. L'ensemble de son corps est plus robuste. Son poil est ras et généralement blanc, avec des taches brun marron plus ou moins foncé, jamais noires. Il est plein d'ardeur, quête bien et arrête parfaitement le gibier. Il est très-attaché à son maître.

LES BRAQUES sont une variété du Chien d'arrêt, plus efflanquée, moins robuste, ayant ses qualités et ses défauts.

Le dernier individu reproduit par notre gravure appartient à la race des *Dogues*, animaux de grande taille, au museau court, au front saillant, à la tête arrondie, avec des oreilles courtes à demi pendantes : c'est le *Dogue du Thibet.*

LE DOGUE DU THIBET se distingue des individus de son espèce par sa tête plus grosse, plus arrondie. Son pelage est généralement noir, à grandes parties plus pâles ou grisâtres, assez long, un peu hérissé. Sa queue, très-fournie de longs poils, forme un assez beau panache. Ce Chien est courageux, extrêmement fort, et propre au combat quand il y a été dressé, car son humeur est assez pacifique. Il s'attache à son maître, mais ses habitudes sont grossières et brutales.

Nous ne poussons pas plus loin cette énumération déjà bien longue, et nous passons à la seconde section du genre Chien.

LOUP PRIS AU PIÈGE

LE LOUP (*Canis Lupus*, Lin.).

Parmi les habitants de nos bois, il n'en est guère dont la réputation soit plus mauvaise que celle du Loup et à qui l'Homme fasse une guerre plus implacable. Buffon, qui peint toujours la nature avec des couleurs pleines d'éclat, a décrit le caractère du Loup de nos contrées dans un tableau auquel, sauf un petit nombre de traits, il faut aussi reconnaître le mérite d'une exactitude assez rigoureuse. « Le Loup, dit-il, est un de ces animaux dont l'appétit pour la chair est le plus véhément ; et, quoique avec ce goût il ait reçu de la nature les moyens de le satisfaire, qu'elle lui ait donné des armes, de la ruse, de l'agilité, de la force, tout ce qui est nécessaire pour trouver, attaquer, vaincre, saisir et dévorer sa proie, cependant il meurt souvent de faim, parce que l'Homme, lui ayant déclaré la guerre, l'ayant même proscrit en mettant sa tête à prix, le force à fuir, à demeurer dans les bois, où il ne trouve que quelques animaux sauvages qui lui échappent par la vitesse de leur course, et qu'il ne peut surprendre que par hasard ou par patience en les attendant longtemps, et souvent en vain, dans les endroits où ils doivent passer. Il est naturellement grossier *et poltron ;* mais il devient ingénieux par besoin et hardi par nécessité. Pressé de la famine, il brave le danger, vient attaquer les animaux qui sont sous la garde de l'Homme, ceux surtout qu'il peut emporter aisément, comme les Agneaux, les petits Chiens, les Chevreaux ; et lorsque cette maraude lui réussit, il revient souvent à la charge, jusqu'à ce qu'ayant été blessé, chassé et maltraité par les Hommes et les Chiens, il se recèle pendant le jour dans son fort, n'en sort que la nuit, parcourt la campagne, rôde autour des habitations, attaque les femmes et les enfants, se jette même quelquefois sur les Hommes, devient furieux par ces excès, qui finissent ordinairement par la rage et la mort. »

Le Loup et le Chien domestique, sous le rapport des mœurs, des habitudes, sont antipathiques par nature, par instinct. Jamais ils ne se rencontrent sans se fuir ou se combattre à mort. Vainqueur, le Loup déchire, dévore sa proie ; le Chien, au contraire, satisfait de sa victoire, abandonne le cadavre de son ennemi aux corbeaux ou aux autres Loups ; car ils s'entre-dévorent, ils se mangent, en dépit du proverbe.

A l'extérieur, le Loup diffère encore du Chien par des caractères essentiels. L'aspect de la tête et la forme des os ne se ressemblent pas : le Loup a la cavité de l'œil obliquement posée, l'orbite inclinée, les yeux étincelants pendant la nuit ; il hurle et n'aboie pas ; il se meut différemment ; il a la démarche plus égale, quoique plus prompte ; le corps beaucoup plus fort et bien moins souple, les membres plus fermes, les mâchoires et les dents plus grosses, le poil plus rude et plus fourré.

Le Loup ne vit pas solitaire, comme le dit Buffon. Il est vrai que dans les pays très-peuplés, comme la France, où il est sans cesse poursuivi, on le rencontre très-souvent seul ; mais dans les solitudes du Nord, lorsque des neiges abondantes couvrent la terre, les Loups s'assemblent en troupes nombreuses, quittent leurs forêts et font des excursions jusqu'à l'entrée des villages et des villes. Plus d'une fois, dans cette circonstance, leur rencontre a été fatale à des voyageurs.

Les Loups pris jeunes s'apprivoisent aisément ; ils sont même caressants, si on les traite bien ; mais il paraîtrait que le naturel revient au galop, dès qu'ils ont atteint dix-huit mois ou deux ans. Un naturaliste, étant à herboriser dans un bois près de Poitiers, trouva six louveteaux au gîte, de huit jours au plus, en emporta un qu'il nourrit avec soin, d'abord de lait, ensuite de pain et de lait, puis de soupe. L'animal prit des forces, et, caressé, soigné attentivement par son maître, il venait à sa voix et commençait à rapporter ce qu'il lui jetait à une certaine distance. Valmont de Bomare, c'est le nom du naturaliste, essaya de lui faire manger les entrailles d'un Poulet : jamais le Louveteau n'eut si bon appétit, et ses caresses redoublèrent. La nuit suivante, Valmont de Bomare, rêvant qu'il était en proie à des Loups, se réveilla par l'effet de la peur et de la douleur. Que trouva-t-il ? Son louveteau, qui lui mordait les cuisses et en suçait le sang. Il s'empressa de se défaire de cet ingrat, qu'on fut obligé de tuer plus tard, tant son instinct féroce reprenait le dessus.

Ce qui rend ce caractère d'autant plus redoutable dans le Loup, c'est qu'il est doué d'une force musculaire considérable, jusque-là qu'il emporte un Mouton avec sa gueule sans le laisser traîner à terre, et qu'il court en même temps plus vite que les bergers. Il y a peu de Chiens assez robustes pour le combattre avec succès. Il a les sens très-bons, l'œil, l'oreille et surtout l'odorat ; l'odeur du carnage l'attire de plus d'une lieue. Il aime la chair humaine et peut-être la préfère-t-il à toute autre. En effet, on a vu des Loups suivre les armées, déterrer les cadavres pour s'en repaître avec avidité, et ces mêmes Loups, accoutumés à cette horrible nourriture, se jeter ensuite sur les Hommes, attaquer le berger plutôt que le troupeau, dévorer des femmes, des enfants.

S'étonnera-t-on maintenant que cet animal soit pour les habitants des campagnes l'objet d'une haine implacable, que les gouvernements encouragent par des primes la destruction de l'espèce ? Dans les cas ordinaires, on se contente de répandre des boulettes empoisonnées, de creuser des fosses, de présenter des appâts et de tendre des pièges de différentes sortes, tels, par exemple, que celui auquel est venu se prendre le Loup que reproduit notre gravure. Mais il est arrivé que de telles mesures sont demeurées impuissantes, et qu'on a été obligé d'armer tout un pays pour exterminer quelque loup furieux, par exemple la Bête du Gévaudan.

LA BÊTE DU GÉVAUDAN

C'est au mois de juin 1764, dans la forêt de Mercoire et aux environs de Langogne, petite ville du Gévaudan, qui forme aujourd'hui le département de la Lozère, que la *Bête du Gévaudan* commença ses exploits. Elle s'attaquait particulièrement aux femmes et aux enfants. Après quatre mois, elle changea de gîte et se fixa près de Saint-Alban. Ses ravages furent tels, que l'imagination populaire, une fois lancée, ne s'arrêta devant aucune absurdité. Ce n'était pas une bête ordinaire : elle rugissait, elle avait des griffes, des yeux de feu, une taille gigantesque; elle avait été tirée à bout portant sans recevoir aucun mal; elle charmait les armes à feu, elle était impénétrable aux balles; quelques-uns l'avaient même entendue parler : c'était un sorcier, un Loup-garou.

La généralité de Montpellier, dont le Gévaudan formait un district, s'émut; une grande battue fut ordonnée. Cinquante dragons et douze cents paysans donnèrent la chasse à la bête, sans pouvoir l'atteindre.

Le Loup-garou continua ses ravages poussant des pointes dans l'Auvergne et dans le Rouergue. On mit sa tête à prix. Les syndics du diocèse de Mende et de Viviers firent promettre, à son de trompe, une récompense de 200 livres à qui purgerait le pays de ce fléau. Les États de Languedoc votèrent 2,000 livres pour le même objet.

Il était temps, en effet, de rassurer le pays. On ne trouvait plus un berger pour conduire les Moutons; les paysans ne sortaient plus qu'en troupes, les foires et les marchés étaient déserts. Au mois de février 1765, des prières publiques furent ordonnées par l'évêque de Mende, et le Saint-Sacrement fut exposé dans la cathédrale, comme aux temps des plus grandes calamités.

Le bruit en vint à Versailles. Le roi ajouta 6,000 livres aux récompenses déjà promises. L'appât fit tenter un effort. On leva une armée. 73 paroisses du Gévaudan, 30 de l'Auvergne et du Rouergue, convoquèrent le ban et l'arrière-ban des louvetiers, chasseurs, officiers, soldats, piqueurs, rabatteurs : 20,000 combattants s'ébranlèrent, subdélégués, consuls et notables en tête. La bête fut traquée, poursuivie, vue par mille chasseurs dont chacun la dépeignit à sa manière; elle fut tirée, blessée et s'échappa encore.

Une autre chasse générale, aussi nombreuse que celle-là, n'aurait pas plus de succès, un vieux gentilhomme normand, qui avait blanchi dans la chasse au Loup, et à qui la Normandie et les provinces limitrophes devaient la destruction de douze cents de ces animaux, jura qu'il aurait raison de la bête. Sous ses ordres vinrent se ranger les plus habiles chasseurs du Languedoc, du Dauphiné, du Vivarais, du Comtat, de la Provence. Quarante chasses générales furent faites en six jours, des battues furent faites par 100 paroisses. Rien n'y fit. La bête fut touchée, renversée, et elle reparut plus affamée que jamais.

Tant de vains efforts, tant de fatigues inutiles avaient épuisé la constance de tout le monde. Lassés et dégoûtés d'une chasse si pénible et néanmoins si infructueuse, tous les chasseurs avaient quitté la partie et s'en étaient, pour la plupart, retournés chez eux.

Alors le roi se décida à envoyer au secours du Gévaudan M. Antoine, chevalier de Saint-Louis, lieutenant de ses chasses et son porte-arquebuse, avec un détachement choisi parmi les gardes-chasse de ses capitaineries de Versailles et de Saint-Germain en Laye, et que suivaient les chiens de sa louveterie. Les ducs d'Orléans et de Penthièvre et le prince de Condé s'empressèrent de seconder les vues du roi, en joignant l'élite de leurs gardes à ceux de Sa Majesté.

Cette nouvelle troupe de chasseurs arriva dans le Gévaudan vers le milieu de juin 1765. Les dispositions les plus habiles furent prises par ces hommes d'une expérience consommée; les chasses et les battues recommencèrent avec un concert qui permettait d'espérer que les démarches de la bête seraient mieux éclairées, ses retraites plus sûrement investies. Néanmoins, malgré des poursuites incessantes dans tous les sens, elle échappa pendant plusieurs mois encore.

D'autres Loups, qui avaient sans doute contribué aux ravages que la crédulité publique mettait sur le compte d'un seul, furent tués sur ces entrefaites.

Pendant que la vénerie française se montrait si impuissante, des enfants, des femmes engageaient des luttes corps à corps avec la bête. Une femme, attaquée par elle, lui perça la gueule d'un coup d'une baïonnette attachée au bout d'un bâton. Quatre petits garçons et deux petites filles, le plus âgé n'ayant que douze ans, arrachaient de la gueule du monstre un des leurs qu'il avait saisi, et le harcelaient à coups de bâton pointu au point de le mettre en fuite.

Enfin l'heure de la justice arriva. M. Antoine fit cerner un jour les bois de la Réserve, près du pont qui conduit au petit village des Ternes, à deux lieues environ de Saint-Flour. On était le 20 septembre. Tandis que les valets de limiers et les Chiens de louveterie fouillaient le bois, le porte-arquebuse du roi, placé à un détour, vit venir par un sentier un grand vieux Loup qui lui prêtait le flanc, tout en le regardant d'assurance. M. Antoine : sa canardière était chargée de trente-cinq postes à Loups et d'une balle de calibre assurées au coups de poudre. Ce coup, que pas un tireur sérieux ne voudrait tirer aujourd'hui, lança rudement M. Antoine en arrière; mais l'animal était atteint dans le flanc et à l'œil. Il tomba, se releva et marcha sur le porte-arquebuse désarmé, qui cria à l'aide. Un garde du duc d'Orléans accourut, tira un coup de carabine et atteignit à la cuisse qui fit trois pas et tomba roide morte.

Les paysans accoururent et d'une voix unanime reconnurent l'ennemi. Il avait d'ailleurs à la gueule le coup de baïonnette de la paysanne intrépide. Ce n'était pas un sorcier, un acolyte du diable : c'était bel et bien un grand vieux Loup, portant 88 centimètres de hauteur, 1 mètre de circonférence, et 1 mètre 84 centimètres de longueur du bout du museau à l'extrémité de la queue. Il pesait 65 kilogrammes. Notre figure reproduit sa tête comme le type le plus fidèle de l'espèce.

La bête du Gévaudan avait, toute exagération mise de côté, dévoré 55 individus, femmes et enfants, et blessé plus ou moins grièvement 25 autres. Dans ce nombre ne figurait pas un homme ni même un enfant de quinze ans.

On trouve en Europe, et même en France, mais très-rarement, le LOUP NOIR (*Canis lycaon*, LIN.), que l'on dit plus féroce que le Loup commun.

Il existe encore plusieurs espèces étrangères dont les mœurs et les habitudes sont celles de notre Loup, mais avec les modifications qu'amènent forcément le sol et le climat.

Le CHACAL, une des variétés de ces espèces, se rapproche plus du Chien domestique que du Loup commun. Ceux qui vivent au Jardin des plantes sont vifs, gais et en même temps doux et caressants.

RENARD GUETTANT SA PROIE

LE RENARD ORDINAIRE (*Canis vulpes*, LIN.).

Le RENARD ORDINAIRE est plus petit que le Loup ; il a la queue plus longue et plus touffue, le museau plus pointu ; son pelage est plus ou moins roux, et il a le bout de la queue blanc. Une autre espèce ou variété a le bout de la queue noir ; elle est connue par les chasseurs et les naturalistes sous le nom de RENARD CHARBONNIER (*Canis alopex*).

Le Renard a la légèreté du Loup ; il est presque aussi infatigable, mais beaucoup plus ingénieux dans l'art qu'il apporte à pourvoir à sa nourriture et à se dérober au danger. Il se creuse un terrier au bord d'un bois ou dans des taillis, sous des pierres, sous un tronc d'arbre, dans un lieu élevé et en pente pour éviter l'humidité ou l'eau des inondations. Quelquefois il s'empare de celui d'un Blaireau ou même d'un Lapin, et, dans ce dernier cas, il l'élargit. Il n'habite guère son terrier que pour y élever sa jeune famille ou se dérober à un danger pressant. Dans toute autre circonstance, il passe la journée à dormir dans un fourré à proximité de sa retraite, et il chasse pendant la nuit en donnant de la voix comme un Chien courant. Il ne se nourrit guère que de proies vivantes, à moins qu'il ne soit extrêmement pressé par la faim ; dans ce cas il mange des fruits, particulièrement des baies, et il se tient à proximité des vignes pour se nourrir de raisins. Il faut qu'il éprouve une grande disette pour recourir aux charognes ou aux voiries.

Vers la tombée de la nuit, le Renard quitte sa retraite et se met en quête. Il parcourt les lieux un peu couverts, les buissons, les haies, pour tâcher de surprendre les Oiseaux endormis ou les Perdrix sur leurs œufs. Il se place à l'affût dans un buisson épais pour s'élancer et saisir au passage le Lièvre et le Lapin. Quelquefois il rôde sur le bord des étangs et se hasarde même au milieu des joncs et des marécages pour enlever les jeunes Poules d'eau, les Canards qui ne peuvent pas encore voler, et les Oiseaux aquatiques. A leur défaut, il se rejette sur les Rats et les Grenouilles.

Mais si, pendant ses recherches, le chant du Coq vient frapper son oreille, il s'achemine avec précaution vers le hameau, en fait le tour, et malheur à la volaille qui aurait négligé de regagner le soir la basse-cour : elle serait saisie et étranglée avant même d'avoir eu le temps de crier.

Dès que le jour paraît, il rentre dans le bois et toujours dans le même hallier qui lui sert habituellement de retraite. Cependant, si la ferme où le chant du Coq l'a attiré pendant la nuit se trouve éloignée des autres habitations, il cherche un fourré dans les environs, s'y embusque et y passe la journée. Quand la volaille s'écarte

de la ferme pour aller dans les champs chercher sa pâture, il l'observe avec attention et choisit des yeux sa victime, en attendant patiemment l'occasion de s'en emparer. Tant que le Chien de cour rôde ou veille dans les environs, il reste immobile et tapi dans sa cachette ; mais celui-ci rentre-t-il un moment dans la ferme, le Renard se coule le long d'une haie en rampant sur le ventre. Pour s'approcher de sa proie sans en être aperçu, il se glisse derrière toutes les petites élevations qui peuvent le masquer, dans un sillon, derrière une borne, un tronc d'arbre ; parvenu à proximité, il s'élance d'un bond, la saisit et fuit au fond des bois, avec autant de rapidité que de précaution pour n'être pas découvert.

Dans un pays giboyeux, les Renards s'adonnent plus particulièrement à la chasse. Deux sortent ensemble de leur retraite et s'associent pour chasser un Lièvre. L'un s'embusque au bord d'un chemin, dans le bois, et reste immobile ; l'autre quête, lance le gibier, et le poursuit vivement en donnant sept ou huit coups de voix par minute pour avertir son camarade. C'est ordinairement pendant la belle saison, entre dix heures et minuit, que l'on entend chasser ces animaux dans les pays boisés. Le Lièvre fuit et ruse devant son ennemi comme devant les Chiens de chasse ; mais tout est inutile, et le Renard, collé sur sa passée, le déjoue sans cesse et se trouve toujours sur ses talons. Poussé par le chasseur, il prend enfin le chemin auprès duquel l'autre Renard est embusqué pour l'attendre ; il passe à proximité ; le braconnier s'élance, le saisit ; son camarade arrive, et ils dévorent ensemble une proie qu'ils ont chassée ensemble.

Il est de bonne justice qu'un si grand chasseur reçoive la chasse à son tour ; mais ce n'est pas seulement par esprit de vengeance et de représailles, et par amour pour le gibier, qu'on se tient en hostilité permanente contre le Renard, c'est surtout son habileté à se défendre qui engage à l'attaquer ; car réduire un Renard n'est pas tâche facile, et peu de victoires en fait de chasse mettent plus de joie et de vanité au cœur d'un chasseur. Nous n'entendons pas parler ici de ces moyens de guerre peu généreux qui consistent dans la fumée qui va étouffer le Renard au fond de sa tanière ; dans ces Bassets qui le harcèlent et l'obligent à se présenter à ses portes, où l'attendent des filets et des bâtons ; dans la bêche et la pioche qui mettent à découvert les retraites les plus mystérieuses du terrier ; dans ces pièges trompeurs qui rendent toute résistance impossible. Contre ces attaques déloyales, le Renard ne peut se défendre que par sa longue prévoyance et sa vigilance continuelle. Nous parlons de la grande chasse, de cette chasse solennelle où le Renard, libre de déployer toutes ses ruses, dispute avec acharnement la victoire. Ce sera l'objet d'un second article.

LA CHASSE AU RENARD

Au jour fixé pour le combat, quand on est certain que e Renard, parti pour la promenade ou la maraude, a quitté ses terriers, on les bouche soigneusement, de même que tous ceux du voisinage ; puis les chasseurs étant rassemblés à cheval, on met les Chiens en quête de l'ennemi. La forte odeur qu'exhale le Renard a bientôt fait découvrir sa retraite, et les aboiements de la meute apprennent qu'il est lancé. L'animal, poursuivi, fuit au plus vite vers son terrier ; le trouvant bouché, et effrayé d'ailleurs par les gardes, qu'il est prudent de placer pour empêcher les fouilles qu'il pourrait essayer, il reprend sa course, fait quelques détours, et revient encore à son gîte. Repoussé une seconde fois, il voit alors qu'il lui faut renoncer à sa forteresse, et qu'il faut chercher retraite ailleurs. Il se dirige en conséquence vers le terrier connu de quelque parent ou ami ; mais là encore, si la chasse est bien menée, il échoue : il va plus loin, sans plus de succès. Lassé enfin de frapper ainsi inutilement de porte en porte, il comprend qu'il ne doit plus compter que sur ses jambes. Prenant donc un grand parti, il se lance, sans but déterminé, à travers les forêts et les plaines, et défie les Chiens de vitesse. C'est alors, à proprement parler, que la chasse commence. Quoique le Renard, dans ces circonstances graves, suive volontiers la ligne droite, il ne néglige pas cependant les avantages que peuvent lui offrir les accidents de terrain. S'il rencontre un bois, il préfère les buissons épais et fourrés, sous lesquels il glisse rapidement, tandis que la meute n'y peut frayer sa route qu'avec peine ; il recherche les haies vives où la moindre trouée donne passage à son corps souple et mince ; il recherche encore les ondulations du sol qui fatiguent ses adversaires, les fossés qu'il franchit d'un bond, les rochers, derrière lesquels il peut brusquement changer de direction et mettre les Chiens en défaut. Il devine enfin avec une sagacité prompte tout ce qui peut faire obstacle à ses persécuteurs et faciliter sa fuite. Néanmoins, toutes ces ruses, toutes ces combinaisons stratégiques ne réussissent guère à tromper, à rebuter les ennemis. Chiens et Chevaux se précipitent avec ardeur sur les pas du fugitif. Ce n'est pas que bon nombre de poursuivants ne demeurent en arrière ; Chevaux et cavaliers roulent parfois dans les fossés, restent suspendus sur des haies et des barrières, et réalisent toutes ces bizarres variétés de chute que l'imagination des peintres de chasse au Renard a inventées ; estropiés, exténués, bien des Chiens renoncent à la course ; mais le gros de l'armée n'en continue pas moins la chasse et ne s'arrête qu'après avoir vaincu, qu'après avoir vu le Renard tomber de fatigue. C'est là l'issue la plus commune de la lutte. Il arrive cependant qu'un Renard, d'une élasticité

de jarrets supérieure, ou d'une cervelle extrêmement féconde en ressources, parvient à échapper à quelques rencontres ; toutefois il ne fait que retarder son destin ; la popularité même que lui donnent ses succès rend sa perte inévitable en ameutant contre lui des ennemis qui, piqués au jeu, n'abandonnent la partie qu'après l'avoir gagnée, et le bulletin de la grande journée va faire l'entretien de tous les châteaux de la province.

C'est surtout en Angleterre que la chasse au Renard se pratique avec appareil et solennité. L'habileté comme chasseur y est un titre des plus recommandables pour les Hommes, les Chevaux et les Chiens. Une chasse au Renard n'y est pas un amusement privé, mais bien un événement public dont les journaux enregistrent les détails dans leurs colonnes et qui semble d'un intérêt plus vif et plus général que toute autre nouvelle du jour. Un équipage complet de chasse au Renard est le trésor le plus envié peut-être des nobles lords de campagne.

Le Renard est aussi farouche qu'il est rusé, et, s'il s'accoutume à l'esclavage, il ne s'apprivoise jamais et ne s'attache en aucune manière à la main qui le nourrit.

Le Renard a les sens aussi bons que le Loup, le sentiment plus fin et l'organe de la voix plus souple et plus parfait. Le Loup ne se fait entendre que par des hurlements affreux ; le Renard glapit, aboie, et pousse un son triste, semblable au cri du Paon ; il a des tons différents, selon les sentiments différents dont il est affecté ; il a la voix de la chasse, l'accent du désir, le son du murmure, le ton plaintif de la tristesse, le cri de la douleur qu'il ne fait jamais entendre qu'au moment où il reçoit un coup de feu qui lui casse quelque membre ; car il ne crie point pour toute autre blessure et se laisse tuer à coups de bâton comme le Loup, sans se plaindre, mais toujours en se défendant avec courage. Il mord dangereusement, opiniâtrement, et l'on est obligé de se servir d'un ferrement ou d'un bâton pour lui faire lâcher prise. Son glapissement est une espèce d'aboiement qui se fait par des sons semblables et très-précipités. C'est ordinairement à la fin du glapissement qu'il donne un coup de voix plus fort, plus élevé et semblable au cri du Paon. En hiver, surtout pendant la neige et la gelée, il ne cesse de donner de la voix et il est au contraire presque muet en été.

Le Renard ne s'apprivoise pas aisément et jamais tout à fait ; il languit lorsqu'il n'a pas la liberté, et meurt d'ennui lorsqu'on veut le garder trop longtemps en domesticité.

⚜⚜⚜

L'ISATIS — LE FENNEC

Les espèces du genre Renard sont nombreuses : on en trouve dans toutes les parties du monde ; leurs mœurs, leurs habitudes sont généralement celles de notre Renard ordinaire.

Le nord de l'Europe et de l'Amérique nourrit plusieurs espèces renommées pour leur fourrure. Nous citerons parmi elles l'*Isatis* ou *Renard bleu*.

L'Isatis (*Canis lagopus*, LIN.), plus petit que le Renard ordinaire, a le pelage très-long, très-épais, très-moelleux, tantôt d'un cendré foncé bleuâtre, tantôt entièrement blanc. Le bout de son museau est noir et le dessous de ses doigts est garni de poils. Sa queue est longue et touffue. Cet animal se trouve sur tout le littoral de la mer Glaciale et des fleuves qui s'y jettent, et il a, sur le Renard ordinaire, l'avantage de nager avec la plus grande facilité. On le voit souvent traverser les bras des rivières ou des lacs pour aller chercher, parmi les joncs de leurs îlots, les nids des Oiseaux aquatiques

La fourrure de ces animaux est extrêmement recherchée à cause de sa valeur, et forme l'objet d'un commerce considérable. S'il arrive à un chasseur de prendre un ou deux jeunes Isatis, il les apporte à la maison, et sa femme les allaite et les élève jusqu'à ce que leur fourrure soit en état d'être vendue, c'est-à-dire jusqu'à huit ou neuf mois. Il n'est pas rare de voir, dans la voute enfumée d'un Lapon, une pauvre femme partager son lait et ses soins entre son enfant et trois ou quatre Isatis.

Une autre espèce de Renard, le plus petit des Renards connus, est remarquable par ses longues oreilles. C'est le *Fennec* ou *Zerdo* (*Vulpes fennecus*).

Le FENNEC a les oreilles très-grandes, bordées à l'intérieur de longs poils blancs. Son pelage est d'un joli roux isabelle en dessus, avec une tache fauve placée devant chaque œil. La base et le bout de la queue sont noirs. On le trouve en Afrique.

Un dernier groupe des Carnivores digitigrades comprend les *Hyènes*.

Les HYÈNES se rapprochent des Chiens par leur forme générale, et des Chats par leur système dentaire, dont la force est si grande, qu'elle leur permet de briser les os les plus durs. Mais elles en diffèrent par l'obliquité apparente de leur corps et leur étrange allure. Le train de derrière des Hyènes paraît plus bas que celui de devant, non pas qu'il le soit réellement, mais parce qu'elles tiennent leurs membres postérieurs dans un état continuel de demi-flexion ; et c'est cette circonstance qui a fait dire que la Hyène boite, surtout lorsqu'elle se met en marche.

Ce groupe se compose de deux ou trois espèces dont la plus nombreuse est la *Hyène rayée* (*Canis hyæna*, LIN.).

La HYÈNE RAYÉE est de la grandeur d'un Chien ordinaire. Son pelage est d'un gris jaunâtre rayé transversalement de noir. Sur le dos et tout le long de la nuque s'étend une longue crinière qui se hérisse quand l'animal est excité par la colère ou quelque autre passion violente.

Une foule d'histoires, toutes plus terribles, toutes plus merveilleuses les unes que les autres, ont été débitées sur le compte de ces animaux. Ici ce sont des gémissements plaintifs que la Hyène pousse dans les ténèbres, en imitant la voix humaine, pour attirer et dévorer le voyageur qu'un mouvement secourable détournerait de sa route ; là, c'est un cadavre qu'elle va arracher dans un cimetière ; partout c'est un être terrible, fantastique, effroyable, qui se glisse comme un spectre dans l'ombre de la nuit, et qui ne se nourrit que de chair humaine.

Il faut laisser de côté toutes ces rumeurs. La vérité est que la Hyène est le plus inoffensif et le plus timide de tous les Carnassiers. Si elle ne vit que de voiries et de charognes, c'est parce qu'elle n'ose pas attaquer les animaux vivants. Est-elle surprise, même pour des enfants, sa couardise est telle, qu'elle se laisse assommer sous le bâton sans se défendre, et on a vu plusieurs fois des marabouts entrer en ville tenant une Hyène vivante dans leurs bras.

Les Hyènes se trouvent en Afrique et en Asie. Elles habitent des cavernes, d'où elles sortent la nuit pour aller à la recherche des cadavres et des restes infects abandonnés sur le sol ou enfouis dans la terre.

LES CHASSEURS D'OURS

CARNIVORES PLANTIGRADES. — De tous les animaux compris dans cette section, l'Ours est certainement le plus remarquable par sa force, par sa taille qui, dans certaines espèces, égale celle du Lion et du Tigre. Ses formes trapues, l'épaisseur de sa taille et de ses membres, rendue plus sensible encore par l'absence totale de queue, et la pesanteur de ses allures annoncent, au premier abord, un naturel grossier et sauvage ; mais la largeur de son front, la finesse de son museau, la façon droite dont il porte la tête ont bientôt fait de dissiper cette impression, et l'Ours nous apparaît tel qu'il est, intelligent et doux lorsqu'il n'est excité ni par la faim ni par les mauvais traitements. Quant à cette pesanteur apparente, à cette démarche lourde et embarrassée, elles viennent de ce que l'Ours, au lieu de marcher sur le bout des doigts comme le Lion, le Tigre, pose sur le sol la plante entière des pieds ; mais si ce mode de locomotion, dû à sa conformation particulière, fait obstacle à la rapidité de ses mouvements, elle lui donne, en compensation, la faculté de se tenir debout et de monter sur les arbres dont il peut embrasser le tronc ou saisir les branches.

L'Ours a encore l'avantage d'être doué d'une très-bonne vue et d'une grande finesse d'odorat, et, bien qu'il soit armé de dents redoutables, on ne saurait dire que son naturel soit essentiellement carnassier. Il se nourrit principalement de substances végétales, de jeunes pousses, de fruits et de racines succulentes ; il aime le miel avec une telle passion, qu'il passe une partie de son temps à chercher, dans les forêts les plus solitaires, les nids de Guêpes et d'Abeilles sauvages, et que, malgré sa prudence naturelle, il ne résiste presque jamais à s'exposer au piége auquel le miel sert d'appât. C'est seulement lorsque la faim le presse qu'il attaque les autres animaux, encore ne le fait-il qu'à la dernière extrémité.

Quelques auteurs ont prétendu qu'il existait des Ours herbivores et des Ours carnassiers : cela tient aux circonstances dans lesquelles les observations ont été faites. Ainsi, par exemple, dans les contrées glacées du Nord où ces animaux ne peuvent trouver, pendant les trois quarts de l'année, ni fruits ni végétaux d'aucune sorte, ils n'ont d'autre ressource que de devenir chasseurs et carnivores. Tout le monde a lu l'histoire de ces hardis voyageurs qui, forcés d'hiverner sur les côtes du Groënland, avaient chaque jour à livrer de terribles combats contre des Ours affamés. Dans nos pays tempérés, où l'hiver est de courte durée, cette même nécessité n'existe pas, et lorsque la saison rigoureuse est venue faire disparaître des plaines et des forêts tous les végétaux ou fruits dont ils se nourrissent, les Ours disparaissent à leur tour et se retirent dans de vieux troncs d'arbres, dans des creux de rochers ou des tanières creusées d'avance, où ils dorment presque engourdis pendant des mois entiers. Il ne faut pas croire cependant qu'ils soient entièrement privés de sentiment comme le Loir et la Marmotte ; mais l'Ours, naturellement gras, l'est excessivement sur la fin de l'automne ; cette abondance de graisse l'aide à supporter l'abstinence, et il ne sort de sa retraite que lorsqu'il se sent sur le point de mourir de faim. C'est alors que sa rencontre devient dangereuse. Il attaque tous les animaux qui se trouvent sur son passage, et se jette, avec une insouciance intrépide, au-devant du péril. Il ne se dérange pas à la vue de l'homme même armé ; il court sur lui, se dresse sur ses pieds, et, l'œil ardent, la gueule béante, les pattes tendues, il s'élance pour étreindre son ennemi. C'est ce moment qu'il faut saisir pour le frapper. Malheur à qui le manquerait du premier coup, car il n'est jamais plus à craindre que quand il est blessé. Lorsque, réduit à fuir, excédé de fatigue, il sent que ses forces vont l'abandonner, il tente un dernier effort, s'appuie le dos contre un rocher ou contre un arbre et ramasse des pierres qu'il lance à ses adversaires. Il lutte ainsi jusqu'à la mort.

On emploie généralement les armes à feu pour chasser l'Ours ; il est cependant des contrées où l'homme va seul ou en compagnie. Dans les montagnes des Asturies, deux hommes s'associent pour cette dangereuse entreprise. Couverts, des pieds à la tête, de peaux de mouton dont la laine est tournée en dehors, ils s'en vont à la recherche de l'Ours. L'un d'eux est armé d'un coutelas dont la lame est longue de 50 centimètres ; l'autre, d'un long bâton. Le premier est le *couteleur* : le second s'appelle le *querelleur* ou *chercheur de bruit.*

Dès qu'un Ours paraît à l'horizon, tous deux s'avancent vers lui comme pour lui barrer le passage. Le querelleur lève le bâton sur l'Ours, mais sans le frapper. Il est rare qu'à ce mouvement l'Ours ne se redresse et ne fonde sur l'importun. Celui-ci jette son bâton, se précipite sur l'Ours, le prend à bras-le-corps, l'étreint fortement dans ses deux bras, et en même temps, par un mouvement exécuté avec une grande précision, met sa tête hors de l'atteinte de la gueule de l'Ours en l'appuyant fortement sur le cou de l'animal. Alors commence entre les deux adversaires un combat terrible. L'Ours, de ses puissantes griffes, cherche à déchirer son ennemi, mais il ne parvient qu'à arracher quelques mèches de la laine qui le recouvre. Pendant qu'ils sont ainsi aux prises, le couteleur s'approche par derrière, et plonge jusqu'à la garde son coutelas entre la clavicule et l'omoplate, en inclinant le coup de droite à gauche, de façon à atteindre l'animal au cœur.

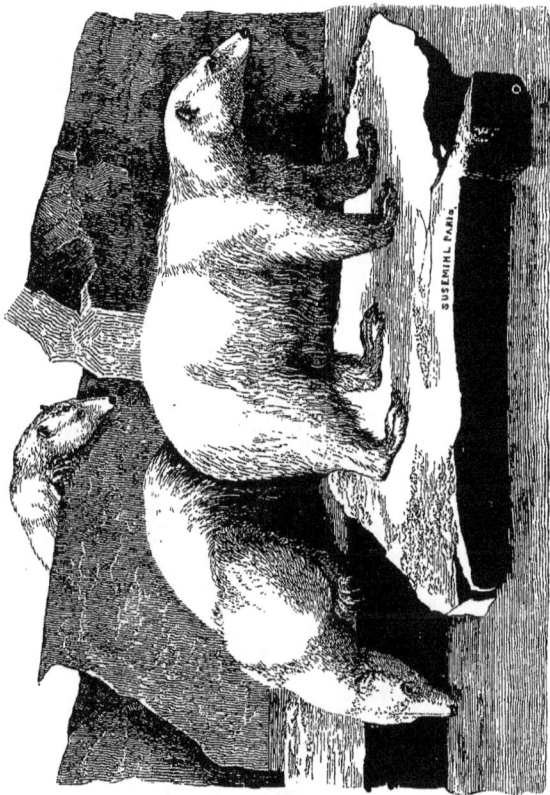

LES OURS BLANCS

SUSEMIHL PARIS.

Il est rare que l'Ours ne tombe pas foudroyé; mais si le coup a été mal dirigé, la position du querelleur devient fort critique. L'Ours, rendu furieux par sa blessure, ou même lorsqu'il tombe sur le coup, par une dernière convulsion ou un mouvement de ses deux pattes de devant peut mettre le chasseur en pièces. Ce cas du reste a été prévu . le querelleur ne lâche l'Ours que lorsqu'il entend le sifflet de son compagnon qui lui annonce que l'Ours est passé de vie à trépas. Jusque-là, le querelleur doit se tenir étroitement serré contre la poitrine de l'animal, se coller à lui, se rouler même avec lui, et jusqu'au moment de la mort ne plus s'en séparer. Lutte horrible que les Asturiens ne craignent pas de répéter cinq ou six fois par semaine, sans jamais recevoir une seule égratignure !

Parfois on a recours à certains pièges; mais l'extrême défiance de l'Ours rend le plus souvent ce moyen inutile; car l'un des traits principaux du caractère de l'Ours est la défiance. On ne saurait porter la circonspection plus loin qu'il le fait. Il s'éloigne de tout ce qu'il ne connaît pas. S'il est forcé de s'en approcher, il le fait lentement, et il ne passe outre qu'après s'être bien assuré que l'objet de sa crainte ne recèle pour lui aucun danger. Ce n'est cependant, il faut lui rendre cette justice, ni le courage ni la résolution qui lui manquent : on ne le voit point fuir; il résiste à la menace, oppose la force à la force, et sa fureur, comme ses efforts, devient terrible si sa vie est menacée. Mais c'est surtout pour la défense de leurs petits que les Ours femelles déploient toutes les ressources de leur force prodigieuse et toute l'énergie de leur courage maternel. Elles se jettent avec rage sur tous les êtres vivants qui leur inspirent quelque crainte, et ne cessent de combattre qu'en cessant de vivre.

Les Ours sont recherchés à cause de leur fourrure, principalement en hiver, dans les pays froids, parce qu'alors elle est plus épaisse, plus brillante. En automne, la chair des jeunes Ours est succulente, et l'on dit que les pattes sont un mets délicat.

Les Ours, pris jeunes, se laissent facilement apprivoiser. Ils obéissent à la voix de leur maître, se laissent patiemment museler, dansent au son du flageolet, font, en un mot, tous les tours qu'on leur enseigne. Il ne faut cependant leur accorder jamais une confiance absolue; car il suffirait d'un caprice, d'une imprudence pour éveiller leur colère et faire revivre leur caractère sauvage : on cite de l'Ours mille traits d'intelligence, pas un seul d'attachement. Aussi les tient-on constamment muselés et se met-on en garde contre leurs accès de fureur.

On compte un assez grand nombre d'espèces d'Ours qui ne varient guère que par la couleur plus ou moins foncée de leur fourrure. Du reste, ce sont toujours les mêmes habitudes, variant avec les lieux et les climats, la même structure et le plus souvent la même taille. Il en est une cependant qui ne laisse pas que d'offrir des différences notables; c'est celle de l'Ours blanc des mers glaciales, que l'on désigne sous le nom d'*Ours blanc de mer.*

L'OURS BLANC (*Ursus maritimus*, LIN.) se reconnaît non-seulement à son pelage constamment blanc et lisse, mais encore à son crâne allongé et aplati, à son museau fin et pointu, et à ses ongles courts et peu recourbés. Habitant les neiges éternelles du cercle polaire, les Ours blancs ont dû prendre des habitudes en harmonie avec ces climats rigoureux. Toute végétation faisant défaut, ils vivent le plus souvent de substances animales, et font la chasse aux Phoques, aux jeunes Cétacés et aux Poissons, car ils nagent et plongent avec une facilité merveilleuse. Entraîné parfois fort loin du rivage, ne pouvant plus regagner la terre, l'Ours s'établit à demeure sur des glaçons que la mer jette au printemps sur les côtes d'Islande ou de Norwége. Là, affamé par un long jeûne, il attaque indifféremment tous les êtres qu'il rencontre, Homme ou bétail, et c'est ainsi qu'il acquiert cette réputation de férocité que la faim suffit pour expliquer. Cependant il n'est pas douteux que sa rencontre en tous les cas est fort dangereuse. On en a vu poursuivre pendant très-longtemps, à la nage, des chaloupes et même des navires, faire tous les efforts imaginables pour monter à bord, et n'abandonner la partie qu'après avoir eu les pattes coupées à coups de hache. Faut-il voir là du courage? Non, sans doute. Mais c'est bien certainement une stupidité féroce qui les fait se jeter en aveugles dans un danger qu'ils ne savent ni prévoir ni comprendre. N'a-t-on pas vu un Ours blanc, s'il faut ajouter foi à des récits de voyageurs, marcher tout aussi tranquillement sur une compagnie entière de soldats que contre un seul homme! Cette espèce est, du reste, infiniment moins intelligente que les autres.

Une autre espèce d'Ours, l'OURS TERRIBLE ou FÉROCE, qui habite l'Amérique septentrionale, paraît l'emporter en férocité sur les Ours blancs; mais il faut faire une part à l'exagération dans les récits des voyageurs à ce sujet.

On considère comme appartenant encore au *genre Ours* deux espèces propres au Nouveau-Continent :

LES RATONS, dont la forme générale est moins massive que celle des Ours, et dont la fourrure, douce et épaisse, ressemble à celle des Renards. Les Ratons vivent de substances animales et végétales comme les Ours, dont ils ont l'intelligence et non la force; timides et craintifs en présence d'un danger, ils songent à fuir plus qu'à se défendre.

LE COATI, dont la taille est à peu près celle du Chat domestique, mais qui n'en a ni la grâce ni la vivacité. Les Coatis sont nocturnes, et, comme ils grimpent aisément sur les arbres, leur vie se passe presque tout entière dans les forêts.

Les autres Carnassiers plantigrades sont beaucoup plus petits que les Ours, et cependant ont beaucoup d'analogie avec eux ; tels sont :

LES BLAIREAUX, à la marche rampante, à la queue courte, aux poils longs et soyeux, et qui portent sous la queue une poche d'où suinte une humeur grasse et fétide; ils sont fort répandus dans les forêts de l'Europe centrale. Pris jeunes, ils s'accoutument aisément à la domesticité ; dans cet état, ils sont doux, inoffensifs, très-attachés à leur maître;

LE GLOUTON DU NORD, à peu près de la taille du Blaireau, renommé, comme son nom l'indique, pour sa voracité. Il est aussi cruel que rusé. Placé en embuscade sur une branche, sur un tronc d'arbre, il s'élance au passage sur les plus grands Ruminants, les saisit par le cou et les déchire jusqu'à ce qu'ils tombent.

Il habite les régions arctiques des deux continents.

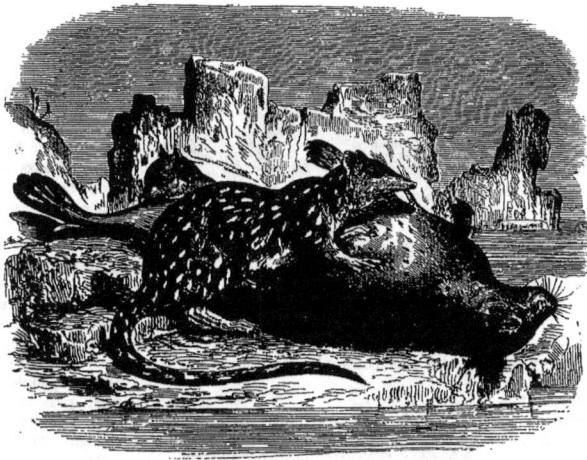

PHOQUE DÉVORÉ PAR DES DASYURES

Une dernière tribu des Mammifères carnivores renferme les Amphibies, animaux qui ont la faculté de vivre sur la terre et dans l'eau. Leurs pieds sont courts et palmés, de telle sorte que ces organes, parfaitement construits pour faire l'office de rames ou de nageoires, ne peuvent leur servir qu'à ramper lourdement hors de l'eau. Aussi ne les trouve-t-on que sur les bords des mers ou à l'embouchure des grands fleuves. Tels sont les *Phoques* et les *Morses*.

Les Phoques, quoiqu'ils habitent plus particulièrement la mer, recherchent, soit les plages sablonneuses et abritées, soit les rocs battus par la tempête. Leur tête est ronde comme celle du Chat, leur nez large, leurs yeux vifs et pleins de douceur, leurs dents semblables à celles de la race féline, et c'est pour cette raison que Linné les avait rangés dans cette classe. Leur cou est bien proportionné et leur corps, couvert d'un poil luisant et gras, comme s'il avait été frotté d'huile, va en diminuant vers la queue, qui est celle d'un poisson. Quant à leurs pieds, ils pourraient embarrasser plus d'un naturaliste ; ce sont des nageoires terminées par des griffes comme celles de certains Quadrupèdes. La nourriture des Phoques consiste en poissons, crustacés et coquillages. Ils vivent en grandes troupes, se défendant et se protégeant mutuellement. Pris jeune, le Phoque s'apprivoise facilement et témoigne pour son maître une affection égale à celle du Chien ; comme ce dernier, il reconnaît sa voix, le caresse, se montre docile aux leçons. Son intelligence est remarquable et les bateleurs la mettent souvent à profit.

Il existe, parmi un grand nombre d'espèces, une espèce particulière dont le cou est orné d'une sorte de crinière formée de poils plus épais et plus crépus que ceux du reste du corps, d'où le nom de *Lion marin* ou de mer, que quelques naturalistes lui donnent.

On trouve les Phoques sur les rivages de toutes les mers, mais principalement dans le Nord.

Les Morses ont dans leurs habitudes et leur genre de vie beaucoup d'analogie avec les Phoques ; mais ils en diffèrent par la forme de leur tête et par leurs dents ; leur mâchoire inférieure manque de canines et d'incisives, et les canines supérieures forment d'énormes défenses dirigées de haut en bas, atteignant parfois soixante-six centimètres de longueur. Leur force est prodigieuse ; mais leurs mœurs sont pacifiques ; cependant, la chasse que leur font les peuples du Nord n'est pas sans danger. Réunis en troupes, ils se portent mutuellement secours, et, loin de fuir, ils vont au-devant de leurs ennemis, attaquent les chaloupes et cherchent à les renverser ou à les submerger en les perçant avec leurs défenses. Si l'un d'eux est harponné, on est presque certain d'en prendre plusieurs ; car l'attachement qu'ils ont les uns pour les autres les porte à secourir leur camarade et à faire tous leurs efforts pour le délivrer ou venger sa mort. Les Morses habitent toutes les côtes de la mer Glaciale.

LE POTAMYS

3e ORDRE. — LES RONGEURS.

Les RONGEURS ont à chaque mâchoire deux grandes incisives, séparées des molaires par un espace vide, et qui, impropres à saisir une proie vivante, à déchirer des chairs ou même à broyer tout aliment quelconque, ne peuvent servir qu'à les limer, à les réduire en poussière par un travail continu, en un mot, à les ronger; de là le nom de *Rongeurs* donné aux Animaux de cet ordre.

Les Rongeurs sont presque tous de petite taille et se nourrissent en général de graines, de fruits, d'herbes et d'écorces ou de racines; quelques-uns ajoutent à ce régime des insectes et de la chair. Leur mode de locomotion est très-varié : les unes courent ou marchent à la surface du sol; d'autres, comme les Gerboises, dont les pattes postérieures sont très-développées, sautent avec une grande facilité; quelques-uns ont une merveilleuse aptitude pour grimper et vivent sur les arbres, comme les Écureuils; quelques espèces mènent une vie souterraine, comme les Marmottes; d'autres, enfin, sont aquatiques, comme les Castors. En général, ces animaux sont sauvages et se laissent difficilement approcher. Ils sont l'objet d'une chasse très-active, parce qu'ils fournissent à la fois, pour la plupart, de bons aliments et des fourrures recherchées. Leur intelligence est très-bornée, mais quelques-uns d'entre eux sont doués de facultés instinctives très-remarquables.

Parmi les genres nombreux que renferme cet ordre, nous remarquerons principalement celui des Rats, et nous nous arrêterons à une des espèces les plus remarquables, le POTAMYS ou COUÏA, de G. Cuvier.

Le POTAMYS ou COUÏA, que G. Cuvier éloigne des Rats pour le placer à côté des Castors et des Porcs-Épics, mais dont F. Cuvier, qui a eu l'occasion de le mieux observer, a fait un genre nouveau sous le nom de Potamys, atteint presque la taille du Castor. Son pelage se compose, comme celui du dernier, d'un feutre épais qui est presque à l'épreuve de l'eau, et que traversent et recouvrent de longues soies luisantes. Ce pelage est d'un beau brun marron sur le dos, roux vif sur les flancs, et brun clair sous le ventre; le feutre est d'un brun cendré et seulement plus clair sous le ventre qu'ailleurs. Le Potamys a cinq doigts à chaque pied : le pouce des pieds de devant est fort court et les doigts sont libres, tandis que les doigts des pieds de derrière sont palmés. Sa queue, longue, conique, forte et ronde à la base, est écailleuse et parsemée de poils.

Pendant fort longtemps, nos fourreurs ont reçu par milliers des peaux de Potamys, dont le poil remplace très-bien celui du Castor dans la fabrication des chapeaux. Aujourd'hui cette source de commerce est presque tarie.

Le Potamys est très-commun dans l'Amérique méridionale, où il habite des terriers creusés sur le bord des fleuves, des grandes rivières et des lacs; il vit d'herbes et a des mœurs fort douces. En captivité, il s'attache aux personnes qui prennent soin de lui. L'individu d'après lequel notre gravure a été faite jouait avec la main qu'l'approchait, et semblait prendre grand plaisir aux marques d'attention dont il était l'objet. Il ne montrait, d'un autre côté, que fort peu d'intelligence; ses mouvements étaient lents et sans grâce. Il rappelait un très-gros Rat d'eau, moins la vivacité que les Rats de cette espèce déploient sur les bords de nos étangs et de nos rivières.

Il passait son temps à se reposer ou à dormir et à manger. Le soir ou la nuit paraissait être la saison de son activité naturelle. Au reste, on ne peut juger un animal par ses mœurs lorsqu'il est en captivité. Libre et dans ses régions natales, au Chili, au Paraguay, à Buenos-Ayres, et dans la province de Tucuman, où il est surtout très-commun, peut-être est-il alerte et vigilant, habile à deviner et prompt à fuir l'approche de ses ennemis naturels, remplissant enfin, par l'exercice de ses facultés, le rôle qui lui a été assigné dans l'œuvre divine de la création. Mais bien que des multitudes de Potamys soient détruits chaque année, que de grandes quantités de leurs peaux soient envoyées en Europe, aucun récit détaillé de la conformation, des habitudes et des mœurs de cet animal remarquable n'est encore arrivé avec ses dépouilles, et sans doute il nous reste beaucoup à apprendre à son sujet sous divers rapports.

L'HÉLAMYS OU LIÈVRE SAUTEUR

Un autre genre des Rongeurs est représenté par l'Hélamys ou Lièvre sauteur (*Helamys Cafer*).

La terre du cap de Bonne-Espérance est la patrie du singulier Quadrupède, ou mieux peut-être du singulier Bipède que nous mettons sous les yeux de nos lecteurs. Longtemps confondu, sans nom qui lui fût propre et avec la désignation vulgaire de *Lièvre sauteur* dans la famille des Gerboises, ce n'est que sous la plume d'un naturaliste moderne (M. F. Cuvier) qu'il est devenu le type d'un genre nouveau en recevant la dénomination scientifique d'Hélamys.

La conformation de l'Hélamys est des plus étranges. D'une taille et d'une grosseur intermédiaires entre celles du Lièvre et du Lapin, avec lesquels il présente d'ailleurs de grandes analogies, il a les membres postérieurs d'une longueur extrême et terminés par de grands pieds, en pattes d'oiseau, tandis que les membres antérieurs, excessivement courts et menus, sont pourvus de véritables mains ; il porte, en outre, une queue d'un volume et d'un développement considérables. Sa tête, qui semble modelée sur celle du Lièvre, est animée par de grands yeux noirs saillants et décorée de longues oreilles. Sa robe, d'un brun jaunâtre et nuancée de gris sur la tête, le dos, la croupe et les flancs, devient d'un blanc pur sous le menton, la poitrine et le ventre. De longs poils soyeux lui dessinent au-dessus des yeux un sourcil clair-semé, et d'épaisses et longues moustaches ornent ses lèvres supérieures.

Les différences de forme, de grosseur et de longueur que nous venons de signaler entre les membres antérieurs et les membres postérieurs de l'Hélamys sont telles, que l'on s'inquiète volontiers des difficultés qu'il doit éprouver à faire fonctionner, d'accord et simultanément pour la marche, ces deux paires d'instruments locomoteurs. On peut croire, en effet, qu'il ne s'en tirerait qu'avec peine s'il lui fallait procéder, pour se mouvoir, de la même manière que les autres Quadrupèdes et combiner ses jambes de devant avec ses jambes de derrière ; mais il n'a pas cette épreuve à subir. L'Hélamys, ainsi que tous les membres de la famille Gerboise et de ses alliés les Kanguroos, ne marche pas ; il ne fait que sauter, et ne se sert pour exécuter ses mouvements rapides que de ses jambes de derrière, qui, souples et nerveuses, le lancent au besoin, d'un seul effort, à une distance de huit ou dix pieds. Il s'aide, pour bondir ainsi, de sa queue musculeuse, dont il use comme d'une sorte de balancier, et même, suivant quelques auteurs,

comme d'un point d'appui qui faciliterait son élan : il porte alors la tête droite et les jambes de devant si exactement appliquées contre le corps qu'elles disparaissent tout à fait dans les poils de la poitrine. Il ne quitte cette position verticale du bipède, pour prendre les allures horizontales du quadrupède, que dans les circonstances particulières où l'Homme se métamorphose momentanément lui-même en animal à quatre pattes, c'est-à-dire lorsqu'il faut gravir des lieux escarpés ou descendre dans des précipices. Hormis ces cas exceptionnels, ses membres antérieurs font office de bras et de mains pour porter à sa bouche les fruits, les grains, les bourgeons dont il se nourrit, sa conformation ne lui permettant guère de brouter. Lorsqu'il veut savourer à son aise quelques morceaux friands, il s'assied sur le derrière, courbant le dos et étendant devant lui ses longues jambes.

L'Hélamys habite, comme les Lapins, des demeures souterraines qu'il creuse avec une merveilleuse promptitude au moyen de ses mains armées d'ongles tranchants légèrement recourbés. Il a le caractère timide et les habitudes paisibles et innocentes. Ce n'est que pendant la nuit qu'il s'aventure à sortir de son terrier pour aller prendre ses ébats et sa nourriture, et même alors il ne s'éloigne guère de sa forteresse, vers laquelle il se précipite à grandes enjambées et en poussant un petit grognement sourd aussitôt que le plus léger bruit suspect vient frapper son oreille toujours attentive. Pendant le jour, il demeure constamment chez lui et passe son temps soit à dormir en famille, soit à mettre en ordre, selon les saisons, les provisions de grains et de fourrage, dont on trouve rarement ses magasins dégarnis. Ces soins ne l'occupent que peu de temps, et de longues heures lui restent à donner au sommeil ; aussi a-t-il plus qu'aucun autre animal peut-être perfectionné l'art de dormir. Il s'assied, le dos appuyé contre le mur de son appartement, les jambes de derrière portées en avant, et alors, prenant ses longues oreilles à deux mains, il les rabat sur ses yeux et les y retient ainsi appliquées en manière de rideaux. Toutes ces dispositions sont, comme on voit, bien calculées pour que tous les membres mis en contact se réchauffent réciproquement, pour que toutes les parties de la tête soient protégées, et enfin pour qu'aucune distraction n'arrive au dormeur, soit par la vue, soit par l'ouïe.

⁂

LE PORC-ÉPIC

Nous passons à l'une des plus grandes espèces des Rongeurs : c'est le Porc-Épic (*Hystrix cristata*, LIN.).

Les animaux qui composent cette tribu se font reconnaître au premier coup d'œil par les longues épines qui recouvrent toutes les parties supérieures de leur corps, et qui ont la faculté de se redresser comme une aigrette ou un panache par l'effet de la contraction des muscles de la peau. Les plus grandes sont sur les côtés et le dessus du dos ; celles qui hérissent les cuisses et la croupe sont de même nature que les premières, quoique plus courtes ; celles qui entourent la queue représentent des tubes ouverts par l'extrémité et tout à fait blancs. Les épines pleines sont couvertes d'anneaux alternativement blancs et noirs. Le dessous du corps a des poils noirs et courts ; les côtés du museau, ainsi que le dessus des yeux, sont garnis de moustaches épaisses et longues, et l'on aperçoit de longues soies minces et flexibles entre les grandes épines du dos. Les poils soyeux sont roussâtres, de sorte qu'on somme le Porc-Épic à des couleurs sombres et tristes.

De graves auteurs, anciens et modernes, ont prétendu que le Porc-Épic avait la faculté de lancer au loin ses piquants, et avec assez de force pour blesser profondément ; mais on a reconnu d'une manière certaine que ces piquants ne se détachent qu'accidentellement et par l'effet de la secousse que le Porc-Épic leur imprime au moment de se mettre en défense. Comme ils ne tiennent à la peau que par une espèce de filet ou de pédicule mince, ils peuvent tomber aisément. Ces piquants, au surplus, sont trop faibles pour pouvoir blesser ; ce sont des tuyaux de plumes auxquels il ne manque que des barbes pour être de véritables plumes.

Le Porc-Épic se rencontre principalement en Italie, en Espagne, en Sicile et en Barbarie. Son pays d'origine serait l'Inde, suivant quelques naturalistes. Il fuit les lieux habités, et se choisit pour retraite les coteaux pierreux et arides, regardant le sud-est ou le midi, sur le penchant desquels il se creuse des terriers profonds et à plusieurs issues, où il vit en sécurité dans la solitude. Blotti tout le jour au fond de son gîte, il n'en sort que la nuit pour pourvoir à ses besoins. Sa nourriture se compose ordinairement de fruits, de graines, de racines, qu'il coupe sans peine à l'aide de ses dents de devant, fortes et tranchantes, auxquelles on assure qu'aucun bois ne saurait résister. Quand il a pu pénétrer dans un jardin, il se jette sur les légumes, qu'il dévore avec avidité. Du reste, il est d'un naturel peu farouche, et s'apprivoise assez facilement, quoiqu'il paraisse toujours regretter sa liberté.

C'est dans l'ordre des Rongeurs que se trouvent naturellement classés :

Les RATS et les SOURIS, ces fléaux de nos habitations par les ravages qu'ils y exercent ;

Les HAMSTERS, voisins du Rat, répandus dans toute l'Europe centrale, extrêmement nuisibles à l'agriculture, mais remarquables par leurs habitudes de prévoyance et d'économie ;

Les CAMPAGNOLS, les LEMMINGS, ces Rats du Nord, célèbres par leurs migrations périodiques, toujours suivies de retour à leur point de départ ;

Les LOIRS, sorte de Rats, à poil doux et épais, grands amateurs de fruits et dévastateurs de nos espaliers ;

Les ÉCUREUILS, à l'allure vive et gracieuse, au brillant pelage, et dont une espèce, qui habite le Nord, le *Petit-Gris*, produit une fourrure très-recherchée ;

Les MARMOTTES, fort répandues dans les Alpes, où elles passent l'hiver plongées dans un sommeil léthargique qui ne cesse qu'au retour de la chaleur ; les petits Savoyards les promènent dans nos rues pendant la belle saison ;

Les CASTORS, ces ingénieux architectes, vivant en sociétés nombreuses sur les bords inhabités des lacs et des rivières du Canada, et dont les merveilleuses habitations ne seront bientôt plus qu'un souvenir, comme les Castors eux-mêmes, ceux-ci fuyant la présence de l'Homme. On trouve quelques Castors solitaires le long du Rhône, du Danube et de quelques autres grands fleuves d'Europe, où ils se creusent des terriers. C'est au Castor que nous sommes redevables de ce duvet très-fin, très-serré, imperméable à l'eau, si recherché pour l'industrie de la chapellerie, et qui a valu jusqu'à 400 fr. le kilogramme ;

Les LIÈVRES et les LAPINS, ces pourvoyeurs de nos tables, qui peuplent nos forêts et nos champs, et dont la fourrure fait l'objet d'un assez grand commerce ;

Les COCHONS D'INDE ou CABIAIS, originaires de l'Amérique du Sud, mais aujourd'hui fort communs en Europe ;

Les GERBOISES, qui, conformées comme l'Hélamys, sautent plutôt qu'elles ne marchent, et ne se servent de leurs pieds de devant que pour porter les aliments à leur bouche, aptitude qui les a fait désigner sous le nom de *Rats bipèdes*.

Il est encore d'autres espèces exotiques de Rongeurs ; nous devons les passer sous silence pour arriver au quatrième ordre des Mammifères, celui des ÉDENTÉS.

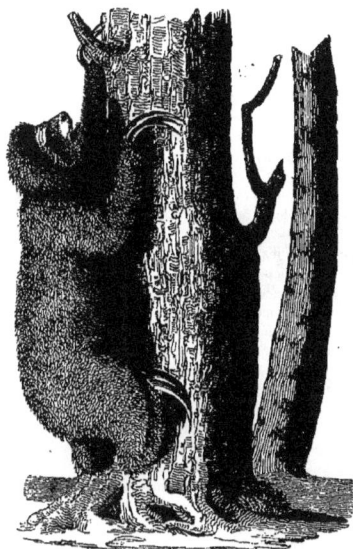

L'AÏ

4ᵉ ORDRE. — LES ÉDENTÉS

Les animaux de cet ordre sont caractérisés principalement par l'absence de dents sur le devant de la bouche : ils n'ont en général que des molaires et des canines, et même quelques-uns manquent absolument de dents, comme les Fourmiliers et les Pangolins. En dehors de ces deux groupes, tous les autres Édentés ont les dents uniradiculées, c'est-à-dire à une seule racine. En outre, les Édentés sont remarquables par la grandeur et la puissance de leurs ongles, propres à fouir la terre ou à grimper sur les arbres.

Sous le rapport intellectuel, les Édentés ont pour caractère commun une infériorité marquée qui les a fait placer au dernier rang des Mammifères.

Cet ordre se divise en trois groupes ou tribus : les *Tardigrades*, les *Édentés ordinaires* et les *Monotrèmes*.

Les TARDIGRADES, qui doivent leur nom à l'excessive lenteur de leur marche, ont le corps assez difforme ; ils sont peu propres à vivre sur terre, tandis qu'ils sont essentiellement conformés pour vivre sur les arbres.

Cette tribu ne comprend qu'un seul genre, appelé vulgairement *Paresseux*, et qui a pour type l'*Aï*.

L'Aï, classé par quelques naturalistes parmi les Quadrumanes à cause de ses deux mamelles pectorales et de la conformation de ses membres antérieurs, a à peu près la taille du Chat. Sa couleur est grise, souvent tachetée sur le dos de brun et de blanc ; le poil de sa tête, de son dos et de ses membres est long, gros, plat, et ressemble tout à fait à de l'herbe fanée. Ses membres antérieurs, beaucoup plus longs que les postérieurs, forcent l'animal à se traîner sur les coudes quand il veut marcher sur le sol. Ses doigts sont réunis ensemble par la peau et ne marquent au dehors que par trois ongles énormes, comprimés, crochus et fléchis vers le dedans de la main ou la plante du pied. Ses jambes de derrière, articulées obliquement sur la cuisse, ne touchent le sol que par leur bord externe. Enfin son bassin est si large et ses cuisses tellement dirigées en dehors, qu'il ne peut rapprocher ses genoux l'un de l'autre.

Une semblable conformation, qui ne permet à l'Aï de faire aucun mouvement sur terre sans qu'il en ressente une vive douleur, que trahit son gémissement ordinaire, *aï, aï*, d'où lui est venu son nom, tendrait à faire croire qu'il est le plus malheureux de tous les êtres de la création ; mais si on l'examine dans les lieux mêmes où la nature l'a placé, on reconnaît bien vite que cette organisation, qui avait tout d'abord paru si informe et si bizarre, est un bienfait de la nature et qu'elle fournit une nouvelle preuve de la sagesse suprême du Créateur. Dans l'état sauvage, l'Aï passant toute sa vie sur les arbres, c'est là qu'on s'aperçoit qu'il réunit, par sa conformation, les éléments nécessaires pour grimper après les troncs, pour se cramponner aux branches. Il ne se tient pas sur les branches, comme le Singe et l'Écureuil, mais en dessous. Qu'il se meuve, se repose ou dorme, il est toujours suspendu. Dans ce dernier cas, il s'attache à une branche disposée parallèlement à la terre ; il la saisit d'abord avec l'une de ses pattes de devant, puis avec l'autre, et il y place ensuite celles de derrière, et il paraît parfaitement à l'aise dans cette position. L'arbre dont il a fait sa demeure lui fournit les feuilles dont il a besoin pour se nourrir, et comme il vit dans ces forêts vierges de l'Amérique méridionale, où les arbres sont tellement rapprochés que leurs branches s'entrelacent, il passe à un autre arbre lorsque le premier est complètement dépouillé.

Cet être, en apparence si mal conformé, est d'ailleurs susceptible des plus douces affections ; il aime son petit avec la plus vive tendresse, et, élevé en domesticité, il s'attache à son maître et caresse la main qui le nourrit.

De toutes les créatures, sans en excepter la tortue et le crapaud, l'Aï est celle qui a la vie la plus dure. Il existe longtemps après avoir reçu des blessures qui auraient immédiatement fait périr tout autre animal, et quand on voit un individu de cette espèce blessé mortellement, il semble que la vie dispute à la mort chaque pouce de chair de son corps.

TATOU ENCOUBERT — FOURMILIER — PANGOLIN

Le groupe des ÉDENTÉS ORDINAIRES, outre les caractères généraux que nous avons déjà indiqués, se distingue par un museau long et pointu. Il comprend trois genres principaux, les *Tatous*, les *Fourmiliers* et les *Pangolins*.

LE TATOU ENCOUBERT (*Dasypus Encoubert*). — LE FOURMILIER A CRINIÈRE (*Myrmecophaga jubata*). — LE PANGOLIN A GROSSE QUEUE (*Manis crassicaudata*).

Le TATOU ENCOUBERT est remarquable, comme toutes les espèces de son genre, par le test écailleux et dur, composé de compartiments en mosaïque, qui lui recouvre la tête, le corps et la queue; ces écailles, qui paraissent constituées par des poils agglutinés ensemble, lui forment un premier bouclier sur le front, un second très-grand et très-convexe sur les épaules, un troisième sur la croupe. Entre les deux derniers, le corps est revêtu de plusieurs bandes parallèles et mobiles, qui donnent au corps la faculté de se ployer. Sa queue, médiocrement longue, est annelée à sa base et recouverte jusqu'à son extrémité d'écailles tuberculeuses. Son bouclier postérieur est dentelé en scie, et les parties non écailleuses de sa peau sont garnies de poils plus long et plus épais que chez les autres espèces et d'un jaune roussâtre.

Le Tatou se creuse avec une extrême facilité des terriers où il se tient caché pendant le jour. Le soir venu, il en sort pour aller chercher sa nourriture, qui consiste en fruits, racines et autres matières végétales, en insectes, en cadavres, et même en petits Oiseaux quand il peut les surprendre. A la moindre apparence de danger, il cherche à fuir pour gagner son terrier; s'il est arrêté dans sa course, il se roule aussitôt en boule comme le Hérisson, et oppose aux attaques de son ennemi ses écailles impénétrables, mais qui cependant ne le sauvent jamais, à moins qu'il ne se trouve près d'un précipice dans lequel il se laisse rouler sans inconvénient et où il serait fort difficile de le suivre. Outre cela, comme il creuse la terre avec plus de facilité et de rapidité que la Taupe même, pour peu qu'il ait une minute de répit, il en profite pour s'enterrer et se dérober ainsi au danger.

Les Tatous habitent le Paraguay où ils vivent en petites troupes. On les chasse avec des Chiens; on les fait sortir de leur terrier en y versant de l'eau ou en les enfumant; on leur tend des pièges au bord des eaux et dans les autres lieux humides et chauds qu'ils recherchent de préférence, pour avoir leur chair et s'emparer de leurs écailles dont on fait des corbeilles, des boîtes et d'autres petits vaisseaux solides et légers.

Les FOURMILIERS, qui composent le second genre du groupe des édentés ordinaires, sont absolument dépourvus de dents. Ils ont tout le corps couvert, non plus de plaquettes ou d'écailles, mais de poils longs et rudes qui se développent sur la queue en une masse touffue. Leur corps est comprimé, haut sur jambes; leur tête s'allonge en une sorte de tube onduleux, au bout duquel s'ouvre une petite fente qui sert de bouche. De cet orifice sort une langue longue et mince, véritable arme de chasse, au moyen de laquelle le Fourmilier se procure sa nourriture habituelle.

Dans les plaines brûlantes de l'Amérique intertropicale s'élèvent de petits monticules grisâtres, en forme de meules. Ce sont les habitations des Termites et des Fourmis. Le Fourmilier, pressé par la faim, s'approche lentement de ces petites cités, regarde autour de lui pour s'assurer si aucun danger ne le menace, et se couche en allongeant son mince groin sur la fourmilière qu'il déchire à l'aide de ses ongles de devant, forts et tranchants. Sa langue, tendue dans toute sa longueur, sert d'appât aux fourmis, et, quand elle en est bien couverte, le chasseur la retire et avale sa proie. La nature lui a facilité cette chasse en couvrant la partie supérieure de cette langue-amorce d'une matière visqueuse et gluante qui retient les Fourmis.

Le plus remarquable des Fourmiliers est le TAMANOIR ou FOURMILIER A CRINIÈRE que représente notre gravure. Il atteint la longueur de 1ᵐ30. Son pelage est gris brun, avec une bande oblique, noire et bordée de blanc sur chaque épaule.

Il habite les lieux bas, marche lentement et ne grimpe pas. Il est vigoureux et se défend en frappant circulairement avec ses pattes de devant, dont les ongles lui forment une arme terrible.

Les PANGOLINS, comme les Fourmiliers, manquent absolument de dents, ont la langue très-extensible et se nourrissent également de Fourmis et de Termites. Le dessus et les côtés de leur corps, leurs quatre membres et leur queue sont protégés par de nombreuses écailles cornées, implantées dans la peau à la manière de nos ongles et disposées par séries imbriquées à la façon de nos toits.

Habitant de l'Afrique et de l'Asie méridionale, le Pangolin s'y tient dans les forêts, creuse le sol avec ses ongles pour s'y construire une tanière, ou gîte dans le creux des arbres. Si on l'inquiète, il se roule en boule et se cache sous ses écailles, comme le Hérisson ou le Tatou. Dans cette position, la pointe de ses écailles se trouve relevée en l'air et il devient très-difficile de le saisir.

L'espèce type de ce genre est le PANGOLIN A GROSSE QUEUE. Il habite le continent indien, ainsi que l'île de Ceylan et de Formose. Son naturel est doux, sa démarche lente, et il ne sort guère que la nuit.

LES ORNITHORHYNQUES

La troisième et dernière tribu des Édentés comprend les MONOTRÈMES. Cuvier a désigné sous ce nom des animaux fort singuliers qu'on ne trouve que dans la Nouvelle-Hollande. Leur organisation intérieure, par laquelle ils se rapprochent des oiseaux, leur a valu le nom de Monotrèmes, et les a fait placer par plusieurs naturalistes au dernier rang des Mammifères, avant les Vertébrés ovipares, entre lesquels ils semblent établir le passage.

Ce groupe se compose de deux genres, les *Echidnés* et les *Ornithorhynques*.

Les ÉCHIDNÉS ont tout le dessus du corps couvert d'épines, comme le Hérisson, et jouissent de la propriété de se rouler en boule. Leur museau allongé, grêle et terminé par une petite bouche, contient une langue extensible comme celle des Fourmiliers dont ils ont à peu près les habitudes. Comme ces derniers, ils se nourrissent de Fourmis.

Mais les plus curieux, sans contredit, des Monotrèmes, ce sont les *Ornithorhynques*.

L'ORNITHORHYNQUE

(*Ornithorhyncus Paradoxus*, Cuv.).

Il n'est pas un animal qui ait plus embarrassé les naturalistes que l'ORNITHORHYNQUE. La seule espèce connue, l'*Ornithorynque pa-radoxal*, est un Mammifère, et il n'a, dit-on, pas de mamelles! C'est un quadrupède vivipare, ce n'est pas à coup sûr un Oiseau, avec ses poils épais, et, au dire des naturels de la Nouvelle-Hollande, il produit des œufs, et il a un bec de Canard!

L'Ornithorhynque est de la taille d'un petit Chat ; sa tête, son corps, sa queue sont entièrement couverts d'un poil roussâtre et lisse, ou noirâtre et un peu crépu, selon l'âge. Son museau, ou plutôt son bec, est élargi, aplati, à bords garnis de petites lames transverses, absolument comme celui du Canard. Au fond de la bouche, il a deux dents à chaque côté des deux mâchoires, et ces dents sont constituées par deux tubes verticaux à couronne plate. Ses jambes sont courtes, et ses doigts réunis par une membrane, ce qui en fait un animal éminemment nageur. Entre autres singularités encore, il a deux langues, l'une antérieure, étroite, hérissée de papilles cornées ; l'autre, postérieure, plus épaisse et portant en avant deux petites pointes charnues.

L'Ornithorhynque habite les rivières et les marais de la Nouvelle-Hollande, près de Port-Jackson. Il quitte rarement les eaux, et fouille ou plutôt barbote dans la vase comme les Canards, pour trouver les insectes et les vers dont il se nourrit.

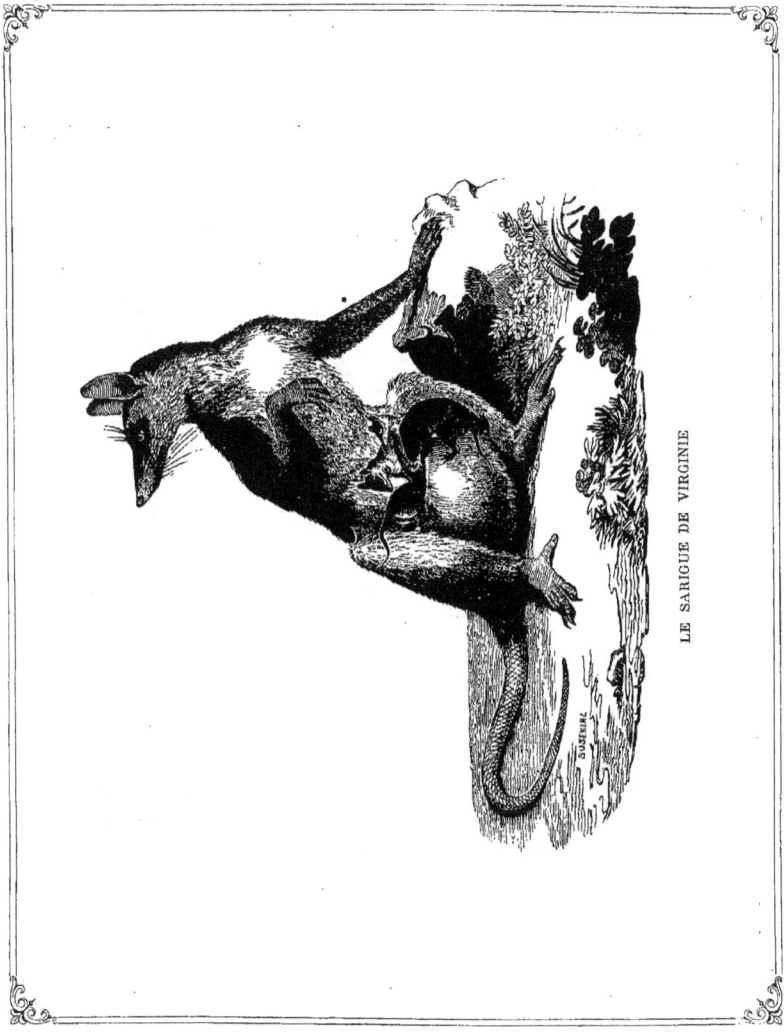

LE SARIGUE DE VIRGINIE

5e ORDRE. — LES MARSUPIAUX.

Les Marsupiaux sont caractérisés par la présence d'une sorte de poche que forme chez eux, au-devant des mamelles, un repli plus ou moins large de la peau du ventre ou de l'abdomen; c'est de là que leur vient le nom de *Marsupiaux* ou *Animaux à bourse*. Les petits, naissant avant terme dans un état d'imperfection extrême, passent immédiatement dans cette sorte de bourse, s'attachent aux mamelles de leur mère, et y restent fixés jusqu'à leur complet développement naturel; de plus, chez les espèces où cette poche a le plus d'extension, les petits, longtemps même après qu'ils ont commencé à marcher, y cherchent un refuge contre le froid ou les dangers dont ils sont menacés.

Le régime des Marsupiaux varie beaucoup: les uns sont carnivores, d'autres sont insectivores, d'autres, encore, sont herbivores, et il en est dont la structure rappelle exactement celle des Rongeurs. Ce sont ces différences, et aussi celles qui existent dans leur système dentaire et dans leur appareil digestif, qui ont servi de base aux subdivisions établies par les naturalistes parmi les individus dont se compose cet ordre.

Les Marsupiaux carnivores (*Sarcophages*) ont trois espèces de dents et de longues canines aux deux mâchoires. Le type de ce groupe est le *Dasyure* (V. n° 25).

Le Dasyure, qui, par sa taille, ses proportions et ses habitudes, rappelle les Martes, les Fouines et les Putois de nos pays, est carnassier autant qu'eux, vit également de rapines, et souvent il a reçu des Européens les noms que ceux-ci portent chez nous. On le trouve dans les terres australes, surtout à la Nouvelle-Galles. On en a décrit jusqu'à quinze espèces, toutes de tailles différentes, mais d'aptitudes et de mœurs presque semblables.

Les Marsupiaux insectivores (*Entomophages*) ont également trois espèces de dents, mais ils se nourrissent spécialement d'insectes. Ce groupe forme trois familles, les *Marcheurs*, les *Sauteurs* et les *Grimpeurs*. La première ne comprend que le genre *Myrmécobie*, au pelage couleur d'ocre rougeâtre, entremêlé de poils blancs; la partie postérieure du corps est ornée de bandes transverses alternativement noires et blanches. Les *Sauteurs* comprennent les deux genres *Péramèle* et *Chœrope*. Les Péramèles habitent des terriers qu'ils se creusent eux-mêmes avec leurs ongles de devant qui sont grands et presque droits. Les Chœropes se composent d'une seule espèce qui est encore fort peu connue, le Chœrope sans queue.

La troisième et dernière famille est la plus intéressante du groupe: elle se compose de deux genres, le genre *Didelphe*, ou *Sarigue*, et le genre *Chironecte*, tous deux propres à l'Amérique méridionale.

LE SARIGUE DE VIRGINIE (*Didelphis Virginiana*, Cuv.).

Le Sarigue de Virginie, l'*Opossum* des Anglo-Américains, est presque de la grandeur d'un Chat. Il a cinquante dents, nombre le plus grand qu'on ait encore observé parmi les Mammifères. Sa langue est hérissée; sa queue, en partie nue, est préhensile, c'est-à-dire capable de s'entortiller autour des corps voisins; ses pattes ont chacune cinq doigts armés d'ongles et de griffes non rétractiles, à l'exception des pouces des pattes postérieures, qui sont longs et opposables aux quatre autres doigts. Son pelage est mêlé de blanc et de noirâtre; ses soies sont blanches, ses oreilles mi-parties de noir et de blanc et sa tête presque toute blanche.

Le Sarigue est propre à l'Amérique, où on le trouve depuis les Etats-Unis jusqu'en Patagonie; il a une vie nocturne, la démarche lourde et fort lente, et il exhale une odeur fétide. Il niche le jour sur les arbres, où il fait continuellement la chasse aux Oiseaux et surtout aux Insectes, sans néanmoins dédaigner les fruits quand il ne trouve pas mieux. La nuit, il s'approche des habitations et cherche à s'emparer des volailles ou de leurs œufs.

Parmi les animaux à bourse, c'est le Sarigue de Virginie qui est considéré comme le plus parfait et comme le type du genre. Les petits de la Sarigue, au nombre de douze à seize, naissent au bout de vingt-six jours; ils ne pèsent alors que six centigrammes et sont privés de vue, informes, et semblables à de petits fragments de chair gélatineuse; ils n'ont qu'une ouverture bien distincte, celle de la bouche: c'est en cet état qu'ils passent dans la poche; là, chacun d'eux se fixe à une tétine pour en aspirer le lait, et y reste suspendu jusqu'à ce qu'il ait atteint la grosseur d'une Souris, ce qui n'arrive qu'au cinquantième jour; alors leurs membres sont développés, ils ouvrent les yeux, se détachent, mais continuent encore à téter.

Quelques jours après, ils se hasardent à sortir de la poche et jouent au clair de la lune pendant que la mère fait sentinelle et veille à leur sûreté. Au moindre bruit, à la plus légère apparence de danger, elle les fait rentrer dans leur sac et fuit avec eux. Ce genre de vie dure jusqu'à ce que les petits soient trop gros pour tenir tous dans cette singulière bourse.

Chez certaines espèces, les mamelles ne sont protégées que par un simple repli de la peau, trop étroit pour faire poche. Alors, quand les petits ont abandonné la mamelle, c'est sur le dos de leur mère qu'ils se réfugient en cas de péril; ils enroulent leur queue après la sienne, et elle les transporte ainsi loin du théâtre du danger.

Nous signalerons une particularité du genre *Chironecte*. La seule espèce connue, le Yapock, a les pieds postérieurs palmés, et nage aussi bien qu'elle grimpe.

LE PHALANGER

Les Marsupiaux frugivores (*Carpophages*) ont pour caractère principal la longueur et la largeur des incisives antérieures de chaque mâchoire. Ils comprennent deux familles, dont un seul genre, le genre Phalanger, appelle l'attention.

LE PHALANGER.

C'est à une disposition toute particulière des doigts que les Phalangers doivent le nom sous lequel on les désigne. Leur pouce, qui est grand et tellement séparé des autres doigts qu'il a l'air dirigé en arrière, presque comme celui des Oiseaux, est sans ongle, comme celui des Sarigues, et les deux doigts qui le suivent sont soudés ensemble par la peau jusqu'à la dernière phalange : d'où le nom de *Phalanger*.

Les Phalangers vivent sur les arbres à la recherche des insectes et des fruits. Leur queue est préhensile, et plusieurs l'ont en partie écailleuse. A la vue de l'homme, ils se suspendent par la queue à une branche, et ce n'est qu'après qu'on les a longtemps fixés qu'ils se laissent tomber de lassitude.

Les Phalangers habitent les Moluques et la Nouvelle-Guinée; quelques-uns toutefois sont propres à la Tasmanie et à la Nouvelle-Hollande.

Il existe un second genre de Phalangers, les Pétaures, qu'on désigne sous le nom de *Phalangers volants* à cause de la présence entre leurs flancs d'une membrane velue et frangée qui les soutient dans les airs et leur donne la faculté de s'élancer d'un arbre à un autre, à l'instar des Écureuils volants; mais leur queue, longue et velue dans toute son étendue, n'est pas préhensile.

Les Marsupiaux herbivores (*Poéphages*) ont le museau allongé, les oreilles grandes, les membres postérieurs d'une dimension de beaucoup supérieure aux membres antérieurs. Ils n'ont pas de canines, et leur appareil dentaire en général est faible et approprié à la nature de leurs aliments, composés exclusivement de matières végétales. La queue, excessivement développée, forte et puissante, remplit chez ces animaux l'office d'un membre. Quand ils sont debout, et c'est leur mode de station le plus habituel, elle forme avec les pieds de derrière un trépied solide dont la pesanteur irrégulière de leur corps presque conique ne peut détruire l'équilibre. Qu'ils marchent ou qu'ils sautent à la façon de l'Hélamys ou des Gerboises, ils s'en servent comme d'un levier en l'appuyant sur la terre, et ce levier, faisant fonction de ressort, est tellement puissant, que, chez les grandes espèces, les sauts atteignent, dit-on, jusqu'à dix mètres de longueur et trois mètres de hauteur.

Ce groupe comprend deux genres, les genres *Potoroo* et *Kanguroo*. C'est à ce dernier genre qu'appartient la gravure suivante.

LE KANGUROO

LE KANGUROO A BANDES (*Kangurus fariaculus*, PÉRON ET LESUEUR).

Cet animal est généralement d'un gris roussâtre, avec la moitié inférieure du corps rayée transversalement en dessus de roux et de noir. Il se rencontre à l'île Bernier et dans les îles voisines en troupes assez nombreuses.

Un autre genre de Kanguroo, le KANGUROO LAINEUX, habite la Nouvelle-Hollande. C'est le plus grand de tous les Mammifères de l'Océanie. Son corps a 1 mètre 38 centimètres et sa queue 1 mètre 14 centimètres. Son pelage est d'un roux ferrugineux, doux au toucher, court, serré, laineux, comme feutré.

On chasse le Kanguroo avec des Chiens dressés à le poursuivre et à l'attaquer. Si le terrain est couvert de broussailles, ceux-ci, quelles que soient leur ardeur et leur vitesse, n'ont aucune chance d'atteindre leur proie; le Kanguroo bondit par-dessus les obstacles qui arrêtent la meute, et gagne bientôt d'impénétrables fourrés qui lui servent d'asile. Mais, en plaine, les chances ne sont plus les mêmes; poursuivi, harcelé, le Kanguroo se fatigue et se voit bientôt réduit à faire tête. S'il n'a affaire qu'à un seul assaillant, il l'attend, assis sur ses jambes de derrière, s'apprêtant à saisir son ennemi de ses deux pieds de devant qui lui servent comme de bras; dans cette position, il essaie de faire constamment face à son adversaire, ayant l'occasion de l'attaquer avec avantage, de le renverser, de le déchirer avec les ongles puissants dont ses pattes de derrière sont armées; mais ce n'est

pas là toutes ses ruses. S'il rencontre dans sa fuite un marais, un ruisseau peu profond, il ne manque pas de choisir ce terrain pour théâtre du combat; le chien assez audacieux pour le suivre est inévitablement perdu s'il n'est secondé. Le Kanguroo, fort de la supériorité de sa taille qui lui permet de tenir sa tête hors de l'eau, finit presque toujours par submerger son ennemi et le noyer en le maintenant au-dessous de la surface avec ses jambes de derrière. Mais si les Chiens sont nombreux et prudents, quel que soit le théâtre de la lutte, toutes les chances sont en faveur de la meute et du chasseur; vainement le Kanguroo essaie-t-il de tenir tête; saisi par derrière, il est bientôt renversé et égorgé sans pitié. Les indigènes qui le chassent avec une grande ardeur le tuent à coups de zagaie ou lui brisent les jambes de derrière avec leur massue quand les chiens l'ont atteint. La chair du Kanguroo est excellente; malheureusement, cet animal est devenu très-rare dans les cantons habités. Des essais d'acclimatation ont été faits dans nos pays, mais ils n'ont pas réussi.

Le POTOROO (*Kanguroo-Rat*) est l'espèce la plus petite.

Les MARSUPIAUX RONGEURS (*Rhizophages*) ont deux incisives taillées en biseau à chaque mâchoire, et pas de canines. On n'en connaît qu'une espèce, le WOMBAT. Il est de la taille du Blaireau. Il est lourd, a une grosse tête plate et pas de queue. Il vit d'herbes et de fruits, et habite dans des terriers qu'il se creuse à l'aide de ses ongles très-longs et très-forts. Son pelage, d'un brun plus ou moins jaunâtre, est bien fourni et pourrait être utilisé.

Ordre des Pachydermes

LES ÉLÉPHANTS

VIᵉ ORDRE. — LES PACHYDERMES.

Les animaux qui composent cet ordre doivent leur nom à l'épaisseur de la peau qui recouvre leur corps. Ce caractère, toutefois, n'est que secondaire, car il leur est commun avec un autre ordre, celui des Ruminants. Ce qui distingue véritablement les Pachydermes des autres Quadrupèdes, c'est la conformation particulière de leurs pieds, dont les doigts, en nombre variable, sont, chez les uns, renfermés dans une peau dure et calleuse ne laissant apercevoir que les ongles, et qui, chez les autres, se terminent par un doigt unique ou un seul sabot.

C'est dans l'ordre des Pachydermes que se trouvent les plus gros animaux terrestres connus, l'Éléphant, le Rhinocéros, l'Hippopotame.

On divise l'ordre des Pachydermes en trois grandes familles : les *Proboscidiens*, ou Pachydermes à trompe et à défenses, ayant tous cinq doigts aux pieds ; les *Pachydermes ordinaires*, dont les pieds sont terminés par des doigts dont le nombre varie de deux à quatre ; les *Solipèdes*, qui n'ont qu'un doigt apparent et un seul sabot à chaque pied, bien qu'ils portent sous la peau des stylets qui représentent deux doigts latéraux.

LES PROBOSCIDIENS. — Cette famille ne comprend qu'un seul genre vivant, les ÉLÉPHANTS. Ces animaux sont d'une taille gigantesque, et présentent dans tout leur ensemble un caractère particulier : leur corps épais, leur démarche pesante, leur peau nue, et surtout la trompe allongée et mobile qui termine leur tête, sont des signes extérieurs qui les distinguent au premier coup d'œil de tous les autres Mammifères. La trompe des Éléphants consiste en un tube cylindrique qui se continue avec les fosses nasales et contient deux tuyaux revêtus intérieurement d'une membrane muqueuse autour de laquelle se fixent des milliers de petits muscles diversement entrelacés, et disposés de façon à l'allonger, à la raccourcir et à la courber dans tous les sens. A son extrémité supérieure, il existe une valvule cartilagineuse et élastique qui intercepte la communication entre les fosses nasales et le dehors, et que l'animal peut ouvrir et fermer à volonté ; enfin, à son extrémité libre, se trouve un appendice en forme de doigt, également mobile, à l'aide duquel l'Éléphant peut saisir les plus petits objets. Cette trompe est un organe multiple. Assez longue pour atteindre la terre sans que l'animal soit obligé de baisser la tête, elle lui sert à cueillir l'herbe et les feuilles dont il se nourrit et à les porter à sa bouche, à pomper la boisson qu'il lance ensuite dans son gosier, à soulever de lourds fardeaux et à les charger sur son dos, à ramasser les plus petits objets, à déboucher une bouteille, etc. Cette main, car on peut lui donner ce nom, remplit absolument le même office que les nôtres. C'est encore avec elle qu'il caresse ou qu'il frappe, qu'il attaque ou qu'il se défend. Contre ses ennemis, c'est une arme terrible. Avec sa trompe, l'Éléphant saisit son adversaire, l'enlace, le presse, l'étouffe, le brise, le lance dans les airs ou le renverse pour l'écraser sous ses pieds.

A côté de ces traits principaux, les Éléphants ont encore, pour caractères communs, cinq doigts à chaque pied, bien distincts dans le squelette, mais tellement encroûtés dans la peau calleuse qui entoure le pied chez l'animal vivant, qu'ils n'apparaissent au dehors que par des ongles adhérents au bord de cette espèce de sabot. Les canines et les incisives proprement dites manquent ; à la place de ces dernières, les os incisifs portent deux défenses qui prennent souvent un accroissement énorme. L'amplitude que doivent avoir les alvéoles de la mâchoire supérieure pour contenir les deux défenses la rend si haute et raccourcit tellement les os du nez, que les narines se trouvent, dans le squelette, vers le haut de la face ; mais ces dernières se prolongent, chez l'animal vivant, dans sa trompe cylindrique.

Les yeux des Éléphants sont pourvus de trois paupières ; quoique très-petits, ils sont assez vifs et leur vue est perçante. Leur odorat est délicat, leur ouïe très-fine, et leurs oreilles, au lieu de se développer en cornet, sont collées contre la tête. Quant à leur peau, elle est épaisse, calleuse, et presque sans poils, si ce n'est dans les gerçures, autour des yeux, sur la tête, au bout de la queue et à l'intérieur des cuisses et des jambes. Malgré leur allure pesante, l'étendue de leur pas donne de la rapidité à leur course.

Quoique l'Éléphant soit le plus puissant des Quadrupèdes, il n'est, dans l'état de nature, ni cruel ni redoutable. Non moins pacifique que brave, il n'abuse jamais de son pouvoir, et n'use de ses forces que pour sa propre défense. Son intelligence, que certains auteurs ont exaltée, ne le cède en rien aux animaux les mieux favorisés sous ce rapport. Le trait caractéristique de son esprit, dit Fréd. Cuvier, est la prudence. Il est, en général, doux et docile, susceptible d'affection, et il garde le souvenir des bienfaits comme des injures.

On ne connaît que deux espèces d'Éléphants actuellement vivantes. Toutes deux habitent la zone torride de l'ancien continent ; l'une est propre à l'Afrique, l'autre aux Indes.

L'ÉLÉPHANT DES INDES

L'ÉLÉPHANT DES INDES (*Elephas Indicus*, Cuv.).

L'Éléphant des Indes se distingue de l'Éléphant d'Afrique (*Elephas Africanus*) par sa tête oblongue et non pas ronde, par son front concave et non pas convexe, par ses oreilles plus petites, ses défenses ordinairement plus courtes, sa taille généralement plus grande, et surtout parce qu'il porte quatre onglès aux pieds de derrière, tandis que le dernier n'en a que trois. Cette espèce habite l'Asie depuis l'Indus jusqu'à la mer Orientale et les grandes îles situées au midi de l'Inde. Sa taille ordinaire est de 2 mètres à 2 mètres 40 centimètres pour les femelles, et de 2 mètres 50 centimètres à 3 mètres 20 centimètres pour les mâles. Outre sa taille moindre, la femelle se distingue du mâle par la brièveté de ses défenses. La gestation est de vingt mois. Le petit, à sa naissance, est de la grosseur d'un veau; il tête sa mère avec la bouche en renversant sa trompe en arrière. Le jeune devient adulte de quinze à vingt ans. Quant à la durée de la vie de ces animaux, elle n'est pas exactement connue : vraisemblablement, elle peut atteindre deux siècles ; on en a vu qui avaient cent trente ans. A l'état de nature les Éléphants vivent par troupes qui s'élèvent quelquefois jusqu'à cent individus de tout âge et des deux sexes, et, vu la durée de leur existence, il est permis de supposer que toute la troupe ne forme qu'une seule et même famille. Lorsqu'ils marchent en compagnie, le plus âgé paraît en tête, le second d'âge reste à la queue pour veiller à ce que personne ne s'écarte; les plus robustes se tiennent sur les ailes ; les femelles et les petits sont au centre de cette forteresse mouvante. Ce n'est toutefois que lorsqu'ils redoutent quelque danger qu'ils déploient cet ordre et cette tactique, ou lorsqu'ils devinent la présence de l'Homme, dont ils ont appris à se méfier ; quand ils parcourent les vastes solitudes des épaisses forêts de l'Asie, ils marchent pêle-mêle et sans précaution. Ils dédaignent l'animal ou même l'Homme que le hasard jette sur leur passage ; mais s'il leur est fait la moindre injure, ils courent droit au téméraire, le percent de leurs défenses, l'enlèvent avec leur trompe, le lancent à plusieurs mètres de distance, et, s'il n'est pas mort de ses blessures, ils l'écrasent sous leurs pieds. Aussi les voyageurs évitent avec soin une si redoutable rencontre, et, lorsqu'ils s'arrêtent pour prendre quelque repos, ils ont soin de faire grand bruit, de battre la caisse, et surtout d'entretenir de grands feux.

Les Éléphants habitent de préférence les forêts humides et le voisinage des rivières, où ils aiment à se plonger, et où ils nagent avec une grande facilité on ne tenant hors de l'eau que l'extrémité de leur trompe, par où ils respirent.

L'art de dompter les Éléphants a été pratiqué dans l'Asie dès la plus haute antiquité. Chez les nations de l'Inde, les Éléphants disciplinés formaient la meilleure troupe de l'armée. On plaçait sur leur dos une sorte de petite tour en bois dans laquelle se tenaient des archers et des arbalétriers qui, de cette forteresse mobile, accablaient l'ennemi de leurs traits ; mais, depuis l'invention des armes à feu, ces géants, qui en craignent le bruit et la flamme, ont dû disparaître de la scène des combats. Si quelques rois de l'Indoustan font encore équiper des Éléphants en guerre, c'est plutôt pour la représentation que pour l'utilité, et en général leur service est aujourd'hui purement domestique. Du reste, quand il est revêtu d'une housse magnifique, que ses défenses sont ornées d'anneaux d'or et d'argent, qu'un superbe *houdah* (pavillon couvert) se dresse sur son dos, l'Éléphant de parade a une tournure vraiment imposante.

Mais c'est surtout comme bêtes de somme et de trait que les Éléphants sont appelés à rendre de grands services. Les plus forts portent jusqu'à un millier de kilogrammes, et malgré la pesanteur de leur marche, ils font aisément de 70 à 90 kilomètres par jour. On attelle l'Éléphant à des chariots, à des charrues, à des cabestans ; il tire également, sans secousse, sans s'arrêter, sans se rebuter jamais, pourvu qu'on ne l'offense pas par des coups infligés mal à propos, et qu'on ait l'air de lui savoir gré de sa bonne volonté. Presque toujours c'est par la parole seule qu'on le dirige, qu'on le fait obéir, surtout lorsqu'il a eu le temps de s'attacher à son guide et de prendre en lui une entière confiance ; son affection pour lui devient même quelquefois si vive et si profonde, qu'il se refuse à accepter un autre conducteur. Ce conducteur est toujours placé à califourchon sur le cou de l'animal qu'il fait marcher en lui adressant des mots d'amitié, ou en le piquant d'un aiguillon de fer quand il se montre récalcitrant.

SUSEMIHL.

L'ÉLÉPHANT DE PARADE

La manière de prendre les Éléphants mérite une attention toute particulière. Elle varie selon les lieux. Dans quelques endroits, on les poursuit avec des Éléphants privés, accoutumés à cet exercice, et choisis parmi les plus légers à la course. Lorsqu'ils sont parvenus à en atteindre un, le chasseur lance avec beaucoup d'adresse une grosse corde munie d'un nœud coulant, de manière à ce que l'animal sauvage se trouve pris par un pied. Il tombe alors ; on le charge de liens avant de lui laisser le temps de se relever, puis on l'attache entre deux forts Éléphants privés qui le battent à coups de trompe s'il fait le récalcitrant, et le forcent à marcher avec eux jusqu'à l'écurie. Ailleurs on fait tomber l'Éléphant sauvage dans une fosse recouverte de gazon et on le réduit par la faim. Une autre chasse consiste à entourer d'un fossé profond l'endroit où les Éléphants ont coutume de se réunir à certaines époques. On ne réserve qu'une entrée dont la porte est maintenue par des cordes. On disperse de la nourriture dans l'enceinte et tout à l'entour, afin d'attirer les Éléphants. Lorsqu'ils sont entrés, les chasseurs sortent de leurs retraites et se hâtent de fermer la porte de l'enceinte à l'aide des cordes. Parfois les Éléphants, furieux, essaient de la briser ; mais alors on allume du feu à l'extérieur de l'enceinte et on fait grand tapage. Les captifs s'agitent en tous sens, épuisent leurs forces dans des courses inutiles, jusqu'à ce que la faim et l'exemple d'Éléphants privés attachés au dehors de l'enceinte les aient apprivoisés et familiarisés avec la servitude.

A Ceylan, une chasse aux Éléphants est une chose fort importante. On rassemble un grand nombre de traqueurs dans une forêt habitée par ces animaux. Tous ces traqueurs se rangent en un vaste cercle dont ils rétrécissent à fur et mesure la circonférence en avançant et poussant de grands cris. Les Éléphants effrayés se dirigent du seul côté demeuré libre, et là se trouve une *keddah* ou enceinte, entourée de fossés et de fortes palissades, se terminant en une sorte de goulot assez étroit pour que l'animal, une fois engagé, ne puisse plus se retourner. Les Éléphants ainsi traqués dans cette enceinte, les cris redoublent, des torches allumées les enserrent dans un cercle de feu, et, affolés de terreur, ils se précipitent dans le piège. L'apprivoisement a lieu ensuite à l'aide d'Éléphants domestiques qu'on lie aux captifs, comme nous l'avons dit plus haut.

Un préjugé qui a régné fort longtemps et que Buffon a beaucoup contribué à répandre, c'est que l'Éléphant, par une sorte de haine contre l'esclavage, refuse de se reproduire en captivité. C'est une erreur que M. Corse, qui dirigea longtemps dans l'Inde les Éléphants de la Compagnie anglaise, a réfutée d'une façon péremptoire. On a prétendu aussi que ces animaux ne se couchent point, et que, tombés sur le côté, ils ne peuvent se relever. C'est une autre erreur, que rien n'explique. Les Éléphants s'agenouillent, se couchent et se relèvent quand il leur plait ; ce qui est vrai, c'est qu'on trouve parmi eux comme parmi les Chevaux des individus qui dorment debout, et ne se couchent que très-rarement ou même jamais.

Il existe quelques variétés de l'Éléphant des Indes ; elles ne diffèrent de l'espèce principale que par la forme et les dimensions de leurs défenses. On sait aussi qu'il y a des Éléphants blancs ; ceux-ci sont, dans le royaume de Siam, l'objet d'un respect et d'un culte superstitieux. Ils ont une cour riche et nombreuse, comme celle d'un puissant souverain ; mille officiers de tout grade composent la maison de chacun d'eux. La vaste demeure de l'un de ces bienheureux animaux était, suivant la description d'un témoin oculaire, supportée par de belles colonnes et dorée tant à l'extérieur qu'à l'intérieur. Un rideau de velours noir bordé d'or fermait l'entrée des appartements privés. L'Éléphant, retenu par des chaines d'argent, y reposait sur un matelas de drap bleu, recouvert d'un tapis moelleux et d'un surtout de soie cramoisie. L'or, les diamants, les rubis brillaient sur sa housse et sur ses harnais. Sa boîte au bétel, son crachoir, ses ustensiles de toilette et ses instruments de table étaient enrichis de pierres précieuses. Quand on le menait au bain, une troupe de musiciens le précédaient en jouant des instruments, et à son retour, un de ses valets de chambre lui lavait les pieds dans un bassin d'or. Il avait ses jours de réception et d'audience ; le peuple venait l'adorer et les ambassadeurs étaient admis à lui faire leur cour et à lui offrir des présents.

L'ÉLÉPHANT D'AFRIQUE a les mêmes mœurs, les mêmes habitudes que l'Éléphant indien. Nous avons signalé, dans le cours de notre description, en quoi sa conformation diffère du dernier.

L'HIPPOPOTAME

Les Pachydermes ordinaires ont les pieds terminés par des doigts dont le nombre varie de deux à quatre, et que l'on n'aperçoit au dehors que par les ongles qui les terminent et qui ressemblent à de petits sabots.

On les divise en deux sections. La première section comprend deux genres : le genre *Hippopotame* et le genre *Cochon*; la seconde action renferme trois genres : le genre *Rhinocéros*, le genre *Daman* et le genre *Tapir*.

Le genre Hippopotame ne se compose que d'une seule espèce, l'*Hippopotame amphibie* ou *Africain*.

L'HIPPOPOTAME (*Hippopotamus Africanus*).

L'Hippopotame, ainsi nommé de deux mots grecs qui signifient *Cheval de rivière*, en raison de son cri, assez semblable au hennissement du cheval, a le corps énorme, une grosse tête attachée au corps par un cou à peine sensible, et terminée par des lèvres charnues, larges et aplaties; des jambes très-courtes avec quatre doigts égaux à chaque pied; une peau d'un roux tanné, presque dénuée de poils et ne laissant apercevoir ni articulation ni muscle; une petite queue pendante; en un mot toute l'apparence d'une masse informe et disgracieuse.

Leur appareil dentaire est tout particulier. Leurs incisives sont au nombre de quatre à chaque mâchoire, les supérieures recourbées et les inférieures longues, cylindriques, pointues et couchées en avant : c'est à l'aide de ces dents qu'ils fouillent la terre et en arrachent les bulbes et les racines. Ils ont six molaires de chaque côté des deux mâchoires; les trois premières sont simples et coniques, parce que la mastication les use peu; les trois dernières, avant d'être usées, sont formées de deux pointes qui, en s'effaçant, présentent par les contours de l'émail la figure d'un double trèfle.

L'Hippopotame, le *Behemoth* des Livres-Saints, chassé depuis longtemps de l'Égypte, ne se trouve plus aujourd'hui que dans les contrées supérieures du Nil et de ses affluents, en Abyssinie, au Sénégal et sur les bords des grands fleuves de l'Afrique australe. Le plus grand des quadrupèdes après l'Éléphant et le Rhinocéros, il marche très-lourdement, mais il nage et plonge avec la plus grande facilité; aussi ne quitte-t-il guère les eaux des rivières qu'il habite que pour venir dormir ou paître dans les roseaux. Il ne se nourrit pas de chair et de poissons comme l'ont dit les anciens auteurs, mais seulement de substances végétales, de cannes à sucre, de millet, de riz dont il consomme et détruit une grande quantité. Il fait beaucoup de dégâts dans les terres cultivées; mais comme il est plus timide sur terre que dans l'eau, on vient aisément à bout de l'écarter. Son caractère est farouche et brutal; néanmoins il n'attaque jamais l'Homme, et on peut naviguer et se baigner impunément dans les fleuves qu'il fréquente. Mais malheur aux ennemis qui l'attaquent. S'il est blessé, au lieu de fuir, il se retourne avec fureur, se lance contre les embarcations, les saisit avec les dents, en enlève souvent des pièces, et quelquefois les submerge. Dans toute autre circonstance, il plonge au moindre bruit, se laisse emporter entre deux eaux par le courant, et ne reparaît à la surface, en montrant seulement ses naseaux, qu'à une assez grande distance. On prétend qu'il a la faculté de marcher sous l'eau sur le fond même des rivières.

La peau de l'Hippopotame sert à de nombreux usages, et ses dents donnent un ivoire presque inaltérable fort recherché pour la fabrication des dents artificielles; aussi les Nègres lui font-ils une chasse continuelle. Ils l'attendent le soir à l'affût, lorsqu'il s'est éloigné de l'eau, et le tirent à la tête, le seul endroit où il soit vulnérable, la peau de son corps étant impénétrable à la balle; ou le plus ordinairement ils creusent sur son passage des fosses qu'ils couvrent de gazon, et le tuent à coups de lances quand il y est tombé.

Ses habitudes défiantes et sauvages ont toujours rendu difficile la capture de l'Hippopotame vivant : cependant, plusieurs tentatives ont été couronnées de succès.

Plus d'un, parmi nos lecteurs, se rappelleront avoir vu ces animaux s'ébattre avec délices, au Jardin des Plantes, dans l'une des cuves de la rotonde.

LE SANGLIER

Le genre COCHON ne comprend pas seulement ces variétés domestiques du genre Sanglier que tout le monde connaît et désigne sous ce nom ; il comprend le Sanglier lui-même et tout le groupe dont ce dernier animal est le type. En un mot, le Cochon et le Sanglier ne font qu'une seule et même espèce.

Le genre COCHON renferme quatre espèces : le *Cochon* proprement dit ou *Sanglier*, le *Babiroussa*, le *Phacochère* et le *Pécari*.

LE SANGLIER (*Sus Scropha*, CUV.).

Le SANGLIER, comme l'Hippopotame, a quatre doigts à tous les pieds, deux très-grands dirigés en avant, munis de sabots forts et aplatis, et deux très-petits extérieurs touchant à peine le sol. Son museau est terminé par un boutoir ou *groin* tronqué, propre à fouiller la terre. Ses incisives sont en nombre variable, et ses canines lui sortent de la bouche et se recourbent l'une sur l'autre en arrière en forme de courtes défenses. Ses membres sont robustes, son corps gros et trapu, ses oreilles droites, son poil rude, hérissé, d'un brun noirâtre, à pointe fauve. La pesanteur et la longueur de sa tête, la brièveté de son cou, ses jambes assez basses et minces en proportion de l'épaisseur du corps, sont les traits principaux de sa physionomie. Souche du Cochon domestique, le Sanglier, que la servitude n'a point dégradé, abâtardi, se présente sous des traits plus intéressants. Il est courageux, brutal, mais nullement féroce. Il n'habite que les grandes forêts, où il vit en famille et où il se choisit une retraite appelée *bauge* en terme de chasse, de laquelle il ne sort que quand il est attaqué ou pour aller chercher sa nourriture, composée de glands, de fruits, de graines et de racines. C'est le soir que le Sanglier vaque à cette fonction importante ; il fait alors de grands ravages dans les champs cultivés au bord des forêts. Poussé par la faim, il attaque quelquefois les Reptiles, les jeunes Lièvres, les Lapins, les Faons même, et très-souvent il brise et dévore des œufs de Perdrix, de Faisan, de Canard sauvage, etc., avec la mère, s'il peut la surprendre sur le nid. Il aime aussi à se vautrer dans la fange des marais, et à fouiller la vase avec son groin, pour y *véroter*, comme disent les chasseurs, c'est-à-dire pour y manger des têtards de Grenouilles, des Vers et des Sangsues.

Le Sanglier vit de vingt-cinq à trente ans. La femelle, appelée *Laie*, produit tous les ans, selon son âge, de deux à dix petits, nommés *Marcassins*. Quand la Laie est sur le point de mettre bas, elle se met en quête d'un fourré épais où ni le père, ni les Loups, ni les Hommes ne puissent surprendre sa progéniture. Si, malgré ces précautions de la tendresse maternelle, un ennemi vient l'attaquer, elle obéit alors à l'impulsion de la nature chez toutes les mères ; elle se défend vaillamment, et ses petits, reconnaissants de tant de soins, ne se séparent que fort tard de celle qui les a engendrés, nourris et protégés avec un zèle qui ne se dément pas. Aussi est-il vrai de dire que nulle créature, après l'Homme, ne vit plus réellement en famille que la Laie et ses Marcassins. Plusieurs Laies qui se réunissent avec leurs portées de deux à trois ans, forment de véritables sociétés, où tout ce que l'instinct et le courage peuvent inspirer pour la défense mutuelle est mis en pratique de manière à braver de puissants ennemis. En cas d'attaque, les plus forts placent les jeunes et les faibles au milieu d'eux, et font face au danger en se pressant les uns contre les autres, en présentant leur boutoir et leurs crochets terribles. Il est rare alors que l'assaillant n'ait pas à se repentir de son imprudente agression.

À six ou sept ans, les Sangliers ont pris tout leur développement, et les mâles, à mesure qu'ils avancent en âge, perdent de plus en plus ce caractère de sociabilité que nous venons de remarquer. Les vieux mâles vivent ordinairement dans la solitude, et, comme ils ont acquis de grandes dimensions, que leurs défenses ont toute leur puissance de destruction, ils sont alors des hôtes dévastateurs des bois et des campagnes, ou des ennemis redoutables pour les chasseurs, auxquels ils résistent avec fureur, souvent même avec succès. Ils succombent rarement sans avoir fait payer cher leur défaite à quelques-uns de leurs vainqueurs, soit qu'ils aient éventré plusieurs Chiens, soit que des Hommes eux-mêmes aient senti la vigueur de son boutoir. Lorsqu'on est parvenu à débusquer le Sanglier de sa bauge, lorsqu'il a reconnu l'impossibilité de faire utilement front à l'attaque, il fuit d'abord, mais lentement ; et malheur aux Chiens qui le harcèlent de trop près. Une balle atteint-elle l'intrépide animal, il s'arrête, il distingue sur-le-champ d'où lui vient sa blessure, et, tout entier à la vengeance, les yeux étincelants, pleins de sang et de feu, faisant entendre au loin un souffle semblable au bruit sourd du vent précurseur de l'orage, il se retourne, renverse, déchire tout ce qu'il rencontre, pour se précipiter sur celui qui l'a frappé, et qui, pour échapper à une mort cruelle, n'a que la ressource de grimper rapidement sur l'arbre le plus voisin.

Telle est la chasse du Sanglier, que certains hommes appellent un plaisir et qui est en réalité une guerre dangereuse. Nos jeunes lecteurs se rappelleront sans doute ici que la mort du Sanglier de Calydon immortalisa Méléagre, et, à coup sûr, ils n'auront pas oublié avec quel courage, avec quelle adresse Télémaque sauva la fille d'Idoménée, la belle Antiope, de la fureur d'un Sanglier sauvage et énorme auquel elle avait lancé un trait d'une main peu sûre.

LE BABIROUSSA OU COCHON-CERF

Le BABIROUSSA (*Sus Babirussa*), dont le nom est composé de deux mots malais, *Babi*, Cochon ; *Russa*, Cerf, habite exclusivement les îles de l'archipel Indien, où il vit dans les forêts seul avec sa femelle. Il offre dans sa structure et dans ses mœurs la plus grande analogie avec le sanglier. Mais il s'en distingue par son système dentaire plus développé. Ses canines supérieures et inférieures sont très-longues ; celles-ci se dressent verticalement en arrière en écartant légèrement la lèvre supérieure ; celles-là traversent la peau du museau et se recourbent parfois au point que leur extrémité s'enfonce dans les chairs du front. Chez la femelle, elles sont très-courtes, à peine saillantes. Sa peau, dure, épaisse, parsemée de petits tubercules donnant naissance à des poils rares et courts, a une certaine ressemblance avec celle du Rhinocéros. Sa chair est, dit-on, très-savoureuse et rappelle, par le goût, celle du Cerf plutôt que celle du Porc. Elle est plus fine que celle de ces deux animaux, et n'a presque pas de lard.

Le Babiroussa s'élève assez aisément en domesticité ; nul doute qu'il ne soit susceptible de s'acclimater dans les parties méridionales de l'Europe et dans le nord de l'Afrique.

Il existe dans l'Afrique australe et à Madagascar une espèce de Sanglier d'un aspect véritablement repoussant : c'est le SANGLIER A MASQUE (*Sus larvatus*), ainsi nommé à cause de la présence, de chaque côté du museau et près de la défense, d'un gros tubercule charnu et velu. Ces tubercules, en s'unissant l'un à l'autre vers le milieu du museau, figurent une sorte de masque dans lequel l'animal aurait la moitié de la tête enfoncée. Cette espèce, dont la structure générale a quelque analogie avec celle de la Hyène, est extrêmement farouche et dangereuse.

Une autre espèce, le BÊNE, ou SANGLIER DES PAPOUS (*Sus Papuensis*), est de petite taille, à soies rousses, fauves et courtes, hérissées dans la région dorsale. Elle habite les marécages et les forêts qui avoisinent la mer dans la Nouvelle-Guinée et l'Archipel des Papous. Comme sa chair est excellente, les Naturels leur font une chasse soutenue. On croit que c'est de cette espèce que proviennent les Cochons domestiques répandus dans les diverses îles de l'Océanie.

Le PHACOCHÈRE (*Phacochærus*), le PÉCARI (*Dicotylus*) sont aussi des races exotiques, propres, l'une à l'Afrique, l'autre à l'Amérique méridionale. Les Phacochères ont de chaque côté des joues un gros lobe charnu qui leur a valu le nom de *Cochons à verrues*. Jeunes, ils sont doux et traitables ; arrivés à leur complet développement, ils deviennent féroces et indomptables. Les Pécaris n'ont pas cette rudesse sauvage ; ils vivent dans les forêts de l'Amérique en troupes très-nombreuses, afin de se défendre contre leurs ennemis. Leur apparence extérieure est tout à fait celle d'un jeune Sanglier ; on ne voit pas leurs canines, qui sont renfermées dans la bouche. Ils se distinguent encore des autres animaux du genre par la présence, sur la région dorsale, d'un organe glanduleux qui sécrète une matière d'une odeur fétide, très-abondante quand l'animal se met en fureur.

Les Phacochères et les Pécaris se nourrissent essentiellement de matières végétales, et ils fouissent pour mettre à découvert les bulbes et les racines.

LE COCHON DOMESTIQUE

LE COCHON DOMESTIQUE (*Sus domesticus*).

Le COCHON DOMESTIQUE, appelé aussi *Porc* et *Pourceau*, a conservé, malgré l'ancienneté de son esclavage, les mœurs du Sanglier commun dont il dérive. Il n'a rien perdu de la brutalité de son caractère et de la sauvagerie de ses habitudes. Il sait encore se défendre contre les Loups; on a vu des troupeaux de Cochons se réunir en cercle quand ils étaient attaqués et présenter le boutoir de toutes parts. La seule remarque à faire, c'est qu'il reconnaît ceux qui le soignent, et les suit à la voix.

Une erreur presque générale consiste à dire que le Cochon est un animal immonde et vorace, re cherchant par goût la malpropreté. En cela, on méconnaît ses instincts et on fait mépris de ses services. Si le Cochon se vautre dans la fange; si, cédant au besoin irrésistible de nettoyer sa peau, il barbote dans des mares infectes, c'est qu'on ne met le plus souvent à sa disposition que des cloaques et des eaux croupies. Est-il, en effet, un seul de nos animaux domestiques à qui répugnent plus qu'à lui les litières immondes, et qui recherche avec plus de passion l'eau propre? N'est-il pas aussi le seul qui ne dépose ses excréments ni sur sa litière ni dans son habitation? Quant à sa voracité, elle n'est qu'un moyen admirable de la Providence pour transformer en substance utile toutes les matières que les autres animaux repoussent.

On peut nourrir les Porcs soit avec des substances végétales, soit avec toute sorte de débris d'animaux; mais presque partout on les nourrit exclusivement de matières végétales. En général, on trouve bien de faire subir aux divers produits végétaux qu'on leur destine certaines préparations : la cuisson, la fermentation ou même le simple mélange rendent le trèfle et la luzerne plus élémentaires et plus salubres. Mais quand on fait ces diverses préparations, il faut avoir soin d'enlever les plantes nuisibles, telles que les pavots, la morelle, la mercuriale et la jusquiame, plantes que le Cochon distingue fort bien et qu'il ne reconnaît plus après la cuisson, et avec lesquelles il s'empoisonne. Le régime du pâturage leur est aussi très-avantageux, et un enfant peut les conduire avec la plus grande facilité dans les bois, dans les prés, et même dans les marais, qui n'exercent sur eux aucune influence pernicieuse. Ces animaux, étant exclusivement destinés à donner des produits en graisse ou en viande, sont mis à l'engrais. Le temps le plus favorable pour l'engraissement est l'automne ou le commencement de l'hiver, parce qu'alors les aliments sont plus abondants. Ceux-ci doivent être distribués régulièrement et par petites rations; ils doivent être aussi variés que possible. Comme le sommeil favorise l'engraissement des Porcs, on ajoute à leur ration une certaine quantité de laitue.

Le Cochon, c'est la viande et le pain du pauvre, et la véritable poule au pot d'Henri IV. Aussi quelle prodigieuse fécondité lui a donnée la nature! Vauban a calculé qu'après dix générations les descendants d'une seule *Truie*, c'est ainsi qu'on nomme la femelle du Porc, seraient au nombre de 6,434,838. Et non-seulement le Cochon est le plus fécond de nos animaux domestiques, mais il en est aussi le plus profitable; car de lui rien ne se perd et tout est aliment.

Le Cochon domestique comprend de nombreuses variétés dont les naturalistes ont formé trois catégories désignées sous le nom de *Petite Race*, de *Grande Race* et de *Race mixte*. La petite race se compose d'espèces exotiques de petite taille, qui paraissent dériver du Sanglier des Papous. La grande race appartient exclusivement à l'Europe et dérive du Sanglier commun. Les espèces propres à la France se divisent en deux types principaux : l'un, à poil blanc, à taille élevée, à corps long, à oreilles pendantes, à membres forts et robustes; l'autre est toujours pie ou noir, plus trapu et plus court, à membres plus fins, les oreilles droites ou presque droites; la chair de ce groupe est plus ferme, plus fine, plus estimée. La race mixte, née du mélange de la petite et de la grande race, comprend une foule de variétés dont le nombre augmente sans cesse. Ce serait une trop rude tâche que d'entreprendre de décrire toutes ces sortes : le Verrat d'Essex, la Truie de New-Leicester donneront une idée à nos lecteurs des résultats obtenus en Angleterre par le croisement des races.

LE RHINOCÉROS

Les Rhinocéros sont de très-grands animaux à formes lourdes, massives et trapues, qui constituent un genre essentiellement caractérisé par la forme de ses pieds divisés en trois doigts garnis de très-grands sabots ; par sa lèvre supérieure qui s'allonge en une pointe, et surtout par la présence sur le nez d'une corne solide, de 1 mètre à 1m30 de long, adhérente à la peau, et qui semble être composée de poils agglutinés.

Le Rhinocéros est, après l'Éléphant, le plus grand mammifère terrestre : il a de 2m90 à 3m25 de longueur et de 1m60 à 1m90 de hauteur, quelquefois même davantage. Sa peau, rugueuse et à peu près dépourvue de poils, est tellement épaisse, dure et sèche, qu'elle forme par tout son corps, si ce n'est près des oreilles et sous le ventre, une sorte de cuirasse à l'épreuve de la balle. Cette peau forme des replis profonds et souples sur la tête, sur les épaules et dans la région de la croupe, afin de ménager à l'animal la liberté de ses mouvements.

Le Rhinocéros se plaît dans les lieux humides et marécageux, parce qu'il aime à se vautrer dans la fange et qu'il trouve là les hautes herbes, les jeunes tiges et les feuilles qui composent sa nourriture. Son caractère est farouche, indomptable, sa force extraordinaire. Il est féroce par stupidité plutôt que par nature, capricieux par boutade, et il s'irrite au moindre caprice. Il est terrible dans sa colère. Alors il bondit avec fureur et se précipite, tête baissée, la corne en avant, avec une impétuosité telle, qu'il brise, renverse, détruit tout ce qui s'oppose à son passage. Les Indiens lui donnent la chasse à coups de fusil ou au moyen de fosses creusées sur son passage, non-seulement pour avoir sa peau, dont ils se font des boucliers solides, mais encore pour sa corne qu'ils recherchent beaucoup ; ils croient qu'une coupe faite avec une corne de Rhinocéros a la propriété de détruire les effets du poison le plus violent, et qu'une liqueur qu'on y aurait versée acquiert aussitôt la vertu miraculeuse de guérir un grand nombre de maladies.

Bien des voyageurs se sont amusés à décrire des combats de Rhinocéros contre des Tigres et des Éléphants ; il faut se méfier de ces récits. Les animaux dont la puissance est grande connaissent leur force et se gardent de l'employer inutilement. Cela est hors de leur nature et de leur intérêt. Qu'un Éléphant et un Rhinocéros se rencontrent, et cela arrive fréquemment, puisqu'ils habitent les mêmes régions, ils passeront outre, parce qu'ils n'ont aucun sujet de s'attaquer. Quant au Tigre, s'il est affamé, il pourra bien éprouver quelque velléité de traiter le Rhinocéros en ennemi ; mais son instinct lui révélera la puissance de son adversaire en même temps que l'inanité de son entreprise, et il ira chercher une Gazelle ou tout autre animal timide pour assouvir sa faim. « Je croirai à l'attaque du Tigre, dit M. Boitard à ce propos, quand on m'aura montré un Renard attaquant un Bœuf ou un Mouton. L'étude de la nature nous montre que les animaux ont tous un sentiment inné de leurs forces respectives, qui les dirige à coup sûr dans l'attaque et dans la défense ; sans cette singulière prévision, l'Homme serait assailli par tous, et, dans les circonstances ordinaires, il ne l'est par aucun. »

Le Rhinocéros que représente notre gravure est le Rhinocéros des Indes, ou *Rhinocéros unicorne*. Il existe à Sumatra et en Afrique des Rhinocéros à deux cornes. Cette seconde corne est placée derrière la corne ordinaire.

Le Daman (*Hyra Capensis*, Cuv.), *Marmotte du Cap* par Buffon, et *Klep-Dos*, c'est-à-dire *Blaireau de rocher*, par les habitants du cap de Bonne-Espérance, sa patrie, est un petit animal de mœurs douces et faciles qui s'apprivoise aisément. Il avait été placé, jusqu'à Cuvier, parmi les Rongeurs, dont il a la taille, les formes extérieures et les habitudes ; mais le célèbre naturaliste, après un examen sévère, trouva que le caractère de son système dentaire, que son squelette et son anatomie intérieure l'alliaient étroitement aux Pachydermes et que, à la corne près, c'était un Rhinocéros en miniature. En outre, les Damans ont quatre doigts à leurs pieds de devant et trois à ceux de derrière, tous avec des espèces de petits sabots minces et arrondis, à l'exception du doigt interne de derrière qui est armé d'un ongle crochu, oblique. Ils ont encore le museau obtus et les oreilles courtes. Quant à leur corps, il est couvert d'un poil grisâtre, doux et soyeux ; leur queue est remplacée par un tubercule.

On ne rencontre le Daman que dans les districts couverts de rochers ou de montagnes boisées, dont les fentes et les creux lui servent d'asile. Il abonde sur les flancs de cette montagne du Cap, qu'on appelle la *Tabl*, où on peut le voir sautillant près de son terrier, ou broutant l'herbe ; mais à la moindre alarme, au plus petit bruit qui vient frapper son oreille très-fine, il se réfugie soudain dans son trou, dont il est difficile de le tirer, car il se laisse étouffer par la fumée ou noyer par l'eau plutôt que d'en sortir.

Prompt, alerte, vigilant, comme il est, le Daman ne devient pas moins fréquemment la proie des bêtes féroces, si nombreuses dans les parages qu'il habite, et, plus fréquemment encore, des grands Oiseaux de proie, qui fondent sur lui avant qu'il se soit aperçu de leur présence. L'Aigle surtout, après avoir, du haut de son aire inaccessible, marqué des yeux sa victime, plonge sur l'imprudent avec la rapidité de l'éclair, le presse contre terre, enfonce ses serres puissantes dans son corps, et remonte avec sa proie vers ses Aiglons affamés.

Une autre espèce de Daman existe en Syrie. Sous le rapport des habitudes, des mœurs, de l'aspect général, l'Hyrax de Syrie, l'*Hyrax des arbres*, ne diffère en aucune façon de l'Hyrax du Cap, du *Klep-Dos*.

LE TAPIR

Après le Daman se place le troisième et le dernier genre de la deuxième section des Pachydermes ordinaires, le *genre Tapir*.

« LE TAPIR est, dit Buffon, l'animal le plus grand de l'Amérique, de ce nouveau monde où la nature vivante semble s'être rapetissée, ou plutôt n'avoir pas eu le temps de parvenir à ses hautes dimensions. Au lieu des masses colossales que produit la terre antique de l'Asie, au lieu de l'Éléphant, du Rhinocéros, de l'Hippopotame, de la Girafe et du Chameau, nous y trouvons dans ces terres nouvelles que des sujets modelés en petit, des Tapirs, des Lamas, des Vigognes, tous vingt fois plus petits que ceux qu'on doit leur comparer dans l'ancien Continent, et non-seulement la matière est prodigieusement épargnée, mais les formes sont imparfaites et paraissent avoir été négligées ou manquées. »

Peut-être un peu hasardées dans la portée générale qu'elles ont ici, ces réflexions, appliquées au Tapir en particulier, sont entièrement justifiées par son état d'absolue infériorité physique et intellectuelle relativement à l'Éléphant, que Buffon lui oppose comme point de comparaison. Roi de la création animale appartenant en propre à l'Amérique du Sud, le Tapir n'atteint guère cependant qu'une longueur de 2 mètres et une hauteur d'environ 1ᵐ 20. Cette masse de chair, du poids de 250 à 300 kilogrammes, est si grossièrement et si vaguement dessinée, que le Tapir a été tout à la fois surnommé *Cheval-marin*, *Ane-vache*, *Vache-sauvage*, *Buffle*, *Élan*, *Mule-sauvage*. Il offre, en effet, quelques traits de ressemblance avec chacun de ces animaux ; mais son portrait le plus exact se retrouve dans la figure de celui qu'on considère, à tort peut-être, comme le plus ignoble des Quadrupèdes, le Cochon. L'ensemble de son corps, étroit à la poitrine, arqué postérieurement, qu'accompagne une petite queue à moitié pelée, que recouvre un poil brun, court, serré et lisse, et que supportent de grosses jambes, est d'un aspect disgracieux. L'apparence de la face est assez originale. Attachée au corps par un cou médiocre, d'une teinte blanchâtre à la partie inférieure et garnie en dessus (chez le mâle) d'une courte crinière, la tête est volumineuse, comprimée sur les côtés, saillante en crête sur le front, surmontée de longues oreilles pointues et percée de petits yeux. Le chanfrein, allongé et très-busqué, se termine en trompe. Cette trompe, au bout de laquelle s'ouvrent les narines, est grosse, ridée transversalement, recourbée en dessous, et dépasse dans son état naturel la lèvre inférieure d'environ 8 centimètres ; mais l'animal peut à sa volonté, par un effort musculaire, la contracter ou l'étendre de 15 à 16 centimètres, et même la mouvoir dans toute direction. Cependant, et bien que cet instrument ne lui soit pas entièrement inutile, le Tapir est loin d'en tirer proportionnellement tout le parti que l'Éléphant sait tirer de sa merveilleuse trompe.

Ainsi que l'annoncent sa physionomie triste et maussade, et son extérieur, qui ne semble spécialement calculé pour aucune fonction, le Tapir a l'intelligence bornée, l'humeur morose, les appétits modérés, et son genre de vie tout vulgaire ne donne rien à remarquer. Dépourvu de tout instinct social, étranger à toute affection de famille, ne se souciant même point de la compagnie de sa femelle, il s'enfonce dans les profondeurs des forêts touffues. Lorsqu'il a rencontré un canton marécageux, il fixe son domicile sur quelque hauteur voisine et y passe les journées à dormir ou à songer, comme le Lièvre de la Fontaine. A la nuit, il descend dans les marais, où il fourrage et se vautre avec délices à la manière du Cochon. Ce bain nocturne, qu'il prend d'abord dans la fange, puis dans les eaux vives pour se laver, est le seul plaisir dont le Tapir se montre avide ; aussi la natation est-elle l'exercice dans lequel il excelle et se complaît. L'arrivée du jour met fin à ses ébats, et il regagne aussitôt son gîte, en suivant toujours le même sentier, avec une régularité telle, qu'il finit par s'ouvrir, au travers des broussailles, une route battue et dégagée de tout obstacle. Ces habitudes tranquilles et innocentes indiquent du moins, à défaut de vivacité dans l'imagination, un naturel doux et pacifique. Le Tapir ne demanderait qu'à vivre en bonne intelligence avec tous ses cohabitants de la forêt, et si, un tant soit peu brusque et brutal dans ses allures, comme tout misanthrope, il renverse l'Homme ou l'Animal qu'il rencontre dans le sentier qu'il s'est fait, ce n'est nullement avec une intention de nuire, mais seulement pour passer et pour regagner au plus vite sa retraite. L'instinct même de la conservation n'éveille dans le Tapir le courage et l'idée de la défense qu'à la dernière extrémité. Son premier mouvement est de fuir, et dès qu'il est menacé dans son gîte, il se met à galoper, tant bien que mal, et d'autant plus gauchement qu'il baisse la tête entre les jambes, vers le fleuve ou le lac le plus voisin. Arrivé dans son élément, il parvient assez souvent, par la facilité avec laquelle il plonge au fond des eaux et par la vitesse avec laquelle il nage à leur surface, à échapper aux poursuites ; mais lorsqu'il se trouve enfin serré de près, malgré ses évolutions, alors il entre dans un désespoir furieux, et, cherchant à rendre atteinte pour atteinte, il se lance contre les canots d'où partent les coups dont il se sent frappé. Au reste, quelque prononcé qu'il soit, le sentiment de timidité qui fait fuir le Tapir à l'approche de l'Homme n'est pas à l'épreuve des bons traitements. Réduit en domesticité, le Tapir perd complètement ses penchants anti-sociaux, et s'apprivoise au point de devenir incommode par sa familiarité.

La chair du Tapir est fade et dure ; sa peau, d'un tissu épais et serré, est employée quelquefois dans les selleries et pour les chaussures ; les Indiens, en la tenant fortement tendue et en l'exposant à l'action du soleil, la rendent si ferme, qu'elle devient à l'épreuve des flèches et même de la balle ; ils s'en servent alors pour couvrir leurs boucliers et leurs coiffures. Quelques écrivains ont émis l'opinion que le Tapir, réduit en domestication, pourrait rendre d'importants services comme bête de somme, et que sa chair, améliorée par un régime convenable, fournirait un aliment à la fois sain et agréable.

Quoique les Indiens et les Animaux carnassiers poursuivent le Tapir d'une guerre continuelle, l'espèce est néanmoins assez abondamment répandue dans toute l'Amérique méridionale, et particulièrement dans les forêts des Guyanes, du Brésil, du Paraguay.

Les naturalistes ont cru pendant longtemps que le Tapir appartenait exclusivement à l'Amérique du Sud, mais on en a récemment découvert une variété à Sumatra et à Malacca, qui est plus grande que le Tapir d'Amérique, et, enfin, des débris fossiles, trouvés en Europe et dans l'Amérique du Nord, donnent à penser que l'espèce, aujourd'hui renfermée dans un terrain limité, était cosmopolite.

CAVALIER HONGROIS

La troisième famille de l'ordre des Pachydermes, *les Solipèdes*, se compose uniquement du genre Cheval, qui comprend sept espèces, selon les zoologistes modernes : le *Cheval* proprement dit ; l'*Ane*, l'espèce la plus importante du genre après le Cheval ; l'*Hémippe* ; l'*Hémione* ou *Dziggetaï* ; le *Couagga* ; le *Daw* ; le *Zèbre*. Les trois dernières sont originaires de l'Afrique, les quatre premières de l'Asie. C'est à la conformation toute particulière de leurs pieds, un seul doigt apparent garni d'un seul sabot, que ces espèces doivent le nom commun de *Solipèdes* auquel on a vainement proposé de substituer celui d'*Equidès*.

Les Solipèdes ont à chaque mâchoire six incisives tranchantes qui, dans la jeunesse de l'animal, ont leur couronne creusée d'une fossette, et de chaque côté six molaires. Les mâles ont à la mâchoire supérieure, et quelquefois à toutes les deux, deux petites canines qui manquent presque toujours aux femelles. Entre ces canines et la première molaire est l'espace vide nommé *barre*, qui répond à l'angle des lèvres. C'est dans cet intervalle qu'on place le mors, au moyen duquel l'Homme est parvenu à dompter et à diriger ces animaux.

Les Solipèdes ont l'œil saillant, la vue perçante, l'oreille longue et mobile, les narines sans mufle, la langue très-douce, l'ouïe très-fine et l'odorat très-délicat ; leur lèvre supérieure, fort mobile, est, pour eux, comme pour le Rhinocéros, un instrument de préhension ; aussi se servent-ils de cet organe pour ramasser leur nourriture et même pour palper et reconnaître certains objets. L'extrême sensibilité de cette partie offre en outre à l'Homme le moyen le plus efficace pour se faire obéir de ces animaux, en pressant sur elle plus ou moins fortement au moyen du frein. Ils sont hauts sur jambes, et leur corps est couvert d'un poil bien fourni, mais ordinairement ras et court, à l'exception du cou où il forme crinière. Aux jambes de devant, et quelquefois à celles de derrière, on trouve souvent une partie nue, cornée, qu'on appelle *châtaigne* ou *noix* ; leur queue est médiocrement longue, mais souvent garnie de longs crins dès sa base chez le Cheval. Chez les autres espèces, elle est seulement terminée par un flocon de poils. Ils sont essentiellement herbivores et granivores ; leur estomac cependant est simple et médiocre. Ils se contentent des herbes les plus communes lorsqu'ils y sont habitués de bonne heure. Ils aiment les pâturages secs ; la paille de froment, d'orge et d'avoine leur convient aussi, lorsqu'ils reçoivent en même temps une portion de bon foin et de grains.

De toutes les espèces du genre Cheval, la première espèce, le CHEVAL proprement dit, est de beaucoup la plus importante. « La plus noble conquête que l'Homme ait jamais faite, dit Buffon, est celle de ce fier et fougueux animal qui partage avec lui les fatigues de la guerre et la gloire des combats. Aussi intrépide que son maître, le Cheval voit le péril et l'affronte ; il s'habitue au bruit des armes, il l'aime, il le cherche et s'anime de la même ardeur. Il partage aussi ses plaisirs ; à la chasse, aux tournois, à la course, il brille, il étincelle ; mais docile autant que courageux, il ne se laisse point emporter à son feu, il sait réprimer ses mouvements ; non-seulement il fléchit sous la main de celui qui le guide, mais il semble con-

sulter ses désirs, et, obéissant toujours aux impressions qu'il en reçoit, il se précipite, se modère ou s'arrête, et n'agit que pour y satisfaire ; c'est une créature qui renonce à son être pour n'exister que par la volonté d'un autre, qui sait même la prévenir, qui, par la promptitude et la précision de ses mouvements, l'exprime et l'exécute, qui sent autant qu'on le désire, et ne rend qu'autant qu'on veut ; qui, se livrant sans réserve, ne se refuse à rien, sert de toutes ses forces, s'excède, et même meurt pour mieux obéir. »

Le Cheval est un des dons les plus précieux que la Providence a faits à l'Homme sur la terre ; car le Cheval ne lui sert pas seulement à la guerre et à la chasse ou dans ses jeux équestres, c'est encore lui qui, le premier, peut-être, l'aida à défricher la terre qui le nourrit. C'est lui qui se charge de transporter ses fardeaux ; c'est à sa force et à sa légéreté qu'il a dû de diminuer les distances, d'établir au loin des relations qui, sans lui, seraient impossibles. Jusqu'à ces derniers temps il a été le seul lien entre les peuples éloignés des bords de la mer, et que séparaient de vastes plaines ou de hautes montagnes.

A l'état de domesticité, le Cheval se montre à nous comme un animal généralement intelligent, affectueux et doué de beaucoup de mémoire. « Mais cet ensemble, dit le savant professeur Quatrefages, se modifie par l'éducation et par l'influence du milieu où il se trouve placé. Pour que l'intelligence et les qualités morales du Cheval se développent, il faut que l'Homme lui vienne en aide, il faut qu'il le traite en compagnon, en ami, non en esclave. Sous le fouet de nos charretiers, le Cheval s'abrutit et dégénère au moral, plus peut-être encore qu'au physique. Cet animal, comme tous les autres, a besoin de ne recevoir que des impressions nettes et précises. Sans cela, l'association des idées devient impossible ; l'ardeur et la bonne volonté font place au découragement. à la paresse, et quelquefois à un désir de vengeance. »

C'est ainsi que les mauvais traitements entraînent parfois le Cheval à des actes de férocité fort éloignés de son caractère naturellement doux et reconnaissant. Chez l'Arabe, qui traite son coursier comme un ami, comme un membre de sa famille, l'intelligence, l'attachement, la fidélité même de ces animaux sont proverbiaux.

La durée de la vie du Cheval est, en général, de vingt à vingt-cinq ans ; il y a néanmoins des exemples nombreux d'une longévité plus grande. La femelle du Cheval est, comme tout le monde sait, désignée sous le nom de *Jument*. Le jeune Cheval est appelé *Poulain* ; il naît les yeux ouverts et peut marcher dès sa naissance ; il n'acquiert son complet développement que vers la cinquième année ; cependant il est quelques races qui paraissent plus précoces. D'autres, au contraire, sont plus tardives, particulièrement la *Race limousine*. La dentition du Cheval suit une marche assez uniforme pour permettre de juger de son âge presque avec certitude, jusqu'à l'âge de huit ans. Passé cette époque on n'a aucun signe bien positif à cet égard, et l'on dit qu'ils ne *marquent* plus, parce qu'alors les fossettes creusées dans leurs incisives sont effacées par leur frottement réciproque.

— ⟶ ⟵ —

UNE COURSE DE CHEVAUX EN HONGRIE

Le Cheval est originaire des grandes plaines du centre de l'Asie. Répandu aujourd'hui en nombre immense dans toutes les parties du monde, il n'existe plus à l'état sauvage, ou plutôt à l'état libre, que dans les lieux où des Chevaux échappés à la domesticité ont fixé leur demeure, comme dans les immenses plaines de l'Amérique méridionale ou dans les steppes de la Tartarie. L'importation de ces animaux dans le Nouveau-Monde ne date que d'environ trois siècles, et cependant les Chevaux sauvages y sont en nombre considérable. On assure les y avoir rencontrés par troupes de plus de dix mille individus. Ce sont les conquérants espagnols qui ont importé l'espèce au Mexique et au Pérou, les Français qui l'ont introduite au Canada, et les Anglais qui, beaucoup plus tard, en ont doté la Nouvelle-Hollande.

Les *Alzados*, c'est-à-dire *Insurgés*, conservent une partie de l'élégance des formes et des qualités précieuses qu'ils doivent au sang arabe. Ils sont si nombreux dans les provinces de la Plata et dans les plaines du Nouveau-Mexique, que les habitants du pays se donnent rarement la peine d'élever les Chevaux ; ils prennent et domptent les Chevaux libres dont ils ont besoin. Les grandes troupes d'Alzados obéissent à des chefs qui doivent ce rang à la supériorité de leurs forces et de leur courage. Chaque bande occupe un canton d'une étendue proportionnée à ses besoins, le regarde comme son domaine et en défend l'approche aux hordes étrangères. Le fourrage vient-il à manquer, on se met en route sous la conduite des chefs. Précédés par des éclaireurs, ils marchent en colonne serrée que rien ne peut rompre. La colonne elle-même est subdivisée en pelotons, tous composés d'un mâle et de ses femelles. L'avant-garde signale-t-elle une caravane, un gros de cavaliers, aussitôt les mâles se détachent, vont reconnaître de l'œil et de l'odorat. Puis, au signal de l'un d'eux, la colonne entière charge l'ennemi, ou bien se détourne et passe à côté, en invitant par des hennissements graves et prolongés les Chevaux domestiques à les rejoindre. M. de Quatrefages, à qui nous empruntons ces détails, ajoute qu'il est rare que cet appel ne soit pas entendu, et qu'à l'approche de ces Alzados, les voyageurs doivent se hâter d'attacher solidement leurs Chevaux pour les mettre hors d'état de fuir. L'oubli de cette précaution entraînerait presqu'à coup sûr la perte de leurs montures.

Les Indiens et les Espagnols à demi sauvages appelés Gauchos font une chasse active aux Alzados, soit pour les dompter, soit pour les tuer et en vendre le cuir. Dans le premier cas, des hommes montés de façon à les faire entrer dans un enclos circulaire, fermé avec des pieux, qu'on nomme *Coral*. Alors un de ces Gauchos habitant des pampas, intrépide chasseur de Tigres et de Jaguars, entre dans l'arène, monté sur un cheval plein de feu et de vigueur, comme son maître. A la bande de cuir qui lui tient lieu de selle sont fortement bouclés les deux bouts d'une longue courroie élastique, de 15 à 20 mètres de long, appelée *Lazzo*, que le Gaucho tient à la main, par le milieu à peu près, et qu'il fait tournoyer au-dessus de sa tête de manière à ce que la partie qui flotte en l'air forme au moins deux nœuds coulants. A la vue du cavalier, les Alzados se livrent à mille évolutions diverses ; le Gaucho marque de l'œil sa victime, il la suit, et lance contre elle son lazzo. L'animal, serré par le nœud fatal, est arrêté dans son élan. Le Gaucho saute à terre, armé d'une nouvelle corde aux extrémités de laquelle se trouvent deux lourdes boules en fer ; il les fait tournoyer au-dessus de sa tête, comme il a fait du lacet, pousse un cri propre à effrayer son prisonnier, à demi libre encore ; celui-ci s'élance ; mais la corde et les deux boules lancées entre ses jarrets l'abattent sans qu'il lui soit possible de se relever.

« Les courroies qui serraient le col et retenaient les jambes captives, dit Jacques Arago, déjà cité, sont enlevées, et le Gaucho qui va lutter se tient debout, touchant le ventre de son ennemi. Celui-ci, que l'esclavage de ses jarrets avait rendu immobile, essaye encore, mais sans efforts, un mouvement de liberté. Ciel ! ses pieds jouent ; il doute et recommence, ses naseaux s'enflent, ses yeux s'animent, il se dresse comme frappé de vertige en sentant sur son dos un poids inaccoutumé.

» Il bondit pour être plus libre, et le fardeau retombe avec lui. Le fougueux coursier n'a ni selle ni couverture, le cavalier a gardé ses éperons. Point de frein à la bouche, point de guide à la main.

» Il y a un moment de calme, de réflexion ; chacun des deux lutteurs s'étudie, s'observe, se mesure. Celui qui est dessus saisit la crinière flottante, celui qui est dessous cherche par de rapides chocs à secouer ce nouvel obstacle ; mais cet obstacle est le bras d'un Gaucho, et à moins qu'ils ne soit brisé il ne lâchera pas prise.

» Un hennissement se fait entendre, puis un cri lui répond ; c'est comme un appel, un défi accepté. Le Cheval se dresse verticalement, le Gaucho ne tombera que si le Cheval tombe aussi. Eh bien ! le Cheval se roule à terre, et tandis qu'il fait un demi-tour à droite, le Gaucho collé à lui fait un demi-tour en sens contraire et évite d'être foulé sous la masse. A ce jeu, le Cheval se lasse plus tôt que le cavalier ; aussi le devine-t-il, et essaye-t-il d'une nouvelle manœuvre. Il est le maître de l'espace, lui ; voyons si l'Homme qui veut le vaincre pourra résister à son élan. Suivez-le bien loin ; mais, gare ! ce n'est pas une course, c'est un dévergondage, un délire bachique ; il saute, il rue, il tournoie, il s'allonge, se rapetisse, il s'élance dans un fossé, gravit une côte, se précipite de nouveau vers la base, et il roule sur le gazon ou sur les cailloux... Le Gaucho est fait à ces violences, à ces fureurs, et n'abandonne pas la crinière, et de ses éperons aigus il déchire les flancs du coursier. Encore debout tous les deux, encore un temps de repos. La terre ne peut venir en aide au fougueux Quadrupède : il s'élance dans les eaux et veut noyer son adversaire. Le Gaucho est plus dominateur là qu'autre part. Il faut revenir sur la plage, où la lutte recommence avec une nouvelle colère, avec de nouveaux efforts, et toujours le dos du coursier reçoit le maître.

» Enfin les yeux s'abattent, les naseaux se ferment, le cœur bat moins violemment, les jarrets se taisent, la main du Gaucho donne un dernier mouvement : le Cheval à demi vaincu obéit pour la première fois, il part ; le Gaucho se baisse et ramasse à terre le frein qu'il y a fait déposer, il l'allonge, il le présente à la bouche, on n'ose pas lui résister : il a un compagnon, il règne au désert. »

CHEVAUX ANDALOUS BATTANT LE BLÉ

Les Tarpans, on nomme ainsi les Chevaux libres des déserts de la Tartarie, ont perdu dans leur existence vagabonde l'harmonie des formes qui distinguent les races, objet assidu des soins de l'Homme ; l'action de la domesticité tend toujours en effet à développer : elle accroît la taille de tous les animaux qu'on soumet à son influence. La taille du Tarpan a diminué ; ses jambes et sa tête ont grossi ; ses oreilles se sont allongées et rejetées en arrière ; son poil est devenu plus grossier ; l'ensemble de ses formes est devenu disgracieux. Il paraît rechercher le froid plus que la chaleur, et habite de préférence les pâturages élevés du grand et du petit Altaï, sur les frontières de la Sibérie. Il est rare qu'on s'en empare pour les dresser ; les Tartares, qui ne manquent pas de chevaux, ne chassent le Tarpan que pour sa chair, qu'ils trouvent excellente. Les Tarpans vivent en petites troupes de vingt à trente individus.

Il existe encore aujourd'hui en Europe des Chevaux vivant à l'état de liberté, et se multipliant à leur gré dans les bois et dans les plaines : mais cette liberté n'est que relative ; au moment des froids rigoureux, ils viennent à des rendez-vous connus chercher un peu d'abri et de fourrage, et tous ou presque tous sont marqués, à cet hivernage, d'un fer rouge au chiffre de leur propriétaire. Jusqu'à l'âge adulte ils conservent cet état de liberté, et ils sont ensuite domptés pour le service de l'homme. Ils sont répandus dans les steppes de l'Ukraine, de la Lithuanie et de la Transylvanie, dans le delta du Rhône, en France, où il existe une race assez nombreuse et assez estimée, connue sous le nom de *Chevaux de Camargue*.

Le cadre de notre ouvrage ne nous permet pas de décrire les nombreuses races que comprend l'espèce chevaline ; mais nous indiquerons les principales.

Au premier rang se place la *race Arabe*. Elle est plutôt petite que grande, mais forte, vigoureuse, pleine de feu et d'énergie, patiente et sobre. Chez les Arabes, nous l'avons déjà dit, le Cheval fait partie de la famille ; il est élevé sous la tente, en communication continue avec son maître, et n'en recevant que de bons traitements ; de là, aussi, ses qualités vraiment supérieures.

La *race Barbe* se rapproche de la précédente, dont elle a toute la bouillante ardeur. Un connaisseur anglais a dit de ces chevaux qu'ils meurent, mais qu'ils ne vieillissent jamais. Son nom de *Barbe* provient de ce qu'elle est très-répandue dans toute la Barbarie, et surtout dans le Maroc. Elle a l'encolure longue et grêle, les épaules plates, les reins courts et la croupe allongée.

Ce sont des Chevaux barbes ou de Barbarie qu'on voit figurer dans ces courses de Chevaux libres instituées en 1465 par le fastueux pape Paul II, et qui forment encore aujourd'hui un des divertissements les plus intéressants du carnaval romain.

La *race Persane* paraît être, d'après les historiens, antérieure à la race Arabe. Elle formait jadis la meilleure cavalerie de l'Orient. Cette race n'a pas dégénéré. Aujourd'hui encore elle est regardée comme une des plus parfaites. Le Cheval persan se rapproche beaucoup de l'arabe ; il lui est même supérieur par la beauté de ses formes extérieures, mais celui-ci l'emporte par sa vigueur.

La *race Tatare*, élevée comme la race Arabe sous la tente, a pour berceau l'ancienne Scythie ; ces Chevaux sont de taille moyenne et ne manquent pas d'élégance. Ils se distinguent surtout par la persistance et la rapidité de leur course.

La *race Anglaise* est celle qui produit les meilleurs coureurs. Le Cheval anglais proprement dit, c'est le Cheval de course désigné sous le nom de *Cheval pur sang* (*Racer*). Il ressemble beaucoup au Barbe ou à l'Arabe ; mais il est plus haut sur jambes, il a le corps plus allongé, la poitrine moins développée, enfin toute son organisation paraît adaptée à sa destination spéciale et exclusive, qui est la course la plus rapide. On raconte à cet égard des prodiges de vitesse de la part des Chevaux anglais. L'un d'eux aurait, dit-on, atteint une vitesse de 9 myriamètres à l'heure (23 lieues). Si le fait est vrai, il est en tout cas exceptionnel ; la vitesse ordinaire correspond à 50 à 55 kilomètres à l'heure.

Cette race, admirable au point de vue de la course, est incapable de tout autre genre de service. Mais les Anglais, à l'aide de croisements, sont parvenus à produire des chevaux de chasse, de carrosse et de trait qui ne le cèdent en rien aux meilleures races du continent.

La *race Espagnole*, ou mieux *Andalouse*, est d'origine évidemment arabe. Elle a beaucoup de rapport avec notre race Limousine, et est excellente pour le manége et la cavalerie. Les fermiers andalous exercent de bonne heure les jeunes poulains à un certain piétinage vif et précipité dont l'effet doit être plus tard, lorsqu'ils seront bien habitués, de les mettre à même de remplir l'office de fléaux à battre le blé. Cette coutume est fort ancienne et vient des Orientaux.

La Pologne, la Transylvanie, la Hongrie possèdent des races excellentes pour la cavalerie légère ; l'Allemagne, le Mecklembourg principalement, des chevaux propres à la selle et à l'attelage ; les îles Shetland, des Chevaux miniature égalant à peine en hauteur nos Chiens de Terre-Neuve.

LE CHEVAL ANGLAIS — LE CHEVAL PERCHERON — LE COUAGGA

Nous arrivons aux races qui nous intéressent le plus, aux races françaises. « Peu de pays, dit M. de Quatrefages, sont aussi heureusement dotés que la France sous le rapport hippique. Dès avant les conquêtes de César, les Romains connaissaient les Chevaux gaulois et les estimaient autant que les célèbres coursiers de l'île de Crète. Les Chevaux bretons surtout passaient pour être infatigables. Plus tard, lorsque nos chevaliers, armés de toutes pièces, recherchèrent des montures à la fois fortes et agiles, ils tirèrent de la Normandie leurs chevaux de bataille. Dès cette époque aussi la race Limousine, si intelligente et si souple, fut recherchée comme monture de parade et eut le privilège de fournir aux nobles châtelaines leurs haquenées les plus élégantes. En même temps se formait dans le midi cette race qu'on cherche à rétablir de nos jours, la race Navarrine, qui donne de si beaux chevaux de selle. Le Boulonnais et la Franche-Comté échangeaient contre les races de luxe que nous venons de citer, leurs chevaux de trait si recherchés encore pour le service des messageries. L'Auvergne, le Poitou, la Bourgogne produisaient d'excellents bidets presque égaux aux chevaux de selle élevés dans le Roussillon, le pays d'Auge, le Forez, etc. Il faut bien le reconnaître : ce magnifique développement de l'espèce chevaline était dû, en majeure partie, aux grands vassaux qui tous possédaient de superbes haras pour la chasse et pour la guerre. » La destruction de la féodalité par Richelieu, les longues guerres du règne de Louis XIV, les guerres plus terribles encore de la Révolution et de l'Empire eurent pour effet de tarir les sources de cette situation prospère. Les propriétaires, les éleveurs, privés de leurs meilleurs Chevaux, n'eurent plus pour reproducteurs que des animaux de rebut, et nos races si belles, si fortes, subirent rapidement une dégradation effrayante ou disparurent entièrement. Pendant les longues années de paix qui suivirent la chute de l'Empire, de grands efforts ont été faits pour relever nos races abâtardies ; ces efforts n'ont pas été vains, ils se continuent aujourd'hui avec plus d'ardeur que jamais, et les succès obtenus déjà sont un gage assuré des succès futurs.

Quelques courtes notions sur nos races françaises actuelles.

Les *Boulonnais* sont les plus renommés de tous nos Chevaux de gros trait. Étoffée, solide, trapue, cette espèce présente le type le plus parfait du Cheval de force. Il est en effet d'une force prodigieuse et admirablement approprié aux services qu'il est appelé à rendre aux entrepreneurs de transports, aux brasseurs, aux meuniers, aux carriers, etc.

Le *Percheron* est le Cheval de poste et de diligence par excellence. Son corps est cylindrique et bien confectionné ; ses membres sont bien plantés, bien musclés ; il

est vif, plein de sensibilité et de courage ; en un mot, il offre tous les caractères essentiels du Cheval propre aux allures rapides.

Le *Cheval Breton* est moins vif, moins élégant que le Percheron, plus petit de taille ; mais il est plus solide, il est plus dur à la fatigue. Ces qualités en font une de nos espèces les plus utiles et les plus précieuses.

Les anciennes races *Normande*, *Limousine* et *Navarrine* ont disparu, mais de tous côtés on a cherché à les reconstituer en les améliorant.

La nouvelle *race Normande*, remarquable par sa belle conformation, a plus d'énergie, plus d'ardeur, des allures plus vives et plus rapides que l'ancienne. Les Normands les plus parfaits de forme sont ceux élevés dans la partie de l'Orne appelée le Merlerault. C'est cette race qui fournit les admirables attelages de nos voitures de luxe ; elle donne aussi un certain nombre d'excellents Chevaux de cavalerie.

Le *Cheval Limousin* pur descendait de l'Arabe, ou plutôt du Barbe ; il avait leurs formes élégantes et se distinguait par sa douceur, sa sobriété, sa résistance au travail. La race nouvelle tend à posséder toutes ces qualités avec une supériorité de taille.

La *race Navarrine* était issue de la race Andalouse, et fournissait comme elle d'excellents Chevaux pour le manège et la cavalerie légère. Les résultats obtenus jusqu'ici par les éleveurs des Hautes-Pyrénées et des départements voisins permettent d'espérer le rétablissement et même l'amélioration de cette race précieuse.

N'oublions pas, dans notre nomenclature, les *Chevaux de la Corse* et des *Pyrénées*. Bien que très-petits de taille, ils sont remarquables par la vigueur et la sûreté de leurs pieds, qualités nécessaires pour gravir les sentiers rocailleux de ces pays de montagnes.

Depuis quelques années, des courses de grande vitesse ont lieu dans tous les États de l'Europe, dans l'intention avouée d'améliorer la race chevaline ; ces courses, ou plutôt la façon dont elles sont pratiquées, sont l'objet de jugements fort divers. Un homme bien compétent en cette matière, M. le professeur Magne, les accuse de produire un résultat tout contraire au but cherché, l'entraînement auquel on soumet de bonne heure les jeunes Poulains altérant leur constitution.

Après avoir dit tous les services que le Cheval rend à l'Homme, il en est un dernier que nous ne saurions passer sous silence, bien qu'il ne soit pas encore généralement accepté : il s'agit de la convenance de sa chair comme objet d'alimentation publique. Paris, pendant le siège de 1870-1871, en a fait une grande consommation. Sans avoir toutes les qualités du bœuf, elle est substantielle, saine et agréable au goût.

L'ANE — LE ZÈBRE — LE DAW

L'ANE (*Equus Asinus*, LINN.). — LE ZÈBRE (*Equus Zebra*, LINN.). — LE DAW (*Equus montanus*, BARCHEL).

« L'ANE, a dit Buffon, serait le premier des animaux si le Cheval n'existait pas ; c'est la comparaison qui le dégrade ; on le juge non pas en lui-même, mais relativement au Cheval ; on oublie qu'il est Ane et qu'il a toutes les qualités attachées à son espèce, pour ne penser qu'à la figure et aux qualités du Cheval, comme si cette figure, ces qualités n'étaient point le privilège exclusif de ce dernier. »

L'Ane est, comme le Cheval, originaire de l'Asie ; son type sauvage, l'*Onagre (Onagger)* des anciens, habite encore, sous le nom de *Koulan*, les déserts de la Tatarie, où il vit en hordes innombrables, sous la conduite de chefs dont il suit les ordres avec une admirable ponctualité. L'Onagre est de la grandeur d'un Cheval de moyenne taille ; ses formes sont légères, sa course rapide ; les Kalmoucks lui font une chasse continuelle pour sa peau, avec laquelle on fait le chagrin ; pour sa chair, préférable à celle du Cheval (Tarpan), et pour servir à l'amélioration de la race domestique.

L'ANE DOMESTIQUE a les formes infiniment plus lourdes que celles de l'Ane sauvage. Il se distingue du Cheval par ses longues oreilles, par la touffe de poils qui termine sa queue, par la croix noire dessinée sur ses épaules. Il n'a pas la force du Cheval, mais il n'en rend pas moins d'immenses services au cultivateur, surtout au cultivateur peu aisé. Aussi patient que sobre, il souffre avec constance les châtiments et les coups, et se contente pour sa nourriture des herbes les plus dures, les plus désagréables, et que dédaignent les autres animaux ; pour sa boisson seule il est difficile : il lui faut une eau claire et limpide. Il est de son naturel aussi humble, aussi tranquille que le Cheval est fier, ardent, impétueux : l'entêtement qu'on lui reproche et qui a donné lieu au dicton populaire, *têtu comme un Ane*, n'est que la conséquence des mauvais traitements qu'on lui inflige et son utile serviteur. Dans l'Orient, où il est mieux traité, mieux nourri, il est grand, fort, vif, et en même temps plus docile. La dégradation physique et morale de l'Ane domestique, comparé à l'Ane sauvage, tient essentiellement au peu de soins qu'on lui donne, à l'excès de travail dont on l'accable.

Il existe en France deux races particulières d'Ane : celle du Poitou et celle de Gascogne. La première a le poil laineux et fort long ; la seconde se distingue par son poil ras et sa robe brune ou bai-brun.

La vie moyenne de l'Ane est de 15 à 18 ans. L'Anesse est plus recherchée que le mâle de l'espèce, car, indépendamment des services qu'elle peut rendre comme instrument de travail, elle donne encore un lait d'excellente qualité.

Le ZÈBRE, l'Ane sauvage de l'Afrique australe, se distingue de toutes les espèces du genre Cheval par la beauté de sa robe, d'un fond blanc glacé de jaunâtre, et rayée partout, excepté sous le ventre, de bandes disposées en forme de cercle. La couleur de ces bandes est noire ou d'un brun presque noir, sauf sur le museau, où elle est rousse. Il n'est pas inutile de remarquer ici que les trois espèces du genre Cheval propres à l'Afrique, le Couagga, le *Daw* et le *Zèbre*, sont seules douées de cette richesse décorative. A-t-il existé pour le genre Cheval deux centres de création, l'un asiatique, l'autre africain ? C'est une question qu'il ne nous appartient pas de résoudre. Quoi qu'il en soit, le Zèbre est un des plus beaux animaux que l'on connaisse ; il a presque la taille d'un Cheval ordinaire ; ses jambes sont déliées et bien proportionnées, mais il est fier, têtu, rétif, et sa domestication paraît présenter de grandes difficultés.

Le DAW est à peu près de la taille de l'Ane, mais il n'en a pas les longues oreilles, et ses formes sont beaucoup plus fines. Le fond de son pelage est isabelle et zébré de raies noires sur la tête, le cou et le tronc. Comme le Zèbre, il est originaire de l'Afrique, dont il habite les parties montagneuses, vers le cap de Bonne-Espérance. Son acclimatation, s'il faut en juger par les expériences qui ont déjà été faites, serait plus facile que celle du Zèbre.

Le COUAGGA, que quelques voyageurs désignent sous le nom de *Cheval du Cap*, rappelle assez bien les formes du Cheval par la légèreté de son corps, la petitesse de sa tête et la brièveté de ses oreilles ; il est rayé, comme ses congénères d'Afrique. Son poil est brun sur le cou et les épaules, d'un gris roussâtre sur la croupe, et blanchâtre sur les jambes. Le Couagga doit son nom à son cri, qui est *couang*, et qui a quelque analogie avec l'aboiement du Chien.

L'HÉMIONE — L'HÉMIPPE

L'HÉMIONE (*Equus Hemionus*, Pallas).
L'HÉMIPPE (*Equus Hemippus*).

L'Hémione a toute la partie antérieure du corps semblable à celle du Cheval, tandis que sa partie postérieure ressemble à celle de l'Ane. Sa tête rappelle celle de l'Ane par sa grosseur, et celle du Cheval par sa forme. Son pelage est formé d'un poil ras et lustré, de couleur blanche mêlée d'isabelle. Ces deux couleurs se fondent insensiblement l'une dans l'autre. Sa queue est terminée, comme celle de l'Ane, par un bouquet de longs poils.

L'Hémione se trouve en grand nombre dans le pays de Cutch, au nord de la province de Guzerate (Hindoustan). Sa course est plus rapide que celle des meilleurs Chevaux arabes; aussi on ne peut le prendre qu'à l'aide de piéges. Ces animaux vont par troupes de vingt, trente et même cent. Chaque troupe a son chef, comme chez les Tarpans ou Chevaux sauvages. Si l'Hémione chef découvre ou sent de loin quelque chasseur, il quitte sa troupe, et va seul reconnaître le danger, et dès qu'il s'en est assuré il donne le signal de la fuite, et s'enfuit en effet avec toute sa troupe; mais si malheureusement ce chef est tué, la troupe n'étant plus conduite se disperse, et les chasseurs sont sûrs d'en tuer plusieurs autres.

La ménagerie du Jardin des Plantes possède des Hémiones vivants; ils ont conservé dans la captivité leurs habitudes sauvages. Cependant l'un d'eux a pu être dompté, et rendu docile à ce point de pouvoir être rapidement conduit à grandes guides de Paris à Versailles. Dussumier, à qui l'on doit les premiers Hémiones qu'on ait vus en France, assure d'ailleurs qu'à Bombay on se sert de ces animaux comme Chevaux de selle et de trait.

L'Hémippe est une espèce du genre Cheval récemment découverte. Elle habite le grand désert de Syrie, entre Palmyre et Bagdad. Son pelage est moins élégant que celui de l'Hémione. L'Hémippe est d'un fauve gris ou d'une nuance isabelle grisâtre, le ventre presque blanc, ainsi que la face interne des cuisses. Un peu plus fort que l'Hémione, il a davantage le port du Cheval.

LE MULET — LA MULE — LE BARDOT

LE MULET (*Mulus*). — LE BARDOT (*Hinnus*). — LA MULE.

Les espèces qui composent le genre Cheval ont la faculté de croiser entre elles ; mais comme ces espèces ne sont pas les mêmes, qu'il existe entre elles des différences tranchées, elles ne produisent que des individus viciés et inféconds, sinon absolument, au moins d'une fécondité bornée. Tels sont les *Métis* du genre Cheval, auxquels on a donné le nom de *Mulets* et de *Bardots*.

Le MULET est le produit du croisement de l'Ane et de la Jument, le BARDOT, celui du croisement du Cheval et de l'Anesse. Ils participent à la fois des formes et des qualités distinctes de leurs auteurs, avec cette différence qu'ils ressemblent plus au père pour la tête, les membres et les extrémités, et plus à la mère pour la grandeur et la forme du corps. Ainsi le Mulet a les oreilles longues et la queue presque nue, comme l'Ane, et le Bardot a les oreilles courtes et la queue garnie de crins, comme le Cheval. Ainsi, encore, le Mulet a la taille du Cheval, sa taille est même quelquefois plus élevée dans les contrées méridionales, et le Bardot se rapproche de l'Anesse par sa stature. Quant au caractère, les Mulets et les Bardots ont cela de commun entre eux qu'ils sont les uns et les autres fort obstinés ; mais leur sobriété, leur courage à supporter la chaleur, la faim et la fatigue, font oublier ces défauts pour ne songer qu'à l'importance de leurs services. Ils vivent plus longtemps que les Chevaux tout en se livrant à un travail continuel, portent des poids plus considérables, et ont en outre le pied plus sûr. Le Mulet, on peut le dire avec vérité, est la bête de somme par excellence.

Longtemps, en France, la Mule, qu'en bien des cas on préfère au Mulet, a été la monture habituelle des ecclésiastiques, des magistrats et des médecins. Aujourd'hui encore, en Espagne et en Italie, un attelage de Mules est un attelage de luxe.

La production des Mulets constitue dans le centre et le midi de la France une industrie importante qu'on désigne sous le nom de *Mulasserie* et d'*industrie mulassière*. Dans le Poitou, où les Anes, mieux soignés que dans les autres parties de la France, acquièrent une ampleur et un développement remarquables, on obtient des Mulets forts et vigoureux. Ceux des Pyrénées, de la Gascogne ont les formes élancées ; ceux du centre varient beaucoup. Les Mulets du Dauphiné, sans être de forte taille, sont fort estimés pour le trait et préférés à ceux du Poitou pour le bât.

LE CHAMEAU

VIIᵉ ORDRE. — LES RUMINANTS.

Les RUMINANTS se distinguent de tous les Mammifères que nous avons décrits jusqu'ici par leur appareil digestif, composé de quatre estomacs ou cavités stomacales appelées, la première *Panse* ou *Herbier*, la seconde *Bonnet*, la troisième *Feuillet*, et la quatrième *Caillette*. La panse, la plus vaste de toutes, reçoit les aliments grossièrement divisés par une première mastication; elle les transmet, après un certain temps de séjour, au bonnet, qui les renvoie dans la bouche de l'animal pour y subir une mastication plus complète, autrement dit pour y être *ruminés*. Ce n'est qu'après cette opération que, réduits considérablement de volume, ils passent successivement dans le feuillet et dans la caillette.

Les Ruminants sont essentiellement herbivores et manquent de dents sur le devant de la mâchoire supérieure, où elles sont remplacées par un bourrelet calleux; ils ont tous le pied fourchu, et c'est seulement parmi eux que se trouvent ces espèces pourvues de prolongements osseux des os frontaux désignés sous le nom de *cornes*.

Cuvier partage l'ordre des Ruminants en deux sections, les *Ruminants sans cornes* et les *Ruminants à cornes*. Les premiers comprennent les genres *Chameau*, *Lama* et *Chevrotain*; les seconds, en raison de la nature et de la structure de leurs appendices, sont divisés en trois tribus : les *Ruminants à cornes caduques*, ou *à bois*, qui comprennent le grand genre *Cerf*; les *Ruminants à cornes velues*, où l'on ne trouve que la *Girafe*; et les *Ruminants à cornes creuses*, qui renferment les genres *Antilope*, *Chèvre*, *Mouton*, *Bœuf* et *Ovibos*.

LE CHAMEAU (*Camelus*)

« En réunissant sous un seul point de vue toutes les qualités du Chameau à tous les avantages qu'on en tire, on ne pourra s'empêcher de le reconnaître pour la plus utile et la plus précieuse de toutes les créatures subordonnées à l'Homme. L'or et la soie ne sont pas les vraies richesses de l'Orient, c'est le Chameau qui est le trésor de l'Asie; il vaut mieux que l'Éléphant, car il travaille autant et dépense vingt fois moins; peut-être vaut-il autant que le Cheval, l'Ane et le Bœuf, tous réunis ensemble; il porte seul autant que deux Mulets; il mange aussi peu que l'Ane, et se nourrit d'herbes aussi grossières; la femelle fournit du lait pendant plus de temps que la Vache; la chair des jeunes Chameaux est bonne et saine, comme celle du Veau; leur poil est plus beau, plus recherché que la plus belle laine; il n'y a pas jusqu'à leurs excréments dont on ne tire des choses utiles, car le sel ammoniac se fait de leur urine, et leur fiente, desséchée et mise en poudre, leur sert de litière, aussi bien qu'aux Chevaux, avec lesquels ils voyagent souvent, dans des pays où on ne connaît ni la paille ni le foin; enfin, on fait des mottes de cette même fiente, qui brûlent aisément, et font une flamme aussi claire et presque aussi vive que celle du bois sec : cela est même d'un grand secours dans ces déserts, où l'on ne trouve pas un arbre, et où, par le défaut de matières combustibles, le feu est aussi rare que l'eau. »

C'est en ces termes que Buffon termine le chapitre consacré à l'animal que les Arabes, dans leur langage imagé, appellent le *Vaisseau terrestre*.

Le CHAMEAU se distingue des autres Ruminants par l'absence de cornes d'abord, par la structure particulière de ses pieds, et surtout par les énormes loupes de substance graisseuse qu'il a sur le dos. Quant à ses pieds, au lieu de ce grand sabot qui enveloppe la partie inférieure de chaque doigt chez les autres Ruminants, cet animal n'en a qu'un petit adhérant à la dernière phalange du doigt; mais ses doigts sont réunis en dessous, jusque près de la pointe, par une semelle commune, épaisse et flexible. Cette semelle calleuse protège la partie externe du pied, et donne à l'animal une assiette large et solide pour cheminer dans les sables du désert.

Mais ce n'est pas seulement par la forme de ses pieds que le Chameau se trouve en rapport avec la nature des lieux que lui a assignés la Providence : son organisation générale, ses facultés naturelles, ses mœurs, ses habitudes, jusqu'à ses dispositions morales et intellectuelles, sont en parfaite harmonie avec sa destination. Sa taille est élevée, pour qu'il puisse, ainsi que son cavalier, embrasser une vaste étendue de pays; son corps allongé offre un large développement aux fardeaux que ses bosses servent à fixer et à retenir; ses jambes fines et nerveuses lui permettent de soutenir de longues traites, quoique pesamment chargé, et il les replie sous lui-même lorsqu'il veut se reposer ou dormir, de sorte que c'est chose facile de le charger comme de le décharger. L'eau étant rare et précieuse au désert, le Chameau a reçu un odorat très-fin pour la sentir à une grande distance, et une vue perçante pour reconnaître du plus loin les indices qui l'annoncent. Il peut d'ailleurs passer plusieurs jours sans boire, non pas qu'il soit doué d'un cinquième estomac faisant office de réservoir, comme l'ont prétendu quelques auteurs, Buffon parmi eux; mais les côtés de sa panse sont garnis de cellules dans lesquelles l'eau s'accumule et se conserve, et alimentées ou par l'eau que l'animal absorbe comme boisson ou par celle que sécrète l'appareil lui-même. Il se désaltère en faisant remonter, par une contraction musculaire, le liquide qu'il tient ainsi en réserve, et dont il n'use qu'avec une extrême parcimonie. Doué d'une excessive sobriété, il lutte longtemps contre la faim et se contente d'herbes desséchées, d'une petite portion de fèves et d'orge, ou de quelques morceaux de pâte de farine. Une ressource lui a été encore ménagée pour les cas où ce modeste repas vient à lui manquer : la substance graisseuse dont se composent ses bosses se fond par l'effet d'une abstinence prolongée et sert alors à son alimentation. La bosse, dans ce cas, se réduit à une peau flasque et vide, flottant sur le dos : mais elle redevient pleine et solide quand l'animal reçoit, sans excès de fatigue, une alimentation suffisante. Un autre avantage est la disposition de ses narines, qui consistent en deux fentes longues et étroites, que l'animal peut ouvrir et fermer à volonté. En un mot, comme les routes du désert sont dures et longues, le Chameau a été créé rapide pour franchir les distances, fort pour supporter les fatigues, robuste pour braver les intempéries des nuits et des jours, et pour trouver partout le sommeil et le repos.

LE CHAMEAU DE COURSE

LE CHAMEAU (Suite).

L'intelligence de ces animaux correspond à leurs qualités physiques. Ils refusent de se lever s'ils sentent que la charge qu'on leur impose est trop lourde pour qu'ils la puissent porter longtemps. Ils se couchent, se relèvent, s'arrêtent, et se mettent en marche à un geste, à une parole de leur maître. Ils reconnaissent leur chamelier au milieu d'une caravane, et, se réunissant autour de lui au lieu du campement, ils s'agenouillent pour être débarrassés de leurs fardeaux, qui posent à terre de chaque côté; puis, quand le signal du départ est donné, ils reviennent se placer d'eux-mêmes et s'accroupir encore entre leurs charges. Ils semblent sentir tout ce qu'il y a dans le chant et la musique de ressources contre les ennuis, les peines du voyage. Lorsqu'après une longue et laborieuse journée la marche se ralentit et que les Chameaux s'avancent tristement et la tête penchée, si le chamelier entonne une chanson, aussitôt la vie et l'activité renaissent dans la caravane; la faim, la soif, la fatigue sont oubliées, le long cou des Chameaux se redresse, leur allure reprend de la vivacité, et si le chanteur presse la mesure, tous les Chameaux s'y conforment et passent successivement par tous les degrés de la course.

Cette complète et merveilleuse aptitude du Chameau pour les emplois qu'il remplit, cette exacte correspondance de ses facultés avec les besoins des peuples pour lesquels il vit, ont amené Buffon, par une singulière aberration de jugement, à trouver dans ces rapports admirables non point des créations naturelles, mais des résultats de l'art, comme si la perfection devait être attribuée aux hommes plutôt qu'à la nature. L'Arabe, en soumettant les Chameaux dès leur plus tendre enfance à une éducation ingénieuse et sévère, en développant jusqu'à leurs dernières limites tous les germes précieux qu'ils renfermaient en eux, n'a fait que mettre en œuvre et en jeu des éléments qu'il a trouvés disposés, combinés pour les diverses destinations qu'il leur a données. Un parfait instrument lui était offert : il a su seulement s'en servir avec une grande habileté, et la nécessité l'a fait pénétrer, pour ainsi dire, au fond de la pensée de la Providence, la lui a fait saisir tout entière.

En considérant le Chameau sous ce point de vue positif, on s'abstient de ce mépris railleur que provoquent d'abord sa physionomie étrange, ses perpétuelles grimaces, l'irrégularité monstrueuse de ses proportions, ses mouvements lents et gênés et sa stupidité apparente.

Songeons d'ailleurs, avant de proclamer sa difformité et sa laideur proverbiales, que cet habitant des déserts de l'Arabie, quoiqu'il semble pouvoir s'acclimater en Europe, n'est pas mieux placé parmi nos animaux que les palmiers parmi nos arbres et les sphinx parmi nos statues. Pour comprendre la poésie des Chameaux, il les faut voir serpentant en longues caravanes sous un ciel sans nuages, sur une plaine immense de sable, se dirigeant rapides, mais graves et silencieux, vers quelques palmiers, quelques aloès à la tige déliée, tandis que des Arabes fauves, sauvages, élancés comme eux, modulent leurs chansons monotones, et qu'à l'horizon s'élance le triangle colossal des pyramides.

La famille des Chameaux se divise en deux branches bien distinctes l'une de l'autre, en Chameaux proprement dits et en Dromadaires. Ces derniers, qui ont d'ailleurs tous les caractères moraux, toutes les habitudes physiques, toutes les facultés des Chameaux, et qui servent au même usage, sont plus petits, plus grêles et plus légers; aussi, font-ils plutôt l'office de Chevaux que de bêtes de somme. Indépendamment de ces différences peu marquées, le Dromadaire n'a qu'une seule bosse placée au milieu du dos. Le Dromadaire est répandu en Arabie, en Syrie, en Egypte et dans toute l'Afrique du Nord, de l'isthme de Suez à l'extrémité du Maroc. Le Chameau de course, qui seul mérite le nom de Dromadaire, est appelé Méhari par les habitants de l'Arabie et de l'Egypte, et Heïrie par ceux du Maroc. C'est en habitant très-jeunes les Méharis à lutter de vitesse avec les meilleurs Chevaux que les Arabes les rendent excellents coureurs.

La charge d'un Chameau de force ordinaire est de 400 à 500 kilogrammes; mais dans les longs voyages à travers le désert, on ne leur fait pas porter au delà de 300 kilogrammes, et leur journée de marche ne dépasse jamais 50 kilomètres. Quant aux Méharis, les plus communs font en un jour trois journées de marche ordinaire; il en est qui font en un jour sept journées, même neuf journées.

On a vainement essayé d'acclimater les Chameaux dans d'autres contrées que celles que leur a assignées la nature, par exemple, en Espagne, en Amérique; ils y vivent, ils y multiplient même, en raison des soins que l'on prend d'eux; mais ils sont impuissants au travail, deviennent faibles, languissants, et finissent par périr avec leur débile postérité.

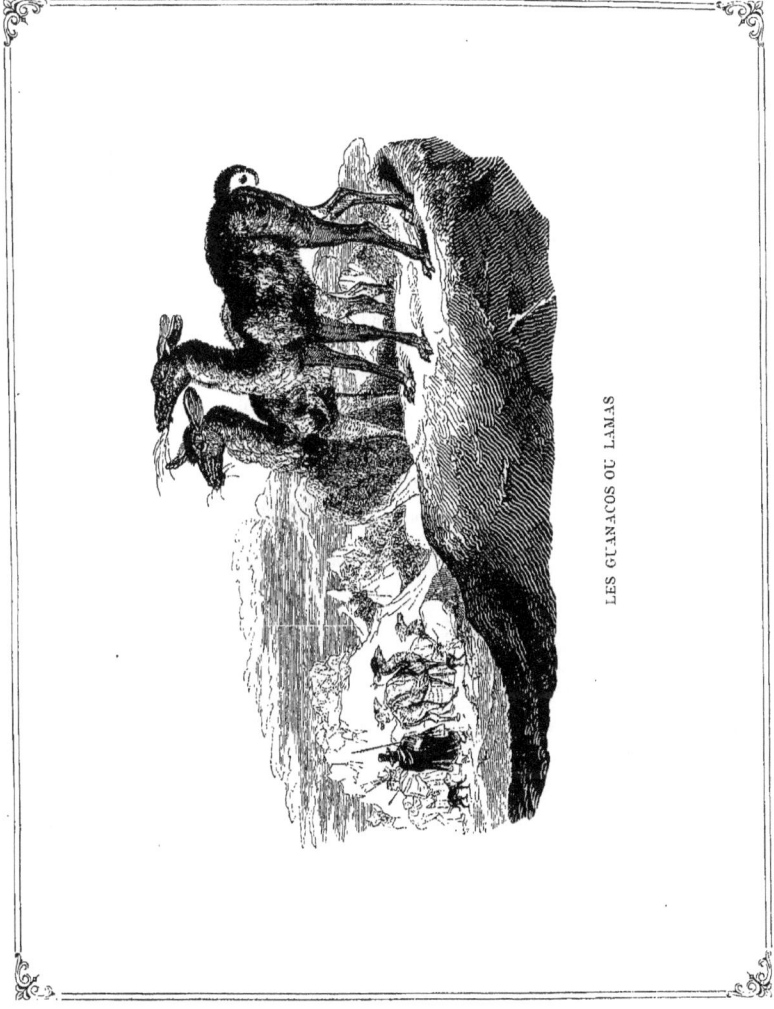

LES GUANACOS OU LAMAS

LES LAMAS (*Cameli*, LINN.).

Le nom de Lama est emprunté à la langue péruvienne-espagnole, et paraît avoir été donné primitivement à tous les animaux couverts d'une toison. Les Européens l'appliquèrent à un animal ruminant voisin des Chameaux, et qui, paraît-il, était la seule bête de somme employée par les habitants du Pérou, lors de la découverte de cette contrée. Depuis, ce nom a été étendu à plusieurs espèces voisines à leur tour de la première qui l'avait reçu et qui l'a gardé, et c'est ainsi qu'il est redevenu nom de genre, le second genre de la famille des *Ruminants sans cornes*.

Ce genre comprend trois espèces : le *Guanaco* ou le *Lama proprement dit*, l'*Alpaca* et la *Vigogne*.

Le LAMA (*Camelus llacma*, LINN.) se rapproche du Chameau de l'ancien continent sous beaucoup de rapports ; mais il en diffère physiquement par l'absence de bosse sur le dos, et par la conformation des pieds, qui n'ont point de semelle calleuse, dont les doigts sont séparés, et qui sont surmontés d'un éperon en arrière aidant l'animal à se retenir et à s'accrocher dans les pas difficiles. Sa taille ne dépasse pas celle du Cerf, dont il a la forme élégante ; sa tête est petite, sans cornes, et une forte touffe de poils orne son front ; il a les yeux ronds, grands et noirs, le museau un peu allongé, la lèvre supérieure légèrement fendue, les oreilles longues et mobiles, le cou long et très-mince, les jambes fines et droites, et le corps recouvert d'une laine, mêlée de poils, courte sur le dos, la croupe et la queue, mais fort longue sur les flancs et sous le ventre. Cette laine est blanche, grise et rousse par taches, et varie de couleur chez le Lama domestique. Une couche épaisse de graisse, dont l'effet paraît être d'entretenir en lui le degré de chaleur nécessaire dans les régions froides des Cordillères qu'il habite, enveloppe tout son corps, et son poitrail et ses genoux sont protégés par une peau dure et calleuse contre les aspérités de la route.

Le Lama semble être une espèce entièrement domestique, et M. de Humboldt pense que ceux, assez nombreux, qui vivent errants dans les montagnes proviennent d'individus échappés à la domesticité et rentrés dans l'état de nature.

Quoi qu'il en soit, le Lama est doux et flegmatique, se contentant pour toute défense contre l'agression ou les mauvais traitements de cracher sur ceux qui le frappent. Il fait tout avec poids et mesure, et rien n'est plus intéressant à voir qu'un troupeau de Lamas, le cou entouré d'un licol garni de petites clochettes, la tête ornée d'un brillant panache, défilant en ordre, chargés de leurs fardeaux, sur les sommets neigeux des Cordillères, le long de sentiers rocheux, sur les bords d'un précipice, là enfin où les Mulets eux-mêmes oseraient à peine s'aventurer. Cependant, cet animal n'est pas doué d'une très-grande force, et il ne peut porter une charge pesant plus de 50 à 75 kilogrammes. Si le fardeau qu'on lui impose, et qu'il reçoit, les genoux posés à terre, lui paraît trop lourd, il refuse de se relever jusqu'à ce qu'on lui ait ôté une partie de sa charge.

Sa sobriété égale, sinon surpasse celle du Chameau ; quelques brins d'herbe qu'il broute chemin faisant lui servent de nourriture. Quant à la boisson, ils se désaltèrent avec leur salive, qui est chez eux plus abondante que chez aucun autre animal, et si l'on s'en rapporte à M. de Buffon, le Lama pourrait rester plus de dix-huit mois sans boire, assertion qu'il n'est pas besoin de combattre.

L'habitude où étaient les Péruviens d'employer les Lamas comme bêtes de somme est devenue beaucoup moins générale depuis l'introduction des Chevaux en Amérique, où ils se sont multipliés, comme on sait, d'une manière prodigieuse ; cependant, comme les Lamas descendent des ravines profondes et gravissent des rochers escarpés, où les hommes mêmes ne peuvent les suivre, ils rendent encore de grands services.

LES ALPACAS OU PACOS

L'ALPACA ou PACO (*Camelus Paco*, LINN.) n'est qu'une variété, une succursale du Lama, selon Cuvier, et une espèce particulière et distincte, selon M. de Humboldt. Il est de plus petite taille et moins propre au service que le Lama, dont il n'a pas les callosités, qu'il égale sous le rapport de l'obstination. Les poils laineux qui couvrent son corps, entièrement noirs et quelquefois d'un brun mêlé de fauve, sont longs et fins et ne le cèdent guère qu'à la plus belle laine des chèvres du Thibet.

« Les Pacos ou Vigognes, dit Buffon, sont aux Lamas une espèce succursale, comme l'Ane l'est au Cheval ; ils sont plus petits et moins propres au service, mais plus utiles par leur dépouille ; la longue et fine laine dont ils sont couverts est une marchandise de luxe aussi chère, aussi précieuse que la soie ; les Pacos, que l'on appelle aussi Alpaques, et qui sont les Vigognes domestiques, sont souvent toutes noires, et quelquefois d'un brun mêlé e d fauve. Les Vigognes ou Pacos sauvages sont de couleur rose sèche, et cette couleur naturelle est si fixe, qu'elle ne s'altère pas sous la main de l'ouvrier : on fait de très-beaux gants, de très-bons bas avec cette laine de Vigognes ; l'on en fait d'excellentes couvertures et des tapis d'un très-grand prix. Cette denrée forme seule une branche dans le commerce des Indes espagnoles : le Castor du Canada, la Brebis de Calmouquie, la Chèvre de Syrie, ne fournissent pas un plus beau poil ; celui de la Vigogne est aussi cher que la soie. Cet animal a beaucoup de choses communes avec le Lama ; il est du même pays, et, comme lui, il en est exclusivement, car on ne le trouve nulle part ailleurs que sur les Cordillères ; il a aussi le même naturel et à peu près les mêmes mœurs, le même tempérament Cependant, comme sa laine est beaucoup plus longue et plus touffue que celle du Lama, il paraît craindre encore moins le froid ; il se tient plus volontiers dans la neige, sur les glaces et dans les contrées les plus froides ; on le trouve en grande quantité dans les terres Magellaniques.

» A l'égard des Vigognes domestiques, ou Pacos on s'en sert comme des Lamas pour porter des fardeaux ; mais indépendamment de ce qu'étant plus petits ou plus faibles, ils portent beaucoup moins, ils sont encore plus sujets à des caprices d'obstination ; lorsqu'une fois ils se couchent avec leur charge, ils se laisseraient plutôt hacher que de se relever. Les Indiens n'ont jamais fait usage du lait de ces animaux, parce qu'ils n'en ont qu'autant qu'il faut pour nourrir leurs petits. Le grand profit qu'on tire de leur laine avait engagé les Espagnols à tâcher de les naturaliser en Europe ; ils en ont transporté en Espagne pour les faire peupler, mais le climat se trouva si peu convenable, qu'ils y périrent tous.

» Cependant, comme je l'ai déjà dit, je suis persuadé que ces animaux, plus précieux encore que les Lamas, pourraient réussir dans nos montagnes, et surtout dans les Pyrénées. Ceux qui les ont transportées en Espagne n'ont pas fait attention qu'au Pérou même elles ne subsistent que dans la région froide, c'est-à-dire dans la partie la plus élevée des montagnes ; ils n'ont pas fait attention qu'on ne les trouve jamais dans les terres basses, et qu'elles meurent dans les pays chauds ; qu'au contraire, elles sont encore aujourd'hui très-nombreuses dans les terres voisines du détroit de Magellan, où le froid est beaucoup plus grand que dans notre Europe méridionale, et que, par conséquent, il fallait, pour les conserver, les débarquer, non pas en Espagne, mais en Écosse, ou même en Norwége, et plus sûrement encore au pied des Alpes, etc., où elles eussent pu grimper et atteindre la région qui leur convient ; je n'insiste sur cela que parce que j'imagine que ces animaux seraient une excellente acquisition pour l'Europe, et produiraient plus de biens réels que tout le métal du Nouveau-Monde, qui n'a servi qu'à nous charger d'un poids inutile, puisqu'on avait auparavant pour un gros d'or ou d'argent ce qui nous coûte une once de ces mêmes métaux. »

LA VIGOGNE

La Vigogne (*Camelus Vicunna*, Linn.) n'est pas plus grande qu'une Brebis; mais elle a tout le caractère du Lama, mêmes mœurs, mêmes habitudes. Sa laine, qui surpasse en finesse et en moelleux toutes les laines connues, ne sert qu'à la fabrication des étoffes les plus riches et les plus précieuses.

Les Vigognes vivent en troupes dans les régions des neiges éternelles de la chaîne des Andes, au Pérou et au Chili. La neige et la glace semblent plutôt les récréer que les incommoder. Elles courent très-légèrement, sont timides, et, dès qu'elles aperçoivent quelqu'un, elles s'enfuient, poussant leurs petits devant elles.

« Lorsqu'on veut les chasser, lisons-nous encore dans Buffon, on recherche leurs pas ou leurs crottes qui indiquent les endroits où on peut les trouver, car ces animaux ont la propreté et l'instinct d'aller déposer leur crottin dans le même tas. On commence par tendre des cordes dans les endroits par où elles pourraient s'échapper; on attache de distance en distance à ces cordes des chiffons d'étoffes de différentes couleurs; cet animal est si timide qu'il n'ose franchir cette faible barrière; les chasseurs font grand bruit et tâchent de pousser les Vigognes contre quelques rochers qu'elles ne puissent surmonter; l'extrême timidité de cet animal l'empêche de tourner la tête vers ceux qui le poursuivent; dans cet état, il se laisse prendre par les jambes de derrière, et l'on est sûr de n'en pas manquer un; on a la cruauté de massacrer la troupe entière sur le lieu. Ces chasses produisent ordinairement de cinq cents à mille peaux de Vigognes; quand les chasseurs ont le malheur de trouver quelque Alpaca dans leur battue, leur chasse est perdue. Cet animal, plus hardi, sauve immanquablement les Vigognes; il franchit la corde sans s'effrayer ni s'embarrasser des chiffons qui flottent, rompt l'enceinte, et les Vigognes le suivent. »

Tous les individus du genre Lama appartiennent uniquement à l'Amérique, dont ils affectent de préférence certaines contrées, hors desquelles on ne les trouve plus. Ils paraissent exclusivement attachés à la chaîne des montagnes qui s'étendent depuis le Mexique jusqu'aux terres magellaniques. Habitants des régions les plus élevées du globe terrestre, il semblent avoir besoin pour vivre de respirer un air plus vif et plus léger que celui des montagnes de l'Europe et de l'Asie. Cela explique le peu de succès des tentatives qui ont été faites pour naturaliser ces animaux sous nos climats tempérés.« Il fallait pour les conserver, comme l'a dit Buffon, les débarquer non pas en Espagne, mais en Écosse ou même en Norwége, et plus sûrement encore au pied des Pyrénées, des Alpes, etc., où elles eussent pu grimper et atteindre la région qui leur convient. »

Le groupe Chevrotain (*Tragulus*) comprend de petits animaux des pays les plus chauds de l'Afrique et de l'Asie, qui se distinguent des autres ruminants sans cornes par la présence à la mâchoire supérieure de deux longues canines, qui, chez les mâles, sortent de la bouche, et par l'existence d'un péroné grêle, mais distinct. On les divise en deux genres, le genre *Chevrotain* proprement dit et le *genre Musc*.

Les Chevrotains sont doux et familiers, d'une figure élégante, et bien proportionnés dans leur petite taille. Ils font des sauts et des bonds prodigieux, mais ils ne peuvent courir longtemps, car les Indiens et les Nègres, qui trouvent leur chair excellente, les prennent à la course et les tuent à coups de bâton ou de petite sagaie. Ils forment six ou sept espèces variées de pelage.

Le Musc (*Moschus*) est la seule du genre Musc. C'est le plus grand des Chevrotains: sa taille égale celle de la Gazelle. Ce qui le distingue de ses congénères, c'est l'existence, chez le mâle seulement, d'une espèce de bourse dans l'intérieur de laquelle l'animal sécrète une substance grasse, onctueuse, d'une odeur excessivement pénétrante et bien connue sous le nom de *musc*. Cet animal est complétement inoffensif; mais il est excessivement timide et se laisse difficilement approcher.

LE CERF ET LA BICHE

Le grand genre Cerf, qui forme la première tribu des Ruminants a cornes, comprend tous les individus de l'ordre des Ruminants dont les cornes, de nature purement osseuse, se désarticulent à leur base, tombent et repoussent périodiquement, d'où le nom de *cornes caduques*. Ces cornes, en outre, à mesure que l'animal grandit, se ramifient, c'est-à-dire se divisent en plusieurs branches, d'où l'autre nom de *cornes à bois*. Ces proéminences n'ornent en général que la tête des mâles. Le type de l'espèce est le *Cerf d'Europe*, ou *Cerf commun*.

LE CERF COMMUN (*Cervus elaphus*, Cuv.).

Qui n'a eu occasion d'admirer, et qui n'aime toujours à revoir les proportions élégantes du Cerf, sa taille aussi svelte que bien prise, ses membres flexibles et nerveux, son cou allongé portant avec grâce une tête fine, et parée plutôt qu'armée d'un bois vivant; son regard caressant, mais vif et hardi, son air demi-sauvage, où l'on démêle autant de confiance que de crainte; son pelage propre et brillant? Oui, c'est bien, comme le dit Buffon, « l'un de ces animaux innocents, doux et tranquilles, qui ne semblent être faits que pour embellir, animer la solitude des forêts, et occuper loin de nous les retraites paisibles de ces jardins de la nature. »

Le Cerf est le plus grand des animaux sauvages de la France. Sa taille égale presque celle du Cheval. Son pelage, en été, est d'un fauve brun; en hiver, d'un gris brun uniforme. En toute saison, la croupe et la queue sont d'un fauve pâle. Le Cerf devenu vieux noircit, et les poils de son cou s'allongent et se hérissent; dans sa première jeunesse il est fauve, tacheté de blanc, et porte alors le nom de *Faon*.

« Le Cerf, dit Buffon, paraît avoir l'œil bon, l'odorat exquis et l'oreille excellente. Lorsqu'il veut écouter, il lève la tête, dresse les oreilles, et alors il entend de fort loin. Lorsqu'il sort d'un petit taillis ou de quelque autre endroit à demi découvert, il s'arrête pour regarder de tous côtés, et cherche ensuite le dessous du vent pour sentir s'il n'y a point quelqu'un qui puisse l'inquiéter... Sa nourriture est différente suivant les différentes saisons; en automne, après le rut, il cherche les boutons des arbustes encore verts, les fleurs de bruyère, les feuilles de ronces, etc.; en hiver, lorsqu'il neige, il pèle les arbres et se nourrit d'écorces, de mousses, et lorsqu'il fait un temps doux, il va *viander* (pâturer) dans les blés; au commencement du printemps, il cherche les chatons des trembles, des marsaules, des coudriers, les fleurs et les boutons du cornouiller, etc.; en été, il a de quoi choisir, mais il préfère les seigles à tous les autres grains, et la bourgène à tous les autres bois. »

Le Règne animal offre peu de phénomènes plus curieux que ces productions osseuses, que ces *bois* qui décorent le front du Cerf mâle, espèce de végétation spontanée, dont on n'aperçoit point le germe, et qui cependant est soumise à des lois précises, immuables dans son renouvellement annuel. C'est lorsque l'Animal a atteint l'âge de six mois qu'elle apparaît sous forme de deux tubercules nommés *bosses* ou *bossettes*, recouverts d'une peau velue, semblable de tous points à celle qui couvre le reste de la tête. Au bout d'un certain temps, les bossettes s'allongent, deviennent cylindriques, et reçoivent alors le nom de *couronnes*. Dans la seconde année, le *bois* commence à se former; il n'est alors qu'une simple tige, sans aucune branche, et s'appelle *dague* : de là son nom de *Daguet* qui succède à ceux de *Faon* et de *Hère* qu'avait jusqu'alors portés le jeune Cerf. Dans sa troisième année, il lui vient un bois dont chaque tige ou *perche* jette deux ou trois branches : ce sont les *cors* ou *andouillers*. Celui de la quatrième année se couronne, et l'âge ne fait qu'amener un plus grand développement des perches et de la couronne. Celle-ci se divise quelquefois en dix ou douze branches, et prend des formes très-différentes.

Depuis la troisième jusqu'à la sixième année, l'animal s'appelle *jeune Cerf*; à six ans, *Cerf dix cors jeunement*; à sept, *Cerf dix cors*; au delà de huit ans, *vieux Cerf* et *grand vieux Cerf* : on en a vu à cet âge dont les bois avaient jusqu'à vingt-quatre branches, parce qu'il arrive parfois aux andouillers de se bifurquer; mais dans ce cas les bois sont presque toujours *malsemés*, suivant le terme consacré, pour exprimer qu'ils ne sont pas développés naturellement, qu'ils se sont déformés d'un côté et ont plus d'andouillers que de l'autre, enfin que les andouillers ont changé de direction.

Les Cerfs perdent leur bois au printemps : les vieux Cerfs, les premiers, vers la fin de février; ceux de dix cors, au milieu de mars; ceux de dix cors jeunement, en avril, et les jeunes Cerfs en mai. Il repousse pendant l'été, mais ne prend toute sa croissance et sa dureté que vers le mois d'août. Cette singulière opération de la nature ne paraît pas être sans douleur pour l'animal; aussi, pendant qu'elle s'accomplit, vit-il solitaire dans les endroits les plus retirés des forêts. On a remarqué que cette curieuse production a quelque chose de la forme des arbres des bois que le Cerf habite. Dans les forêts en plaine, d'une végétation vigoureuse, où les arbres sont grands et recouverts d'une écosse lisse, le Cerf a les cornes fort grandes et presque lisses; il les a courtes et sillonnées de rugosités dans les forêts de montagnes, où les arbres sont chétifs et à écorce raboteuse.

8

LE CERF AXIS

Les Cerfs sont aujourd'hui fort rares dans les forêts de l'Europe; la race même aurait peut-être depuis longtemps disparu, si l'on n'avait eu soin de la conserver pour la chasse, plaisir dispendieux à cause des Chevaux, des Chiens, des piqueurs, des équipages qu'elle exige, et que les souverains ou les possesseurs de grande fortune peuvent seuls se permettre.

La chasse du Cerf a ses lois, ses règles, son langage particulier, et demande des connaissances qui ne s'acquièrent que par une longue pratique. Ainsi, le veneur, dont la mission consiste à faire lever le Cerf, à le *détourner*, doit connaître les lieux où les Cerfs se tiennent, selon la saison, et savoir juger, à l'empreinte du pied, à ses *fumées* ou excréments, à ses *portées*, c'est-à-dire à la hauteur à laquelle le bois atteint les branches des arbres, du sexe, de l'âge et de la taille de l'animal. Il faut qu'il sache prévoir et deviner toutes ses ruses: quand il a *percé*, c'est-à-dire quand il a fait un grand saut, s'est jeté à l'écart, s'est couché sur le ventre, s'est laissé dépasser par les Chiens et a repris sa première trace; quand il a *donné le change*, c'est-à-dire quand il a lancé un autre Cerf sur sa piste; il faut encore que les piqueurs, lorsque le Cerf, par ses ruses, a dépisté les Chiens, lorsqu'il s'est jeté à l'eau pour leur dérober son *sentiment*, c'est-à-dire son odeur, aident ceux-ci à reprendre la bonne piste, ce qui se nomme le *retour*. Enfin, à bout de ruses et de force, le Cerf se résigne et cesse de fuir; il est *aux abois*. Alors il se retourne contre les Chiens, leur *tient tête* et ne cherche plus qu'à vendre chèrement sa vie, qu'à succomber avec gloire. Quand il est abattu, qu'il va périr, l'un des chasseurs lui coupe le jarret et l'achève en lui enfonçant son couteau au défaut de l'épaule. Une fanfare joyeuse, appelée *hallali*, annonce la mort du Cerf. On enlève la *nappe* (peau), dont on a ôté le *parement* ou la chair rouge qui y est attachée; on donne ses intestins aux Chiens pour *faire curée*, et on lève le pied droit pour le présenter au maître de la chasse.

Les anciens attribuaient au Cerf une existence d'une longueur prodigieuse; en fait, il ne passe guère vingt ans. On estime peu la chair de cet animal, si ce n'est celle du jeune Faon; mais sa peau est recherchée pour la chamoiserie, et les couteliers et les fourbisseurs utilisent ses cornes.

L'Axis ou Cerf de l'Inde (*Cervus axis*, Linn.) est un très-joli animal à pelage fauve, tacheté de blanc pur, avec le dessous du cou et le revers de la queue entièrement blancs. Ses bois, légèrement recourbés en avant et se rapprochant par les extrémités, sont ronds comme ceux du Cerf commun, et deviennent très-grands avec l'âge; mais ils ne portent jamais qu'un andouiller ou branche vers la base, et se terminent en fourche.

L'Axis est originaire du Bengale; mais il s'acclimate très-bien en France et s'y propage facilement. Doux autant que les autres Cerfs, il est plus timide: cela vient sans doute de ce que, vivant au milieu d'ennemis de toute sorte, dont le Tigre n'est pas le moins redoutable, il est devenu craintif, défiant, par la nécessité de se tenir sans cesse sur ses gardes. Il est d'ailleurs très-alerte, très-agile, et ses sens de l'ouïe et de l'odorat sont extrêmement développés.

Il supporte aisément la captivité, se familiarise sans peine; rien ne semble plus facile que de le multiplier dans nos parcs.

LE DAIM — LE CERF — LE CHEVREUIL.

Le Chevreuil d'Europe (*Cervus capreolus*, Linn.) est d'un gris fauve, avec fesses blanches, sans larmiers, et presque sans queue. Ses bois sont courts, droits et fourchus à l'extrémité, et portent un andouiller en avant de la tige. Le Chevreuil est monogame, c'est-à-dire qu'il passe sa vie avec la même femelle : la mort seule vient mettre fin à cette union. La Chevrette est extrêmement attachée à son *Faon*, et l'amour maternel lui inspire parfois des actes qui dénoteraient chez elle une intelligence supérieure. « Un jour, dit à ce sujet M. Boitard, me promenant dans la forêt de Fontainebleau avec un peintre d'histoire naturelle, M. Théodore Susemihl, nous vîmes une Chevrette, surprise par un Loup, saisir son Faon par la peau du dos avec sa bouche, l'enlever de terre, et fuir, en l'emportant, avec une rapidité qui dérouta bientôt son ennemi. Cette action est d'autant plus extraordinaire, ajoute l'auteur, que le Chevreuil n'a pas la bouche organisée pour porter un objet quelconque. »

Le Chevreuil se trouve dans les forêts élevées de presque toutes les parties tempérées de l'Europe, et est commun en France. La manière de le chasser n'exige pas, comme celle du Cerf, un grand équipage, et sa chair est meilleure.

Le Daim (*Cervus dama*, Linn.) se distingue de toutes les autres espèces du genre Cerf par ses bois plus veules, plus aplatis, plus étendus en largeur, et à proportion plus garnis d'andouillers. Son pelage, en été, est fauve, tacheté de blanc comme celui de l'Axis ; mais en hiver, il devient d'un brun noirâtre. Ses fesses restent blanches en toute saison, et sont bordées de chaque côté d'une raie noire. Sa queue, plus longue que celle du Cerf, est blanche en dessous, noire en dessus. Les Daims paraissent être d'une nature moins robuste et moins agreste que celle du Cerf ; ils sont plus communs dans les parcs que dans les forêts, où ils préfèrent les terrains élevés et entrecoupés de petites collines. Ils vivent par troupes, en *hardes*. S'ils se trouvent en grand nombre dans un endroit, ils forment ordinairement deux troupes bien distinctes, bien séparées, et dont l'une ne tarde pas à vouloir chasser l'autre du bon pays pour l'occuper seule. Chacune de ces troupes a son chef, qui marche le premier, et c'est le plus fort et le plus âgé ; les autres suivent. S'attaquent-ils entre elles, se battent avec courage, se soutiennent les uns les autres, et ne se croient pas vaincus par un premier échec, car le combat se renouvelle tous les jours jusqu'à ce que les plus forts chassent les plus faibles et les relèguent dans les mauvais pays.

La chasse du Daim et celle du Cerf n'ont entre elles aucune différence essentielle. La première présente toutefois plus d'inconvénients que la seconde. Le Daim est plus petit, plus léger ; ses voies laissent sur la terre et aux portées une impression moins forte et moins durable, ce qui fait que les Chiens gardent moins le change.

Le Daim s'apprivoise très-aisément. Sa chair est considérée comme un mets assez délicat ; sa peau est fort recherchée par les chamoiseurs.

L'espèce Daim est unique ; néanmoins il existe une variété dont le pelage est brun foncé.

Le Renne (*Cervus tarandus*, Cuv.). — De toutes les espèces renfermées dans la famille des Cerfs, la plus célèbre est celle du Renne, qui, seul, tient lieu, pour les habitants d'une partie du globe, de plusieurs des Animaux domestiques destinés ailleurs au service de l'Homme. Ainsi le Renne est pour le Lapon ce que le Chameau est pour l'Arabe, ce que sont pour nous les Bœufs, les Moutons, les Chèvres et les Chevaux. Le Renne, en Laponie, offre encore une de ces parfaites concordances, un de ces merveilleux rapports entre les Hommes, les lieux et les choses qui rendent saillantes pour la pensée, même la plus bornée, l'admirable intelligence avec laquelle les œuvres partielles, les détails de la création ont été distribués et répartis sur la surface du globe.

Cependant, le plus utile des Cerfs n'en est pas à beaucoup près le plus beau. Son corps trapu est sans noblesse, sans élégance ; ses jambes sont courtes, épaisses ; ses sabots grossiers et larges ; enfin, suivant l'expression d'un naturaliste, il a plutôt la tournure d'un Veau que celle d'un Cerf. Les cornes, qui parent si bien la tête de ce dernier animal, ne peuvent pas être considérées comme un ornement pour le Renne ; elles sont d'une grandeur démesurée, et leur largeur, leur aplatissement dans quelques parties, sont peu agréables à l'œil. La robe, formée d'un poil long, épais, crépu, est, au commencement de chaque année, d'une couleur fauve, qui s'éclaircit peu à peu et finit par devenir blanchâtre ; la bouche, l'origine de la queue et celle de chaque sabot sont entourées d'une étroite bande blanche, tandis que les yeux, au contraire, sont entourés d'une bordure noire. Le Renne, dont la taille est à peu près celle du Cerf de nos forêts, n'offre, ainsi qu'on le voit, rien de remarquable ni dans ses formes ni dans ses couleurs. Semblable en cela à la plupart des choses utiles, il est de simple et modeste apparence.

Le Renne est répandu, soit à l'état sauvage, soit à l'état de domesticité, dans la plupart des contrées du Nord, où il sert à la fois de bête de trait et de bête de somme. Les Lapons, qui en ont de nombreux troupeaux, l'attellent à de légers traîneaux sur lesquels ils voyagent avec une extrême rapidité et à de longues distances. Il ne va pas par bonds et par sauts comme le Chevreuil ou le Cerf ; sa marche est une espèce de trot, mais si prompt, si aisé, qu'il fait dans le même temps autant de chemin sans fatiguer autant. Il peut trotter ainsi pendant un jour ou deux en parcourant 125 à 130 kilomètres par jour. Le traîneau est garni par-dessous de peaux de jeunes Rennes, le poil tourné contre la neige, et couché en arrière afin qu'il glisse plus facilement en plaine et recule moins aisément dans la montagne. Le Renne attelé n'a pour collier qu'un morceau de peau garni de son poil, d'où descend vers le poitrail un trait qui lui passe sous le ventre, entre les jambes, et va s'attacher à un trou qui est sur le devant du traîneau. Le Lapon n'a pour guides que de simples cordes attachées à la racine du bois de l'animal, qu'il tire tantôt d'un côté, tantôt de l'autre, selon qu'il veut le diriger à droite ou à gauche. Mais si cette manière de voyager est prompte, elle est fort incommode, et il faut y être habitué, et s'exercer continuellement à maintenir le traîneau pour l'empêcher de verser.

LE RENNE

N° 59. — COURS ÉLÉMENTAIRE D'HISTOIRE NATURELLE

Apprivoiser les Rennes, les élever, pourvoir à leur subsistance, les défendre contre leurs ennemis, les perfectionner par l'éducation, telles sont les principales occupations des Lapons. Quelques-uns en possèdent des troupeaux de plusieurs centaines et même d'un millier de têtes, et il n'est point de Lapon, si pauvre qu'il soit, qui ne compte sur son établi une douzaine de Rennes, sur les produits desquels vit toute sa famille. Ce n'est pas chose facile de fournir la pâture quotidienne à ces innombrables animaux qui couvrent la surface de la Laponie. Au printemps, en été, les Rennes trouvent sans peine à se rassasier en broutant les petites plantes et les arbustes; mais quand arrive l'hiver, quand les champs sont dépouillés, quand les bois de sapin sont ensevelis sous la neige, quand toute la végétation est morte, alors la famine ferait périr les Rennes, si la Providence ne leur avait ménagé une ressource pour ces moments de disette. Sur le tronc des vieux pins et le long de leurs plus gros rameaux, sur la terre que leur ombrage épais rend stérile et nue, croissent en abondance des lichens tellement vivaces, qu'ils poussent et végétent sous la neige. Ce sont là les provisions d'hiver des Rennes. Guidés par leur instinct, ils savent gratter les neiges pour les entr'ouvrir et pour brouter les lichens qui gisent sous leur couche épaisse. Mais il arrive quelquefois que de grandes pluies, suivies de gelées, ne permettent pas aux Rennes d'arriver aux lichens renfermés sous la glace. Alors les Lapons abattent une certaine quantité de sapins, afin de mettre à la portée de leurs bêtes les lichens suspendus aux troncs et aux branches. Alors aussi le Renne, frugivore par goût, peut devenir carnivore par nécessité, suppléer à la disette du lichen par des Insectes, des Grenouilles, des Rats, des Crapauds. Mais il est rarement réduit à cette extrémité: les Lapons ont appliqué leurs soins à multiplier le lichen dans leur pays, et avertis par l'expérience qu'un terrain calciné par le feu est particulièrement favorable pour cette plante, ils réduisent annuellement en cendres des parties de forêts, et au bout de quelques années leurs troupeaux trouvent de gras pâturages sur ce sol brûlé.

Après avoir pourvu à la nourriture des Rennes, le Lapon veille pour les protéger contre les attaques des bêtes fauves. Au moyen de ses cornes et de ses pieds de devant, le Renne se défend lui-même avec courage et succès contre les Loups, mais il ne peut opposer aucune résistance au Glouton, qui, du haut des branches d'un arbre, où il se tient caché, lui tombe tout à coup sur le dos et le déchire de ses ongles et de ses dents. L'intervention des bergers et des Chiens peut seule délivrer le malheureux animal. Il est cependant un autre ennemi plus dangereux encore et plus cruel pour les Rennes: c'est une espèce de taon, nommé l'Œstre, qui se loge sous leur fourrure et qui leur ronge la peau, leur met la chair à vif et leur suce le sang. Rien ne peut les débarrasser de ce fléau, qui éclôt, se reproduit, vit et meurt entre cuir et chair.

Une seule diversion est quelquefois apportée à leur supplice, mais le remède est pire que le mal; des Corbeaux viennent se poser sur le dos des patients, et à grands coups de bec ils élargissent les plaies pour atteindre l'insecte dont ils sont friands, L'effroi qu'inspirent les Œstres à leurs victimes est si grand, qu'au seul bruit de leurs ailes des centaines de Rennes semblent tout à coup saisis de vertige et de fureur.

Malgré leurs caprices et leurs goûts errants, qui les rapprocheraient des Chèvres, des centaines de Rennes se laissent diriger par un seul Homme et un seul Chien, et rarement les propriétaires ont-ils à établir leurs droits en invoquant le signe particulier que chaque Renne, comme chacun de nos Moutons, porte empreint sur ses flancs. Ils vivent avec leur maître dans une entière familiarité, et n'hésitent pas à venir auprès du foyer s'envelopper dans un nuage de fumée, pour échapper aux piqûres des insectes qui les harcèlent. Des orages cependant interrompent cette intimité: le Chameau rejette un fardeau quand il le juge trop lourd; le Renne fait plus: s'il trouve le traîneau auquel on l'a attelé trop pesant, il entre dans la plus violente colère, et se retourne contre son conducteur, qui n'a d'autre parti à prendre que de renverser son traîneau et de se réfugier dessous, jusqu'à ce que la fureur de son compagnon de voyage soit calmée. Mais ces querelles sont tout accidentelles, et dans le cours ordinaire des choses le Lapon et ses Rennes vivent dans les meilleures relations.

Nous avons dit tous les services que rend le Renne vivant: un Renne mis à mort est d'une utilité encore plus générale et plus variée. Sa chair, qui se conserve longtemps et sans grand appareil, est la principale nourriture des Lapons. Les parties les plus fermes de la peau, telles que celles qui couvrent la tête, sont taillées en chaussure, les parties plus souples sont découpées et cousues en habit; la peau des jeunes, plus molle et plus douce, est réservée pour les chemises. On fait encore avec la peau du Renne des pelisses que les Suédois achètent fort cher, des sacs, de la toile pour l'emballage, des voiles pour les bateaux; les tendons, les nerfs servent de liens et de fil; la vessie devient une bouteille; les cornes enfin, coupées par tronçons, sont métamorphosées, ainsi que les os, en une infinité d'instruments et d'outils. Ajoutons que la femelle du Renne donne un lait qui passe pour plus substantiel que celui de la Vache et avec lequel les Lapons fabriquent d'excellents fromages. Les Rennes à l'état sauvage sont rares en Laponie. Ils sont au contraire très-nombreux dans l'Amérique du Nord.

Il existe aussi dans ces contrées du Nord, au Canada principalement, une espèce de Cerf se rapprochant beaucoup du Renne: c'est l'ÉLAN, appelé *Elk* par quelques-uns, *Original* par les Français du Canada, et *Moose-Deer* par les Anglais. L'Elan est le plus grand des animaux du genre Cerf: il atteint généralement et parfois dépasse la taille du Cheval. Il a des bois énormes, supportés par un cou très-court et très-robuste. L'Elan s'apprivoise, mais moins facilement que le Renne.

Nous négligeons quelques autres espèces sans importance, propres à l'ancien ou au nouveau continent, et chez qui on rencontre les mêmes mœurs, les mêmes habitudes.

❁❁❁

LA GIRAFE

La tribu des RUMINANTS A CORNES VELUES comprend les Ruminants dont les cornes consistent en une proéminence de l'os du crâne, enveloppée d'une peau velue qui se continue avec celle de la tête et qui ne tombe jamais. On ne connaît qu'une espèce, la *Girafe*.

La GIRAFE, le plus grand peut-être de tous les Quadrupèdes, car sa tête atteint aisément à une hauteur de six à sept mètres, que les Romains désignaient sous le nom de *Camelopardalis* (Chameau-Léopard), est complétement inconnue aujourd'hui quant à ses mœurs naturelles. Reléguée dans une contrée de l'Afrique où les Européens ne pénètrent que rarement, on ne sait rien de sa vie, de ses habitudes, et l'on ne peut guère les déduire que de ses formes et des observations recueillies sur les individus de l'espèce en état de captivité.

Le Jardin des Plantes a possédé pendant de longues années une Girafe provenant d'un don du fameux Mehemet-Ali, le vice-roi d'Égypte. En voici une description, faite *de visu* et extraite d'un recueil que nous éditions en 1835, LA MOSAÏQUE, Livre de tout le monde et de tous les pays :

« La Girafe a les jambes fortes, mais sèches, et si elles paraissent minces, c'est parce qu'elles n'ont pas moins de six pieds de long. Le train de derrière n'est éloigné que de deux pieds et demi environ des jambes de devant ; cette distance, qui semble hors de toute proportion avec la taille de la Girafe, explique pourquoi cet animal marche l'amble. Si elle ne levait pas à la fois les jambes du même côté, il lui serait impossible de faire un pas sans que les sabots de derrière frappassent ceux du devant.

» Sa peau est d'un fond blanc parsemé de taches assez régulières, disposées en parallélogrammes et très-rapprochées les unes des autres, de sorte qu'en ne regardant que le cou et le dos, on pourrait dire que le fond de la couleur est fauve, recouvert d'un réseau blanc à mailles carrées et allongées. L'intérieur des jambes et le ventre sont blancs.

» Son cou, qui nous a paru avoir environ cinq pieds de long, n'offre guère, près de la tête, que neuf ou dix pouces de diamètre ; la tête, petite, délicate, finissant en museau allongé et presque pointu, présente une apparence singulière. On a peine à croire que ce soit celle d'un aussi grand animal. Son œil, fendu en amande, gros et brillant, rappelle celui des Cerfs ; mais ce qu'il y a de plus remarquable, c'est sa bouche. La lèvre supérieure, plus longue que la lèvre inférieure, se meut à volonté comme celle du Rhinocéros, et semble comme elle douée de la faculté de toucher et de saisir. Quoi qu'en dise M. de Buffon, qui le nie, sa langue est fort longue, violette, et elle s'en sert comme d'une main pour cueillir les fruits dont elle se nourrit. Nous l'avons vue la sortir de plus de dix pouces, la tendre avec effort pour s'approcher de l'objet qu'elle voulait saisir. Dans cet état, nous avons remarqué qu'elle devenait très-affilée, et que le haut présentait l'apparence d'une pointe mobile et déliée qui avait le sens du toucher à un aussi haut degré que la membrane pointue qui termine la trompe de l'Éléphant. Quand la Girafe mange, il est curieux de suivre les mouvements de cette langue violette qui sort souvent de la bouche pour y rentrer avec promptitude, comme ces dards que font voir les Serpents. Il est donc de toute évidence que cet animal se sert de sa langue pour cueillir les fruits et les feuilles qui font sa nourriture.

» Quant aux habitudes, celles qu'on a pu remarquer sont douces et faciles : une simple corde passée autour de son cou retient cette noble et belle bête, qui n'occupe pas plus de place qu'un Cheval de taille commune, car elle est toute en hauteur.

» Tous les ans, et à l'époque du printemps, elle paraît inquiète et plus vive que de coutume. Elle veut sortir, un sentiment vague l'agite, elle se manifeste en elle comme un désir de liberté ; elle se trouve à l'étroit et voudrait franchir l'espace qui lui est réservé. Un jour elle est parvenue à s'échapper, et on a eu quelque peine à la faire rentrer. Toutefois on ne l'a pas entendue jeter des cris, et elle s'est abstenue de toute violence. On la nourrit de foin, d'orge et d'herbe fraîche. »

Un fait ressort clairement de cette description, c'est le caractère pacifique de la Girafe. Vit-elle en société, comme quelques-uns le prétendent ? Habite-t-elle les plaines ou les forêts ? Se sert-elle de ses cornes pour casser les branches des arbres dont elle mange les feuilles et les fruits ? Tout ici est conjecture, et restera conjecture jusqu'à ce que la Girafe ait pu être étudiée dans les pays qu'elle habite, chose qui sera toujours fort difficile, car elle recherche les contrées solitaires et fuit la présence de l'Homme.

LA GAZELLE

SUSEMIHL.

Le Groupe des RUMINANTS A CORNES CREUSES comprend les Ruminants dont les cornes sont composées intérieurement d'un noyau solide, osseux, formé par le prolongement des os du crâne, et extérieurement d'un étui corné, ou corne creuse, de nature épidermique, enveloppant l'os ou noyau. Ces cornes persistent pendant toute la durée de la vie de l'animal, et c'est là surtout ce qui distingue les Ruminants à cornes creuses des Ruminants à cornes caduques ou à bois. Elles sont dans un grand nombre d'espèces le privilège exclusif du mâle.

On a divisé les Ruminants à cornes creuses en cinq genres, d'après la forme et la disposition de leurs cornes : les genres *Antilope, Chèvre, Mouton, Bœuf* et *Ovibos.*

Le premier genre, le *genre Antilope*, remplace le *genre Gazelle* de Buffon. La plupart des espèces de cette section ressemblent aux Cerfs par la légèreté de leur taille, l'élégance de leurs formes, la vitesse de leur course et la présence de *larmiers*, c'est-à-dire de fossettes creusées au-dessous de l'angle interne de l'œil. La taille de ces animaux varie depuis celle d'un Agneau qui vient de naître jusqu'à celle d'un Cheval de moyenne taille.

Les *Antilopes à cornes annelées* forment l'espèce la plus nombreuse du genre. La *Gazelle commune* (*Antilope dorcas*, LINN.) appartient à cette espèce.

LA GAZELLE (*Antilope dorcas*, LINN.).

La GAZELLE est de la taille du Chevreuil, qu'elle surpasse en grâce et en élégance. Elle a un corps svelte que supportent avec aisance des jambes d'une finesse exquise. Sa tête, de proportions agréables, porte des cornes remarquables ; longues d'un pied environ, médiocrement grosses, d'une teinte noirâtre, et marquées d'anneaux dont la saillie, très-prononcée à la base, va en décroissant peu à peu jusqu'à l'extrémité, qui est lisse et pointue, ces cornes, dans la combinaison de leurs courbures, ont la figure d'une lyre. L'œil ouvert en amande, d'un noir velouté, est chargé d'une tendre langueur et brille en même temps de vivacité et d'esprit. D'une blancheur éclatante au-dessous du corps et aux parties antérieures des membres, le pelage prend, sur le dos, sur le cou et sur les faces extérieures des jambes, une belle nuance fauve claire que coupe dans la longueur de chaque flanc une bande étroite d'un brun foncé. La tête, fauve dans ses contours, offre vers le sommet une tache grisâtre, et sur les deux joues une raie blanche qui, après avoir encadré les yeux, trace en s'abaissant les lignes du nez. Blanchâtres à leur base et d'un gris fauve à leur extérieur, les oreilles, bien taillées, sont en dedans d'un beau noir que font aussi ressortir trois rangées de poils blancs. Une touffe de poils bruns s'épanouit sur chaque genou, et la queue, enfin, courte et bien fournie, se termine par un bouquet noir. Ce gracieux ensemble a tant de charmes à la vue, que les traits de la Gazelle sont les points de comparaison les plus aimés des poètes de l'Orient, lorsqu'ils veulent peindre la beauté d'une femme. Quelque chose manquerait au portrait de l'héroïne d'un conte arabe si le regard de la Gazelle ne lui était donné.

C'est non-seulement pour la perfection de leurs formes, pour la grâce légère de leurs mouvements, mais encore pour la douceur et la délicatesse toutes féminines de leurs habitudes, pour l'aménité et la timidité de leur caractère, que les Gazelles ont été choisies ainsi comme emblèmes. Vivant en troupes paisibles, quoique nombreuses, elles aiment les surfaces planes du nord de l'Afrique, de la Syrie et de l'Arabie, où un vaste espace s'ouvre toujours devant elles, où les buissons, rares et peu élevés, ne sauraient arrêter leurs regards inquiets, où un ennemi ne peut que difficilement les surprendre. Lorsqu'après avoir trouvé un terrain sec et net, dont le contact ne puisse point ternir le lustre de leur robe, elles s'arrêtent pour reposer, des sentinelles avancées prennent position sur les hauteurs voisines, et leurs cris donnent l'alarme dès qu'un Homme ou un Chien paraît à l'horizon, ou dès que le rugissement du Lion se fait entendre dans le lointain. Les dangers qui les environnent de tous côtés rendent cette vigilance nécessaire : des Lions, des Tigres, des Panthères, des Aigles, des Vautours et d'autres déprédateurs d'un rang inférieur sont toujours errants à la suite et sur les flancs des troupeaux de Gazelles. Ils voyagent avec elles et à leurs dépens, et chaque soir, quand l'armée poursuivie fait halte, de nombreux vides ont éclairci ses rangs. C'est à la vitesse de leurs jambes que se confient les Gazelles toutes les fois que l'ennemi se laisse voir d'assez loin pour qu'elles puissent espérer lui échapper par la fuite ; mais lorsqu'il survient à l'improviste et qu'il se trouve tout à coup à portée, alors la troupe surprise, faisant courageusement face au danger, se serre, se forme en cercle, et présente de toutes parts ses bois aigus. Ces bonnes dispositions n'arrêtent malheureusement pas les agresseurs, et malgré quelques coups de cornes ils ont bientôt pratiqué une brèche au plus épais du bataillon, qui, à peine entamé, se rompt et fuit en désordre dans toutes les directions.

Ce ne sont pas là toutefois les seuls ennemis de la Gazelle ; tout en chantant des vers faits en son honneur, les Arabes, les Syriens, les Persans lui livrent une guerre impitoyable. Il est vrai que sa chair est exquise, et que la chasse d'aucun autre gibier n'offre autant d'attrait : ces considérations l'emportent sur le tendre intérêt qu'elle inspire.

Prise jeune, et élevée en domesticité, la Gazelle s'apprivoise très-bien et se montre sensible aux caresses ; mais elle ne paraît pas susceptible d'affection, et elle n'obéit à son maître que par la crainte que fait naître chez elle le sentiment de sa faiblesse. Elle ne cherche pas à conquérir sa liberté par la fuite, mais elle regrette son désert, languit, et refuse de multiplier son espèce. Si elle n'a pas le courage de secouer ses chaînes, elle a du moins celui de refuser à son maître une postérité d'esclaves.

L'ANTILOPE DES INDES

L'ANTILOPE DES INDES (*Antilope Cervicapra*, PALL.) a également les cornes annelées; mais ces cornes, au lieu d'être droites, sont à triple courbure, et vont en serpentant de la racine à la pointe comme une vis. L'Antilope a d'ailleurs, comme les autres Gazelles, le poil fauve sur le dos et blanc sous le ventre; son pelage ne diffère que par l'absence de la bande brune ou noire qui sépare ces deux couleurs au bas des flancs de la Gazelle.

Nous donnons ici le portrait qu'en a tracé Pallas: « Il est à peu près de la même figure de notre daim d'Europe ; cependant il en diffère par la forme de la tête et il lui cède en grandeur ; les narines sont ouvertes, la cloison qui les sépare est épaisse, nue et noire... Les poils du menton sont blancs, et le tour de la bouche brun... Les yeux sont environnés d'une aire blanche, et l'iris est d'un brun jaunâtre ; il y a une raie blanche au-devant des yeux au commencement de laquelle se trouvent les narines ; les oreilles sont assez grandes, nues en dedans, bordées de poils blancs et couvertes en dehors d'un poil de la même couleur que celui de la tête... Les jambes sont longues et menues, mais celles de derrière sont un peu plus hautes que celles de devant ; les sabots sont noirs, pointus et assez serrés l'un contre l'autre ; la queue est plate et nue par-dessous vers son origine..., le poil est très-fort et très-raide au-dessus du cou et du commencement du dos ; il est blanc comme neige sur le ventre et au dedans des cuisses et des jambes, ainsi qu'au bout de la queue. »

L'Antilope a les mœurs très-douces, et vit en hardes nombreuses sur les collines boisées au pied desquelles coulent les grandes rivières de l'Inde. C'est là que les *Rajas* de ces contrées viennent lui faire une chasse d'autant plus sûre, qu'ils ont su se procurer un terrible auxiliaire, le Guépard ou Tigre chasseur. Voici comment se pratique cette chasse.

Les chasseurs partent à la pointe du jour, montés sur de bons Chevaux et portant en croupe chacun un Guépard muselé. Arrivés à un quart de lieue de l'endroit où l'on sait qu'un troupeau de Gazelles pait sans défiance, ils descendent de Che-val, couvrent les yeux de leur Guépard avec un bandeau, le conduisent à la laisse, et se rangent de manière à former un vaste cercle entourant tout le troupeau. Lorsqu'ils en sont assez près pour que les Guépards puissent l'apercevoir, ils débarrassent ceux-ci de leur bandeau et leur donnent la clef des champs. Au lieu de courir directement sur les Gazelles, le Guépard, sachant fort bien qu'il ne pourrait les atteindre à la course, use de stratagèmes pour s'approcher d'elles. Il se traîne en rampant, s'abritant derrière les buissons, mettant à profit les moindres accidents de terrain. La Gazelle, dont l'attention a été éveillée, lève-t-elle la tête pour sonder les alentours, le Guépard se fait petit, se presse contre terre, et se tapit, immobile, jusqu'à ce que la Gazelle, rassurée, se remette à paître. Alors il continue sa marche rampante, et quand il n'est plus qu'à vingt-cinq ou trente pas, il s'élance, et en deux ou trois bonds rapides comme l'éclair, il tombe sur sa victime et lui brise le crâne. Tout cela se fait si rapidement et dans un si grand silence, que souvent les Gazelles qui paissent à l'entour ne s'aperçoivent de rien et deviennent successivement la proie des autres Guépards. La lutte, au contraire, a-t-elle fait le moindre bruit, les Gazelles épouvantées se dispersent et prennent la fuite dans toutes les directions. Mais le danger, néanmoins, n'a pas disparu : les Guépards placés en embuscade se jettent sur toutes les Gazelles qui passent à leur portée et les terrassent. Alors les chasseurs donnent la curée à leurs Tigres, les muselent de nouveau, remontent à Cheval, et vont à la recherche d'une autre harde pour lui faire subir la même attaque.

Les Indiens aiment beaucoup la chair de l'Antilope ; mais ce n'est pas seulement pour satisfaire cette passion qu'ils lui déclarent la guerre, c'est encore pour avoir ses cornes. En les plaçant base contre base et les maintenant dans cet état au moyen d'un manche solidement fixé, ils s'en font une sorte de yatagan à double pointe, qui devient entre leurs mains une arme terrible de guerre.

N'oublions pas de dire ici que la femelle de l'Antilope des Indes est privée de ce bel ornement.

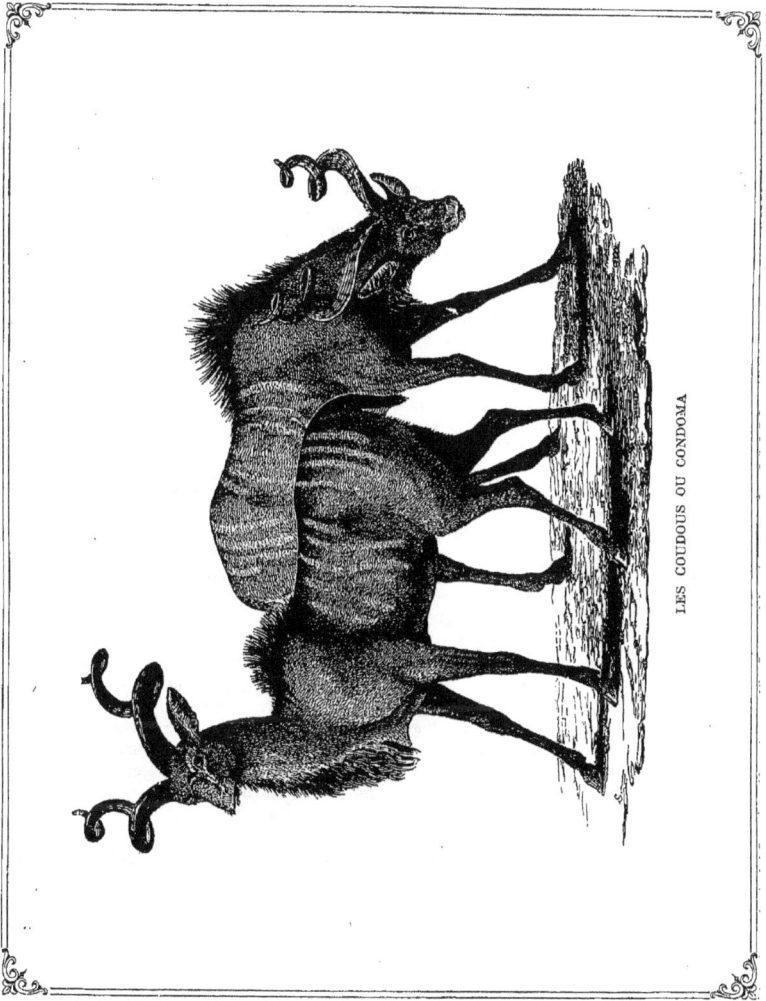

LES COUDOUS OU CONDOMA

Une autre espèce a, comme l'Antilope des Indes, des cornes à triple courbure : c'est le *Coësdoès* (qu'on écrit et qu'on prononce *Coudous*, et auquel Buffon a donné, par erreur, le nom de *Condoma*) ; mais, ici, les cornes, d'un jaune pâle, et à demi transparentes, et dont la dimension atteint plus d'un mètre, au lieu d'être annelées, sont lisses, avec une arête semblable à celle des Boucs, légèrement en spirale.

Le Coudous diffère de la Gazelle autant que peuvent différer entre eux deux animaux appartenant au même genre. Il a la taille du Cerf. Son pelage est d'un gris brun, rayé de blanc en travers ; le mâle seul porte des cornes : il a en outre une petite barbe sous le menton et une crinière le long de l'épine dorsale.

Le portrait du Condoma a pu être, comme on voit, minutieusement tracé ; mais ses mœurs n'ont encore été qu'imparfaitement observées et décrites. C'est au cap de Bonne-Espérance, dans les forêts habitées par plusieurs autres Antilopes, qu'on trouve le Condoma. D'humeur douce et timide, il n'use point, pour opprimer, des moyens de tyrannie que lui assureraient sa force et sa légèreté ; n'attaquant jamais, il ne se défend que par la fuite, et ce n'est qu'à la dernière extrémité qu'il songe à employer ses cornes formidables. Il est vrai que la rapidité de sa course et sa souplesse merveilleuse sont des instruments de salut qui le doivent garantir de la poursuite de tout ennemi. Un voyageur dit avoir vu un Condoma franchir une porte grillée haute de plus de dix pieds, bien qu'il n'eût qu'un espace très-resserré pour prendre du champ et s'élancer. Exclusivement frugivore, il se nourrit d'herbes ; mais de même que les Chèvres et les Cerfs, il préfère le feuillage et les jeunes rameaux d'arbres. Quoique les rapprochements que nous venons de faire nous paraissent assez fondés, il faut cependant reconnaître que le Condoma ne partage point tous les instincts qui semblent généralement caractériser les Antilopes ; l'esprit de sociabilité, très-prononcé chez la plupart des espèces comprises dans le genre, lui manque absolument. Il recherche la solitude ; cette disposition à l'isolement est d'autant plus remarquable chez le Condoma qu'elle est en quelque sorte contredite et démentie par la facilité avec laquelle il s'apprivoise et par l'affectueuse familiarité qu'il témoigne à ceux dont il a reçu les bienfaits. Comme la beauté de ses formes et de sa peau, la grâce légère de sa démarche et la fierté de sa pose le rendaient plus propre qu'aucun autre animal à faire l'ornement des ménageries, les Hollandais s'étaient efforcés et avaient réussi, lorsqu'ils possédaient encore le Cap de Bonne-Espérance, à réduire le Condoma en domesticité. Ils étaient même parvenus à faire arriver vivant un de ces animaux jusqu'à Amsterdam. C'est avec une sorte d'enthousiasme que M. Allamand, savant naturaliste hollandais, parle de cette précieuse importation, et qu'il rend hommage aux bonnes qualités du Condoma dont il trace d'ailleurs le portrait sous les plus brillantes couleurs. « Notre Condoma, dit-il, était fort doux ; il vivait en bonne union avec les animaux qui paissaient avec lui dans le même parc, et dès qu'il voyait quelqu'un s'approcher de la cloison qui était autour, il ne manquait pas d'accourir pour prendre le pain qu'on lui offrait. On le nourrissait de riz, d'avoine, d'herbes, de foin, de carottes, etc. Quoique, frappé de sa beauté, je lui aie rendu de fréquentes visites sans pouvoir me lasser de l'admirer, je ne l'ai jamais cependant entendu donner aucun son ; mais M. Klœkner m'apprend que sa voix était à peu près celle de l'Ane. »

La chair du Condoma, agréable au goût comme celle des Antilopes, est recherchée des Hottentots, qui lui font une guerre incessante, et emploient pour le surprendre et le tuer mille ruses, mille pièges, dans lesquels néanmoins il donne rarement, car il a autant de finesse que la Gazelle a de défiance.

LE NYLGAU — LE GUIB — LE GNOU

Le GUIB (*Antilope scripta*, PALL.) présente, dans sa forme générale, tout le caractère des autres Antilopes ; mais il en diffère par plusieurs côtés. Il a la poitrine et le ventre d'un brun marron assez foncé, tandis que les Gazelles ont ces mêmes parties d'un blanc pur. Ses cornes ne sont pas annelées, mais droites et lisses, et portent deux arêtes longitudinales, l'une en dessus, l'autre en dessous, contournées en spirale de la base à la pointe.

Mais ce qui le distingue plus particulièrement, ce sont des bandes blanches qu'il a sur le corps, et qui tranchent fortement sur le fond brun-marron de son poil. Disposées comme elles sont sur ses flancs et sur son dos, elles ont toute l'apparence d'un harnais.

Le Guib est commun au Sénégal, où il vit en société. On le trouve en grandes troupes dans les bois et les plaines du pays de Podor.

Le NYLGAU (*Antilope picta*, GMELL.), dont le nom signifie Taureau-bleu, appartient comme le Gnou, dont nous allons parler tout à l'heure, à une subdivision des Antilopes qui a les cornes entièrement lisses, et qui semble faire le passage de ces dernières aux Chèvres. Quelques naturalistes l'ont désigné sous le nom de Taureau-Cerf, qui exprime assez bien le grand mélange de ressemblance qu'on trouve entre ses formes et celles de ces deux animaux. Le Nylgau, en effet, tient du Bœuf par son corps, ses cornes et sa queue, et du Cerf par sa tête, son cou et ses jambes. Il a la taille de celui-ci sans en avoir l'apparence gracieuse. Ses cornes sont courtes et recourbées en avant ; son pelage est en général cendré ou gris, avec quelques parties blanches ; son cou est long et mince comme dans le Cerf ; il y a à la gorge une belle tache de poils blancs, et plus bas, à la naissance du cou, une touffe de longs poils noirs en forme de barbe. Le train de derrière, chez le mâle, est plus bas que celui de devant, et l'on voit sur les épaules une espèce de bosse ou d'élévation, et cette partie est garnie d'une petite crinière qui prend du sommet de la tête et finit au milieu du dos. La queue, d'un gris d'ardoise vers le milieu et blanche sur les côtés, est terminée par une touffe de longs poils noirs.

Le Nylgau est originaire de l'Inde. Il est très-doux de sa nature, va au-devant de la familiarité en léchant la main qui le caresse ou lui présente sa nourriture.

La femelle diffère tellement du mâle, qu'à peine pourrait-on la croire de la même espèce. Elle est beaucoup plus petite ; elle n'a de commun avec lui que sa forme et sa couleur jaunâtre.

Le GNOU (*Antilope Gnu*, GMELL.) est un animal fort extraordinaire, qui semble même, au premier coup d'œil, un monstre composé de parties de différents animaux. Il a le corps et la croupe d'un petit Cheval, couvert de poils bruns, la queue garnie de longs poils blancs, comme celle du Cheval, et sur le cou une belle crinière redressée, blanche à sa base, noire au bout des poils. Ses cornes, rapprochées et élargies à leur base comme celles du Buffle du Cap, descendent en dehors et remontent par leurs pointes ; son muffle est large, aplati et entouré

d'un cercle de poils saillants ; sous sa gorge et sous son fanon court une seconde crinière noire. Ses pieds ont toute la légèreté de ceux du Cerf. Les deux sexes ont des cornes.

Cet animal vit dans les montagnes au nord du Cap, où il paraît assez rare.

Nous ne pouvons présenter à nos lecteurs toute la série des nombreuses espèces qui composent le genre Antilope. Du *Guévéi*, à peine élevé de 9 centimètres, jusqu'au *Canna*, dont la taille égale celle du plus fort Cheval, le genre des Antilopes ou des Gazelles passe par de nombreux degrés intermédiaires. Mais si toutes ces espèces diffèrent les unes des autres par les proportions du corps, la conformation et la direction des cornes, elles se rapprochent par le caractère et les mœurs. Presque toutes habitent les vieilles contrées de l'Afrique et de l'Asie, et se pressent surtout dans les forêts et sur les montagnes du cap de Bonne-Espérance. Là, se trouvent l'*Antilope sautante*, dont les immenses cohortes dévorent la végétation de toute une contrée ; l'*Oryx*, que les Romains virent dans leurs cirques, et sur lequel ils ont laissé des récits fabuleux ; le *Grimm*, qu'effraye le bruit du tonnerre, et qui de temps en temps bondit en l'air au-dessus des buissons pour explorer le terrain ; le *Guévéi*, ou l'*Antilope pygmée* de Pallas, la plus petite de toutes les espèces connues ; le *Canna*, ou *Élan du Cap*, orné d'une crinière comme le Cheval, et le plus grand du genre, etc.

L'Europe possède deux espèces d'Antilope : c'est le *saïga* (*Antilope Saïga*, PALL.), qui habite les vastes steppes de la Pologne et de la Russie jusqu'à l'Irtisch, et le *Chamois* (*Antilope Rupicapra*, LINN.), qu'on ne trouve que dans les montagnes de l'Europe occidentale.

Les SAÏGAS voyagent par troupes quelquefois d'environ 10,000 individus, dont une partie veille sans cesse à la sûreté des autres. Cette espèce ressemble à la Chèvre domestique par la figure et par le poil, et se rapproche des Gazelles par l'absence de barbe et la forme des cornes. Celles-ci, toutefois, ne sont pas noires et opaques comme celles de la Gazelle, mais d'une belle couleur jaune clair, aussi transparente et si nette qu'elle peut rivaliser avec l'écaille.

Le CHAMOIS forme, avec le Nylgau et le Gnou, une espèce intermédiaire entre les Antilopes et les Chèvres. Il a la taille de la Chèvre, mais ses formes sont plus déliées. Son pelage change de couleur avec les saisons ; il est d'un gris cendré au printemps, fauve clair en été, et brun en hiver, mais en tout temps une bande brune ou noire couvre ses joues. Le Chamois est doué d'une agilité vraiment surprenante. Il franchit en bondissant les précipices les plus effrayants, et se tient quelquefois immobile sur la pointe d'un rocher qui offre à peine une base appréciable à ses quatre pieds réunis. Aussi sa chasse est-elle excessivement pénible, et bien souvent aussi très-dangereuse, pleine de périls, car lorsque l'animal, après avoir gagné les rocs les plus inaccessibles, se trouve pressé, il frappe le chasseur d'un violent coup de tête, et le précipite dans l'abîme ouvert sous ses pas

LA CHÈVRE ET LE BOUC

Le *genre Mouton*, qui vient après le genre Chèvre, comprend les Ruminants dont les cornes, d'abord dirigées en arrière, reviennent ensuite plus ou moins en avant, en spirales, et sont ridées et annelées en travers. Le menton est dépourvu de barbe, les membres sont grêles.

Le genre Mouton existe à l'état sauvage et à l'état domestique. Les espèces à l'état sauvage, telles que le *Mouflon* et l'*Argali*, qu'on considère comme les types primitifs du genre, sont très-rapprochées des Chèvres par leurs mœurs et leurs habitudes ; le Mouton domestique, sous ce rapport, s'en éloigne considérablement. Autant, en effet, la Chèvre se montre rebelle et indisciplinée, autant le Mouton est docile et facile au joug ; autant la Chèvre paraît faite pour la liberté, autant le Mouton semble créé pour l'esclavage. C'est à peine s'il a l'intelligence nécessaire pour trouver lui-même sa nourriture. « Les Moutons, dit Buffon, sont de tous les Animaux quadrupèdes les plus stupides ; ce sont ceux qui ont moins de ressource et d'instinct. Les Chèvres, qui leur ressemblent à tant d'autres égards, ont beaucoup plus de sentiment ; elles savent se conduire, elles évitent les dangers, elles se familiarisent aisément avec les nouveaux objets, au lieu que la Brebis ne sait ni fuir, ni s'approcher ; quelque besoin qu'elle ait de secours, elle ne vient point à l'Homme aussi volontiers que la Chèvre, et, ce qui dans les Animaux paraît être le dernier degré de la timidité ou de l'insensibilité, elle se laisse enlever son Agneau sans le défendre, sans s'irriter, sans résister, et sans marquer sa douleur par un cri différent du bêlement ordinaire. »

Tel se présente le Mouton aux yeux du moraliste. Mais Buffon ajoute : « Cet Animal si chétif en lui-même, si dépourvu de sentiment, si dénué de qualités intérieures, est pour l'Homme l'Animal le plus précieux, celui dont l'utilité est la plus immédiate et la plus étendue : seul, il peut suffire aux besoins de première nécessité ; il fournit tout à la fois de quoi se nourrir et se vêtir, sans compter les avantages particuliers qu'on peut tirer du suif, du lait, de la peau et même des boyaux, des os et du fumier de cet Animal, auquel il semble que la nature n'ait pour ainsi dire rien accordé en propre, rien donné que pour le rendre à l'Homme. »

Il existe quatre espèces de Moutons à l'état sauvage : le *Mouflon de Corse* ou *commun* (*Ovis musimon*), plus grand que notre Mouton domestique ; l'*Argali de Sibérie* (*Ovis ammon*), de la taille d'un Daim ; le *Mouflon d'Amérique* (*Ovis montana*), qui ressemble beaucoup à l'Argali ; le *Mouflon d'Afrique* (*Ovis tragelaphus*), appelé aussi *Mouton barbu*, remarquable par la longueur des poils du bas de ses joues, qui lui forment une sorte de barbe double.

Les Moutons domestiques se divisent en une grande quantité d'espèces, dont le nombre tend chaque jour à s'augmenter par suite des croisements continuels qu'on opère entre les diverses races, soit en France, soit à l'étranger. La gravure qui accompagne cet article représente des individus appartenant à trois races des plus importantes, notamment un Bélier de la *race Mérinos*, qui se distingue par la finesse et la souplesse de sa laine. Le Mouton Mérinos est d'origine extra-européenne. Il a été introduit en Espagne, d'abord par les Romains, puis par les Maures ; mais il ne paraît avoir acquis que vers le onzième siècle tous les caractères qui le rendent si remarquable. Il a été connu de bonne heure dans le Béarn et dans le Roussillon ; mais son importation dans nos provinces du Centre et du Nord ne date que du siècle dernier. Un premier troupeau fut introduit en 1766 par Daubenton, qui le plaça dans son domaine de Montbard, en Bourgogne. D'autres introductions eurent lieu plus tard, et aujourd'hui le Mouton Mérinos est parfaitement acclimaté en France, où il s'est même amélioré.

LE MOUTON DE LA CHARMOISE — LE BÉLIER SOUTH-DOWN
LE BÉLIER MÉRINOS

Le *genre Chèvre* comprend un groupe d'animaux dont les cornes sont dirigées en haut et en arrière, et dont la cheville osseuse est creusée de grandes cellules qui communiquent avec les sinus frontaux du nez, et reçoivent ainsi de l'air dans leur intérieur. Ces cornes existent presque toujours chez les deux sexes, mais elles sont plus grandes chez le mâle que chez la femelle. Ceux-ci ont tous les deux le menton ordinairement garni d'une longue barbe, et leur toison se compose de deux sortes de poils : l'un, le poil proprement dit, est long, lisse et plus ou moins grossier ; l'autre est un duvet laineux, souvent d'une grande finesse.

Le genre Chèvre comprend un certain nombre d'espèces qui vivent en famille dans les Alpes, dans les Pyrénées, dans les montagnes de l'Europe, de l'Asie et de l'Afrique ; mais il est une espèce qu'on rencontre généralement partout, qui, à ce titre, sera l'objet de notre attention particulière : c'est la *Chèvre domestique*.

LA CHÈVRE DOMESTIQUE (*Capra Hircus*, Cuv.).

La CHÈVRE DOMESTIQUE, la dernière ressource du pauvre, son unique richesse dans certaines contrées, paraît dériver de l'*Ægagre*, espèce de Chèvre sauvage qui habite les hautes montagnes de la Perse, et que les Persans nomment *Paseng*. Elle varie à l'infini pour la taille, la couleur, la longueur et la finesse du poil, pour la grandeur et même pour le nombre de cornes. Les *Chèvres d'Angora*, *de Cappadoce et du Thibet* sont les variétés qui fournissent la laine la plus douce et la plus soyeuse ; la *Chèvre de Juda* ou *Juda*, sur la côte de Guinée, et la *Mambrine*, ou *Chèvre de Syrie*, sont les plus petites de l'espèce et ont les cornes courbées en arrière. Quant à leurs mœurs, toutes les Chèvres ont le même caractère et les mêmes goûts. « L'inconstance de leur caractère, dit Buffon, se marque par l'irrégularité de leurs mouvements. La Chèvre marche, s'arrête, court, bondit, saute, s'approche, s'éloigne, se cache, fuit comme par caprice, et sans autre cause déterminante que celle de la vivacité étrange de son sentiment intérieur, et toute la souplesse des organes, tout le nerf du corps suffisent à peine à la pétulance et à la rapidité de ces mouvements, qui sont naturels. »

La Chèvre domestique s'acclimate fort bien, s'accoutume à une servitude même gênante, suit la personne qui la soigne, s'y attache et même lui obéit. Mais c'est dans les montagnes escarpées, sur les roches les plus élevées, au bord des précipices où elle marche d'un pied sûr, qu'elle aime à bondir, grimper et paître dans une demi-liberté ; elle est là dans son élément naturel.

Cet Animal est un des plus utiles par son lait, sa chair, sa peau et son poil. Son lait est abondant et très-nourrissant, et produit un fromage très-fin et très-délicat. La Chèvre allaite volontiers les enfants qu'on lui confie ; elle éprouve même du plaisir à remplir cette tâche. Sa chair se mange, et on tire encore parti de son suif et de sa peau. Enfin son poil est utilisé pour la fabrication de diverses espèces de tissus, les uns communs, les autres extrêmement précieux. Toutes les nourritures végétales lui sont bonnes ; elle se trouve également bien logée à l'écurie, à la cave ou au grenier ; elle est sobre, robuste, produit beaucoup et ne coûte presque rien pour son entretien. Elle peut être mère à un an, et met bas ordinairement deux Chevreaux. Le Bouc ne se distingue de la Chèvre que par la longueur de ses cornes, sa taille plus forte et plus élevée.

Parmi les Chèvres vivant à l'état sauvage, ou libre, nous nous contenterons de citer :

Les *Bouquetins* (*Capræ Ibices*), dont les cornes quadrangulaires présentent des bourrelets saillants, et qui habitent les sommets des plus hautes montagnes des Alpes, des Pyrénées, du Caucase, de l'Himalaya ; l'*Ægagre*, qui, comme nous l'avons dit, paraît être la souche primitive de la Chèvre domestique ; deux espèces propres à l'Afrique, le *Bedden* (*Capra Sinaïtica*), le *Walie* (*Capra Walia*), beaucoup plus rapprochés du Bouquetin que la Chèvre proprement dite.

Parmi les Chèvres domestiques, quelques espèces méritent encore d'être notées, par exemple : la *Chèvre des Pyrénées*, plus forte que la Chèvre commune, dont le pelage est tantôt blanc avec de larges taches fauves, et tantôt fauve avec de larges taches blanches ; la *Chèvre du pays de Galles*, dont les cornes, chez la mâle, atteignent quelquefois un mètre ; la *Chèvre de Perse*, à poil long, brun-cendré, la pointe rousse ; la *Chèvre naine* de Guinée, de Madagascar, de Bourbon, la *Capra recurra* de Linné, que nos colons appellent *Cabri* ; la *Chèvre de Kirghiz*, qui dérive de la Chèvre du Thibet ; la *Chèvre himalayenne*, que sa force et son agilité permettent d'employer comme bête de somme pour franchir les cols ou passages élevés des monts Himalayas.

La *Chèvre d'Angora*, qui vit en troupeaux nombreux dans le centre de l'Anatolie ; la *Chèvre de Lhassa*, improprement appelée *Chèvre de Cachemire*, qui paraît cantonnée dans la partie élevée du Thibet, dont Lhassa est la capitale, sont, comme nous l'avons dit, celles qui portent ces poils si fins, si soyeux, avec lesquels se fabriquent les beaux châles dits de Cachemire.

LE TAUREAU ET LA VACHE

« Le mot Bœuf, dit Cuvier, désigne proprement le *Taureau* mis hors d'état de se reproduire ; dans un sens plus étendu, il désigne l'espèce entière, dont le Taureau, la Vache, le Veau, la Génisse et le Bœuf ne sont que différents états ; dans un sens plus étendu encore, il s'applique au genre entier, qui comprend les espèces du *Bœuf*, du *Buffle*, du *Yack*, de l'*Aurochs*, etc. Dans ce dernier sens, le *genre Bœuf* est composé de Quadrupèdes *Ruminants à pieds fourchus et à cornes creuses*, qui se distinguent des autres genres de cette famille, tels que les Chèvres, les Moutons et les Antilopes, par un corps trapu, par des membres courts et robustes, par un cou garni en dessous d'une peau lâche qu'on appelle *fanon*, par des cornes qui se courbent d'abord en bas et en dehors, dont la pointe revient en dessus, et dont l'axe osseux est creux intérieurement et communique avec les sinus frontaux. »

Les animaux qui composent le *genre Bœuf* occupent une place importante dans le Règne animal. Tout en eux est remarquable : pleins de courage et de pétulance, armés de deux cornes terribles, auxquels le bois le plus dur ne saurait résister, doués d'une force telle, que d'un coup de tête ils enlèvent et jettent au loin des bêtes d'un poids considérable, légers et impétueux à la course, ils réunissent toutes les conditions des animaux de proie ; et cependant tous ces appareils de force et d'attaque, ils ne les ont reçus que pour leur défense, car ils ne vivent que de feuilles, de fruits et de pâturages.

La race Bovine est sans contredit de toutes les espèces animales celle qui rend le plus de services à l'Homme ; elle est devenue presque une des conditions essentielles de son existence, comme la vigne et le blé. « Le Bœuf, dit Buffon, est l'animal par excellence, car il rend à la terre tout autant qu'il en tire, et même il améliore le fonds sur lequel il vit ; il engraisse son pâturage, au lieu que le Cheval et la plupart des autres Animaux amaigrissent en peu d'années les meilleures prairies. Mais ce ne sont pas là les seuls avantages qu'il procure à l'Homme : sans le Bœuf, les pauvres et les riches auraient beaucoup de peine à vivre, la terre demeurerait inculte, les champs et même les jardins seraient secs et stériles, c'est sur lui que roulent tous les travaux de la campagne, il est le domestique le plus utile de la ferme, le soutien du ménage champêtre, il fait toute la force de l'agriculture ; autrefois il faisait toute la richesse des hommes, et aujourd'hui il est encore la base de l'opulence des États, qui ne peuvent se soutenir et fleurir que par la culture des terres et par l'abondance du bétail, puisque ce sont les seuls biens réels, tous les autres, et même l'or et l'argent, n'étant que des biens arbitraires, des monnaies de crédit, qui n'ont de valeur qu'autant que le produit de la terre leur en donne. »

Le Bœuf s'est tellement résigné à l'état de domesticité, que peu à peu ses mœurs farouches se sont, sinon tout à fait adoucies, du moins complètement modifiées, et qu'aujourd'hui, entre le Bœuf sauvage, autrement dit le Taureau, et le Bœuf domestique, il y a de si grandes différences dans les habitudes, qu'on dirait presque deux races distinctes. Nous nous occuperons d'abord du Bœuf domestique, du Bœuf et de la *Vache*.

LE BŒUF ET LA VACHE (Bos Taurus, Linn.).

L'habitude de réunir ces bêtes en troupeaux, de les engraisser dans des pâturages pour en manger la chair, le soin d'élever les vaches pour en extraire le lait, nourriture si saine, si abondante, que des peuples entiers n'en avaient presque pas d'autre, cette habitude et ce soin se perdent dans la nuit des temps. Dans les Saintes Écritures on voit, dès l'origine du monde, les premiers patriarches n'être autre chose que de riches pasteurs surveillant d'immenses troupeaux de Chameaux, de Bœufs, de Chèvres. On adorait un Bœuf dans la vieille Égypte, et les monuments les plus antiques de l'Inde attestent que, dans les anciennes croyances de ces peuples la Vache était en grande vénération.

De nos jours on n'adore pas le Bœuf et on ne le respecte guère : on l'emploie à tirer et à porter le joug, on s'occupe de sa reproduction comme on s'occupe de la culture d'un terrain qui rapporte un aliment indispensable, et on le tue en nombre fixe, comme on exploite une forêt en coupe réglée. Quant aux Vaches, on les soigne comme on soignerait un arbre dont on veut conserver les fruits, car leur lait sert de boisson ou est transformé en fromage de toutes les sortes, de tous les goûts et de toutes les couleurs, qui se conservent plusieurs années et s'expédient d'un bout du monde à l'autre.

Le Bœuf est généralement lent dans ses mouvements ; cependant il peut courir assez vite. Il est doux, patient, même susceptible d'attachement. Le Taureau, au contraire, conserve toujours quelque chose du caractère farouche et irascible des races sauvages ; aussi on ne l'emploie qu'à la reproduction de l'espèce, et on l'exempte de tout travail dans les pays où l'on fait travailler le Bœuf.

La durée de la vie de ces animaux peut se prolonger jusqu'à vingt ans, peut-être même au delà ; mais, à l'état domestique, on ne laisse guère dépasser l'âge de sept à huit ans pour le Bœuf, de six à sept ans pour la Vache, époque à laquelle on les engraisse pour les livrer à la boucherie.

On a longtemps regardé l'Aurochs comme la souche de nos races bovines ; mais l'étude comparative de l'anatomie des deux espèces du Bœuf et de l'Aurochs a démontré que cette opinion était dénuée de fondement. Selon Cuvier, le *Thur*, une espèce sauvage aujourd'hui perdue, serait la véritable source de nos Bœufs domestiques.

Quand on vient à réfléchir au nombre immense de Bœufs qui se consomment chez les peuples civilisés, on conçoit que l'on se soit appliqué avec ardeur à la recherche des meilleurs procédés pour élever et pour multiplier de belles races. On reconnaît les bonnes espèces à quelques traits généraux : elles doivent avoir le corsage grand, le front large, l'œil noir et vif, le regard fixe, la tête courte, le cou gros et charnu, les épaules et la poitrine larges, les reins fermes, le dos droit, les oreilles velues, la corne du pied petite et d'un bleu tirant sur le jaune, le poil luisant, doux et épais. En Angleterre, pays de grande consommation de viande et de gras pâturages, un éleveur célèbre, Bakewell, démontra expérimentalement que par un choix judicieux de reproducteurs, dirigé constamment vers un but déterminé, on peut porter au plus haut degré le développement des qualités désirées dans une race de bestiaux. Plus tard, Collings, en opérant d'après les mêmes principes, créa, spécialement pour la boucherie, la *race Durham*, à courtes cornes. Les *races de Devon* et d'*Hereford* sont également renommées en ce pays.

LE TAUREAU-DURHAM — LA VACHE-DURHAM

LE TAUREAU-SALERS

La France n'est pas moins riche que la Grande-Bretagne en bonnes races de Bœufs domestiques. S'il existe des différences entre les races françaises et les races anglaises, elles ont pour cause unique la différence de leurs destinations. En Angleterre, tous les travaux agricoles sont exécutés par les Chevaux ; les Bœufs, élevés exclusivement pour être livrés à la boucherie, ne travaillent pas. En France, le plus grand nombre des Bœufs abattus a déjà servi pour les labours et les transports, et plusieurs de nos régions agricoles n'engraissent pour la boucherie que des Bœufs qui ont travaillé. Les conditions ne sont donc pas les mêmes. Les meilleurs Bœufs, parmi ces travailleurs, sont les *Bœufs de Gascogne*, la *race de Salers*, les *Bœufs du Charolais*. L'ancienne *race Normande* ne travaille pas, elle est exclusivement élevée en vue de la consommation. Aussi a-t-elle le privilège de fournir ces Bœufs chargés de graisse que l'on promène dans Paris pendant les trois derniers jours du Carnaval. Depuis quelques années, elle a été fort améliorée par le croisement avec la race anglaise de Durham. Notre petite *race Bretonne*, aussi sobre qu'active, les *Bœufs de Chollet*, du *Nivernais*, les *Bœufs Limousins*, propres à la fois au travail et à la boucherie, méritent aussi d'être cités.

» Au point de vue de la production du lait et du beurre, les races françaises les plus recommandables sont : la petite *Vache de Bretagne* : la grande *Vache normande*, dite *Vache Cotentine* ; la *Vache de la Flandre française*, dite *Vache Flandrine*. La première fournit moins de lait que les dernières, mais il est plus riche en beurre. Il existe dans nos départements de l'Est, et en Suisse, d'où elle a été importée en France, une vache très-réputée, mais comme laitière seulement : c'est la *race Bernoise*, avec le lait de laquelle on fabrique ces fromages *dits de Gruyère*, vendus dans le monde entier. Nous mentionnerons encore, comme bonnes laitières, les races étrangères *Ardennaises* et *Hollandaises*, et surtout la *race du comté d'Ayr*, en Écosse.

La race Hollandaise, une variété des races Cotentine et Flandrine, importée au cap de Bonne-Espérance par ces colons connus sous le nom de *Banroers* ou *Boërs* (paysans), a subi dans ces contrées une transformation remarquable : le Bœuf Hollandais est devenu un *Bœuf de course*. De lourd et paresseux qu'il est dans son pays d'origine, il est devenu, au Cap, allongé, dégagé, haut sur jambes et presque aussi rapide à la course que le Dromadaire lui-même. Ces Bœufs, attelés à un lourd chariot à quatre roues, font aisément au grand galop, dans des chemins épouvantables, 15 à 18 kilomètres à l'heure, plusieurs heures de suite, sans en paraître fatigués.

On trouve des Bœufs à l'état sauvage ou demi-sauvage dans quelques parties de l'Europe. Les Anglais apportent tous leurs soins à conserver dans d'immenses parcs du Derbyshire et du Northumberland une race de Bœufs appelés *Bœufs Calédoniens*, auxquels ils attribuent l'origine de leurs nombreuses races. Ce Bœuf est entièrement blanc, sauf les extrémités des oreilles et des cornes qui sont noires. Livré totalement à lui-même, quoique soumis à la surveillance de gardes forestiers, le Bœuf Calédonien se tient caché dans les parties les plus épaisses et les plus impénétrables de son domaine, où il est difficile de l'apercevoir et dangereux d'aller le cher-

cher. Pour abattre ceux qu'on veut sacrifier, et ce sacrifice a lieu dès que l'animal a atteint sept à huit ans, on organise de grandes parties de chasse rappelant celles du moyen âge, et ces chasses ont rarement lieu sans qu'il arrive des accidents plus ou moins graves, tant ces animaux sont dangereux.

L'Espagne a aussi, dans ses provinces de Galice, de Castille et d'Andalousie, des Bœufs errants en liberté. Ce sont ceux-là qu'on voit figurer dans les combats de Taureaux, si populaires dans la Péninsule, et qu'on a vainement cherché à introduire en France. La *Tauromachie*, en Espagne, est un art qui a ses règles, ses lois, ses écoles même, et des cirques spéciaux pouvant contenir, comme le *Coliseo de los Toros* de Madrid, 10,000 spectateurs selon les uns, 20,000 selon les autres.

Les steppes de l'Ukraine et de la Hongrie renferment une race plus ou moins uniforme, à très-longues cornes, la même qu'on retrouve dans les parties les moins bien cultivées de l'Italie, où elle est connue sous le nom de *Bœufs de la Romagne*. Ces Bœufs vivent toute l'année dans des pâturages où ils sont à peine gardés, et mènent une vie à demi sauvage.

Nos Bœufs domestiques n'ont certainement pas l'énergie, le courage, la turbulence des races sauvages que nous venons de décrire, mais ils ne manquent cependant pas d'intelligence, et savent combiner entre eux des moyens de défense contre l'attaque des animaux carnassiers, et particulièrement contre les Loups. Dans les gras pâturages du Charolais, où on les laisse jour et nuit pendant toute la belle saison, s'ils sont à proximité d'une forêt habitée par des Loups, ils se réunissent le soir sous le feuillage d'un chêne isolé, et là ils se couchent en ordre de bataille. Les jeunes Veaux et leurs mères se placent au pied de l'arbre, les Bœufs forment un cercle autour d'eux ; tous ont la croupe tournée vers le centre du cercle, et la tête vers la circonférence, d'où il résulte que le Loup ne peut attaquer d'aucun côté sans rencontrer partout des cornes menaçantes. A son approche, les Bœufs mugissent et se lèvent, mais sans rompre leurs rangs. L'animal carnassier a beau tourner vingt fois autour de cette phalange serrée, il ne trouve pas moyen de faire une trouée, et bientôt il est obligé de faire une honteuse retraite. C'est alors qu'un ou deux Bœufs se détachent du troupeau pour lui donner une chaude poursuite et accélérer sa fuite. S'il se retourne contre eux, un ou deux autres Bœufs viennent au secours des premiers, et les aident à chasser l'ennemi hors de l'enclos ou du pâturage. M. Boitard, qui nous empruntons ces détails, déclare avoir assisté à l'une de ces scènes.

Il manquerait quelque chose à notre récit, si nous ne disions pas comment l'industrie humaine a mis le Bœuf à contribution de toutes les manières et tire parti de ses dépouilles. Ses cornes servent à faire mille choses utiles ; sa peau fait l'objet d'un grand commerce ; son sang est employé dans la fabrication du bleu de Prusse ; ses os, s'ils sont frais, servent à faire de la gélatine, et, s'ils sont secs, à fabriquer du noir animal dont on fait grand usage dans les raffineries de sucre ; sa graisse est un suif recherché ; et enfin sa chair, qui se sale et se fume, peut se garder plusieurs années, et fait, avec la farine, la grande ressource des expéditions lointaines et des villes assiégées.

LE TAUREAU BRAHMINE

En regard de l'existence tourmentée de ces utiles animaux, il est une autre race pour laquelle semblent avoir été réservées toutes les douceurs de la vie : c'est le Bœuf de l'Inde (*Bos Indicus*), le TAUREAU BRAHMINE.

Cette espèce, plus petite que nos Bœufs, se rapproche de la famille des Bisons, dont nous parlerons tout à l'heure, par une bosse qu'elle porte entre les deux épaules, et se distingue par de longues peaux pendantes, par des fanons qui tombent de la partie inférieure du cou. Ses formes sont rondes et assez gracieuses ; sa physionomie est douce, son humeur est pacifique ; elle a dans son caractère, comme dans son extérieur et ses habitudes, quelque chose de la nonchalance indienne, quelque chose aussi de la molle et dédaigneuse sécurité des Brahmines. La vénération publique met en effet sur le même rang et confond dans les mêmes hommages les animaux sacrés et la caste sainte, seule jugée digne de leur donner des soins. Ces Bœufs, désignés au respect sous le nom de TAUREAUX BRAHMINES, et consacrés au dieu *Siva*, dont l'un d'eux, le Bœuf *Nandi*, a seul le privilége de porter la statue de ce terrible dieu, ont leur domicile dans les dépendances des temples, autour desquels leur vie s'écoule dans une entière oisiveté, dans la plus parfaite quiétude, dans la plus complète satisfaction de tous leurs caprices, de tous leurs désirs. Il n'est pas une barrière qui ne tombe, pas une porte qui ne s'ouvre devant eux, pas une prairie dont ils ne puissent goûter l'herbe suivant leur fantaisie. L'empressement avec lequel on prévient leur volonté, leur a inspiré une confiance, une familiarité que tout autre qu'un croyant trouverait incommodes. Ils pénètrent dans les maisons et portent une dent capricieuse sur tout ce qui les tente. Ils se promènent lentement à travers les bazars, et si quelque chose les attire dans les boutiques ou sur les étalages, ils renversent sans colère et avec une insouciance profonde ce qu'ils rencontrent sur leur passage, et vont goûter aux grains, aux fruits, aux légumes, dont les marchands leur font les honneurs avec la plus obséquieuse complaisance. Ce n'est pas sans espérer quelque dédommagement que les Hindous font ainsi bon accueil à ces visiteurs si peu cérémonieux : le Bœuf Nandi a porté Siva, et les soins donnés à la monture doivent rendre le cavalier favorable.

LE YACK SAUVAGE

Le YACK constitue une des variétés les plus remarquables de la grande famille des Bœufs. Sa structure est la même que celle de notre Bœuf ordinaire, quoique dans des proportions réduites, mais son apparence est tout autre. Il est entièrement enveloppé d'une longue et épaisse robe, sous laquelle ses formes disparaissent, et qui, tombant jusqu'aux talons, ne laisse que le bas de la jambe et le sabot à découvert; le reste du corps n'offre qu'une masse de poils qui ne frisent point, malgré leur longueur, qui descendent mollement et dans une direction perpendiculaire, et ressemblent à des touffes de soie beaucoup plus qu'à des flocons de laine. Cependant sa fourrure perd sa régularité sur les épaules, où est située une légère éminence que recouvrent des houppes de poils hérissés en tous sens, et dans la confusion de ces malencontreux épis qui déparent quelques chevelures. Comme ces poils sont là plus longs et plus touffus que partout ailleurs, cette protubérance, qui ne serait que peu saillante sur la peau rase, prend toute l'importance d'une bosse de Chameau. La montagne chevelue projette de longues mèches flottantes sur les flancs et sur les jambes de devant; elle s'abaisse sur le cou en manière de crinière, et va mêler ses dernières touffes aux poils d'une autre bosse qui forme un épi et une couronne sur le haut de la tête. Après avoir recouvert sa peau de Bœuf de la robe des animaux fourrés, le Yack a emprunté sa queue à un autre Quadrupède; elle offre chez lui, non point un fouet disgracieux et nu, que termine une touffe, comme chez le Bœuf, mais cet appendice qui contribue tant à l'élégance et à la beauté du Cheval. La queue du Yack est une vraie queue de Cheval, avec cette différence que les crins en sont beaucoup plus longs, et qu'ils ont la finesse, le lustre et le moelleux de la soie. Réunissant ainsi les traits caractéristiques de plusieurs animaux, la char-

pente du Bœuf, la toison du Mérinos, la bosse du Chameau, la queue du Cheval, le Yack forme un tout d'autant plus singulier, que le mélange n'est pas complétement opéré, que les parties demeurées distinctes sont brusquement rapprochées et liées ensemble sans être fondues. La couleur du Yack fait ressortir encore davantage son étrange physionomie; quelquefois rousse ou grise, sa robe est généralement marquée de noir et de blanc, et ces deux teintes se combinent souvent d'une manière piquante.

Ainsi, chez quelques individus, le corps étant noir, la queue est d'une éclatante blancheur; chez d'autres, la bosse seule se détache, éblouissante comme un mont de neige, de la sombre teinte des flancs, et il arrive encore qu'une belle toison noire se parsème, ainsi qu'une tête qui grisonne, de longues mèches de poils blancs.

Les régions les plus froides et les plus élevées du Thibet, et particulièrement les chaînes neigeuses des monts Himalaya, qui séparent ce pays du Boutan, sont la patrie du Yack, que l'on nomme aussi le *Bœuf à queue de Cheval*. Il se complaît dans les lieux les plus frais, et ne quitte les montagnes, pour descendre dans les plaines, que lorsque les neiges recouvrent ses pâturages. On conçoit très-bien, en effet, que la chaleur lui soit pénible et incommode sous son épaisse fourrure. Aussi, pour se procurer quelque fraîcheur, a-t-il l'habitude, pendant les mois d'été, de se tenir sous l'ombrage des forêts, de fréquenter les bords des rivières et des lacs, et de passer une partie de la journée tantôt à s'ébattre et à nager dans les eaux vives, tantôt à se vautrer dans la vase. Ce goût pour l'humidité n'est pas la seule analogie que le Yack offre avec un autre individu de son espèce, le Buffle; il s'en rapproche encore par quelques détails de conformation et aussi par ses mœurs générales.

LES YACKS DU JARDIN DES PLANTES

D'humeur sombre, farouche, inquiète, peu sociable, le ₅YACK préfère la vie rude et indépendante ᴅᴇs montagnes désertes aux douceurs de la domesticité. Peu accessible à la reconnaissance, il tolère tout au plus la familiarité de son maître, et ne souffre rien de la part des étrangers. Susceptible, ombrageux, il s'irrite au moindre geste équivoque, à la vue de toute couleur éclatante. Alors son regard s'enflamme, les poils de sa bosse s'agitent, tout son corps frémit d'un mouvement convulsif, il roidit sa queue et s'en frappe les flancs, ses pieds creusent la terre, ses cornes s'aiguisent contre le sol, et il pousse un murmure ou plutôt un grognement sourd et bas, qui lui a fait donner le surnom de *Bœuf grognant*. A ces indices d'une colère qui s'allume, les assistants doivent se mettre sur leurs gardes, car la course du Yack est rapide, et ses mouvements sont d'une grande brusquerie.

Bien qu'on trouve encore quelques petites troupes de Yacks vivant dans l'état sauvage sur les sommets les plus escarpés des monts Altaï et Himalaya, cette espèce intéressante est généralement réduite en domesticité. Rassemblés en troupeaux, les Yacks composent la partie principale des richesses des Kakmouks, des Tatares et des Mongols nomades, qui s'en servent comme bêtes de somme et de trait, et fabriquent avec leur poil un drap très-épais et très-résistant. Mais c'est surtout pour sa belle queue que le Yack est estimé. Les Turcs, les Persans, et d'autres peuples asiatiques, à l'instar des anciennes nations de l'Inde, après leur avoir donné par la teinture une couleur rouge éclatante, les adaptent au bout d'une lance, et en font ces étendards célèbres, nommés improprement *queues de Cheval*.

dont le nombre porté devant un grand indique son rang et ses hautes fonctions.

Les Thibétains ont pour le Yack le même respect religieux que les Indiens professent pour le Taureau Brahmine ; peut-être le Yack a-t-il plus de droit à ces hommages superstitieux que le Taureau Brahmine, parce qu'il frappe plus vivement l'imagination par l'étrangeté de ses formes. Du reste, l'origine que les traditions attribuent aux espèces sauvages répandues dans ces contrées contribue encore à rendre ces animaux sacrés. Ils dérivent, suivant le naturaliste Pallas, des Yacks domestiques consacrés par les Lamas (prêtres de Bouddha), et lâchés, comme anathèmes, avec d'autres bestiaux, aux environs de la montagne sacrée de Boudho, qui est comme le centre de la grande chaîne altaïque, et au génie de laquelle on consacrait des troupeaux nouveaux.

Il n'y a pas longtemps que le Yack ne nous était connu que par sa queue. Aujourd'hui le Jardin des Plantes en possède toute une famille. C'est à M. de Montigny qu'on doit leur introduction en France, en 1854. M. de Montigny, consul à Shanghaï, en Chine, réussit à amener à Paris un troupeau composé de 12 individus, savoir : 5 mâles et 7 femelles, qui furent distribués au Muséum d'histoire naturelle, et à la Société d'acclimatation. Ces individus se sont aisément multipliés entre eux, et ont même donné, avec la Vache ordinaire, de nombreux métis qui ont été répartis entre divers établissements agricoles situés principalement dans les Alpes et dans les Pyrénées, c'est-à-dire dans les lieux où ces animaux peuvent trouver un climat analogue à leur propre pays, et où ils sont aptes à rendre le plus de services.

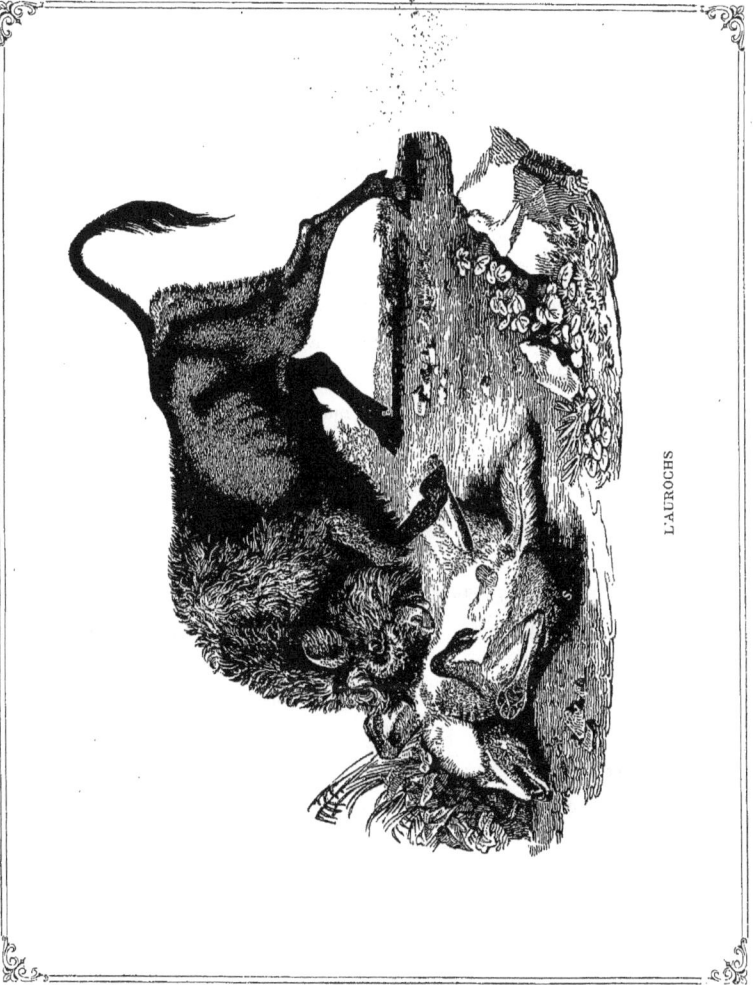

L'AUROCHS

L'Aurochs (*Bos Urus*, Cuv.), connu des anciens sous le nom de *Bison*, et appelé par les Polonais *Zubr*, tire son nom du mot allemand *Auerochs*, qui signifie *Bœuf des prairies*. « L'Aurochs, dit Cuvier, passe d'ordinaire, mais à tort, pour la souche sauvage de notre Bœuf domestique. Il s'en distingue par son front bombé, plus large que haut, par l'attache de ses cornes au-dessus de la ligne saillante qui sépare le front de l'occiput, par la hauteur de ses jambes, par une paire de côtes de plus, par une sorte de laine crépue qui couvre la tête et le cou du mâle, et lui forme une barbe courte sous sa gorge, par sa voix grognante. C'est un animal farouche, réfugié aujourd'hui dans les grandes forêts de la Lithuanie, des Krapacks et du Caucase, mais qui vivait autrefois dans l'Europe tempérée. C'est le plus grand des Quadrupèdes propres à l'Europe. » Ajoutons qu'il est le plus gros des Mammifères terrestres après l'Éléphant et le Rhinocéros.

L'Aurochs est d'une couleur brune plus ou moins foncée. Il aime à se vautrer dans la fange, et à aller chercher, dans les marais, les roseaux et les tiges tendres des plantes aquatiques dont il fait sa nourriture. L'Aurochs était autrefois commun dans toutes les forêts marécageuses de l'Europe, même en France, où les grands considéraient sa chasse comme un plaisir royal ; mais sa nature sauvage et indomptée ne lui permettait pas de s'accommoder du voisinage de l'Homme, encore moins de vivre en paix avec lui ; aussi, pour fuir sa présence, s'est-il retiré de forêts en forêts, à mesure que la population agglomérée se rapprochait de ses domaines. Quelque soin qu'on prenne aujourd'hui de ne pas les troubler dans leurs retraites, les petites troupes d'Aurochs qui vivent encore dans les profondes forêts de la Lithuanie, s'abstiennent de multiplier ou multiplient peu, et l'on peut déjà presque prévoir le jour où l'Aurochs, comme le *Mastodonte*, comme le *Thur*, et tant d'autres animaux perdus, aura cessé d'exister.

LE BISON

Le Bison (*Bos Bison*, Linn.), le *Bos americanus* des zoologistes, le *Buffalo* (Buffle) des Anglo-Saxons, est une espèce distincte du genre Bœuf, exclusivement propre à l'Amérique septentrionale. Il se distingue de l'Aurochs, avec lequel Buffon et d'autres naturalistes l'ont confondu, par la saillie très-prononcée de son garrot, par la longueur et la qualité de ses poils, par la forme et la disposition de ses cornes.

Le Bison, quoique plus grand que l'Aurochs, est plus petit que nos plus forts Taureaux domestiques. Il a les jambes et la queue très-courtes, le train de derrière plus bas que celui de devant. Il porte sur le garrot une bosse, composée de muscles et de graisse, assez forte ; ses cornes sont rondes, courtes et écartées à leur base ; sa peau est très-épaisse et spongieuse ; sa tête, son cou et sa bosse sont entourés d'une énorme crinière de laine, très-fine, ondée et divisée par flocons, et pendant comme une vieille toison. Les autres parties du corps sont nues en été, et se couvrent en hiver d'une courte laine frisée, très-fine et très-serrée. Tandis que sous cette laine la peau est d'un brun couleur de suie, à la bosse et aux parties garnies de longs poils elle est de couleur tannée. Malgré une apparence lourde et massive, le Bison est très-rapide à la course.

Le Bison habite toutes les parties incultes de l'Amérique septentrionale, qu'il parcourt du midi au nord au printemps, et du nord au midi en automne. Dans ces sortes de migrations, assez irrégulières d'ailleurs, il marche en troupes nombreuses, souvent de vingt mille individus, plus même si l'on s'en rapporte à quelques voyageurs. Malheur alors à celui qui se trouverait sur leur passage et n'aurait pas le temps de fuir. Ils sont tellement serrés les uns contre les autres, ceux de derrière poussant ceux de devant, qu'il serait infailliblement broyé sous leurs pieds ; ils brisent tout ce qu'ils rencontrent sur leur passage. Un obstacle invincible se dresse-t-il devant le front de l'une de ces formidables colonnes, elle s'arrête ; mais la queue continue sa marche en avant, et la cohue devient alors tellement épaisse, que les plus faibles périssent écrasés par les plus forts.

Leur peau et leur chair étant fort estimées des Indiens, ceux-ci se réunissent en grand nombre pour leur faire la chasse ; il n'est pas rare, quand ils sont parvenus à les faire entrer dans une enceinte d'immense étendue, formée à l'aide de pieux plantés en terre, qu'ils en tuent douze à quinze cents dans une seule journée : c'est du moins ce que raconte le capitaine Franklin.

Le Bison est farouche, mais non féroce ; il fuit devant l'Homme et ne l'attaque jamais. Mais, s'il est blessé, il se retourne, se rue sur son ennemi, et si celui-ci n'a pas été prompt à monter sur un arbre voisin, il le perce de ses cornes, le brise sous ses pieds de devant, qui sont pour lui une arme favorite et terrible.

La dépouille du Bison, comme celle de notre Bœuf, sert à une foule d'usages. Ses cornes, sa peau, sa toison, sa chair, sa graisse, contribuent largement aux besoins et même aux aisances de la vie.

T.S.

LE BUFFLE

Le Buffle (*Bos Bubalus*, Linn.) forme une division bien tranchée du genre Bœuf. « Le Bœuf et le Buffle, dit Buffon, semblent plus éloignés l'un de l'autre que l'Ane ne l'est du Cheval. Leur nature paraît même antipathique, car on assure que les Vaches ne veulent pas nourrir les petits Buffles, et que les mères Buffles refusent de se laisser téter par des Veaux. Le Buffle est d'un naturel plus dur et moins traitable que le Bœuf ; il obéit plus difficilement, il est plus violent, il a des fantaisies plus brusques et plus fréquentes ; toutes ses habitudes sont grossières et brutales. Sa figure est repoussante, son regard stupidement farouche ; il avance ignoblement son cou et porte mal sa tête, presque toujours penchée vers la terre ; sa voix est un mugissement épouvantable, d'un ton beaucoup plus fort et plus grave que celui d'un Taureau. Il a les membres maigres et la queue nue, la mine obscure, la physionomie noire, comme le poil et la peau ; il diffère principalement du Bœuf à l'extérieur par cette couleur de la peau, qu'on aperçoit aisément sous le poil qui n'est que peu fourni. Il a le corps plus gros et plus court que le Bœuf, les jambes plus hautes, la tête proportionnellement beaucoup plus petite, les cornes moins rondes, noires et en partie comprimées, un toupet de poil crépu sur le front ; il a aussi la peau plus dure et plus épaisse que le Bœuf ; sa chair, noire et coriace, est non-seulement désagréable au goût, mais répugnante à l'odorat, et le lait de la femelle du Buffle n'est pas si bon que celui de la Vache. »

Quoiqu'il soit répandu aujourd'hui dans toute l'Europe méridionale, le Buffle n'a été connu ni des anciens Grecs ni des Romains. Originaire de l'Inde, c'est seulement de la fin du sixième siècle que datent son introduction en Égypte, en Grèce, en Italie, et sans doute son apprivoisement. Ainsi, tandis que de temps immémorial le Bœuf paraît avoir été soumis à la domesticité, la domestication du Buffle est relativement récente, et cela explique comment cet animal n'a pas produit, comme le Bœuf, une multitude de variétés ou d'espèces particulières. On ne connaît jusqu'ici, de l'espèce Buffle, que cinq espèces bien distinctes : le *Buffle commun*, auquel s'applique particulièrement la description empruntée à Buffon ; l'*Arni à cornes à croissant* ; l'*Arni géant* ; le *Buffle du Cap*, et le *Buffle brachycère*.

Le Buffle commun supplée aujourd'hui et surpasse même le Cheval pour les travaux de labourage dans diverses contrées de l'Europe, de l'Asie et de l'Afrique. On le dirige, indépendamment de l'aiguillon, au moyen d'un anneau de fer qu'on lui passe dans les naseaux, et qui tient lieu de la bride et du mors du Cheval.

Il faut abattre et garrotter le Buffle pour lui faire subir cette opération, et à peine la liberté lui est-elle rendue, qu'il fait tous ses efforts pour se débarrasser de ce joug. Cependant, lorsque après de longs services les naseaux, déchirés par la pression continuelle de cet anneau, le laissent tomber, le Buffle, dompté par l'habitude, s'aperçoit à peine que son conducteur vient de perdre un de ses instruments d'autorité.

Malgré son caractère irritable et les accès de colère auxquels il se livre, et que sa force rend toujours dangereux, le Buffle est sensible aux bons traitements et se montre alors assez docile. Il n'est pas sans intérêt de voir dans les Marais Pontins, et dans la Maremme de la Toscane, des milliers de ces animaux farouches frémir d'abord sous l'autorité de quelques hommes, qui, montés sur des Chevaux légers et la lance au poing, voltigent autour d'eux, les enferment dans le cercle tracé par leurs évolutions rapides ; puis, lorsqu'il semble qu'une lutte est sur le point d'éclater, de voir la fureur des Buffles tomber tout à coup, leurs rangs s'entr'ouvrir, et des animaux en sortir pour venir faire acte de soumission individuelle à l'appel nominal que module la voix du conducteur.

Ainsi que la plupart des animaux que la nature a créés capables de se conserver sans la protection de l'Homme, en même temps qu'elle les rendait rebelles à la servitude, le Buffle, sobre et robuste, s'accommode de toute nourriture ; il a néanmoins ses goûts et ses préférences. Il cherche les lieux humides et marécageux, où les pâturages sont gras et tendres, et où il peut, en se vautrant, amollir dans une eau fangeuse sa peau dure et sèche. L'eau est, pour ainsi dire, l'élément du Buffle ; un bain de douze heures par jour lui semble à peine suffisant. Dans l'Inde, les barques qui remontent le Gange se trouvent quelquefois au milieu d'une troupe de Buffles qui descendent le fleuve en se laissant aller au cours de l'eau ; car ils ne font pas de mouvement et souvent même paraissent endormis.

COMBAT DE BUFFLE ET DE TIGRE

A l'état sauvage, le Buffle est plutôt brutal et farouche que méchant et féroce. Il est loin toutefois d'avoir la timidité naturelle des Herbivores. S'il est attaqué par un grand Carnassier, par un Tigre, par exemple, au lieu de fuir, il se précipite sur son adversaire, se laisse tomber sur les genoux au moment de l'atteindre, et il est rare alors que la bête féroce, lancée avec violence, ne s'enfonce pas elle-même les cornes du Buffle dans la poitrine.

La peau du Buffle, quoique plus épaisse que celle du Bœuf, est spongieuse et ne peut être employée pour les chaussures; mais elle résiste mieux aux armes tranchantes. Autrefois, une peau de buffle façonnée en veste était réputée une cuirasse à l'épreuve des armes blanches; le nom de *buffleteries* donné aux ceinturons ou bandoulières qui supportent les gibernes et les sabres, indique à quels usages elle est aujourd'hui consacrée dans les armées. Ses cornes, ses sabots, son poil sont utilisés comme ceux du Bœuf.

Nous dirons quelques mots des autres espèces de Buffles.

L'ARNI A CORNES EN CROISSANT (*Bos Arni*) et l'ARNI GÉANT habitent l'Indostan. Le premier est répandu, à l'état de domesticité, dans l'Inde transgangétique, la presqu'île de Malacca, le Tonquin, la Chine et l'archipel Indien. L'Arni géant, remarquable par sa grande taille et l'énorme dimension de ses cornes, est confiné dans le haut Indostan et paraît y être devenu très-rare.

Mais c'est dans les forêts du cap de Bonne-Espérance qu'il faut aller chercher l'espèce Buffle pour la voir dans toute la plénitude de sa force et de sa puissance. Haut de 1 mètre 80 cent. au garrot, long de 2 mètres 60 cent. de l'extrémité du museau à la naissance de la queue, armé de cornes massives, tellement larges à leur base qu'elles garnissent presque tout le front, couvert d'un poil rouge sombre, le BUFFLE DU CAP, à cause de ses instincts brutaux, est très-redouté des indigènes et des colons de ce pays. Malheur aux Hommes et aux Animaux assez imprudents pour déranger un vieux Buffle de cette espèce dans la retraite qu'il s'est choisie au fond des bois, ou qui, au bruit de ses pas, ne se hâteraient pas de quitter le sentier étroit qu'il s'est ouvert à travers la forêt. Toute résistance ici est vaine : les flèches ne peuvent entamer la peau, que les années ont durcie; les balles rebondissent sur elle. Le Buffle blessé ne serait d'ailleurs qu'un ennemi plus redoutable. La fuite n'est pas moins dangereuse, devant cet ennemi, rapide comme un Cheval, que ni le fer, ni le feu, ni l'eau n'épouvantent. La seule chance de salut est donc de monter sur un arbre; mais le Buffle n'en laisse pas toujours le temps. Il perce impitoyablement de ses cornes, il broie sous ses pieds tout ce qu'il atteint, et ne s'éloigne qu'après s'être assuré, en flairant et en retournant longtemps sa victime, que la victoire est complète. De tous les animaux, l'Éléphant seul peut braver le terrible animal : sa force supérieure et ses redoutables défenses ont bientôt mis fin au combat que le vieux Buffle ose quelquefois engager.

Le BUFFLE BRACHYCÈRE, une autre espèce du centre de l'Afrique, diffère des précédents par sa forme et ses dimensions, qui sont presque celles de notre Vache de Bretagne. Il ne paraît avoir aucun des instincts brutaux de l'espèce du Cap, car une femelle Brachycère qui a vécu à la ménagerie du Jardin des Plantes s'y est toujours montrée douce et familière.

Le *genre Ovibos*, dernier du genre Bœuf, ne comprend qu'une seule espèce, le BŒUF MUSQUÉ d'Amérique. Son nom d'*Ovibos* indique exactement la double relation qui existe entre cet animal et les genres voisins du Bœuf et du Mouton. Le Bœuf musqué habite exclusivement les parties boréales de l'Amérique du Nord, où il vit par troupes. Il a presque la légèreté des Chèvres, et se plaît comme elles à franchir des ravins, à grimper sur des roches escarpées. Les Esquimaux font la chasse à l'Ovibos, dont la chair paraît assez bonne, malgré l'odeur de musc très-prononcée qu'elle exhale.

Nous arrivons au huitième et dernier ordre des Mammifères, à l'ordre des Cétacés.

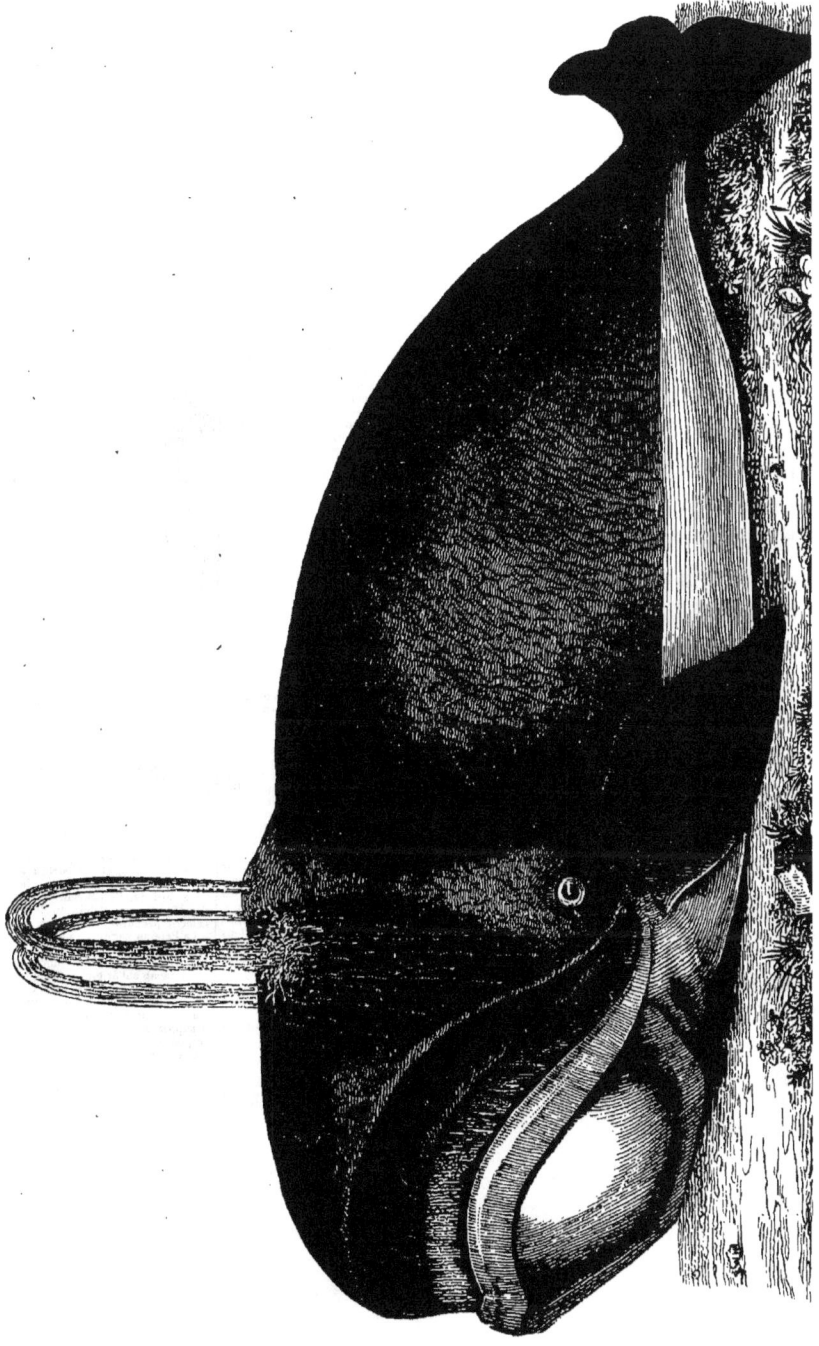

LA BALEINE FRANCHE

8° ORDRE. — ORDRE DES CÉTACÉS.

L'ordre des CÉTACÉS constitue, entre les Poissons et les Mammifères, cet anneau intermédiaire qu'on retrouve à la limite de toutes les grandes divisions animales pour marquer que la chaîne des Êtres n'est nulle part interrompue. Les Cétacés n'ont pas de membres apparents; les membres postérieurs manquent et les membres thoraciques sont remplacés par des nageoires. Les os de leur tête ont un développement prodigieux; ils n'ont pas de cou, et leur tronc allongé se termine par une large nageoire horizontale : à ne considérer que ces indices extérieurs et l'élément qui leur est assigné pour demeure, évidemment les Cétacés seront compris parmi les Poissons.

Mais si on les étudie au point de vue anatomique et physiologique, les Cétacés, malgré leur apparence, doivent être rangés parmi les Mammifères. En effet, ces membres antérieurs qui se présentent à nos yeux sous forme de véritables nageoires ont exactement la même constitution anatomique que ceux des autres Mammifères; on y trouve les mêmes os placés dans le même ordre, seulement ces os sont raccourcis, aplatis. En outre, ils ont le sang chaud, des poumons; puis, ils sont vivipares, les femelles allaitent leurs petits, et leur lait a toutes les qualités de celui des grands Mammifères ruminants : les Cétacés appartiennent donc à l'Ordre des Mammifères.

Cuvier a partagé l'Ordre des Cétacés en deux familles : les *Cétacés herbivores*, et les *Cétacés ordinaires*.

Les *Cétacés herbivores* ont toutes les dents molaires à couronne plate et un estomac composé de quatre poches comme les Ruminants. On les divise en trois genres : le *genre Lamantin*, le *genre Dugongs*, le *genre Stellère*.

Les LAMANTINS (*Manates*, Cuv.) ont le corps oblong, terminé par une nageoire ovale allongée. La femelle se sert de ses nageoires latérales, comme de bras, pour soutenir son petit pendant l'allaitement; ses mamelles étant placées sur la poitrine, elle se tient debout la moitié du corps hors de l'eau. Cette attitude habituelle lui donne, vue de loin, quelque apparence de la forme humaine, et semblerait avoir servi de base à la fiction des Sirènes antiques, moitié femme, moitié poisson. Les Lamantins vivent en famille aux embouchures des grands fleuves de l'Amérique du Sud, qu'ils remontent jusqu'à grande distance de la mer. Leur longueur moyenne est généralement de 5 mètres.

Les DUGONGS (*Halicorne*) ne diffèrent des Lamantins que par la présence, à la mâchoire supérieure, de deux dents allongées, pointues et tranchantes, ayant toute la forme de défenses. On les trouve sur les côtes des grandes îles de l'Archipel indien.

Les STELLÈRES (*Rytinas*) sont à peine connus; ils habitent les côtes du Kamtschatka, et celles de l'Amérique du Nord, vers le détroit de Behring.

La chair de tous les Cétacés herbivores est excellente.

Les CÉTACÉS ORDINAIRES comprennent trois genres : les *genres Baleine, Cachalot et Dauphin.*

Le GENRE BALEINE se divise en deux familles : les *Baleines proprement dites* et les *Baleinoptères*.

La famille des Baleines renferme trois espèces : la *Baleine franche (Balœna mysticetus)*, la *Baleine Nord-caper (Balœna glacialis)*, la *Baleine du Cap (Balœna australis)*, et trois ou quatre autres espèces très-imparfaitement connues.

LA BALEINE FRANCHE se distingue de toutes les autres en ce qu'elle n'a pas de nageoire sur le dos. C'est le plus grand des animaux connus, sa taille atteint 25 à 27 mètres. Sa tête est énorme, et forme environ le tiers de sa longueur totale. Sa bouche, dépourvue de dents, est garnie des deux côtés de la mâchoire supérieure par une série de grandes lames transversales serrées les unes contre les autres comme les dents de peigne, et connues sous le nom de *fanons*. Dans le commerce elles portent le nom de baleines, et l'on en fait un grand usage pour la monture des parapluies, la fabrication des corsets, etc. Ces fanons, formés par une espèce de corne fibreuse et très-élastique, sont effilés à leurs bords et constituent une sorte de crible propre à retenir les petits animaux dont les baleines se nourrissent. Les fosses nasales offrent aussi chez ces animaux une disposition particulière, qui, du reste, se rencontre chez la plupart des Cétacés, et permet à ces animaux de produire au-dessus de leur tête des jets d'eau qui les font remarquer de loin par les navigateurs, et qui leur ont valu le nom de *Souffleurs*. Ils engloutissent dans leur vaste gueule, avec leur proie, de grands volumes d'eau, et pour s'en débarrasser, sans laisser échapper en même temps leurs aliments, ils la font passer dans les fosses nasales; l'eau s'y amasse dans un sac particulier, et les muscles qui entourent cette espèce de réservoir, en se contractant, la chassent avec violence par les narines, qui sont percées au-dessus de la tête, et désignées sous le nom d'event.

Ce qu'on connaît des mœurs, des habitudes et des instincts de la Baleine se réduit à bien peu de chose. On sait toutefois que la femelle montre pour son petit un attachement extrême; elle ne le perd pas de vue un seul instant. S'il ne nage encore que difficilement, elle le précède, l'instruit par son exemple, semble l'encourager, le soutient lorsque ses forces paraissent s'épuiser, le met sur son dos ou le prend entre l'une de ses nageoires et son corps, et l'emporte avec elle, en modérant ses mouvements, dans la crainte de laisser échapper son précieux fardeau. Si pourtant les pêcheurs parviennent à s'emparer de son Baleineau, la mère, folle de désespoir, se laisse prendre à son tour sans songer à fuir.

La Baleine nage avec une très-grande vitesse; n'ayant aucune arme pour se défendre et étant le plus souvent embarrassée de la masse énorme de son corps, elle n'est point capable d'éviter les attaques d'ennemis robustes et agiles, et la conscience de sa faiblesse la rend en général fort craintive; quelquefois, cependant, elle devient furieuse et déploie toute sa force pour se défendre ou échapper à ses persécuteurs. On assure que, lorsqu'elle frappe la surface de l'eau avec sa queue, elle produit un fracas pareil à celui d'un coup de canon.

LA PÊCHE DE LA BALEINE

La Baleine était autrefois assez commune dans nos mers; mais, poursuivie continuellement, elle s'est réfugiée peu à peu vers le nord, et ne se rencontre plus aujourd'hui que dans les mers glacées qui avoisinent le pôle.

La pêche de la Baleine a toujours été considérée comme une branche importante du commerce maritime des nations; elle occupe chaque année des flottes entières de navires, et c'est sans contredit l'école où se forment les marins les plus hardis et les plus expérimentés. Au XVe siècle, elle était tout entière entre les mains des Basques, qui y employaient, chaque année, de cinquante à soixante navires et de neuf à dix mille hommes. Au XVIe siècle, les Hollandais avaient su donner une grande importance à leurs expéditions : on rapporte que dans l'espace de quarante-six ans, leurs navires baleiniers prirent trente-deux mille neuf cents Baleines, qui leur rapportèrent trois cent quatre-vingts millions de francs. Aujourd'hui, cette pêche est à peu près abandonnée par les Français, et elle est pratiquée presque exclusivement par les Anglais et les Américains, par ces derniers surtout.

C'est vers le détroit de Davis, dans les mers du Groënland, au milieu de ces énormes montagnes de glace flottantes qui brisent par leurs chocs les vaisseaux les plus forts, que se donnent rendez-vous les navires baleiniers. Lorsqu'on aperçoit une Baleine, l'équipage met ses chaloupes à la mer et s'avance en silence vers elle; chacune des chaloupes est montée par six ou huit marins. L'un d'eux, plus robuste ou plus adroit, se tient debout armé d'un harpon, sorte de grand javelot à fer barbelé, attaché à une corde ou ligne, et dès qu'il est à portée de la Baleine, il le lance sur elle. Le harpon s'enfonce dans le corps de l'animal, qui, sous l'impression de sa blessure, plonge aussitôt avec la rapidité de la foudre et entraîne avec lui la corde attachée à l'engin. Mais bientôt le besoin de respirer le force à remonter à la surface, et alors on le harponne de nouveau. Tourmentée par la douleur, la Baleine fait des efforts inouïs pour se débarrasser des harpons qui la déchirent; mais enfin, épuisée par la fatigue et la perte de son sang, elle ne peut plus ni fuir ni se défendre. Alors les pêcheurs la tirent à eux à l'aide des lignes ou cordes attachées aux harpons et l'achèvent à coups de lance; mais tant que la vie ne l'a pas entièrement abandonnée, ils évitent avec soin sa terrible queue dont un coup ferait voler leur chaloupe en éclats. Lors-

qu'on s'est assuré que la Baleine est morte, on l'attache aux flancs du navire, et des hommes, couverts de vêtements de cuir et chaussés de bottes garnies de crampons, descendent sur le corps de l'animal et enlèvent par tranches le lard dont toute sa surface est recouverte. Ce lard est ensuite fondu pour en extraire l'huile, dont une seule Baleine produit quelquefois cent vingt tonneaux.

Depuis un demi-siècle, la pêche, ou pour parler plus exactement la CHASSE de la Baleine, est devenue tellement active, que le nombre de ces animaux est considérablement réduit, et qu'on prévoit l'époque peu éloignée où la race aura complétement disparu.

On n'a pas de certitude sur la longévité des Baleines; cependant il est à présumer que les grandes espèces pourraient vivre plusieurs siècles, si la guerre acharnée que les hommes leur font et les attaques auxquelles elles sont en butte de la part de quelques Poissons, le Squale-Scie, le Dauphin-Gladiateur et le Squale-Requin n'abrégeaient le plus souvent leur existence.

Les autres espèces de Baleines et les Baleinoptères diffèrent des Baleines franches, les premières par une ou plusieurs bosses qu'elles ont sur le dos, les secondes par leurs mâchoires plus effilées, leurs fanons plus courts et l'existence de plis longitudinaux sous la gorge et sous le ventre. Les Baleinoptères donnent moins d'huile que la Baleine et leur chasse est plus dangereuse. Moins résignés que la Baleine, on en a vu se retourner contre les assaillants et attaquer les chaloupes lancées à leur poursuite.

Le genre *Cachalot (Physeter-Macrocephalus)* est très-voisin des Baleines; mais il manque de fanons à la mâchoire supérieure et a la mâchoire inférieure armée de dents. Le CACHALOT est d'une dimension inférieure à celle de la Baleine. La partie supérieure de l'énorme tête de ces animaux ne consiste presque qu'en grandes cavités recouvertes et séparées par des cartilages, et remplies d'une huile qui se fige par le refroidissement, et qui est connue sous le nom de *blanc de Baleine* ou de *spermaceti.*

Les Cachalots parcourent par troupes nombreuses toutes les mers, principalement les mers Australes. On dit que ces bandes reconnaissent pour chef un mâle qui marche en avant et donne le signal du combat ou de la retraite. Ils sont d'ailleurs très-voraces, font de grands ravages dans les bancs de Poissons, attaquent les Phoques, les jeunes Baleines; ils sont redoutés même du Requin.

LE MARSOUIN

Le genre Dauphin (Delphinus) est essentiellement caractérisé par la petitesse relative de la tête, par deux mâchoires garnies de dents pointues, par un évent unique, et par un corps fusiforme s'amincissant insensiblement vers la queue.

Le Dauphin a joui chez les anciens d'une grande célébrité ; on lui a prêté une affection marquée pour la race humaine, et on a été jusqu'à supposer qu'il allait au-devant des naufragés pour les amener au rivage. Malheureusement pour ce héros d'humanité, aucun des observateurs modernes n'a jamais rien vu ni pensé de semblable. « Les Dauphins, dit Cuvier, sont les plus carnassiers, et, proportionnellement à leur taille, les plus cruels de l'ordre des Cétacés. » — « Les Dauphins de nos jours, dit M. Boitard, sont des animaux stupides, brutaux, voraces, n'ayant d'intelligence que juste ce qu'il faut pour dévorer leur proie et reproduire leur espèce. Toutefois, en étudiant les véritables mœurs de ces Cétacés, peut-être arriverons-nous à deviner l'origine de ces contes puérils.

Lorsqu'un navire est à la voile, il est constamment escorté par des troupes de Poissons attirés par les débris de cuisine, les balayures et les vidanges, qui leur fournissent une nourriture abondante. Les Dauphins, attirés à leur tour par ces légions de Poissons dont ils ont l'habitude de faire leur nourriture, se rassemblent aussi autour des navires et les suivent pour avoir continuellement une proie à leur portée, et en cela ils sont imités par les Requins. Des matelots auront remarqué que ces derniers dévoraient les Hommes qui tombaient à la mer, tandis que les autres ne leur faisaient aucun mal, et au lieu d'attribuer simplement ce fait à une différence d'organisation, ils l'auront mis sur le compte d'une prétendue amitié que les Dauphins auraient pour l'espèce humaine. » Il est vrai cependant que, parmi les auteurs anciens qui racontent les traits de vertu des Dauphins, il en est un qui dit avoir été témoin oculaire des faits qu'il relate : « J'ai vu moi-même à Poroselené, dit Pausanias, un Dauphin qui, blessé par des pêcheurs et guéri par un enfant, lui témoignait sa reconnaissance : je l'ai vu venir à la voix de l'enfant, et, quand celui-ci le désirait, lui servir de monture pour aller où il voulait. » Si l'on admet la véracité de l'écrivain grec, il faut nécessairement admettre en même temps qu'il s'est trompé d'espèce. « S'il a pris, comme je n'en doute pas, dit encore Boitard, un Phoque pour un Dauphin, son histoire s'explique parfaitement et peut être vraie de tout point. »

Le genre Dauphin contient une dizaine d'espèces dont nous ne retiendrons que les principales, les Dauphins proprement dits, les Marsouins et les Narvals.

Le Dauphin commun (Delphinus delphis) a le museau étroit, prolongé en forme de bec, chacune des mâchoires garnie d'une rangée de fortes dents, et sur le sommet de la tête un orifice unique. Son corps est noir, d'une teinte bleuâtre à la partie supérieure et blanc en des-

sous, et long de 3 mètres au plus. Ses nageoires pectorales sont de grandeur médiocre et en forme de faux ; la dorsale est pointue et assez élevée, et la caudale est en forme de croissant et échancrée dans son milieu. On le trouve au large dans toutes les régions de l'Océan.

Les Marsouins (Phocæna) ont beaucoup de ressemblance avec les Dauphins ; mais ils en diffèrent par la forme de leur tête, qui est courte et écrasée. Leurs deux mâchoires, d'égale longueur et dénuées de lèvres proprement dites, sont armées de quarante à cinquante petites dents tranchantes quoiqu'un peu aplaties. Leur nom, qui signifie en allemand Cochon de mer, vient de la quantité considérable de graisse qui se trouve sous leur peau, et qu'on convertit en huile.

Le Marsouin commun (Phocæna communis) a 2 mètres à 2 mètres 20 de longueur. Son corps est de forme conique. Il fréquente l'Océan Atlantique et les mers du Nord, et se montre assez souvent sur nos rivages. Le Marsouin fournit une grande quantité d'huile estimée ; mais la vitesse prodigieuse de sa marche, la rapidité de ses mouvements, la facilité avec laquelle il se joue des flots, même au milieu des plus affreuses tempêtes, rendent sa pêche difficile.

Le Narval (Monodon monoceros), par la forme de son corps et de sa tête, ressemble beaucoup au Marsouin ; mais au lieu de dents, il a une défense droite et pointue, implantée dans l'os intermaxillaire et dirigée dans le sens de l'axe du corps. Cette défense, dont la substance

ressemble à de l'ivoire, est sillonnée en spirales dans toute sa longueur, qui atteint quelquefois 3 à 4 mètres. Elle a fait donner aussi à l'animal le nom de Licorne.

Le Narval n'a pas de nageoire dorsale, mais une crête saillante sur toute la longueur de l'épine ; sa taille, lorsqu'elle est entièrement développée, n'est pas moindre de 7 à 8 mètres. Avec sa force prodigieuse et sa terrible défense, le Narval serait la terreur de l'Océan du Nord, s'il n'était en général de mœurs assez pacifiques ; cependant, s'il est attaqué, il a recours à ce moyen de défense naturelle, et il enfonce son dard avec tant de force, qu'il peut pénétrer la charpente la plus solide d'un vaisseau. On a trouvé des défenses de Narval brisées dans des carènes de navires, et on a pris des Baleines de la plus grosse taille dans le corps desquelles était enfoncée cette arme redoutable.

Le Narval habite les mers de l'Islande et du Groënland. Il vit en troupes parfois assez nombreuses et nage avec une grande vitesse. Il se nourrit de Mollusques, de Crustacés, et de petits Poissons dont il fait une grande consommation. On lui donne la chasse pour sa graisse, qui fournit une huile aussi bonne que celle de la Baleine, et pour sa défense, qui sert aux mêmes usages que l'ivoire. Quant à sa chair, les Groënlandais la mangent avec délice.

Nous terminons ici notre série des Vertébrés vivipares pour passer aux Vertébrés ovipares.

TABLE DES MATIÈRES

ZOOLOGIE

OISEAUX — REPTILES — POISSONS — MOLLUSQUES

ANIMAUX ARTICULÉS OU ANNELÉS

ANIMAUX RAYONNÉS OU ZOOPHYTES

2e Classe. — Vertébrés ovipares

UN COMBAT DE COQS

2e CLASSE. — VERTÉBRÉS OVIPARES.

La classe des VERTÉBRÉS OVIPARES se subdivise, comme nous l'avons dit, en trois groupes principaux : les *Oiseaux*, les *Reptiles* et les *Poissons*.

Les OISEAUX sont des Vertébrés ovipares à sang chaud, à circulation et à respiration doubles, dont la peau est garnie de plumes et dont les membres antérieurs, les *ailes*, sont propres seulement au vol et ne peuvent servir ni à la station, ni à la préhension.

Les REPTILES ont la peau nue, plus souvent couverte d'écailles, le sang froid, et quelques-uns manquent complétement de membres ou les ont trop courts pour empêcher le tronc de traîner à terre : aussi, la plupart des Reptiles ont-ils l'air de ramper sur le sol plutôt que de marcher, et c'est de là que leur vient leur nom. Ils ne couvent pas leurs œufs, ils les abandonnent aussitôt après la ponte, et l'incubation s'en fait à l'aide de la chaleur atmosphérique seulement. Quelques-uns sont sujets à des métamorphoses.

Les POISSONS ont également la peau nue et couverte d'écailles ; mais, au lieu de respirer l'air pur par des poumons, ils respirent de l'eau qui se décompose dans des ouies ou branchies. C'est pourquoi ils ne peuvent rester hors de l'eau sans être asphyxiés. Leurs pieds sont remplacés par des nageoires, et leur sang est froid, comme l'élément qu'ils habitent.

1er GROUPE. — LES OISEAUX.

C'est l'un des plus distincts et des mieux caractérisés du Règne animal, soit qu'on considère la configuration extérieure des êtres qui le composent, soit que l'on s'attache exclusivement aux particularités de leur structure intérieure ou à la manière dont leurs fonctions s'exécutent. Nous les avons définis en quelques mots : des animaux dont *le sang est chaud*, comme celui des Mammifères ; dont *les membres antérieurs ont la forme d'ailes*, et dont *la peau est garnie de plumes*. Ajoutons qu'ils ont un bec corné, dépourvu de dents proprement dites.

Les OISEAUX, destinés à s'élever dans un milieu gazeux, à y demeurer suspendus et à y sillonner l'air en tous sens, sont admirablement organisés pour cette fin : leur corps est taillé de la manière la plus favorable pour fendre l'air sans éprouver trop de résistance et s'y soutenir sans efforts ; tout y est disposé pour une progression rapide et un équilibre parfait. La présence d'une quantité considérable d'air dans leur corps les rend très-légers. Quant à ceux qui vivent habituellement dans l'eau, ils ont, avec un corps semblable, bien que plus allongé et taillé par le bas en forme de carène, des membres disposés en rames. Chez quelques-uns même, tels que les Manchots, etc., les ailes ne servent plus qu'à la progression aquatique.

Les Oiseaux diffèrent singulièrement entre eux par leurs mœurs et leurs habitudes, ainsi que nous le verrons en faisant l'histoire particulière des principales espèces. Il en est de même de leur instinct et de leur intelligence, qui sont plus ou moins développés suivant leurs besoins ou leurs aptitudes. Qui n'a admiré l'industrie variée que ces animaux apportent à la construction de leurs nids, la constance avec laquelle ils gardent leurs œufs et leurs petits, les soins qu'ils leur prodiguent, le courage avec lequel ils les défendent, l'espèce d'éducation qu'ils leur donnent pour les apprendre à se servir de leurs ailes et à chercher leur nourriture ? Qui n'envie cette sensibilité spéciale qui permet à certaines espèces de pressentir les variations atmosphériques et qui paraît déterminer leurs migrations alternatives du Nord au Sud et du Sud au Nord ; cette facilité merveilleuse avec laquelle ils s'orientent dans un pays inconnu et savent reconnaître, à des distances immenses, la route à suivre pour regagner leur gîte ?

La grande famille des Oiseaux, l'une des plus nombreuses du Règne animal (on en connaît sept mille espèces), a donné lieu à diverses classifications parmi lesquelles, pour conserver l'ensemble de notre plan, nous choisirons celle de G. Cuvier, qui est d'ailleurs la plus généralement suivie. Tirant ses caractères généraux des organes de la manducation et de la préhension, c'est-à-dire du bec et des pieds, et procédant par voie d'exclusion, l'auteur du Règne animal a divisé le groupe des Oiseaux en six ordres :

1° Les **Oiseaux de proie** ou **Rapaces**, remarquables par la puissance de leurs serres et de leur bec, qui sont, dans la classe des Oiseaux, ce que sont les Carnassiers dans celle des Mammifères ;

2° Les **Passereaux**, à qui il serait difficile d'assigner un caractère bien tranché, mais qu'on reconnaît aisément à la différence qui existe entre eux et les Oiseaux grimpeurs, nageurs, gallinacés, échassiers, etc. ;

3° Les **Grimpeurs**, dont le régime et l'organisation sont ceux des Passereaux, mais qui ont les doigts dirigés deux en avant, deux en arrière, ce qui leur permet de grimper facilement aux arbres et de s'attacher aux branches dans toutes les directions ;

4° Les **Gallinacés**, dont la Poule est le type, qui ont le bec convexe, à mandibule supérieure recourbée et à bords recouvrant l'inférieure ; leurs narines sont percées dans une membrane et recouvertes par une écaille cartilagineuse ; leurs doigts sont séparés ou seulement réunis à leur base par une courte membrane ;

5° Les **Échassiers**, que l'on reconnaît à la longueur de leurs jambes, nues jusqu'au-dessus des talons, à leur cou et à leur bec, longs en proportion des pattes ;

6° Les **Palmipèdes**, dont les pattes, de longueur médiocre, sont terminées par une large nageoire ; leurs plumes, serrées et lustrées, sont sans cesse imbibées d'une liqueur huileuse, imperméable, que ces Oiseaux tirent de deux glandes placées sur le croupion, en les comprimant avec leur bec.

Chacun de ces ordres est ensuite subdivisé, d'après la conformation du bec, des pattes, des ailes, etc., en familles, genres et sous-genres. Nous commençons par le premier ordre, les *Oiseaux de proie*.

—◦◦◦◦—

LE CONDOR OU GRAND VAUTOUR DES INDES

1ᵉʳ ORDRE.

LES OISEAUX DE PROIE (Accipitres).

Les OISEAUX DE PROIE, ou RAPACES, ainsi nommés parce qu'ils ne vivent que de rapines, ont pour caractères essentiels : un bec robuste, crochu à la pointe et recouvert à sa base d'une membrane qu'on appelle cire; des jambes charnues, emplumées jusqu'au talon et quelquefois jusqu'aux doigts, ceux-ci au nombre de quatre, trois devant, un en arrière; des ongles plus ou moins rétractiles, et généralement très-crochus; des ailes taillées pour un vol facile et soutenu. Ils se nourrissent exclusivement de chair; les uns purgent la terre des cadavres : ce sont, comme on l'a dit, les *ensevelisseurs jurés*, les *entrepreneurs des pompes funèbres de la nature*; les autres attaquent les animaux vivants; quelques-uns ne font la guerre qu'aux Poissons et aux Reptiles; d'autres, enfin, vivent d'Insectes. Tout, dans leur organisation, indique la force et ils acquièrent souvent une très-grande taille. Les femelles sont, en général, plus grandes que les mâles; cette différence est an tiers. Doués de puissants moyens de locomotion aérienne, ils sont, de tous les Oiseaux, ceux qui s'élèvent le plus haut dans l'atmosphère, et ils parcourent en très-peu de temps des espaces immenses. Dans leur vie errante, ils fuient, en général, la société de leurs semblables et fréquentent des lieux déserts et inaccessibles, où ils construisent leur nid; ce nid, qu'on appelle *aire*, est parfois très-vaste et construit avec une extrême solidité. Leur ponte est rarement de plus de quatre œufs.

Les Rapaces ont la vue perçante, ce qui était indispensable à des Oiseaux qui vivent de proie; mais les uns ne chassent qu'au grand jour, tandis que les autres ne se mettent en quête de leur nourriture que pendant le crépuscule du soir ou du matin. C'est d'après cette différence d'organisation qu'on a établi dans cet ordre deux grandes divisions, celle des *Diurnes* et celle des *Nocturnes*. Les Diurnes ont les yeux dirigés de côté, le cou court, le doigt externe porté en avant, le plumage serré et terne, le vol puissant. Les Nocturnes ont la tête fort grosse, les yeux très-grands, dirigés en avant et entourés d'un disque de plumes effilées. Leur pupille est si dilatée, et leur rétine si sensible, qu'ils ne peuvent supporter la lumière du jour; aussi ne voient-ils que pendant le crépuscule et le clair de lune. Le doigt externe de leurs pieds se porte à volonté en avant ou en arrière.

Les Oiseaux de proie diurnes comprennent deux genres : le *genre Vautour* et le *genre Faucon*, les *Vulturidés* et les *Falconidés* des Zoologistes modernes.

Le genre Vautour se divise en cinq tribus ou sous-

genres : les *Vautours* proprement dits, les *Sarcoramphes,* les *Cathartes*, les *Percnoptères* et les *Gypaëtes*.

Les VAUTOURS proprement dits (*Vultur*) ont le bec gros et fort, les narines obliquement percées en dessus, la tête et le cou sans plumes et sans caroncules, et un collier de longues plumes ou duvet au bas du cou. Nous en reproduisons une variété, le VAUTOUR FAUVE (*Vultur fulvus*).

Les Vautours, dépourvus de ces serres cruelles qui sont l'arme la plus terrible des autres espèces, n'attaquent guère les animaux vivants, d'où cette conséquence qu'ils se nourrissent ordinairement de cadavres et de proies mortes. Leur voracité, du reste, est effrayante et les domine à un tel point, que le plus grand danger ne peut les déterminer à abandonner leur proie; on en a vu chercher encore à enlever des lambeaux de chair, alors que, blessés de plusieurs coups de feu, ils n'avaient plus d'autre chance de salut que la fuite.

Les SARCORAMPHES appartiennent au Nouveau-Monde; l'espèce la plus remarquable est le *Condor* ou *Grand Vautour des Indes*.

Le CONDOR (*Vultur gryphus*) est remarquable par un beau collier, composé d'un épais duvet blanc pur, qui tranche avec le noir bleuâtre de son plumage. Sa taille, que les voyageurs ont beaucoup exagérée, n'excède guère 1 mètre 30 de longueur et 3 mètres 90 à 4 mètres 20 d'envergure. Le mâle, outre sa caroncule supérieure, qui est grande et sans dentelure, en a une sous le bec, comme les coqs; la femelle est privée de toutes les deux.

Les régions les plus élevées de l'air, les cimes des plus hautes montagnes des Cordillères des Andes, sont les domaines du Condor, qui ne descend dans les plaines que lorsqu'il y est poussé par la faim. Comme le Vautour fauve, il ne se nourrit guère que de cadavres. Des écrivains ont dit qu'il enlevait des quadrupèdes assez gros, tels que l'Aï, l'Unau, le Fourmilier, etc.; mais tous ces récits disparaissent devant ce fait que le Condor, n'ayant pas de serres, ne peut ni saisir ni enlever une proie.

Quoi qu'il en soit, il n'est point d'Oiseau sur le compte duquel on ait débité autant de contes absurdes depuis Pline jusqu'à nos jours. Les anciens auteurs ont raconté les choses les plus merveilleuses de sa grandeur et de sa force. Selon eux, il enlevait non-seulement les daims, les cerfs, les hommes et les enfants, mais encore des bœufs et même des éléphants. Une observation plus froide et plus positive a fait justice de ces fables, et le Condor, soumis à une mesure exacte, a perdu ses proportions colossales; mais il n'est pas moins demeuré, à juste titre, un des rois de la famille des Oiseaux carnassiers.

LE VAUTOUR D'ÉGYPTE

RAPACES DIURNES

Les CATHARTES ou GALLINAZES (*Cathartes*) ont le gros bec des Sarcoramphes, la tête et le cou dénués de plumes. Ils en diffèrent seulement par l'absence de crête charnue. Cette espèce habite la Nouvelle-Calédonie.

Le VAUTOUR D'ÉGYPTE ou *Percnoptère* (c'est-à-dire à *ailes noires*) est un peu plus grand que le Corbeau. Son bec est grêle, long, renflé au-dessus de sa courbure, mais très-crochu à l'extrémité ; il a les narines ovales et longitudinales ; sa tête, complétement dépourvue de crête, est nue sur le devant, tandis que le cou est emplumé. Le mâle adulte est blanc, sauf les pennes des ailes qui sont noires ; la femelle et les jeunes, au contraire, ont le plumage brun.

Cette espèce a les appétits les plus ignobles : elle ne se nourrit que de charognes et d'immondices. Le surnom de Poule de Pharaon, qu'on donne encore vulgairement à ce Percnoptère, nous vient des Égyptiens qui lui rendaient des hommages religieux. Dans cette Égypte ancienne, où, comme dit Bossuet, tout était dieu, excepté Dieu lui-même, ce culte était bien dû à l'oiseau bienfaisant qui, en dévorant les détritus des villes et les immondices déposés par l'inondation annuelle du Nil, purgeait le pays de ces foyers pestilentiels, si dangereux pour la salubrité publique. C'est à cause des mêmes services que les Fellahs le respectent encore aujourd'hui et qu'il n'est pas rare de voir des dévots musulmans léguer par testament, en témoignage de reconnaissance, une certaine somme pour nourrir quelques-uns de ces oiseaux.

Buffon a reproché aux Vautours d'être lâches, bas, cruels, voraces, de se réunir en troupes, de s'acharner sur les cadavres, etc., etc. La comparaison que fait l'éloquent écrivain des mœurs des Vautours avec celles des Aigles est vraie, mais les conséquences qu'il en tire sont fausses. Si l'on veut étudier les vues de la nature, on verra que tout est bien dans ce qui arrive, et le Vautour, avec ses habitudes repoussantes, accomplit justement la tâche qui lui est imposée, celle de purger la terre des cadavres pour que l'air n'en soit point corrompu. Si le Vautour était un Oiseau de guerre semblable à l'Aigle, s'il attaquait ainsi que lui les êtres vivants, il irait directement contre le but de la nature, puisqu'il contribuerait à augmenter le nombre de ces cadavres. On lui reproche de se réunir en troupe pour dévorer son butin, et l'on ne remarque pas que cela est très-heureux, parce que, de cette manière, la terre est plus vite délivrée des débris d'animaux qui jonchent sa surface. Ne nous laissons donc pas égarer par les apparences, par les préjugés, et ne vantons pas tant la prétendue magnanimité de l'Aigle, qui ne fait qu'obéir aveuglément à son instinct, comme le Vautour ; or, là où le sentiment moral n'existe pas, il n'y a lieu ni de louer, ni de blâmer.

Les Vautours percnoptères sont répandus dans toutes les parties chaudes de l'ancien continent. Ils se réunissent en troupes nombreuses pour suivre les armées et les caravanes, et dévorer tout ce qui meurt, hommes et bêtes, qu'ils commencent toujours à attaquer par les yeux. Au printemps, ils se retirent sur des rochers escarpés et solitaires pour y nicher dans des trous ou des crevasses. Leurs œufs n'ont jamais été décrits.

On trouve au Mexique et dans les parties chaudes de l'Amérique une espèce voisine de la précédente, à laquelle on donne le nom d'URUBU (*Vultur Jota*). Cet oiseau ressemble, de taille et de forme, au Percnoptère ; mais il en diffère en ce que le corps entier est d'un noir brillant et que la tête est entièrement nue. Comme les habitants de l'Égypte, c'est sur les Urubus que les habitants de ces contrées se reposent du soin de débarrasser leurs villes des immondices qui, sans ces nombreux oiseaux, les rendraient inhabitables.

La tribu des GYPAÈTES (*Gypaëtus*) ne comprend qu'une seule espèce, qui fait la transition entre la famille des Vautours et celle des Aigles. Le Gypaète est aussi appelé *Griffon barbu*, à cause des soies roides qui lui recouvrent les narines et qui garnissent le dessous de son bec robuste, droit et crochu au bout. A l'état adulte, son manteau est noirâtre, avec une ligne blanche sur le milieu de chaque plume. Une bande noire entoure sa tête ; son cou, ainsi que le dessous de son corps, est d'un fauve clair et brillant. Il diffère des Vautours par sa tête entièrement couverte de plumes et par ses pattes aux tarses courts et emplumés jusqu'à la naissance des doigts. Il s'en rapproche au contraire par ses yeux petits et à fleur de tête, par son jabot saillant au bas du cou, et par la faiblesse relative de ses serres. Ses ongles, en effet, ne sont pas organisés pour enlever sa proie ; mais sa force lui permet de terrasser les Ruminants dont il se nourrit, tels que Chamois, Agneaux, Veaux, etc. Doué d'autant de ruse que de vigueur, il épie l'instant où l'un de ces animaux est sur le bord d'un précipice, fond sur lui à ce moment, le frappe de la poitrine ou le heurte de l'aile, et le fait rouler dans l'abîme pour l'achever plus sûrement. C'est seulement lorsque la chair vivante lui fait défaut qu'il se repaît sur les cadavres des animaux morts. Le Gypaète, connu déjà des Grecs sous le nom de *Phène*, et des Romains sous celui de *Ossifraga*, désigné par Buffon *Vautour doré*, est appelé dans les Alpes suisses *Læmmergeyer*, c'est-à-dire *Vautour des Agneaux*. C'est le plus grand oiseau de proie de l'ancien continent, dont il habite les plus hautes montagnes, dans la zone voisine des neiges éternelles. Il ne descend presque jamais dans le pays plat. On a vu parfois plusieurs individus réunis sur le sommet des Alpes, mais d'ordinaire ils y vivent isolément par couples.

Le *genre* Faucon se compose des *Faucons proprement dits*, des *Aigles*, des *Éperviers*, des *Vautours*, des *Milans*, des *Buses* et des *Messagers* ou *Secrétaires*. Leur description fera l'objet du chapitre suivant.

LE GERFAUT — LE FAUCON ORDINAIRE

Les Faucons sont, de tous les rapaces, les plus beaux de ferme, les plus courageux et les plus agiles. Ce sont ces qualités qui les ont fait placer à la tête des oiseaux de proie diurnes. Les caractères principaux qui les distinguent résident dans la forme de leur bec bleu ou jaunâtre, qui est courbé dès la base, et dont la mandibule supérieure, crochue à son extrémité, est armée, de chaque côté et vers le bout, d'une ou de plusieurs dents aiguës; dans la conformation de leurs ailes, déliées, minces et presque droites. Organisés pour un vol long et soutenu, ils peuvent également, des plus hautes régions de l'air, se laisser tomber comme une masse et y remonter d'un trait en emportant leur proie. Celle-ci ne peut guère leur échapper quand ils l'ont liée de leurs serres redoutables, que terminent des ongles aigus, recourbés, tranchants, assez semblables au fer d'une faux.

Dans toutes les espèces, le mâle, que l'on nomme *Tiercelet*, est plus petit que la femelle.

Les brillantes qualités de ces oiseaux ont donné à l'homme, depuis la plus haute antiquité, l'idée de les faire servir à son utilité ou à ses plaisirs. Aussi, dans toute l'Europe féodale, avait-on la *Fauconnerie* en grand honneur, et aujourd'hui encore, en Orient, l'art de dresser les oiseaux de proie à la chasse est loin d'être abandonné, et on les emploie pour chasser l'Antilope et la Gazelle.

Le Faucon ordinaire (*Falco communis*) (au second plan de la gravure) est à peu près de la taille d'une poule. Il varie beaucoup de plumage, selon l'âge, le sexe et la mue; cependant on le reconnaît toujours à une moustache triangulaire noire qu'il a sur la joue. Sa longueur est de 33 à 42 centimètres ; sa tête et la partie supérieure de son cou sont plus ou moins noirâtres, bleuâtres ou cendrées ; sa queue est alternativement rayée de gris ou de brun ; sa gorge et sa poitrine sont blanches, finement rayées de brun ou de noir; l'iris et les pieds sont jaunes. Le jeune, qui est celui représenté dans notre gravure, a le front, la nuque et le cou d'un roux blanchâtre, et le dessous plus largement taché de brun. Cette espèce est celle que l'on dresse le plus communément à la chasse à cause de la rapidité de son vol.

On la trouve dans toutes les contrées montueuses de l'Europe, et très-communément en France depuis le mois d'août jusqu'à la fin de novembre. Il niche dans des trous de rochers ou sur des arbres élevés, se nourrit de gibier et attaque principalement les Pigeons, les Cailles, les Merles, les Grives et les autres Oiseaux. Il n'est pas rare qu'il vienne chercher sa victime dans les parcs et jusque dans les basses-cours.

Le Gerfaut (*Falco hierofalco*, LATH.) (au premier plan de la gravure) est blanchâtre dans l'âge adulte, rayé sur les parties supérieures et sur la queue d'étroites bandes brunes. Ses parties inférieures sont blanchâtres avec des taches brunes sur les flancs; il est d'un tiers plus grand que le Faucon ordinaire ; le bec et les pieds sont tantôt jaunes, tantôt bleus.

Cette espèce, fort rare en France, habite le nord de l'Europe, d'où lui vient le nom de Faucon *d'Islande* et de Faucon de *Norwége* qu'on lui donne quelquefois. A cause de sa force, on préférait autrefois le Gerfaut pour chasser le Héron, le Lièvre et d'autres animaux assez forts. Son courage est tel, qu'on a vu des Gerfauts, obéissant à la voix de leur maître, se jeter sur des Chevreuils, des Daims, des Renards et même des Loups. Ils attaquent ces gros animaux avec une tactique admirable : ils cherchent surtout à les étourdir en les suivant, tournant autour d'eux, les harcelant sans cesse à coups de becs et de griffes, évitant leur atteinte avec autant d'adresse que de légèreté, et finissant par leur crever les yeux, après les avoir excédés de fatigue.

Le genre Aigle (*Aquila*) est caractérisé par un bec très-fort, droit à sa base, courbé seulement vers la pointe et présentant vers son milieu un léger feston à peine sensible. Les espèces en sont nombreuses, nous ne parlerons que des *Aigles* proprement dits et de la *Grande Harpie* d'Amérique.

Le plus remarquable des *Aigles* proprement dits est l'*Aigle royal* ou *Aigle brun* qui, par sa grandeur, sa force, son courage, mérite le titre de *Roi des Oiseaux*, comme le Lion celui de Roi des Animaux. Il est d'un brun noirâtre, un peu moins foncé à la partie supérieure de la tête et sous le corps. Ses ailes, dans toute leur croissance, ont à peu près 2 mètres 40 centimètres d'envergure ; son vol est aussi élevé que rapide et son œil perçant passe pour avoir la faculté de fixer le soleil. Il dévore sa proie vivante et ne s'attaque qu'aux gros oiseaux et aux petits mammifères. Son indépendance de caractère est telle, que l'on ne peut l'apprivoiser s'il n'a été pris dans le nid, ce qui est très-difficile : le berceau des Aiglons, ou Aire, en effet, est toujours placé dans des anfractuosités de rochers, dans un lieu sec et inaccessible.

L'*Aigle commun* est plus petit que le précédent.

La *Grande Harpie d'Amérique* (*Falco destructor*, TEM. *Falco harpia et cristatus*, LINN.) se distingue génériquement par ses ailes courtes et ses tarses très-gros. Sa taille est supérieure à celle de l'Aigle commun. On l'appelle encore *Grand Aigle de la Guyane*, *Aigle destructeur*; cet oiseau ne se trouve qu'en Amérique où il fait un grand carnage d'Aïs, de Paons, etc.

Aigle commun

L'ÉPERVIER COMMUN — LE MESSAGER OU SECRÉTAIRE

L'ÉPERVIER COMMUN (*Falco nisus*, LINN) est à peu près de la taille d'une Pie. Comme chez tous les Falconidés, la femelle est beaucoup plus grosse que le mâle. Cet oiseau est caractérisé, ainsi que l'*Autour*, par ses ailes plus courtes que la queue, et surtout par la forme de son bec, courbé dès sa base.

L'Épervier est brun en dessus, blanc en dessous et rayé transversalement de brun; ses jambes sont assez longues et jaunes; son bec est noirâtre, avec la cire verte; il a l'œil jaune et très-vif. Le jeune a le dessous taché longitudinalement en roux et les plumes du dos plus ou moins bordées de cette couleur.

On dressait autrefois l'Epervier à la chasse des Perdrix, des Cailles, des Merles et des petits Oiseaux. Il est très-courageux, mais sa force ne correspond point à son ardeur et ses ailes ne lui permettent point un vol haut et soutenu, ni de fondre directement sur sa proie, mais obliquement. Il habite les champs cultivés et couverts, où il fait une guerre sans trève ni merci aux Rats, aux Souris, aux Lézards et aux petits Oiseaux. Il niche sur les arbres. En général, l'espèce se trouve répandue dans l'ancien continent, depuis la Suède jusqu'au cap de Bonne-Espérance.

L'*Autour ordinaire* (*Astur*) est un bel oiseau plus grand que l'Epervier; le mâle a 50 à 54 centimètres de longueur, la femelle en a 60. Parmi les variétés de cet oiseau, on distingue l'*Autour blanc* de l'Australie et l'*Autour rieur* ou *à calotte blanche* de l'Amérique du Sud, qui, dès qu'il aperçoit un homme ou un objet qui l'offusque, jette des cris pareils à des éclats de rire.

Le MILAN (*Falco milvus*, LINN.) serait le plus redoutable des Rapaces diurnes si la puissance de son bec et de ses serres répondait à la rapidité et à la souplesse de son vol. Mais il a, au contraire, pour caractère générique : les tarses courts, écussonnés; les ongles et le bec faibles; les ailes excessivement longues et minces et la queue fourchue. Il est fauve, avec les pennes de l'aile noires et la queue rousse. Il a l'œil, la tête et les pieds jaunes. La faiblesse de ses moyens d'action l'oblige d'agir de ruse. Doué d'une vue plus perçante encore que les autres Rapaces, il se tient souvent à une si grande hauteur, qu'il échappe à nos yeux; et c'est de là qu'il vise et découvre sa proie ou sa pâture et se laisse tomber, comme une étoile filante sur tout ce qu'il peut dévorer

ou enlever sans résistance. Le Milan s'adresse en général à de petits Reptiles, aux petits Oiseaux et aux Poussins, qu'il vient enlever jusque dans les basses-cours. Il demeure en toute saison en nos climats, tandis que le *Milan noir* ne s'y trouve que comme oiseau de passage.

La *Buse*, si commune en France, a beaucoup de points de ressemblance avec le Milan. Elle est plus sédentaire et l'habitude qu'elle a de rester des heures entières dans la plus parfaite immobilité a fait du nom de Buse le synonyme de stupidité. Elle ne manque pourtant pas d'instinct et c'est celui de tous les oiseaux de proie qui a le plus de soin de ses petits.

Le MESSAGER, ou SECRÉTAIRE, ou SERPENTAIRE (*Falco serpentarius*, LINN) forme le dernier genre des Rapaces diurnes. La longueur extraordinaire de ses jambes grêles, la huppe de plumes qui lui pend derrière la tête et l'éperon dur et pointu qui arme le bout de ses ailes semblent le rapprocher des Echassiers. Il habite les lieux arides et découverts des environs du Cap, où il poursuit les reptiles, surtout les serpents. d'une course très-rapide, ce qui lui a valu son nom.

« J'aperçus un jour, dit M. Smith, un Secrétaire qui tournoyait en volant à peu de distance de l'endroit où j'étais. Il se posa aussitôt, et je vis qu'il examinait attentivement un objet près du lieu où il s'était abattu. Après s'être approché avec les plus grandes précautions, il étendit une de ses ailes, qu'il agitait continuellement. Je découvris alors un serpent de grande taille, dressant la tête, et semblant attendre que l'oiseau fût à sa portée pour s'élancer sur lui; mais un rapide coup d'aile du Secrétaire l'eut bientôt renversé par terre. L'oiseau parut attendre qu'il se dressât pour le frapper de nouveau ; puis, marchant vers lui, il le saisit avec les pieds et avec le bec et s'éleva perpendiculairement en l'air, d'où il le laissa tomber sur le sol pour le tuer et le dépecer ensuite en toute sûreté. »

Le Messager est un bienfait de la nature dans les contrées qu'il habite, à cause de la grande destruction de serpents qu'il y fait. On a cherché à le naturaliser dans les Antilles françaises, espérant qu'il parviendrait à diminuer la race du terrible Trigonocéphale ou Vipère à tête triangulaire; mais l'expérience, faite sur une trop petite échelle, n'a pas réussi et est à recommencer.

Le Milan.

L'EFFRAIE

RAPACES NOCTURNES

Les Oiseaux de proie nocturnes (*Hiboux, Chouettes*) forment des espèces dont le nombre est tellement considérable dans les cinq parties du monde et dont les différences sont si peu tranchées, que la classification en est difficile, et ne présenterait même aucun intérêt. Nous nous contenterons de faire remarquer que les uns, comme le Grand-Duc, portent sur la tête des plumes relevées en aigrettes, tandis que les autres, comme l'Effraie, n'ont aucune plume proéminente.

L'Effraie, qu'on appelle aussi tantôt *Fresaie*, tantôt *Chouette des clochers*, est la plus généralement connue parmi le *genre Chouette*.

Elle doit son premier nom à son cri lugubre, qui est vraiment effrayant ; à sa voix sinistre, qu'elle fait souvent entendre dans le silence de la nuit. On la voit sortir, à l'heure du crépuscule, des tours des clochers, du toit des églises et des autres bâtiments élevés, où elle se retire pendant le jour. Du genre de son habitation, de la nature de sa voix, du moment où cette voix retentit alors que tout est calme, que tout repose dans l'obscurité, vient cette terreur qui s'empare involontairement des esprits faibles et superstitieux à l'aspect d'une Effraie. Pour eux l'idée de cimetière, de tombeau, de mort s'associe toujours à celle de cet oiseau, et si par hasard il voltige autour de quelque maison où se trouve un malade, le vulgaire ne manque pas de tirer de cette circonstance le plus funeste des présages : ce préjugé existait même chez les Romains. La Chouette et son cri leur inspiraient également l'horreur et la terreur, et s'il arrivait qu'un oiseau de ce genre vînt montrer dans une ville sa bonne et grosse face, on regardait cette apparition comme un événement malheureux. Les Grecs au contraire avaient cet oiseau en estime et vénération ; ils en avaient fait le symbole de la sagesse et l'avaient spécialement attribué à Minerve.

L'Effraie, qui se distingue aisément des autres Chouettes par la beauté et la variété de son plumage, a ordinairement le dessus du corps jaune, ondé de gris et de brun, agréablement piqueté de points blancs, enfermés chacun entre deux points noirs ; son ventre, tantôt blanc, tantôt d'un fauve vif, est souvent moucheté de brun. Un cercle de plumes blanches, si fines qu'on les prendrait pour des poils, environne régulièrement ses yeux, qui ont l'iris d'un beau jaune. Son bec est blanc à sa naissance, et brun à son extrémité. Ses pieds, couverts de duvet blanc, ont les doigts blancs et les ongles noirâtres. La femelle offre en général des teintes plus claires et plus prononcées. Cet oiseau a 1 mètre d'envergure à peu près, et 36 à 40 centimètres de longueur depuis la pointe du bec jusqu'à l'extrémité de la queue, qui est blanche, avec cinq bandes brunes, et plus courte que les ailes. Un caractère saillant dans les Rapaces nocturnes, c'est d'avoir le bec crochu et incliné dès la base ; mais celui de l'Effraie fait exception, car il est droit et ne commence à se courber que vers le bout.

Cette espèce, nombreuse et fort répandue en Europe,

ne l'est pas moins au Cap de Bonne-Espérance, où Levaillant l'a vue avec la face et tout le dessous du corps uniformément roussâtres, comme est le mâle dans son jeune âge ; quelquefois le roux des parties inférieures se trouve parsemé de traits noirs : telles sont toutes les jeunes femelles. Dans l'état adulte, le mâle est d'un beau blanc en dessous du corps, et la femelle porte sur les mêmes parties des taches longitudinales, noires et étroites. Les colons hollandais, superstitieux comme le vulgaire, l'appellent *doodvogel*, c'est-à-dire *oiseau de la mort*. On la rencontre aussi en Amérique ; mais elle n'est nulle part plus commune que dans la Grande-Bretagne, où elle porte le nom de *Chouette blanche* ou *Chouette des granges*.

L'Effraie se rapproche assez constamment des habitations, auxquelles elle rend de grands services en détruisant les rats, les souris, les musaraignes, et autres petits animaux. Elle fait surtout une guerre d'extermination aux Chauves-Souris et aux Scarabées. Pour surprendre sa proie, la nature l'a douée d'un plumage moelleux, de façon que ses ailes frappent l'air sans bruit, comme si le Créateur, dans sa prévoyance infinie, avait voulu favoriser ainsi la chasse à laquelle ces animaux se livrent au milieu de l'obscurité. On prétend qu'en automne, les Effraies vont visiter, pendant la nuit, les lacets tendus pour prendre des bécasses et des grives, qu'elles tuent les oiseaux qui y sont pris, avalent les plus petits tout entiers, et déplument les plus gros. En hiver, on en trouve souvent cinq ou six réunies dans des trous de vieille muraille, dans des tours d'église, et c'est là, ainsi que dans les arbres creux du voisinage, qu'elles font au mois d'avril, et quelquefois vers la fin de mars, un nid, qu'elles composent de fort peu de matériaux, et où elles pondent de deux à quatre œufs, blancs et arrondis.

Quoique ces oiseaux soient habituellement inoffensifs envers l'homme, il n'est pourtant pas prudent d'attaquer leurs petits, pour lesquels, de même que les autres Chouettes, ils témoignent un grand attachement. On cite des exemples de personnes grièvement maltraitées par eux, uniquement parce qu'ils les soupçonnaient de mauvaises intentions envers leur progéniture.

Tous les Rapaces nocturnes sont disposés à vivre familièrement avec l'homme, et même avec les chats et les animaux domestiques. A moins d'avoir été pris très-jeunes, ils ne peuvent supporter la captivité ; mais ils vivent fort bien dans une demi-domesticité volontaire, quand on les laisse aller et venir dans les maisons et dans les jardins. Ils adoptent ce genre de vie avec la plus grande facilité, même lorsqu'on les a pris complètement adultes. Il suffit, dans ce cas, de leur donner le soir, pendant quelques jours, un peu de viande crue. Ils se choisissent un coin pour dormir le jour et savent très-bien demander leur souper le soir ; puis ils vont faire leur ronde pendant la nuit et rentrent le matin au domicile qu'ils ont adopté.

LE GRAND-DUC

LE GRAND-DUC.

Le GRAND DUC (*Strix bubo*, Cuv.), que les anciens avaient consacré à Minerve, est le Roi des Oiseaux de proie nocturnes. Il est plus petit que l'Aigle commun; car sa longueur varie entre 60 et 70 centimètres. « On le distingue aisément, dit Buffon, à sa grosse figure, à son énorme tête, aux larges et profondes cavernes de ses oreilles, aux deux aigrettes qui surmontent sa tête, et qui sont élevées de plus de 7 centimètres; à son bec court, noir et crochu; à ses grands yeux fixes et transparents; à ses larges prunelles noires et environnées d'un cercle de couleur orangée; à sa face entourée de poil, ou plutôt de petites plumes blanches et décomposées, qui aboutissent à une circonférence d'autres petites plumes frisées; à ses ongles noirs, très-forts et très-crochus; à son cou très-court; à son plumage d'un roux brun taché de noir et de jaune sur le dos, et de jaune sur le ventre, marqué de taches noires et traversé de quelques bandes brunes mêlées assez confusément; à ses pieds couverts d'un duvet épais et de plumes roussâtres jusqu'aux ongles; à son cri effrayant : *hühou, houhou, bouhou, pouhou*, qu'il fait retentir dans le silence de la nuit, lorsque tous les autres animaux se taisent. Il habite les rochers des vieilles tours abandonnées et situées au-dessus des montagnes. Il descend rarement dans les plaines et ne se perche pas volontiers sur les arbres, mais sur les églises écartées et sur les vieux châteaux. Sa chasse la plus ordinaire sont les jeunes Lièvres, les Lapins, les Taupes, les Mulots, les Souris, les Serpents, les Lézards, les Crapauds, les Grenouilles, et il en nourrit ses petits : il chasse alors avec tant d'activité, que son nid regorge de provisions. »

C'est parce que leur énorme pupille laisse entrer trop de rayons que les Hiboux sont éblouis par le grand jour et ne voient bien qu'au crépuscule tombant ou à l'aurore naissante. Mais ils trouvent une compensation dans la facilité avec laquelle ils s'emparent des petits animaux qui sont alors endormis ou prêts à l'être. Toutefois, ce serait une erreur de croire que ces Oiseaux puissent percer les ténèbres les plus épaisses : dès que la nuit est bien close, ils cessent de voir, comme les autres animaux. Le sens de l'ouïe, qui doit être très-développé chez eux, à en juger par les grandes cavités de leur crâne en communication avec l'oreille, tend d'ailleurs à suppléer à ce qui peut leur manquer du côté de la vue. Comme ils ont l'appareil du vol faible et que leurs plumes sont douces et finement duvetées, ils sont aussi à même d'approcher de leur proie sans bruit et de fondre sur elle à l'improviste. L'ampleur de leur gosier est encore un avantage qui leur permet d'employer utilement le peu de moments qu'ils ont à consacrer à la recherche de leur nourriture; car, tandis que les Oiseaux de proie diurnes sont obligés de dépecer les animaux qu'ils ont capturés, les Hiboux et les Chouettes les avalent le plus souvent tout entiers, après leur avoir brisé le crâne, et lorsque les chairs sont digérées, ils rejettent les os, les poils et les plumes en pelotes arrondies.

Le Grand-Duc habite la France, comme toute l'Europe; mais il est plus commun en Allemagne et en Russie que partout ailleurs. Son nom Duc vient du mot latin *ducere* qui signifie *conduire*, dénomination fondée sur la supposition erronée que ces oiseaux étaient les conducteurs des Cailles au moment de leur migration.

Tout le monde connaît l'antipathie profonde que les autres oiseaux éprouvent pour les Hiboux. Lorsqu'un d'eux a le malheur de s'aventurer en plein jour hors de sa retraite, ébloui, offusqué, il ne peut voler que lentement et à de petites distances, exposé qu'il est à se heurter contre un obstacle quelconque. Tous ses mouvements décèlent la crainte ou l'embarras. Les oiseaux du voisinage s'aperçoivent de la gêne de sa situation; ils l'entourent en criaillant; les Mésanges, les Pinsons, les Rouges-Gorges, les Geais, les Merles arrivent alors de toutes parts, et le pauvre oiseau de nuit, étourdi de leurs cris, étonné de leurs manœuvres, tourne la tête, les yeux, le corps de l'air le plus ridicule, et se laisse frapper sans se défendre. La scène ne prend fin que quand il a retrouvé un abri. C'est sur cette antipathie qu'est fondé l'art de la pipée, chasse très-amusante, dans laquelle un oiseau de nuit, attaché, sert d'appeau vivant.

Il ne paraît pas que la grosse corpulence des Grands-Ducs nuise à leur légèreté, ni au développement de leur force, car lorsqu'ils commencent leur chasse, à l'heure du crépuscule, ils s'élèvent assez haut et bravent le choc de nombreuses troupes de Corneilles qu'ils finissent par disperser après en avoir pris quelques-unes. Il arrive aussi au Grand-Duc de se battre avec les Buses et de leur enlever leur proie. Dans tout autre moment, il vole beaucoup plus bas et même à fleur de terre.

Le Grand-Duc construit ordinairement son nid dans les creux des rochers et dans les trous des vieilles murailles. Ce nid, qui a environ 1 mètre de diamètre, est fait avec des petites branches de bois sec, entrelacées de racines souples, et garni de feuilles dans l'intérieur. Il contient un, deux et quelquefois trois œufs arrondis, d'un blanc grisâtre, plus gros que ceux de la poule. Le mâle et la femelle se partagent les soins de la couvaison; ils sont pleins de sollicitude pour leurs petits, qu'ils ne quittent que lorsque ceux-ci sont en état de pourvoir à leur subsistance. Ils se séparent ensuite et vivent solitaires.

Il existe plusieurs variétés de Hiboux : Le *Hibou commun* ou *Moyen-Duc*, très-commun en France, et très-recherché pour la chasse à la pipée; comme le Grand-Duc, il a la tête ornée d'aigrettes, mais sa taille est beaucoup plus petite. — Le *Scops d'Europe* ou *Petit-Duc*, jolie espèce qui n'atteint que la grosseur du Merle et fait une guerre acharnée aux Mulots, aux Chenilles et aux Coléoptères.

Citons encore : la *Chouette proprement dite*, ou *Grande-Chevêche*, dont les aigrettes sont très-courtes; la *Hulotte* ou *Chat-Huant*, qui manque de cet ornement, toutes deux également communes en France, et la *Chouette grise du Canada*, dont le cri bizarre ne peut être comparé, dit Audubon, qu'au rire affecté du dandy.

— ◦§◦▦◦§◦ —

L'ARAPONGA CARONCULE

2e ORDRE. — LES PASSEREAUX.

L'ordre des PASSEREAUX, que Cuvier place après celui des Rapaces, est le plus nombreux en espèces. Bien que le caractère spécial de cet ordre ne soit pas nettement tranché, on peut dire pourtant que, en général, les Passereaux ont les pattes grêles, faibles et conformées de la manière ordinaire, c'est-à-dire ni palmées, ni armées d'ongles crochus et puissants, ni allongées en forme d'échasses, mais munies d'un seul doigt dirigé en arrière. Leur bec est faible, droit et peu ou point crochu, leurs ailes assez grandes. Enfin ils sont de petite ou moyenne taille et leurs formes sont sveltes et légères. Les uns sont granivores, les autres insectivores et certains omnivores; c'est dans cet ordre que se rangent tous les Oiseaux chanteurs et la plupart des Oiseaux de passage.

Cuvier divise les Passereaux en cinq sections : les quatre premières sont caractérisées par la forme du bec et la dernière par celle des pieds: ce sont les *Dentirostres*, les *Fissirostres*, les *Conirostres*, les *Tenuirostres*, et les *Syndactyles*, dont le doigt externe, presque aussi long que celui du milieu, lui est uni jusqu'à l'avant-dernière articulation.

Les PIES-GRIÈCHES, dont les mœurs sont exactement celles des oiseaux de proie, forment la transition entre les Passereaux dentirostres et les Rapaces. Elles ont le bec comprimé sur les côtés, crochu et armé d'une petite dent vers l'extrémité. Ces oiseaux, quoique petits, quoique délicats de corps et de membres, sont méchants et sanguinaires. Rien de plus étonnant que de voir ce petit oiseau, qui n'est guère plus gros qu'une alouette, voler de pair avec les Éperviers, les Faucons et tous les autres tyrans de l'air, sans les redouter, et chasser dans leur domaine, sans craindre d'en être puni; car, quoique les Pies-Grièches se nourrissent communément d'insectes, elles aiment la chair de préférence et poursuivent au vol tous les petits oiseaux, même les Perdrix et les Merles, qu'elles tuent souvent pour le seul plaisir de détruire.

Les espèces en sont nombreuses dans toutes les parties du monde et varient selon les climats.

Arrivons aux Passereaux. Nous commençons notre description par les Passereaux dentirostres.

PASSEREAUX DENTIROSTRES.

L'ARAPONGA CARONCULÉ (*Ampelis carunculata*, GM., *Casmarhynchos carunculata*, TEMM.) appartient à la division des Dentirostres, car il a le bec échancré en forme de dents sur les côtés de la pointe. Cet organe, chez l'Araponga, est déprimé, mou, un peu court et faible, large et légèrement arqué. La mâle de cette espèce est entièrement d'un blanc de neige, avec le bec, la gorge et les pieds noirs; il est à peu près de la taille d'un Merle. Ce qui le distingue surtout, c'est une excroissance charnue ou caroncule qui lui pend sur le front et qui, lorsqu'il éprouve quelque passion, se dresse perpendiculairement et s'allonge de 6 à 7 centimètres, comme une sorte de corne musculaire. La femelle est privée de cet appendice; elle est d'un vert olivâtre brun, avec la gorge, la poitrine et les flancs plus pâles, rayés de blanc jaunâtre.

L'Araponga caronculé, comme tous les oiseaux de son genre, habite l'Amérique méridionale, et principalement les forêts du Brésil, où il chasse continuellement aux Insectes; quelquefois il se nourrit aussi de baies molles. Sa voix, haute et claire, est si forte, qu'elle s'entend de fort loin, et, perçue à une certaine distance, elle ressemble tellement aux tintements d'une cloche, que souvent les voyageurs y sont trompés. Cette particularité lui a valu des Anglais le nom de *bell-bird* (oiseau-cloche), et des Espagnols celui de *campanero* (sonneur de cloche). En France, on confond souvent cet oiseau avec les *Cotingas*, qui sont aussi dentirostres.

Le genre COTINGA (*Ampelis*) a pour caractères : bec court, déprimé, large à sa base et très-fendu, ailes à remiges assez longues, queue médiocre et généralement fourchue. Tous les individus de cette famille sont essentiellement percheurs et frugivores, comme l'indique la conformation de leurs pattes et de leur bec. Tous aussi habitent les régions tropicales du Nouveau-Monde ou de l'Afrique, à l'exception du genre *Jaseur*, qui est commun à l'Amérique septentrionale et à tout l'Ancien continent.

Les JASEURS ont la tête ornée d'un toupet de plumes et vivent en bandes nombreuses. Le *Jaseur de Bohême* est un peu plus grand qu'un moineau, a le plumage gris vineux, avec la gorge noire, l'aile noire variée de blanc, et la queue noire bordée de jaune au bout. Du Nord qu'ils habitent, ces oiseaux descendent par troupes dans nos contrées, mais à des intervalles fort irréguliers.

Le COTINGA BLEU, appelé communément *Cordon bleu*, est très-connu parmi les naturalistes ; le mâle est d'un beau bleu d'outremer, à reflets violets sur quelques points, avec la gorge, la poitrine et le haut du ventre d'un pourpre éclatant, les pennes des ailes et de la queue, le bec et les pieds d'un peau noir. Ces beaux oiseaux vivent retirés dans la profondeur des forêts et dans les lieux marécageux du Brésil et de la Guyane.

Le genre ÉCHENILLEUR est remarquable par quelques plumes du croupion qui sont roides et fortes et se terminent par un flocon de barbes effilées. Les espèces de ce genre sont propres à l'Afrique et aux Indes, où elles se nourrissent de chenilles qu'elles vont chercher sur la cime des arbres les plus élevés. Elles n'ont rien de l'éclat des vrais Cotingas.

Le DRONGO (*Edolius*) est un dentirostre que Cuvier rattache à la famille des Gobe-Mouches. Ce genre compte une douzaine d'espèces qui se trouvent dans les parties équatoriales de l'Ancien continent. La taille des Drongos varie entre celle du Merle et celle de l'Alouette ; ils sont insectivores : aussi ceux qui habitent l'Afrique méridionale font une telle destruction d'Abeilles, que les Hollandais du cap de Bonne-Espérance les ont nommés *Bijvreter*, c'est-à-dire *Mangeurs d'abeilles*.

Sous le nom de MERLES (Turdus), Cuvier réunit un groupe fort nombreux de Passereaux dentirostres. Assez mal doués du côté du plumage, ils le sont richement au contraire sous le rapport du chant. Pris jeunes ils sont susceptibles d'éducation et ont un remarquable talent d'imitation. Les principaux sont le *Merle commun*, qui a le bec jaune et tout le plumage d'un noir brillant ; le *Merle à plastron blanc*, qui nous vient de Suède et d'Ecosse ; et enfin les quatre espèces de *Grives* toutes brunes sur le dos et tachetées sur la poitrine : la *Draine*, la *Litorne*, la *Grive commune* et le *Mauvis*.

2.

LE MENURE LYRE

LES PASSEREAUX DENTIROSTRES. (Suite.)

Le MÉNURE LYRE (*Mœnura Lyrata*, LATH.) est un oiseau qui semble devoir former à lui seul un genre distinct ; aussi, les auteurs ne sont-ils pas d'accord sur la place qui doit lui être assignée dans la classification zoologique. Ainsi, tandis que les uns le rangent parmi les Gallinacés sous le nom de *Faisan-Lyre* ou *Faisan des bois*, d'autres entre les Calaos et les Hoazins, Cuvier et Temminck le placent parmi les Passereaux dentirostres et dans le voisinage des Merles, dont il se rapproche en effet par la forme de son bec, par celle de ses pattes et aussi par ses mœurs. Si l'ignorance où l'on est de leur caractère empêche d'apprécier leur intelligence, la physionomie des Ménures les range de droit parmi les plus beaux oiseaux.

Leur forme est svelte et gracieuse comme celle du Faisan, dont ils ont à peu près la taille, et leur port a toute la noblesse de celui du Paon. Leur plumage rougeâtre, gris-brun et cendré, n'est point remarquable par sa richesse sous le rapport des couleurs ; mais la nature a déployé tout son art et toute son opulence dans la disposition et dans le développement singulier des plumes de leur queue. « Des seize pennes dont elle se compose, dit un naturaliste qui en a tracé une complète description, douze ne présentent qu'une tige garnie de filets presque parallèles et très-écartés dont toute sa longueur, à l'exception de la base où l'espace qui sépare ces filets est rempli par des barbules soyeuses ; deux pennes qui partent du centre ne sont garnies que d'un seul rang de barbes serrées et étroites et se recourbent en arc chacune de leur côté ; enfin, les deux pennes externes, ayant la figure d'une S dans un sens opposé aux précédentes et dont les barbes extérieures sont très-courtes, tandis que les barbes intérieures sont grandes et serrées, forment un large ruban, avec des bandes régulières, alternativement brunes et rousses, dont une partie a la transparence du cristal, et qui, à l'extrémité, sont d'un noir velouté frangé de blanc. »

Comme s'il avait la conscience de la richesse de ses ornements, le mâle des Ménures, ainsi que les Paons, ouvre et étale sa queue dans ses moments de joie et d'orgueil, et alors se dessine parfaitement cette conformation singulière qui, représentant une lyre, a fait donner à l'oiseau le nom de l'instrument.

Le Ménure-Lyre ne se trouve qu'à la Nouvelle-Hollande et encore il y devient de jour en jour plus rare, à mesure que la population s'étend sur le sol australien. Il se plaît dans les cantons rocailleux des Montagnes-Bleues et n'en sort guère que le soir et le matin pour aller chercher sa nourriture. Il passe le reste du jour tranquillement perché sur un arbre ; au reste, ses mœurs, ses habitudes ont, jusqu'à présent, presque complètement échappé à l'observation.

Dans cette section de Dentirostres sont compris les *becs fins* dont les familles sont très-nombreuses. Nous citerons : celle des *Traquets*, dont le plus commun est

le MOTTEUX, appelé vulgairement *Cul-blanc* ; il se tient dans les champs qu'on laboure pour prendre les vers que la charrue met à nu.

Celle des *Rubiettes*, qui comprend le ROUGE-GORGE, aimé dans les campagnes, et qui s'apprivoise aisément. Les Rouges-Gorges émigrent à la fin de septembre ; mais il reste en arrière quelques individus qui, pendant les grands froids d'hiver, se réfugient dans les habitations ; la GORGE-NOIRE, qui niche dans les vieux murs et fait entendre un chant doux, qui a quelque chose des modulations du Rossignol, d'où le nom de *Rossignol de murailles* sous lequel il est vulgairement connu.

Celle des *Fauvettes*, qui est la plus nombreuse et dont les trois types sont : 1º Le ROSSIGNOL (*Luscinia*), qui est si populaire. Il est brun roussâtre, la gorge, la poitrine et le ventre d'un gris blanc. Il est étonnant qu'un si petit oiseau, qui pèse à peine 15 à 18 grammes, ait tant de force dans les organes de la voix, car elle remplit une sphère d'au moins 1,600 mètres de rayon. Le Rossignol chantant la nuit, l'effet n'en est que plus favorable. « Mais, dit un naturaliste, c'est moins encore la force que l'étendue, la flexibilité, la prodigieuse variété, l'harmonie enfin de cette voix qui la rend précieuse à toute oreille sensible au beau ; tantôt traînant des minutes entières une strophe composée seulement de deux ou trois tons mélancoliques, il la commence à demi-voix et s'élevant par le plus superbe *crescendo* au plus haut degré d'intensité, la finit en mourant. On peut compter jusqu'à 24 strophes ou couplets différents dans le chant du Rossignol, sans y comprendre les petites variations fines et délicates. » Le Rossignol est presque exclusivement insectivore ; il arrive dans nos contrées au printemps et nous quitte au mois de septembre pour les climats plus chauds. Passé le mois de juin, il n'a plus qu'un cri rauque au lieu de son harmonieuse chanson. — 2º La FAUVETTE ORDINAIRE ou *des jardins*, qui nous est aussi ramenée par le printemps et vient égayer nos bosquets de ses mouvements joyeux et des accents de sa tendre gaieté. — 3º L'ACCENTEUR ou *Fauvette des Alpes*, qui est la plus grande espèce.

Celle des *Roitelets*, qui doivent leur nom à leur petite taille et à une sorte de diadème formé de plumes effilées jaunes, bordées de noir.

Celle des *Hochequeues*, qui comprend les LAVANDIÈRES, qui fréquentent le bord des ruisseaux et des abreuvoirs, et les BERGERONNETTES, qui accompagnent les troupeaux dans les pâturages.

Enfin, celle des *Farlouses*, dont les plus connues sont le PIPIT DES BUISSONS et la FARLOUSE DES PRÉS, qui se tient dans les prairies humides et niche dans les joncs ou les touffes de gazon. En automne le Pipit engraisse beaucoup en mangeant du raisin, et il est alors fort recherché dans nos contrées vinicoles où on le nomme *Becfigue* ou *Vinette*. Les Provençaux l'appellent *Pivote ortolane*.

— ◦—※—◦ —

LA MÉSANGE REMIZ ET SON NID

LES PASSEREAUX FISSIROSTRES.

Les *Passereaux fissirostres* forment une section peu nombreuse, mais que distingue la forme du bec, qui est court, large, aplati horizontalement, légèrement crochu, sans échancrure, et fendu très-profondément, en sorte que l'ouverture de leur bouche est fort large, ce qui leur permet d'engloutir sans difficulté les insectes qu'ils happent en volant. Nous citerons : l'Engoulevent (*Caprimulgus*), qui est fort laid et de la taille d'une grive. Il a le plumage léger, mou et nuancé de gris et de brun des Rapaces nocturnes, dont d'ailleurs il a les mœurs. Sa tête est volumineuse, ses yeux noirs très-grands, et son bec est si couvert de plumes, qu'il apparaît à peine. Les Engoulevents chassent la nuit et surtout au crépuscule et à l'aurore. Ils vivent par couples isolés, mais ne font pas de nid. La femelle pond dans un petit trou, au pied d'un arbre, ou même dans un sentier de forêt, deux œufs oblongs, qu'elle couve avec soin. L'Engoulevent perche très-rarement. On l'appelle vulgairement *Crapaud volant* et aussi *Tête-Chèvre*, sans doute parce qu'il visite souvent les troupeaux pour happer les nombreux insectes qui les tourmentent.

Les *Hirondelles* ou *Fissirostres diurnes*, qui se divisent en deux groupes : 1° Les Hirondelles proprement dites (*Hirundo*) ont les ailes très-longues et la queue fourchue. Les services qu'elles rendent en purgeant l'air d'une foule d'insectes nuisibles les font considérer comme des oiseaux précieux qu'il serait criminel de détruire ; 2° les Martinets (*Cypselus*) sont plus grands que les Hirondelles dont ils ont exactement les mœurs.

Tous les Passereaux fissirostres sont migrateurs ; ils arrivent au printemps et nous quittent en automne.

LES PASSEREAUX CONIROSTRES.

Les Passereaux conirostres ont le bec fort, plus ou moins conique et sans échancrure ; ils se nourrissent d'autant plus exclusivement de grains, que leur bec est plus fort et plus épais. Cette section est tellement nombreuse, que nous ne parlerons que des types les plus intéressants.

Les *Mésanges*. — Les Mésanges ont pour caractères génériques : bec menu, court, conique, nu ou garni de quelques petits poils à la base, narines cachées par les plumes.

La Mésange Remiz (*Parus pendulinus*, Lin.) est cendrée, avec les ailes et la queue brunes ; elle a un bandeau noir au front, se prolongeant jusque derrière les yeux chez le mâle. Répandue dans tout le Midi et l'Orient de l'Europe, elle est assez rare en France ; sa nourriture se compose d'insectes aquatiques, de chenilles et de graines. La Mésange Remiz est, de tous les Oiseaux d'Europe, celui qui construit son nid avec le plus d'art ; elle lui donne la forme d'une bourse ou plutôt d'une bouteille dont le goulot serait recourbé, et le suspend aux rameaux flexibles des arbres aquatiques, en l'attachant avec des fibres de lin, de chanvre ou d'ortie. Ce nid est formé d'un tissu épais et serré, comme du drap, que la Remiz fabrique avec des brins d'herbes sèches et dont elle garnit l'intérieur de léger duvet des fleurs de saules, de peupliers, de chardons, etc. Notre gravure en donne la fidèle image réduite comparativement à l'oiseau.

La *Mésange charbonnière*, la *Mésange à tête bleue*, la *Meunière* et la *Mésange à moustaches* sont les principales espèces de cette famille.

Les *Alouettes*. — Les Alouettes sont caractérisées par l'ongle de leur pouce qui est droit, fort et bien plus long que les autres ; conformation qui empêche l'oiseau de se percher, mais facilite singulièrement sa marche. On remarque dans cette famille l'*Alouette commune*, si répandue dans nos campagnes, où elle fait l'objet de l'intéressante chasse au miroir.

Les Bruants portent au palais une petite protubérance qui leur sert à broyer les graines dont ils se nourrissent exclusivement. Le *Bruant commun*, connu dans toute la France sous le nom de *Verdier* ou *Verdelet*, à cause du reflet verdâtre de sa robe, pris au filet et nourri largement, devient très-gras et approche de la valeur gastronomique de l'*Ortolan*, son proche parent. — Celui-ci est, de tous les Bruants, le plus recherché des gourmets ; il passe par grandes bandes en automne, époque où l'on en prend un grand nombre au moyen de filets.

Les Moineaux (*Passer*) forment une famille excessivement nombreuse que l'on peut considérer comme le type des Passereaux conirostres. Cuvier, dans sa méthode, partage cette famille en 9 groupes :

1° Les Tisserins (*Ploceus*), ainsi appelés à cause de l'art de tisserands consommés qu'ils déploient dans la construction de leur nid, formé de brins d'herbes, de laine, de mousse, etc.

2° Les Moineaux proprement dits (*Pyrgita*), connus par leur voracité et leur facilité à s'apprivoiser, et si communs, qu'il est superflu de s'en occuper.

3° Les Pinsons ou Pinçons (*Fringilla*), qui ont le bec plus fort que les Moineaux, et dont le naturel, vif et frétillant, joint à la gaieté de leur refrain incessant, a donné naissance au proverbe : *Gai comme un Pinson*.

4° Les Linottes (*Linaria*), douées d'un grand instinct de sociabilité. Le type du genre est la Linotte commune qui chante agréablement, même en cage ; elle recherche toutes les graines grasses, surtout celle de lin d'où lui vient son nom.

Font partie de ce groupe : Le Chardonneret, ainsi appelé parce qu'il affectionne la graine du chardon. Il est bon chanteur et s'habitue très-bien à vivre en cage. — Le Serin ou Canari, originaire des îles Canaries. Les variétés en sont nombreuses. Ceux qu'on élève en Hollande ont, comme chanteurs, une réputation européenne.

5° Les Veuves, dont le nom vient du noir de leur robe. Ces Oiseaux chantent agréablement et n'habitent que l'Afrique et les Indes Orientales.

6° Les Gros-becs, ainsi nommés à cause de leur bec gros, court, robuste et conique, communs en France. Dans la même famille on trouve dans l'Amérique septentrionale le *Cardinal*, qui a la tête et le haut du cou d'un beau rouge.

7° Les Bouvreuils, au bec très-fort, dont le plumage est cendré en dessus, rouge en dessous, avec la tête et les ailes d'un beau noir.

8° Les Durs-becs, qui ont le bec bombé de toutes parts. Ils se trouvent dans les deux continents.

9° Les Becs-croisés, qui ont ceci de particulier que leurs deux mandibules sont tellement courbes, que les pointes se croisent tantôt d'un côté, tantôt de l'autre.

L'OISEAU DE PARADIS

LES PASSEREAUX CONIROSTRES. (Suite.)
LES OISEAUX DE PARADIS

Les *Oiseaux de Paradis*, ou *Paradisiers*, appartiennent à la famille des conirostres. Ils ont le bec droit, comprimé sans échancrures et les narines couvertes. Leurs pattes sont fortes, nerveuses, et armées d'ongles crochus et tranchants. Le type de l'espèce est le PARADISIER ROUGE (*Paradisea Rubra*, VAILL.), qui est de la grosseur d'une grive. Ses formes, en général, n'offrent rien que de vulgaire, mais le coloris de son plumage est de la plus grande richesse, et quelques-unes de ses plumes présentent dans leur structure des bizarreries étranges. De chaque côté de la queue se re-courbent gracieusement deux filets longs d'environ soixante-six centimètres, convexes en dessus, concaves en dessous, aplatis latéralement et terminés en pointe. De ses flancs, se détache, dirigé en arrière, un bouquet de plumes assez semblable aux filets de la queue, mais beaucoup moins long. C'est de ce bouquet que les modes européennes ont fait une des plus élégantes pa-rures de la tête des dames. Les plumes du Paradisier rouge, d'un noir velouté autour de la base du bec, sont d'un vert d'émeraude sur le front et sur le devant de la gorge, d'un jaune de paille au-dessus du cou, sur le dos et sur les côtés de la poitrine, et prennent enfin sous le ventre et sur le croupion une teinte brunâtre. Les filets sont d'un noir luisant et les plumes placées sous les ailes, après s'être teintes d'un rouge de sang jus-qu'aux trois quarts de leur longueur, deviennent blanches à leurs extrémités.

Si les formes des Paradisiers ont pu être décrites avec fidélité, leurs mœurs ne sont encore qu'imparfai-tement connues, et ce n'est qu'à travers mille contra-dictions qu'on a pu rassembler quelques détails. Les fables les plus bizarres, les plus absurdes constituèrent pendant longtemps toute leur histoire. Comme les habi-tants de la Nouvelle-Guinée, qui nous envoyaient leurs dépouilles, leur arrachaient le bec et les pattes, l'opi-nion qu'ils n'avaient point de pieds, prévalut d'abord. N'ayant point de pieds, ils ne pouvaient ni se nourrir, ni se reposer comme les autres oiseaux : il fallut donc leur créer un mode d'existence tout spécial, et il fut établi, comme principe général et nécessaire, que ces oiseaux merveilleux volaient perpétuellement et que tous les actes de leur vie s'accomplissaient dans les airs. Ainsi, c'était en volant qu'ils prenaient le repos, le sommeil ; qu'ils recueillaient la vapeur, la rosée dont ils se nour-rissaient ; qu'ils pondaient, qu'ils couvaient même. On expliquait diversement cette incubation : les uns pré-tendaient que la femelle déposait ses œufs dans les touffes de plumes placées sous ses ailes et que la chaleur naturelle les y faisait éclore ; les autres, plus ingénieux, soutenaient que le mâle recevait sur son dos, creusé en forme de nid, les œufs de la femelle et qu'il portait ainsi toute sa famille en croupe ; enfin, suivant une troisième opinion, ces oiseaux retournaient passer au paradis, leur patrie première, l'époque de la ponte et de l'incubation. Leur mort n'était pas moins extraordinaire. Devenus vieux, ils s'élevaient en ligne droite vers le soleil, et s'allaient brûler à ce foyer divin. Tout ce brillant échafaudage de merveilles s'est éva-noui. Les Paradisiers ne se nourrissent plus de vapeurs et de rosée, mais de fruits et de muscades. Ils font aussi la guerre aux petits oiseaux ou du moins aux gros insectes et aux papillons. Réunis en troupes, ils émigrent d'île en île, afin d'arriver dans chaque con-trée au moment où les fruits mûrissent. Ils consultent, pour se mettre en route, l'état du ciel et prennent leur direction contre le vent, qui tient leurs plumes lisses et abattues. Quand les circonstances sont favorables, ils fendent l'air d'un vol non moins rapide et plus élevé que celui de l'Hirondelle. Lorsque, malgré leurs pré-cautions et leur prudence, ils sont surpris par un orage, la connaissance du danger qu'ils courent leur ôte tout jugement ; ils perdent leur route et tourbillonnent au hasard ; leurs bouquets de plumes, frappés en sens contraire par l'ouragan, se hérissent, se mêlent et em-barrassent les ailes ; l'oiseau, dans sa détresse, pousse des cris plaintifs et, ballotté dans les airs comme une masse inerte, vient enfin tomber sur la terre, où l'at-tendent les Indiens qu'ont attirés ses clameurs.

Les CORBEAUX (*Corvus*) forment une nombreuse famille de conirostres. Les principaux sont : le CORBEAU COMMUN, qui est le plus grand des passereaux d'Europe, et qui a le plumage d'un noir brillant et la taille d'un Faisan. Il a la faculté de sentir de très loin les cadavres dont il fait sa nourriture ; à leur défaut, il vit de graines, de fruits, de Rongeurs, de Mollusques et même de Poisson mort. Le Corbeau s'apprivoise faci-lement et apprend à parler. Sa longévité extraordinaire est hors de doute.

La CORNEILLE (*Corvus corone*) est plus petite que le Cor-beau, dont elle a les mœurs et le caractère. En hiver on prend ces deux oiseaux d'une façon bien originale : on plante dans la neige des cornets de papiers garnis de viande au fond et de glu aux bords intérieurs. En plon-geant la tête dans ces cornets, ils s'y empêtrent, et après s'être élevés perpendiculairement à une grande hauteur, ils retombent épuisés de fatigue et sans être parvenus à se débarrasser de ce masque qui leur couvre les yeux.

Le GENRE PIE (*Pica*) a beaucoup de rapport avec la Corneille. La PIE COMMUNE est un fort joli oiseau, d'un noir soyeux, à reflets pourprés, bleus et dorés, à ventre blanc avec une grande tache de même couleur sur l'œil. Comme les Sansonnets, les Geais, les Corbeaux, elle peut retenir et répéter quelques mots : *Margot* est celui qu'elle prononce le plus facilement ; ce nom sert même à la désigner dans le vulgaire. La Pie est omnivore ; du reste, comme les Corbeaux, elle a un instinct de pré-voyance très-développé ; elle cache les restes de sa nourriture, et fait pour l'hiver des amas de provisions considérables en noix, amandes, fruits secs, etc. Elle habite toute l'Europe, excepté la Laponie et les pays de montagne.

Les GEAIS (*Garrulus*), qui ont à peu près tous les instincts de la Pie, ont le bec fort et épais. Le Geai d'Europe (*Garrulus Glandarius*) est un bel oiseau d'un gris vineux, à pennes et à moustaches noires ; les plumes de ses ailes, quadrillées de bleu clair et de noir, sont recherchées comme objet de parure.

Mentionnons enfin parmi les Passereaux conirostres : l'ÉTOURNEAU (*Sturnus*), appelé aussi *Sansonnet*, dont les bandes voraces font de grands dégâts sur les ceri-siers au printemps et dans les vignes en automne ; les CASSIQUES, remarquables par leur grand bec co-nique et dont toutes les variétés sont étrangères.

LA HUPPE

LES PASSEREAUX TENUIROSTRES.

La section des PASSEREAUX TENUIROSTRES comprend les espèces dont le bec est grêle, allongé, tantôt droit, tantôt plus ou moins arqué, et sans échancrures.

La HUPPE (*Upupa*), qui appartient à cette section, est caractérisée par un bec plus long que la tête, grêle, triangulaire à la base et faiblement arqué; par ses tarses nus et annelés, et surtout par la double rangée de plumes qui ornent sa tête et qu'elle redresse à volonté.

Buffon nous a décrit le plumage de cet oiseau :

« Sa huppe, dit le célèbre naturaliste, est longitudinale, composée de deux rangs de plumes égaux et parallèles entre eux; les plumes du milieu de chaque rang sont les plus longues, en sorte qu'elles forment, étant relevées, une huppe arrondie en demi-cercle, d'environ deux pouces et demi de hauteur; toutes ces plumes sont rousses, terminées de noir; celles du milieu et les suivantes en arrière ont du blanc entre ces deux couleurs; il y a, outre cela, six ou huit plumes encore plus en arrière, appartenant toujours à la huppe, lesquelles sont entièrement rousses et les plus courtes de toutes.

« Le reste de la tête et toute la partie antérieure de l'oiseau sont d'un gris tirant tantôt au vineux, tantôt au roussâtre; le dos est gris dans sa partie antérieure, rayé transversalement dans sa partie postérieure de blanc sale, sur un fond rembruni; il y a une plaque blanche sur le croupion; les couvertures supérieures de la queue sont noirâtres; le ventre et le reste du dessous du corps, d'un blanc roux; les ailes et la queue noires, coupées de blanc; le fond des plumes ardoisé.

« De toutes ces différentes couleurs ainsi répandues sur le plumage il résulte une espèce de dessin régulier d'un fort bon effet, lorsque l'oiseau redresse sa huppe, étend ses ailes, relève et épanouit sa queue, ce qui lui arrive souvent.... »

Les Huppes sont des oiseaux de passage qui arrivent dans nos contrées au printemps et le quittent en automne; il paraît qu'elles se rendent alors en Afrique. Elles sont répandues dans presque tout l'ancien continent, depuis la Suède, où elles habitent les grandes forêts, et même, depuis les îles Orcades et la Laponie, jusqu'aux Canaries et au cap de Bonne-Espérance, d'une part, et de l'autre, jusqu'aux îles de Ceylan et de Java. Comme les Scarabées, les Courtilières, les Fourmis et autres insectes forment, avec le frai de Grenouilles, leur nourriture ordinaire, les plaines basses et humides, les bois et les buissons qui les avoisinent sont les endroits qu'elles recherchent de préférence.

D'ailleurs elles ne vivent nulle part en troupes, et presque partout on les rencontre seules ou par paires. Elles nichent le plus souvent dans le creux des arbres, où la femelle dépose quatre ou cinq œufs d'un gris blanchâtre avec des nuances de gris plus foncé. L'attachement de la Huppe a pour ses petits est extrême; elle ne les abandonne jamais, même dans les plus grands dangers « Un jour, écrit M. Boitard, je fis abattre un chêne à coups de cognée; on chargea sur une voiture et on le transporta dans ma cour, où on l'ébrancha; ce fut seulement alors que je m'aperçus qu'une Huppe avait fait son nid dans son tronc et s'était laissé transporter avec lui sans quitter ses petits

qui venaient d'éclore. Elle ne les abandonna pas, les éleva dans ma cour, et ne partit que quand ils furent assez forts pour la suivre. »

Les Huppes marchent d'une manière mesurée, cadencée et gracieuse; leur vol est sautillant et sinueux Leur chant se compose de petits cris d'appel ou de ralliement qu'on peut exprimer par les syllabes *zi, zi, houp, houp, houp;* c'est de ce dernier que vient leur nom.

Jeunes ou vieilles, les Huppes s'accoutument à la domesticité, deviennent très-familières, comme le prouve un exemple cité par Buffon. Un de ces oiseaux déjà adulte avait été pris au filet; son attachement pour la personne qui le soignait était devenu très-fort et même exclusif, il ne paraissait content que lorsqu'il était seul avec elle. Il avait deux voix fort différentes : l'une, plus douce, plus intérieure, qui semblait se former dans le siège même du sentiment et qu'il adressait à la personne aimée; l'autre, plus aigre et plus perçante, qui exprimait la colère ou l'effroi. On ne le tenait en cage ni le jour ni la nuit et il avait toute licence de courir dans la maison; cependant, quoique les fenêtres fussent souvent ouvertes, il ne montra jamais la moindre envie de s'échapper.

« A force de soins et d'attention, écrit un autre naturaliste, je parvins à élever deux jeunes Huppes. Ces petits oiseaux me suivaient partout, et quand ils m'entendaient venir ils manifestaient leur joie par un gazouillement particulier, qu'ils jetaient en l'air, ou, dès que j'étais assis, ils grimpaient sur mes genoux, surtout lorsque je leur présentais une jatte de lait dont ils avalaient la crème avec avidité; ils grimpaient de plus en plus haut, jusqu'à ce qu'enfin ils fussent perchés sur mes épaules et quelquefois même sur ma tête, me caressant avec beaucoup d'affection. Néanmoins, je n'avais un mot à leur dire, pour les faire rentrer immédiatement dans leur cage. Quand je leur donnais des hannetons, dont ils étaient très-friands, ils les battaient avec leur bec, de manière à en former une boulette allongée, qu'ils jetaient en l'air pour l'attraper et l'avaler en longueur; si elle tombait en travers du bec, ils étaient obligés de recommencer. »

Les Huppes deviennent grasses en automne, et alors elles sont assez bonnes à manger; mais leur chair, réputée immonde chez les Juifs, conserve toujours une odeur de musc, à laquelle on attribue l'éloignement qu'ont pour elles les chats, d'ordinaire si friands d'oiseaux.

Les anciens croyaient que les jeunes Huppes prenaient soin de leurs père et mère devenus caducs, les réchauffaient sous leurs ailes, les aidaient, dans le cas d'une mue laborieuse, à quitter leurs vieilles plumes, soufflaient sur leurs yeux malades, y appliquaient des herbes salutaires, etc.; aussi les Égyptiens en avaient-ils fait l'emblème de la piété filiale. On attribuait encore à cet oiseau la connaissance d'herbes propres à détruire l'effet des fascinations, à rendre la vue aux aveugles, etc. Son cœur, sa cervelle, son foie, mangés avec des formules mystérieuses, ou appliqués sur certaines parties du corps, passaient pour avoir le don de guérir la migraine, de rétablir la mémoire, de procurer le sommeil, de donner des songes agréables, etc. Est-il besoin d'ajouter que tous ces récits merveilleux avaient leur source dans des superstitions idiotes qui ne sont plus de notre âge ?

LE GUÊPIER COMMUN — L'ÉPIMAQUE — LE MOMOT A TETE BLEUE

LES PASSEREAUX TENUIROSTRES (Suite).

Les Épimaques diffèrent généralement des Huppes par les plumes écailleuses ou veloutées, qui leur recouvrent une partie des narines, comme chez les Oiseaux de Paradis.

Le type de cette famille est l'Épimaque a parements frisés ou Superbe (Upupa superba, Lath) : sa tête n'est point ornée d'une huppe, sa queue étagée est trois fois longue comme son corps, qui est généralement d'un brun noir. Les plumes de ses flancs sont allongées, larges, relevées, frisées, brillantes à leurs bords, et chatoyantes comme des pierres précieuses, d'un bleu poli d'acier bruni qui éclate aussi sur la tête et au ventre.

Cette magnifique espèce n'est pas rare sur les côtes de la Nouvelle-Guinée. Sa langue, extensible et fourchue, lui permet, dit-on, de vivre, comme les Souïs-Mangas et les Colibris, du suc des fleurs, auquel il ajoute probablement des insectes. Ses mœurs sont assez peu connues.

Nous ne pouvons oublier ici ces charmants petits bijoux de la nature : les Colibris et les Oiseaux-mouches. « De tous les êtres animés, dit Buffon, ce sont les plus élégants pour la forme et les plus brillants pour les couleurs. La nature a comblé de tous ses dons : légèreté, rapidité, prestesse, grâce et riche parure, tout appartient à ces petits favoris. L'émeraude, le rubis, la topaze brillent sur leur petite robe ; ils ne la souillent jamais de la poussière de la terre, et, dans leur vie toute aérienne, on les voit à peine toucher le gazon par instants. Ils sont toujours en l'air, volant de fleurs en fleurs, dont ils ont la fraîcheur et l'éclat. Ils vivent de leur nectar et n'habitent que les climats où sans cesse elles se renouvellent. » On en compte jusqu'à 150 variétés dans les contrées les plus chaudes du Nouveau-Monde.

Comme type du genre Colibri, citons : le Colibri-Topaze, dont le corps est marron pourpré, la tête noire et dont la gorge jaune topaze changeant en vert est encadrée de noir. Dans le genre Oiseau-mo-che, remarquons l'Oiseau-mouche géant, qui atteint la taille d'une hirondelle de cheminée ; le plus petit des Oiseaux-mouches, qui est de la grosseur d'une abeille et d'un beau gris violet ; et enfin le Rubis-Topaze, dont la tête brille du plus bel éclat du rubis, et la gorge du plus beau jaune de topaze.

Les Souïs-Mangas de l'Inde et de l'Afrique ont de grandes analogies avec les Colibris.

LES PASSEREAUX SYNDACTYLES.

Les Syndactyles, cinquième et dernière section des Passereaux, d'après la méthode de Cuvier, sont ceux qui ont le doigt externe presque aussi long que celui du milieu, tous deux soudés jusqu'à l'avant-dernière articulation : c'est ce qu'exprime leur nom. Nous parlerons des principaux.

Les Guêpiers (Merops) ont le bec allongé, triangulaire à sa base, légèrement arqué et terminé en pointe aiguë ; les tarses courts et grêles, dénués de plumes ; les ailes longues et pointues ; la queue longue, égale, étagée ou fourchue. Ces oiseaux appartiennent aux contrées les plus chaudes de l'ancien continent.

Il n'existe en Europe qu'une seule espèce qui se rencontre parfois dans le midi de la France ; c'est le Guêpier commun (Merops apiaster. Lin.) Il a le bec médiocre, tranchant, pointu, un peu courbé, à arête convexe ; les narines nues, ovoïdes, les pieds courts, le dos fauve, le front et le ventre bleu de mer, la gorge jaune entourée de noir ; les deux pennes mitoyennes de la queue sont un peu allongées, quoique beaucoup moins que dans les espèces exotiques.

Toujours en l'air ou perché sur des branches, cet oiseau se pose rarement à terre d'où la brièveté de ses jambes ne lui permettrait de prendre son vol que difficilement. Comme les Hirondelles de rivage, il passe la plus grande partie de son temps à chasser, non-seulement les Abeilles et les Guêpes, son mets favori, mais tous les insectes et particulièrement la Cigale. Sa manière de chasser les Guêpes est des plus simples : lorsqu'il a découvert l'entrée des galeries souterraines qu'elles habitent, il s'établit tout à côté et gobe à son aise tous les individus qui cherchent à gagner leur nid ou qui en sortent. La destruction que les Guêpiers font des Guêpes et des Abeilles, est considérable, car ils vivent par grandes troupes. Pour nicher, ils choisissent de préférence les petits côteaux voisins de la mer et les rives escarpées des fleuves, dont le terrain est sablonneux. Là, ils creusent, à l'aide de leur bec et de leurs pieds, des galeries profondes, quelquefois de deux mètres, et y établissent leur nid. La femelle y dépose, sur un lit de mousse, quatre à six œufs blancs. Le mâle partage les soins de l'incubation. On voit souvent, pendant le jour, les jeunes Guêpiers abandonner leur nid pour venir s'établir à l'entrée de la galerie ; mais, à la moindre apparence de danger, ils se hâtent de regagner les profondeurs de leur habitation.

Le Momot a tête bleue, ou Houtou (Ramphastos momota, Gm.), diffère du genre précédent par un bec plus fort, dont les bords sont crénelés aux deux mandibules, et par une langue barbelée comme une plume, à la manière des Toucans. Il a la queue étagée, terminée par deux pennes plus longues et à barbes interrompues. Sa face est noire, sa tête bleue, son corps vert, ses ailes d'un bleu verdâtre, mêlé de roussâtre, et une tache noire orne le milieu de la poitrine. Il est à peu près de la grandeur d'une pie.

Le Momot, habitant des forêts de l'Amérique méridionale et particulièrement de la Guyane, est un oiseau farouche, solitaire, volant mal et marchant lourdement. Ses mouvements consistent en sauts brusques et obliques dans lesquels il écarte démesurément les jambes, en agitant sa tête et son cou en tout sens.

Les Todiers (Todus) ont le bec allongé, plus large que haut, aplati et obtus à son extrémité. Le Todier vert, de Saint-Domingue, est communément appelé Perroquet de terre, à cause de sa belle couleur verte, et de l'habitude qu'il a de se tenir toujours sur le sol. Les Todiers sont aussi spéciaux à l'Amérique du Sud.

Les Eurycères (Eurycerus) ont le bec épais, renflé, celluleux, aussi haut que long, avec la mandibule supérieure carénée et élevée. On n'en connaît qu'une espèce : l'Eurycère de Prévost, qui habite l'île de Madagascar. Il est de la grosseur d'un merle, avec le corps noir, les plumes rectrices de la queue et le manteau roux.

LE CALAO RHINOCÉROS

LES PASSEREAUX SYNDACTYLES. (Suite.)

Les *Calaos* (Buceros) sont surtout remarquables par l'énorme proportion de leur bec, dont la forme est aussi bizarre que gênante ; cependant, comme cet organe est formé d'une matière cornée celluleuse, il est léger malgré ses dimensions, de sorte qu'il ne met point obstacle à l'équilibre de l'oiseau. Leurs tarses sont gros et épais ; leur plumage, rare et très-peu fourni, est souvent duveteux et comme poilu sur la tête, le cou et le tronc : ils sont en général noirs ou gris, relevés de blanc. Leur cri habituel est un mugissement sourd ; ils produisent aussi, en faisant claquer les mandibules de leur bec, un bruit sec, très-particulier, et qui se fait entendre de fort loin.

Les Calaos vivent en troupes nombreuses dans les contrées chaudes de l'ancien continent et en Australie, où ils ont leurs analogues : les Toucans, qui sont répandus dans tous les climats chauds de l'Amérique méridionale, et que nous retrouverons dans l'ordre des Grimpeurs.

Le CALAO RHINOCÉROS (*Buceros Rhinoceros*, LIN.) peut être considéré comme le type de cette espèce bizarre. Cet oiseau, qui habite les îles de la Sonde, long de plus d'un mètre de la tête à l'extrémité de la queue, présente quelque rapport avec le Corbeau, qu'il rappelle par son plumage. Ce plumage, d'un noir lustré, à reflets bleuâtres sur toute la surface du corps, prend seulement une frange blanche à l'extrémité de la queue, dont les couvertures sont un peu dépassées par les pennes des ailes. Des cils noirs et plats bordent les paupières et de longues écailles brunes garnissent les pieds et les doigts. Le Calao Rhinocéros n'offre donc ni dans ses proportions, ni dans sa couleur uniforme, rien qui blesse le regard ; mais le bec monstrueux dont il est affligé le fait paraître d'un grotesque achevé ; sur la mandibule supérieure s'élève une excroissance de substance cornée, longue de 22 centimètres et large, à sa base, de 11 centimètres, dont l'extrémité antérieure se recourbe vers le haut, comme une corne de Rhinocéros. Cette corne ou casque est d'un beau rouge à sa partie supérieure et jaune de safran à son extrémité. Le bec, noir à sa base, devient d'un jaune rougeâtre vers sa pointe, de manière que l'étrangeté des formes et l'éclat des couleurs, tout se réunit pour attirer l'attention sur lui. « Cet étrange oiseau, dit M. Boitard, contrarie un peu les amateurs des causes finales ; car son bec monstrueux, long d'un pied, attaché à une tête trop petite pour le soutenir, à mandibules mal ajustées et ne se joignant pas, tendre et fragile au point de se briser par la pression d'aliments un peu solides, ne pouvait être façonné d'une manière plus incommode et plus contraire à son usage, car il semble avoir été disposé pour lui rendre l'acte de manger très-pénible et très-difficile. Aussi, ce malheureux Oiseau est-il habituellement triste et ennuyé ; il passe des journées entières pesamment posé sur un arbre mort, la tête posée sur son dos pour supporter avec moins de fatigue le poids de son bec. Il ne se nourrit guère de cadavres d'animaux, comme ses congénères d'Afrique, mais de fruits mous, de baies et principalement de noix muscades qu'il avale sans les broyer ; sa chair en acquiert une saveur délicieuse. En volant il bat des ailes avec tant de force, qu'il fait un bruit très-retentissant, extraordinaire, capable d'effrayer les voyageurs qui n'en connaissent pas la cause. »

Les autres espèces de cette famille, répandues sur le continent et dans les îles de l'Afrique et de l'Asie, se classent d'elles-mêmes dans un ordre rigoureusement régulier, d'après le développement progressif de la corne dont le bec est surmonté.

Parmi les autres Passereaux Syndactyles nous remarquons encore :

Les *Martins-Pêcheurs*, qui ont en général les pieds assez courts, le bec long, droit, anguleux et pointu ; leur corps est épais, court, ramassé pour ainsi dire ; leur tête allongée et grosse est couverte de plumes étroites et plus ou moins longues qui forment derrière la tête une espèce de huppe. — Les MARTINS-PÊCHEURS proprement dits sont essentiellement aquatiques et tous se nourrissent de poissons. Aussi vivent-ils solitaires au bord des eaux, perchés sur une branche ou sur une pierre, épiant, pendant des heures entières et dans une complète immobilité, le passage de quelque poisson. Ils saisissent leur proie en plongeant rapidement dans l'eau, mais avant de la manger, ils la conservent quelque temps dans leur bec, la tournent, la retournent, la frappent contre la terre ou les troncs d'arbres, et quand ils la jugent broyée à point, ils l'avalent, la tête la première. La chair du Martin-Pêcheur est d'un goût détestable, aussi ne le chasse-t-on que pour son plumage.

« Le Martin-Pêcheur, dit notre éloquent naturaliste, est un des plus beaux oiseaux de nos climats, et il n'en est aucun en Europe qu'on puisse lui comparer pour la netteté, la richesse et l'éclat des couleurs ; elles ont les nuances de l'arc-en-ciel, le brillant de l'émail, le lustre de la soie : tout le milieu du dos, avec le dessus de la queue, est d'un bleu clair et brillant, qui, aux rayons du soleil, a le jeu du saphir et l'œil de la turquoise ; le vert se mêle sous les ailes au bleu, et la plupart des plumes y sont terminées et ponctuées par une teinte d'aigue-marine ; la tête et le dessus du cou sont pointillés de même de taches plus claires sur un fond d'azur. »

On appelle vulgairement cet oiseau *Drapier*, *Garde-Boutique* ou *Oiseau-Teigne*, parce qu'on lui attribuait autrefois à sa dépouille la propriété de conserver les draps et les autres étoffes de laine en éloignant les teignes qui les détériorent : de là l'usage où l'on était de suspendre, dans les magasins, des Martins-Pêcheurs empaillés.

Les *Ceyx* ont ceci de particulier que le doigt extérieur n'existe pas chez eux ; ils habitent les Grandes-Indes.

Les *Martins-Chasseurs* sont insectivores et vivent dans le fond des forêts intertropicales : les principaux sont le *Martin-Chasseur géant*, le *Martin-Chasseur trapu* et le *Martin-Chasseur de Coromandel*. Ils ne fréquentent qu'accidentellement les rivières

LES PERROQUETS

3e ORDRE. — LES GRIMPEURS.

Les oiseaux qui forment l'*Ordre des Grimpeurs* ont, avec le régime et l'organisation ordinaire des Passereaux, les doigts dirigés deux en avant et deux en arrière. Cette disposition leur permet de se mieux cramponner au tronc et aux branches des arbres, sur lesquels ils grimpent facilement dans toutes les directions, quelquefois même en se servant de leur bec pour aider leurs mouvements. Cependant quelques-uns des oiseaux rangés dans cet ordre ne grimpent point, par exemple, les Toucans et les Coucous.

Les variétés de Grimpeurs sont remarquables, pour la plupart, par le brillant et la diversité de leur plumage, et vivent, comme les Passereaux, d'insectes et de fruits.

Les *Pics*, les *Coucous*, les *Toucans* et les *Perroquets* sont les quatre types les plus intéressants de cette famille.

Les Pics (*Picus*) sont les grimpeurs par excellence ; ils parcourent avec la plus grande facilité un tronc d'arbre, et leur bec est assez fort pour fendre l'écorce sous laquelle ils cherchent les insectes dont ils font leur nourriture. Ils explorent les arbres en les frappant avec leur bec, et se portent ensuite vers la côte opposé, non pour voir, comme on le dit vulgairement, s'ils ont percé le tronc, mais pour saisir les insectes qu'ils ont pu mettre en mouvement. Craintifs et rusés, la plupart du temps, les Pics vivent solitaires. Le plus commun est 'e *Pic vert* ou *Pivert*, grand comme une tourterelle, qui est un de nos plus beaux oiseaux : vert dessus, blanchâtre dessous, avec la calotte rouge et le croupion jaune.

Les Coucous (*Cuculus*) ont le bec médiocre, assez fendu, comprimé, légèrement arqué, jaune ; ils sont d'un gris cendré à ventre blanc, rayé de noir en travers. La queue est assez longue, composée de dix pennes tachetées de blanc sur les côtés.

Cet oiseau arrive en France au printemps et fait entendre son cri : *cou cou* dans nos forêts jusqu'en juin. Il devient ensuite silencieux et part en octobre. Il est célèbre par sa singulière habitude, inexpliquée jusqu'ici, de ne jamais couver ses œufs et de les déposer un à un dans le nid d'un étranger, Rouge-gorge, Bergeronnette, Fauvette, Grive, ou Merle. L'oiseau auquel le nid appartient couve l'œuf, nourrit et élève le jeune Coucou avec autant de soin qu'il aurait fait de ses propres petits.

Le Toucan Toco (*Ramphastos toco*, LIN.) est très difforme par son bec énorme, aussi long et aussi gros que son corps, léger, celluleux intérieurement, et arqué vers le bout. Ce bec, qui rappelle comme volume celui des Calaos, est irrégulièrement dentelé aux bords ; il est d'un jaune rougeâtre et noir à la pointe. Ce volumineux organe est plus large que la tête de l'oiseau et le fatiguerait beaucoup s'il n'était d'une substance mince et légère, ce qui fait qu'il n'est point propre à briser les graines ni même les fruits tendres. La langue est encore plus extraordinaire : le Toucan est le seul oiseau qui ait une plume au lieu de langue ; elle est accompagnée des deux côtés de barbes très-serrées et toutes semblables à celles des plumes ordinaires. Le Toucan est noir foncé, excepté la gorge, dont la brillante couleur orangée, liserée de rouge, est très-recherchée en Europe comme parure. Il a le tour de l'œil rouge et la paupière bleue.

Le Toucan ne se trouve que dans les parties chaudes de l'Amérique, où il vit en petites troupes. Dans la saison, il est friand des œufs des autres oiseaux, dont il n'épargne pas les petits ; quelquefois même, il s'attaque aux Grenouilles et aux Souris. Comme son bec est excessivement mou et qu'il ne peut broyer sa nourriture, il la jette en l'air, la reçoit avec beaucoup d'adresse dans son large bec et l'avale. Quand on le prend jeune, il s'apprivoise aisément, devient très-familier et montre un caractère très-doux.

Les Perroquets (*Psittacus*) sont caractérisés par leur bec gros, dur, solide, arrondi de tous les côtes, et incliné vers la base, par leur langue charnue et arrondie. Cette conformation leur permet d'imiter facilement la voix humaine en prononçant des mots ou même des phrases entières. Ces oiseaux, qui sont répandus dans toutes les contrées chaudes des cinq parties du monde, sont en général remarquables par leur plumage, qui, sans avoir jamais un éclat métallique, présente ordinairement des couleurs pures et brillantes, en vert, rouge, bleu ou jaune.

En captivité ils sont omnivores ; pourtant le persil et les amandes amères sont pour eux un poison violent ; ils ne dédaignent souvent pas le vin, et alors, leur gaieté et leur babil semblent s'accroître. A l'état sauvage ils vivent dans les forêts les plus touffues, et se nourrissent de fruits de toutes espèces et d'amandes qu'ils brisent entre leurs fortes mandibules, dépècent et épluchent. Pendant cette opération, ils se servent d'une de leurs pattes pour tenir à proximité de leur bec le morceau qu'ils dégustent. Ils imitent non-seulement la voix humaine, mais encore tous les bruits qu'ils entendent : le miaulement du chat, l'aboiement du chien, les roulements du tambour et les airs qu'on leur siffle ; il n'est même point rare, dans les colonies des Antilles et de Cayenne, que les perroquets, nichés aux environs d'une habitation, retiennent et répètent les noms de tous les gens de la maison. Ces oiseaux criards, querelleurs et turbulents en général, n'ont pas tous cependant le même caractère : les uns sont d'un naturel doux ; les autres sont très-sauvages et supportent difficilement la captivité. Les plus remarquables sont : le *Jaco* ou *Perroquet cendré*, de la côte occidentale de l'Afrique ; le *Lori*, des îles Moluques ; le *Perroquet à palettes*, des îles Philippines ; les *Perroquets à Trompes* ou *Microglosses*, de la nouvelle Guinée ; les *Perruches*, parmi lesquelles on signale la *grande Perruche à coll er jaune*, de la Nouvelle-Zélande ; les *Aras*, aux couleurs éclatantes, de l'Amérique du Sud et des Antilles, et enfin les *Kakatoës*, de la Malaisie et de l'Australie.

On a attribué à ces oiseaux une longévité extraordinaire ; toutefois on ne cite qu'un exemple d'un Perroquet qui aurait dépassé cent ans. Un excellent observateur, Z. Gerbe, pense que les Perroquets ne vivent qu'une quarantaine d'années, et les Perruches une vingtaine. La chair des Perroquets est bonne à manger.

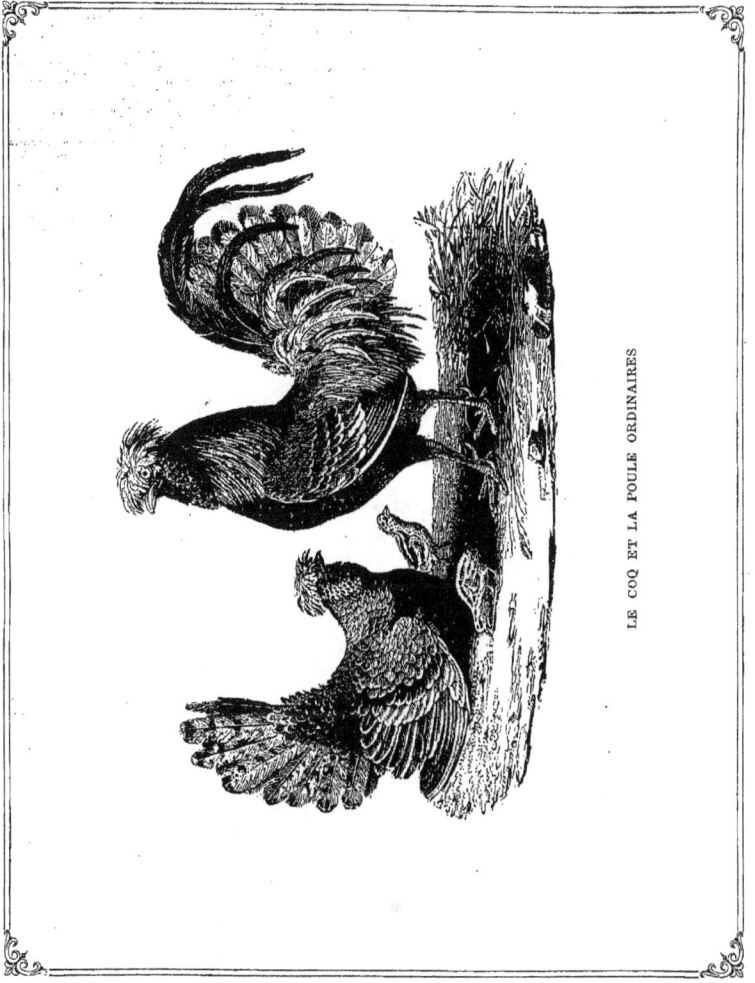

LE COQ ET LA POULE ORDINAIRES

4° ORDRE. — LES GALLINACÉS

L'ordre des GALLINACÉS réunit, sous la même dénomination, une série très-étendue d'oiseaux qui ont entre eux des analogies bien marquées. Aux caractères généraux que nous avons indiqués dans notre introduction, nous ajouterons quelques mots: les ailes des Gallinacés sont courtes et concaves, ce qui rend leur vol embarrassé et peu soutenu; la queue, ordinairement composée de douze à dix-huit pennes, est tantôt très-longue, tantôt très-courte, et souvent complétement absente; tantôt elle est relevée, tantôt traînante; quelques oiseaux peuvent l'épanouir en forme de roue; chez d'autres, elle est formée de deux plans verticaux adossés l'un à l'autre, ce qui ne se rencontre dans aucun autre ordre. Le jabot est très-large, le gésier fort et musculeux. Chez plusieurs, les doigts sont armés de forts ergots, qui leur permettent de gratter la terre pour trouver leur nourriture qui se compose indifféremment de baies, de fruits, d'herbes, de vermisseaux.

Cet ordre renferme deux familles bien distinctes, celle des Pigeons, et celle des Gallinacés proprement dits qui comprend le Coq et la Poule, les Faisans, les Paons, les Dindons, les Pintades, les Tétras, les Perdrix, les Cailles, etc. Nous commencerons notre description par le plus intéressant, le plus utile de tous les Gallinacés, le Coq et la Poule.

Le COQ et la POULE ORDINAIRES (*Phasianus Gallus*, LIN.), qu'on regarde comme le type primitif, offrent un grand nombre de variétés de grosseur, de forme et de couleur. Ils ont en général les joues nues, la tête surmontée d'une crête charnue, unie ou dentelée, plus petite et souvent nulle chez la femelle; cette crête est quelquefois remplacée par une huppe; aux côtés de la base inférieure du bec pendent deux barbillons charnus.

Le Coq se distingue généralement de la Poule par une taille d'un tiers plus grande, par un plumage plus varié de couleurs et brillant d'un éclat métallique; par la longueur des plumes supérieures de sa queue, qui se recourbent en arrière et retombent gracieusement en arc, enfin par son chant clair et perçant que tous les enfants savent imiter.

Il fait entendre sa voix bien avant l'aube et sert pour ainsi dire de réveille-matin dans les fermes de nos campagnes. Le plumage de la Poule est beaucoup plus uniforme et plus terne; sa voix se module suivant les impressions qu'elle subit; en temps ordinaire, c'est un *caquetement*; quand elle conduit ses Poussins, c'est un *gloussement*; et, dans la frayeur, son cri devient aigu et discordant.

De tous les animaux répandus sur la surface du globe, il n'en est pas qui soient plus universellement connus que le Coq et la Poule, et il n'en est pas non plus, peut-être à cause de cela même, dont on connaisse moins l'origine première. Partout où il y a des hommes, on trouve ces animaux à l'état de domesticité, comme si la nature les avait destinés à multiplier à l'ombre de leur protection et pour servir à leurs besoins. Il semble, en effet, qu'elle leur ait refusé les qualités nécessaires pour vivre indépendants; leurs armes défensives sont nulles, car ni leur bec ni leurs serres ne peuvent être redoutables; leurs habitudes sont pacifiques, car le mâle, si fier, si intrépide, se montre inoffensif et presque timide quand il n'est pas jaloux. Sa femelle, douce et obéissante, soumise à une ponte fréquente, partagée sans cesse entre les soins à donner à ses petits et le vasselage envers son coq, semble encore bien moins faite que ce dernier pour l'état de liberté.

On dirait qu'en tous lieux et en tout temps il y a eu des Coqs et des Poules; on en trouve des images dans les monuments de la plus haute antiquité et des mentions dans les plus anciens ouvrages connus; les prêtres de l'ancienne Égypte en ont fait une étude particulière, et les Romains honoraient les Coqs comme le symbole de la vigilance et du courage.

Nous dirons un mot des principales espèces exotiques vivant à l'état sauvage, et nous citerons ensuite les races domestiques les plus intéressantes.

Espèces exotiques. — Le COQ de SONNERAT, le premier qui ait été observé à l'état sauvage, vit dans les montagnes qui séparent le Malabar du Coromandel — Le *Coq Bankiva*, trouvé à Java, s'est rencontré depuis à Sumatra et aux Philippines. — Le *Coq Iago* ou *géant* est, comme taille, double de notre Coq vulgaire. — Le *Coq sans queue* habite Ceylan. — Enfin le *Coq Nègre*, qui doit son nom à la couleur de sa crête, de ses caroncules et de son épiderme, vit à l'état sauvage aux Indes, et en domesticité en Allemagne et en Belgique.

Espèces domestiques. — Les variétés sont excessivement nombreuses parmi les Coqs domestiques. — Le *Coq de Caux* et le *Coq russe* sont les plus grandes; celui-ci, qui atteint la taille de 66 centimètres, est très-recherché. — Le *Coq ordinaire* ou *Coq vulgaire* a deux variétés, l'une à pieds noirs, l'autre à pieds jaunes. — Le *Coq de Turquie* est remarquable par la beauté de son plumage. — Le *Coq de Cambodge*, dont les ailes traînent par terre à cause du peu de hauteur de ses jambes, et le *Coq Nain* sont de petite taille. — Nous parlerons ailleurs de la race *cochinchinoise*.

Et parmi toutes ces espèces, il n'en est pas une qui vaille la plus commune, celle qu'on trouve dans toutes nos basses-cours, ou pour mieux dire dans toutes les basses-cours. Et cela devait être; car, comme ces animaux ne se sont multipliés que sous la protection de l'homme, il est évident que ce dernier a donné de préférence ses soins à l'espèce qui lui offrait le plus de qualités soit par la délicatesse de la chair, soit par la quantité de la ponte.

Le meilleur Coq est celui qui a une taille moyenne, le bec gros et court, la crête d'un beau rouge, la poitrine large, les ailes fortes, les cuisses musculeuses, les jambes grosses armées de longs éperons, et les pattes garnies d'ongles légèrement crochus et acérés. La Poule doit avoir aussi la taille moyenne, la tête grosse, la crête pendante, les yeux vifs, les pattes bleuâtres et lisses. On reconnaît les vieilles poules à leurs pattes écailleuses. Les Poules huppées passent pour les meilleures pondeuses.

UN COMBAT DE COQS

COMBAT DE COQS.

Il n'est pas d'être vivant, sans même excepter l'homme, chez lequel l'instinct querelleur et guerrier soit aussi énergiquement développé que chez le Coq. Les animaux de même famille ne se combattent généralement entre eux que pour se disputer la nourriture, pour cause de rivalité, ou pour la défense de leurs domaines respectifs Les Coqs, au contraire, sont toujours en état de guerre ouverte, sans qu'aucun motif sérieux vienne justifier ces hostilités perpétuelles. Il semble qu'un sentiment naturel, inné, les rend ennemis irréconciliables. Cette vocation belliqueuse se révèle chez le Coq dès l'âge le plus tendre; la famille s'abrite encore sous l'aile maternelle que déjà éclatent, entre les mâles, des luttes fratricides.

C'est un spectacle plein d'intérêt que celui d'un combat entre deux Coqs de force et de valeur égale, un spectacle dans lequel on peut admirer un courage brillant, un noble orgueil, une singulière fécondité de ressources et un grand mépris de la douleur. Lorsque les deux champions s'aperçoivent, ils commencent par se défier de loin d'une voix haute, puis ils s'approchent avec une lenteur pleine de dignité et dans une direction oblique; ils s'arrêtent à quelques pas, aiguisent leur bec contre la terre, font des marches et des contre-marches pour se surprendre, et enfin, reployés sur eux-mêmes, le cou tendu, les plumes hérissées, l'œil en feu, les deux ennemis essayent, assez longtemps, de se porter des coups, aussitôt parés que devinés. Quelquefois, au lieu de se mettre sur la défensive, l'un des combattants se baisse, pendant que l'autre, emporté par son élan, lui passe par-dessus la tête et va rouler en arrière, heureux encore s'il ne reçoit pas quelques coups avant d'avoir pu reprendre son équilibre.

La lutte se prolonge longtemps sous cette première forme, sans guère amener d'autres résultats qu'une grande fatigue; il arrive cependant parfois que les adversaires se surprennent à l'improviste, hors de garde, et se frappent de l'ergot à la poitrine, à la tête ou au cou. Mais, même dans ce cas et à moins qu'il ne soit mis hors de combat, le blessé quitte rarement la partie, et la douleur ne l'anime que davantage. Lorsque leurs forces abattues ne leur permettent plus les grandes évolutions, c'est corps à corps et à coups de bec qu'ils s'attaquent : les plumes volent arrachées, la crête et les babines sont profondément déchirées, le sang ruisselle et les deux rivaux tombent, se roulent sur la poussière, se relèvent, retombent encore, sans que leur bec meurtrier lâche prise. Leur vigueur s'épuise longtemps avant leur colère et leur courage; ils s'arrêtent comme d'un accord tacite, s'éloignent l'un de l'autre; puis, après une trêve de quelques minutes, le combat recommence avec une nouvelle fureur. Enfin, celui qui se sent définitivement le plus faible prend la fuite en poussant un cri si particulièrement caractéristique, que le vainqueur s'arrête satisfait. Ce cri est un aveu formel de défaite. Tant qu'il n'a pas été proféré, le combat,

malgré l'apparence, peut n'être pas terminé Souvent, en effet, la fuite n'est qu'un stratagème inventé par l'un des adversaires pour inspirer à l'autre une confiance imprudente; poursuivi de près, le fugitif s'arrête tout à coup, fait volte-face, et frappe par surprise son ennemi avant qu'il ait pu se mettre sur ses gardes. Mais après le cri fatal, tout est dit. Un changement subit et complet s'opère chez un Coq ainsi réduit à se reconnaître vaincu; tout maintenant exprime chez lui la tristesse, la honte, l'effroi, le désespoir, et cette attitude de souffrance et d'humilité sera dorénavant celle qu'il prendra toujours à l'aspect du vainqueur, qui, de temps en temps, constatera sa supériorité par quelques actes de tyrannie.

De toute antiquité, l'homme, mettant à profit ces instincts belliqueux du Coq, s'est fait un plaisir cruel de leurs luttes sanglantes. L'usage des combats de Coqs était répandu chez tous les peuples de la Grèce d'où ils passèrent chez les Romains, où ils furent en honneur jusqu'à la fin de l'empire. A Java et à Sumatra, il est rare de rencontrer un Malais qui n'ait son Coq de combat sous le bras, prêt à le faire combattre contre le premier venu. Ces luttes sont l'occasion de paris frénétiques. Dans l'Europe moderne les Anglais seuls se plaisent encore à ces jeux barbares qui tendent à disparaître devant l'engouement des courses de chevaux.

La Poule est au contraire d'un caractère soumis et paisible tant qu'elle n'a pas de famille à conduire. Alors elle s'oublie elle-même pour ne s'occuper que de ses Poussins, elle les réchauffe sous ses ailes, et leur cherche leur nourriture; à l'approche d'un danger, elle devient d'une audace extraordinaire, hérisse ses plumes, s'élance contre l'ennemi, crie, s'agite avec fureur et réussit presque toujours à mettre l'agresseur en fuite.

Les couvées prospèrent mieux dans les lieux chauds, propres et exempts d'humidité. Quand une poule veut couver, on la voit aller, venir et caqueter sans cesse, comme pour chercher un endroit où elle puisse être tranquille. Elle s'arrange parfaitement d'un panier qu'il faut lui préparer exprès et autant que possible dans un lieu sombre et exposé au midi. On peut donner à une bonne couveuse quinze à dix-huit œufs. L'éclosion a lieu au bout de 21 jours et les Poussins à peine venus au monde marchent et cherchent leur nourriture.

Les Egyptiens avaient le secret de construire des fours où ils faisaient éclore cinquante mille poulets à la fois. Ce secret, qui était favorisé par le climat de l'Afrique, est entièrement perdu.

Il existe un singulier préjugé fortement enraciné dans nos campagnes : les petits œufs sans jaune sont attribués aux Coqs et soupçonnés de donner naissance à des serpents. Ces prétendus *œufs de coq* sont produits par des Poules trop jeunes ou épuisées. Depuis longtemps déjà les naturalistes ont réfuté ces erreurs, mais ce n'est pas une raison pour qu'elles disparaissent de la croyance du vulgaire.

LE COQ ET LA POULE DE COCHINCHINE

COQ ET POULE DE COCHINCHINE.

Le *Coq* et la *Poule de Cochinchine*, originaires de l'extrême Orient, ont été importés en Europe depuis longtemps déjà, ainsi que la race *Brahmapoutre*, qui offre avec eux beaucoup d'analogie.

La conformation extérieure de ces oiseaux diffère bien peu de celle de notre coq villageois ; cependant, la queue, presque absente, est remplacée par une touffe de longues plumes si minces, qu'elles ressemblent à des poils soyeux et lustrés. Ces barbes cachent l'extrémité des ailes, et d'autres semblables, mais plus brillantes, se répandent sur la partie supérieure du cou. Les pattes sont garnies, jusqu'à la naissance des doigts, de plumes assez longues dirigées en arrière.

La race Brahmapoutre et celle de Cochinchine ont été beaucoup vantées depuis quelques années, la première pour la qualité délicate et parfumée de sa chair, la seconde pour sa grande production d'œufs ; mais, malgré les soins et les modifications apportés par les fermiers de l'Europe et surtout d'Angleterre, le résultat n'a point répondu à l'attente. « La faveur dont ces races sont l'objet, dit M. A. Ysabeau, semble fondée sur la mode plutôt que sur la raison ; ces races donnent de gros œufs et de belle volaille, mais produisent peu, mangent beaucoup et coûtent plus qu'elles ne peuvent rapporter. »

Une autre race, à laquelle les Anglais ont donné le nom de *Dorking*, est préférée à celles dont nous venons de parler ; c'est le *Coq Pentadactyle* ou à cinq doigts, dont trois dirigés en avant et deux en arrière. Cette espèce produit, dit-on, beaucoup d'œufs et sa chair est bonne.

Parmi les autres Gallinacés qui méritent le plus d'attirer l'attention, nous placerons en première ligne le Dindon, le plus remarquable de nos oiseaux de basse-cour par la grandeur de sa taille et par la forme de sa ête, presque entièrement dénuée de plumes.

Les DINDONS sont originaires d'Amérique, où ils vivent encore par troupes dans les lieux boisés du midi des États-Unis et du Mexique. Ils furent introduits chez nous au XVIᵉ siècle, et le premier qui fut mangé en France fut servi, dit-on, au mariage de Charles IX, en 1570. Le Dindon a perdu dans nos climats ses brillantes couleurs ; il est d'un noir mat et terne, gris, roux, varié de noir et de blanc ou enfin tout blanc. Le mâle, appelé aussi *Coq d'Inde*, a le dessous du cou et le front muni de caroncules d'un beau rouge, et sa queue se relève en une magnifique roue dans les moments de passion. La *Poule d'Inde* ou *Dinde*, est plus petite d'un quart, et elle n'a ni caroncules ni éperons. Le Dindon a un caractère tellement difficile, qu'en Italie on l'appelle *Tacchino*, c'est-à-dire *Taquin*. Les jeunes Dindonneaux ne s'élèvent qu'avec les plus grandes précautions : aussi beaucoup de fermiers ne se soucient point de s'en occuper, malgré l'excellente qualité de leur chair.

Sous le nom d'ALECTORS, Cuvier désigne de grands oiseaux d'Amérique qui offrent beaucoup d'analogie avec le Dindon. Les plus remarquables sont : les *Hoccos*, qui portent une belle huppe de plumes frisées ; les *Panxis*

ou *Oiseaux à pierre*, qui ont sur le front un tubercule bleu clair, dur comme un caillou, et les *Hoazins*, dont la tête est ornée d'une huppe de longues plumes droites et effilées.

Les PINTADES (*Numida*) se distinguent des autres Gallinacés par une crête calleuse, une queue courte et pendante, par leur forme ramassée et arrondie, et enfin, par leur plumage noir, finement strié de gris, et semé partout de taches blanches, petites et rondes. Elles multiplient facilement dans nos basses-cours ; leurs œufs, très-abondants, sont d'une qualité supérieure à ceux des meilleures poules, et leur chair n'est point inférieure à celle du Faisan. Mais, vives et turbulentes, les Pintades tyrannisent tellement les autres oiseaux de basse-cour, et le cri perçant et monotone qu'elles ne cessent de faire entendre les rend si parfaitement insupportables, que peu de personnes sont désireuses d'en élever.

Les FAISANS (*Phasianus*), les plus élégants et les plus gracieux de nos oiseaux de basse-cour, sont caractérisés par leurs joues nues et d'un beau rouge, et par les plumes de leur queue qui sont diversement étagées en toit.

Le *Faisan proprement dit* a la queue longue, avec les pennes ployées chacune en deux plans et se recouvrant comme une toiture. On en compte aujourd'hui une quinzaine d'espèces qui, toutes, sont originaires des bords asiatiques de la mer Noire, et ne se distinguent entre elles que par la couleur de leur plumage. La plus connue est le *Faisan commun*, rapporté, dit-on, des bords du Phase, en Colchide, par les héros grecs de l'expédition des Argonautes. Sa forme est élégante, sa démarche aisée et son plumage nuancé de couleurs variées. Chez le mâle, le cou et la tête sont d'un vert doré à reflets bleus, et la poitrine d'un marron pourpre très-brillant. La femelle, plus petite que le mâle, est aussi moins bien douée comme plumage ; sa robe est d'un gris terreux uniforme. Ces oiseaux se plaisent dans les bois en plaine ; pendant la nuit, ils perchent au haut des arbres où ils dorment la tête sous l'aile. Leur naturel est si farouche, que non-seulement ils évitent l'homme, mais qu'ils s'évitent les uns les autres.

Cependant, cet oiseau est facilement élevé en domesticité, et alors les soins qu'on lui prodigue, la nourriture qu'on lui donne, adoucissent peu à peu son caractère ; il se montre reconnaissant pour les personnes qui prennent soin de lui et accourt à leur voix.

La chair des Faisans, recherchée des gourmets, est supérieure à celle du Poulet le plus fin ; aussi élève-t-on, dans des basses-cours spéciales appelées faisanderies, ces oiseaux, que l'on nourrit d'œufs de fourmis, de chrysalides et de vermisseaux.

Le *Faisan argenté* a les parties supérieures d'un blanc éclatant, avec des lignes noirâtres sur chaque plume.

Le *Faisan doré* est très-beau : son ventre est rouge de feu, sa tête surmontée d'une huppe de couleur d'or, son cou revêtu d'un camail orangé émaillé de noir, son dos vert par en haut et jaune par en bas ; enfin ses ailes sont rousses et ornées d'une belle tache bleue. Ces deux derniers oiseaux nous viennent de la Chine

—◦◇◦▦◦◇◦—

L'ARGUS-LUEN

LES GALLINACÉS (*Suite*) : L'ARGUS-LUEN

L'Argus-luen (*Phasianus Argus*, Linn.) est classé parmi les Faisans. C'est un grand et magnifique oiseau, qui se trouve surtout dans les forêts sombres et sauvages de la Péninsule de Malacca et des îles de Java et de Sumatra. Sa grosseur est celle du Dindon; il a la tête et le cou presque nus; les pennes moyennes de sa queue ont 1m 20 de longueur et sont d'un brun marron foncé, avec des points blancs cerclés de noir vif; son plumage, en général, est brun, linéolé de roussâtre; le dessous du corps est d'un brun rougeâtre; les pennes secondaires des ailes, trois et quatre fois plus développées que les primaires, sont, à leur partie externe, garnies d'yeux régulièrement espacés; le reste des barbes est agréablement peint, à l'extrémité, sur roux clair, de rangées de points noirs et de points blancs; ses pattes sont d'un rouge vif.

L'Argus est d'un naturel farouche; il ne se plaît que dans la solitude des forêts montagneuses et ne descend jamais dans la plaine. Il fuit surtout la proximité des habitations, et s'il se trouve réduit en esclavage, vieux ou jeune, il ne peut supporter sa captivité; il languit et meurt de regret en jetant un dernier regard sur ses montagnes chéries, et un dernier soupir pour la liberté perdue.

Citons encore les *Houppifères*, de l'île de Java, qui, au lieu de crêtes, ont des plumes qui peuvent se redresser et former une aigrette analogue à celle du Paon; le *Tragopan*, appelé aussi *Népaul*, qui a sous la gorge un fanon charnu et pendant, la taille du coq, le plumage d'un rouge éclatant, semé de petites larmes blanches; le *Cryptonix couronné*, nommé aussi *Rouloul*, des îles de Java et de Sumatra, bel oiseau à plumage vert sombre, qui porte une longue huppe de plumes effilées rousses, et de longs brins aux barbes redressés à chaque sourcil.

Les *Paons*, ainsi nommés d'après leur cri, constituent, dans l'ordre des Gallinacés, un genre bien distinct, qui a pour caractères : une aigrette sur la tête, des ailes concaves, arrondies, une queue composée de dix-huit pennes, recouvertes d'autres plumes très-nombreuses, fort longues, susceptibles de se relever pour *faire la roue*. Le collaborateur de Buffon, Guénau de Montbéliard, a fait une magnifique description du *Paon domestique* : « Si l'empire appartenait à la beauté et non à la force, le Paon serait sans contredit le roi des Oiseaux. Il n'en est point sur qui la nature ait versé ses trésors avec plus de profusion. La taille grande, le port imposant, la démarche fière, la figure noble, les proportions du corps élégantes et sveltes, tout ce qui annonce un être de distinction lui a été donné. Une aigrette mobile et légère, peinte des plus riches couleurs, orne sa tête sans la charger; son incomparable plumage semble réunir tout ce qui flatte nos yeux dans le coloris tendre et frais des plus belles fleurs, tout ce qui les éblouit dans les reflets pétillants des pierreries, tout ce qui les étonne dans l'éclat majestueux de l'arc-en-ciel. Non-seulement la nature a réuni sur le plumage du Paon toutes les couleurs du ciel et de la terre pour en faire le chef-d'œuvre de la magnificence, elle les a encore mêlées, assorties, nuancées, fondues de son inimitable pinceau, et en a fait un tableau unique où elles tirent de leur mélange entre elles un nouveau lustre et des effets de lumière si sublimes, que notre art ne peut ni les imiter, ni les décrire. »

Lorsque vient l'époque des beaux jours, le Paon semble étaler avec complaisance sa magnifique parure; mais il n'est pas vrai qu'il se plaise à s'admirer lui-même, qu'il soit sensible à l'attention qu'on lui porte et aux louanges qu'on lui adresse. « Une observation attentive, dit très-bien Gerbe, montre que rien n'est plus fabuleux que cette prétendue satisfaction du Paon lorsqu'on fait son éloge. Quand il étale tout le luxe de son plumage, il est facile de se convaincre que la présence de sa compagne seule l'influence. Il exprime son amour en déployant les richesses de sa livrée, comme les Oiseaux chanteurs expriment le leur en donnant à leur voix toute l'harmonie dont elle est susceptible. » La *Paonne* est privée de cette magnifique parure.

Une opinion non moins erronée est celle qui consiste à dire que cet oiseau est honteux de la perte de sa queue. La mue, pour toutes les espèces d'Oiseaux, est une époque de malaise et de souffrance. Or, le Paon doit ressentir avec d'autant plus d'énergie les effets de la perte de ses plumes caudales, qu'elles sont plus profondément implantées dans le derme que chez toute autre espèce. Là est la véritable cause qui rend le Paon triste et taciturne, et lui fait rechercher, pendant la mue, les retraites les plus sombres.

Il est généralement admis que le Paon sauvage de Java est la souche de notre Paon domestique. Cependant on observe entre eux quelques différences. Le premier, comme tous les Oiseaux abandonnés à eux-mêmes, a la taille un peu moins forte que le second. En revanche, ses couleurs sont encore plus brillantes et sa queue est encore plus fournie. En outre, le Paon sauvage a les ailes d'un vert foncé à reflets métalliques bordées de vert doré, tandis que chez le Paon domestique elles ont une teinte lie de vin, variée irrégulièrement de petites lignes ondulées noirâtres.

Les mœurs du Paon domestique sont celles des Gallinacés en général; sa nourriture consiste en graines de toute espèce; il aime les lieux élevés, se plaît sur les combles des maisons ou sur la cime des grands arbres. La durée ordinaire de sa vie est de trente ans environ.

Outre le Paon sauvage dont nous avons parlé, nous citerons parmi les espèces exotiques le *Paon spicifère* (*Pavo spiciferus*) du Japon. Cet oiseau doit son nom à la forme de son aigrette, formée de plumes longues et étroites. Il a le dessus du corps vert-noir, les épaules bleues, les ailes noires, chaque plume bordée d'or, et le dessous du corps vert-émeraude profond.

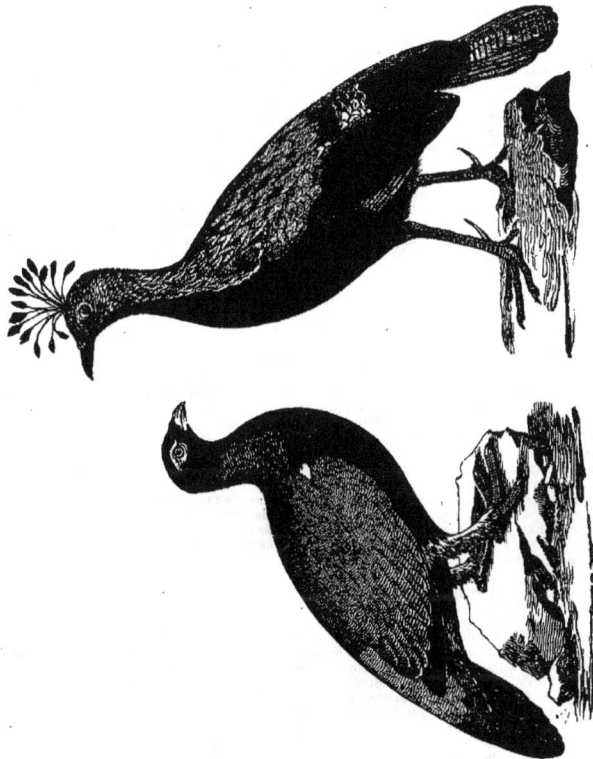

LE GRAND COQ DE BRUYÈRE — LE LOPHOPHORE RESPLENDISSANT

LES GALLINACÉS (*Suite*).
LE LOPHOPHORE. — LE TÉTRAS.

Nous continuons notre revue des Gallinacés.

Le *genre Lophophore*, comme le *genre Eperonnier*, se rapproche du genre Paon, quoique les espèces qui les composent n'aient pas, comme les Paons, la faculté de relever la queue pour faire la roue. L'*Eperonnier* du Thibet est de la taille du Faisan; son plumage est brun clair, ondé de brun noirâtre. Le LOPHOPHORE RESPLEN-DISSANT, appelé dans son pays *Monaul*, qui veut dire *Oiseau-d'Or*, à cause de son brillant plumage, a sur la tête, comme le Paon, une aigrette dont chaque plume est terminée par une palette d'un beau vert doré; sa queue est plane, comme chez les Oiseaux ordinaires; le derrière et les côtés du cou sont pourprés; le corps est noir, teinté d'azur et d'or, à reflets verdâtres et métalliques. Le Monaul habite l'Hindoustan.

Les *Tétras* se distinguent des Faisans en ce qu'ils ont une bande nue, ordinairement d'un beau rouge, tenant la place du sourcil. Cette famille se divise en trois groupes : les *Tétras proprement dits*, qui comprennent les *Coqs de bruyère* et les *Gélinottes*, les *Lagopèdes* et les *Gangas*. Le plus remarquable des Tétras est le GRAND COQ DE BRUYÈRE (*Tetrao urogallus*), un peu plus gros que le Dindon, à plumage ardoisé, finement rayé de noirâtre en travers. La femelle, d'un tiers plus petite que le mâle, est fauve, à lignes transversales, fauves ou noirâtres.

Ce Tétras, aussi nommé *Auerhan*, ne se trouve que dans les plus hautes montagnes de la France, en Allemagne, en Suisse. Il se tient constamment dans les forêts les plus profondes, niche dans les bruyères et les taillis, et se nourrit de bourgeons et de baies. Il est sauvage, vit solitaire; sa chair est fort estimée.

Parmi les races étrangères, nous mentionnerons le *Tétras à ailerons*, ou *Tétras cupidon* (*Tetrao cupido*), commun aux Etats-Unis. Les plumes du cou, chez le mâle, se redressent en deux ailerons pointus sous lesquels se trouve une peau nue qu'il gonfle comme une vessie quand une passion l'anime. Sa voix a le son éclatant de la trompette.

Les *Gélinottes* ont la queue courte et étagée, le plumage varié de brun, de gris, de roux, et la tête légèrement huppée. Leur taille est celle d'une Perdrix.

Les *Lagopèdes* (*Tetrao lagopus*), ou *Perdrix de neige*, méritent leur surnom par le goût prononcé qu'ils ont pour cet élément; la neige est pour les Lagopèdes ce qu'est l'eau pour les Palmipèdes. Ils s'y roulent et s'y creusent avec les pieds des trous pour se mettre à l'abri du vent, et où ils passent même la nuit. Cet oiseau est l'objet d'une chasse assidue pour sa chair délicate et savoureuse.

Le *Ganga* a le plumage écaillé de fauve et de brun, et les deux pennes du milieu de la queue très-allongées en pointe. Il ne perche jamais, se blottit en terre à l'approche du danger et ne s'envole qu'à la dernière extrémité. Il habite les landes stériles du midi de la France.

Les *Tinamous* (*Tinamus*) forment un groupe de trois ou quatre genres de Gallinacés propres à l'Amérique méridionale. Ils présentent pour caractères : bec long, grêle, presque droit, ailes courtes et queue presque nulle, cou mince assez allongé, revêtu de plumes dont le bout des barbes est effilé et un peu crépu, ce qui donne à cette partie du plumage une forme particulière. Ils ont des mœurs douces, perchent sur les branches basses des arbres, ou se cachent dans les hautes herbes; ils se nourrissent de fruits et d'insectes. Leur taille varie depuis celle du Faisan jusqu'à celle de la Caille.

Les *Perdrix*, que les naturalistes modernes désignent sous le nom de Perdicinées, se partagent en quatre groupes : les *Perdrix proprement dites*, les *Francolins*, les *Colins* et les *Cailles*.

Les *Perdrix proprement dites* sont trop connues pour que nous en fassions la description. Contentons-nous de rappeler qu'elles se distinguent des autres Gallinacés par leur corps arrondi, leur tête petite, leurs jambes courtes, leur queue courte et pendante. Quant à leurs habitudes, elles sont complétement terrestres. Elles habitent, selon les espèces, les lieux accidentés, les terrains rocailleux ou les pays plats. Elles courent avec une très-grande rapidité et ne volent qu'à la dernière extrémité Leur naturel est doux et timide; le moindre bruit les effraye. Les jeunes, qu'on désigne sous le nom de *Perdreaux*, suivent leur mère dès leur naissance, comme les petits Poussins les Poules. Au moindre danger qu'elle aperçoit, la mère jette un cri d'alarme, et à sa voix toute la nichée se disperse et disparaît comme par enchantement.

Les Perdrix sont répandues dans toutes les parties du monde, et partout elles sont justement recherchées pour leur chair aussi succulente que délicate.

Les *Francolins* ne diffèrent des Perdrix que par leur bec plus fort et plus allongé, par leur queue également plus longue. Ils fréquentent de préférence les plaines humides situées dans le voisinage des bois. Le *Francolin ensanglanté*, qui habite le Népaul, est remarquable entre tous par la beauté de son plumage; il a les parties supérieures grises avec des traits blancs bordés de noir, l'abdomen taché de rouge, ainsi que la queue, et la tête ornée d'une huppe de plumes effilées, grises et variées de blanchâtre.

Les *Cailles* ne se distinguent guère des Perdrix que par leur plus petite taille. Ces oiseaux sont essentiellement migrateurs. Tous les ans, après avoir élevé une couvée en Afrique, la Caille traverse la Méditerranée pour venir faire une seconde couvée en Europe. Elle chemine ainsi du Midi au Nord, jusqu'à ce que l'approche de l'automne l'oblige à rebrousser chemin. Comme la Perdrix, elle court plus qu'elle ne vole; mais lors de ses migrations régulières, elle a le vol très-élevé; son instinct l'avertit de ne se mettre en route, à chacun de ses départs, que par un vent favorable; les îles de la Méditerranée lui servent d'ailleurs de stations pour se reposer des fatigues du voyage. C'est un des gibiers les plus recherchés des gastronomes.

LE PIGEON-PAON — LE BISET — LE PIGEON CAPUCIN

LES GALLINACÉS (*Suite*) : LES PIGEONS

Le PIGEON (*Dipiu*) qui, par ses habitudes, se rapproche des Passereaux, doit être, à cause de certains caractères physiques saillants rattaché à l'ordre des Gallinacés dans lequel Cuvier l'a classé. Quelques auteurs, cependant, en ont fait une famille distincte ; quoi qu'il en soit, cette race a sa physionomie caractéristique : un bec faible et grêle, comprimé sur les côtés et surmonté à sa base d'une membrane cartilagineuse plus ou moins molle, qui forme un double renflement ; les narines oblongues, des ailes plutôt courtes que longues et des pattes terminées par quatre doigts disposés trois en avant, un en arrière.

Les Pigeons ont les mœurs douces, et la nature ne les ayant doués d'aucune arme offensive, ni même défensive, ils aiment, surtout à l'état sauvage, à se réunir en troupes nombreuses, comme si leurs masses profondes pouvaient en imposer à leurs ennemis En général, ils habitent de préférence les endroits frais et humides. Loin d'être chanteurs, ils n'ont que le sourd murmure de leurs roucoulements pour exprimer leurs désirs ou leur tendresse. La frayeur même ne leur fait trouver aucun cri : la vitesse de leur vol est leur unique moyen de défense. Quelques espèces ne paraissent pas pouvoir être réduites même à la demi-domesticité de nos colombiers, et ceux qui s'y soumettent le font, non pour rechercher la société de l'homme, mais bien parce qu'ils y trouvent le vivre et le couvert. Ils sont en général granivores et, à l'encontre des autres Gallinacés, ils boivent d'un trait, sans relever la tête, en plongeant le bec dans l'eau. Leur chair, savoureuse et tendre, est pour l'homme une nourriture délicieuse et légère ; mais, malgré la multiplication rapide des Pigeons dans nos climats, ils ne paraissent guère que sur la table des riches. Dans l'Amérique du Nord, au contraire, et au Canada en particulier, une espèce de Pigeon, qu'on appelle *Colombe voyageuse*, est considérée comme une manne providentielle envoyée pour la nourriture du peuple. « Parfois, dit Milne-Edwards, on voit ces Oiseaux volant en une colonne serrée dont la largeur est de plus d'un kilomètre, et dont la longueur dépasse 10 à 12 kilomètres » Un célèbre naturaliste américain, Wilson, évalue à plus de deux milliards le nombre d'individus qui composaient une bande qu'il a vue passer. Pendant ces migrations, les populations en armes font de ces oiseaux une récolte considérable que l'on sale pour la conserver. C'est la fiente de ces troupes innombrables qui donne au commerce la *Colombine* ou *Guano*, dont on fait, comme engrais, un si fécond usage dans l'agriculture.

De toute antiquité, on a tiré parti de l'instinct merveilleux dont les Pigeons sont doués pour retrouver à des distances considérables le colombier où ils sont nés, ou dans lequel ils ont laissé leurs affections. Les anciens Perses et les Romains s'en servaient ainsi de messagers. Avant l'invention du télégraphe électrique, des spéculateurs français et étrangers avaient des Pigeons qui leur apportaient le cours de la Bourse. Enfin, de nos jours, chacun connaît les services que ces utiles oiseaux ont rendus pendant le siège de Paris. Emportés de cette ville au moment de l'investissement, ils revenaient de Tours, puis de Bordeaux, après trois et quatre mois,

malgré la rigueur de la saison et la vigilance de nos ennemis. Par une admirable invention, un seul Pigeon portait attaché à une penne de sa queue un tuyau de plume renfermant trente et même cinquante mille dépêches microscopiquement réduites par la photographie sur quelques petites feuilles gélatineuses.

Le BISET ou *Pigeon sauvage* (*Columba livia*) est la tige primitive de toutes les autres races. A l'état de nature, il est d'un gris d'ardoise, a le tour du cou vert changeant, une double bande noire sur l'aile, le croupion blanc, mais qui passe au bleu cendré dans les colombiers.

On compte aujourd'hui jusqu'à 170 espèces de Pigeons, tant sauvages que domestiques. Parmi ces derniers, notre gravure représente, outre le Biset, deux types remarquables :

1° Le PIGEON-PAON, ou TREMBLEUR (*Columba tremula laticauda*), dont la queue large est relevée, étalée comme celle du Paon, et agitée habituellement d'un tremblement convulsif ; 2° le PIGEON CAPUCIN ou NONAIN (*Columba cirrulata jacobina*), qui a sur le derrière de la tête une fraise de plumes relevées descendant le long du cou et s'étendant sur la poitrine comme le capuchon d'un moine.

Les Pigeons sont monogames ; le mâle et la femelle ne sont séparés que par la mort ; ils concourent ensemble à la construction du nid. Ils ont ordinairement deux œufs qui donnent naissance à un couple auquel les parents prodiguent beaucoup de soins, même longtemps après que les jeunes n'en ont plus besoin. Sans nous étendre davantage sur les mœurs singulières de ces oiseaux que chacun a eu l'occasion d'observer, nous indiquerons en quelques mots ceux qui distinguent quelques particularités.

Le *Pigeon mondain* est plus allongé que le Biset, et le *Gros mondain* atteint la grosseur de la Poule ; le *Pigeon grosse-gorge* a la faculté d'accumuler l'air dans son jabot, lequel se dilate et devient quelquefois aussi volumineux que le reste du corps ; le *Pigeon tournant* décrit, dans son vol bruyant, des cercles successifs ; le *Pigeon culbutant* s'élève rapidement, mais en volant il tourne sur lui-même la tête en arrière, de sorte que l'on croirait qu'il tombe ; le *Pigeon romain* a un cercle de peau nue et ridée autour des yeux ; et le *Pigeon Bagadais*, remarquable par sa grosseur et par les tubercules qu'il porte autour des yeux et sur les narines, a le bec assez long, arqué, crochu et robuste.

Les espèces sauvages ou exotiques sont très-nombreuses. Nous nous bornerons à citer la *Tourterelle des bois*, ou *commune*, la plus petite des variétés de Pigeons indigènes ; la *Tourterelle rieuse* ou *à collier*, qui s'apprivoise assez facilement ; la *Colombe porphyre*, de l'archipel indien, remarquable par la beauté de son plumage pourpre brillant, blanc, jaune et vert ; le *Hocco*, ou *Pigeon couronné*, le plus gros de l'espèce, puisqu'il atteint la taille d'un Coq ordinaire ; sa tête est ornée d'une belle huppe de plumes légères et transparentes disposées en éventail d'avant en arrière. Cette huppe est bleu d'ardoise, comme l'oiseau tout entier, à l'exception des ailes diaprées de marron et de blanc. Originaire des îles australiennes, où on le nomme *Goura*, il peut s'élever en domesticité.

L'AUTRUCHE

5e ORDRE — LES ÉCHASSIERS.

Les Oiseaux qui composent cet ordre se reconnaissent à leurs torses grêles, très-élevés, et à leurs jambes dénuées de plumes jusqu'au-dessus du genou. Cette disposition, qui les fait paraître comme montés sur des échasses, d'où leur nom d'Échassiers, est très-favorable à la rapidité de leur course, et leur permet de marcher sur le bord des fleuves ou dans les marais à une certaine profondeur sans se mouiller le corps. Leur taille est en général élancée, et la longueur de leur cou est telle, que, si haut montés qu'ils soient sur leurs pattes, ils peuvent, sans se baisser, ramasser à terre leurs aliments. Les Echassiers qui ont le bec fort se nourrissent de Poissons, de Reptiles ; ceux qui ont le bec faible, de Vers et d'Insectes ; quelques-uns se contentent de graines et d'herbages et vivent alors éloignés des eaux Ces Oiseaux peuvent se tenir des heures entières sur un seul pied ; ils étendent leurs jambes en arrière lorsqu'ils volent, au contraire des autres qui les reploient sous le ventre.

Cuvier divise cet ordre en cinq familles principales : les *Brévipennes*, les *Pressirostres*, les *Cultrirostres*, les *Longirostres* et les *Macrodactyles*

1re SECTION : LES BRÉVIPENNES

Les Brévipennes, comme l'indique leur nom, ont pour caractères la brièveté de leurs ailes, qui ne leur permet pas de voler, des jambes robustes, très-longues, et le pied comparativement petit. Ce groupe comprend : l'*Autruche proprement dite*, le *Nandou* ou *Autruche d'Amérique*, le *Casoar* ou *Emou*, et l'*Aptérix* ; ces deux derniers appartiennent à l'Australie.

L'Autruche est le plus grand de tous les Oiseaux connus. Elle atteint une hauteur de 2 m. 30 à 2 m. 70 c., et son poids va jusqu'à 40 à 50 kilog. Sa tête est chauve et fort petite comparativement au reste de son corps. Elle a le bec droit, court, aplati horizontalement, muni d'une large ouverture. Ses oreilles sont découvertes ; ses yeux, grands, vifs, disposés de manière à apercevoir simultanément le même objet, ont la paupière supérieure mobile et bordée de cils. Son cou, qui est mince et long d'environ 1 mètre, est de couleur de chair livide et recouvert de poils clair-semés et jusqu'au-dessus de la tête. Ses ailes sont revêtues de plumes flexibles et ondoyantes d'un blanc éclatant, dont les barbes sont séparées les unes des autres, ce qui les rend impropres au vol ; les pennes de la queue présentent la même structure. Le reste de son plumage est mêlé de gris, de blanc et de noir. Ses cuisses, le dessous de ses ailes, où la peau est d'un blanc rougeâtre, sont dégarnies de plumes ; une peau ridée recouvre ses jambes musculeuses. Ses pieds nerveux et munis de grosses écailles se terminent par deux doigts dirigés en avant, et dont l'externe, plus court que l'autre de moitié, est dépourvu d'ongle.

Par leur conformation intérieure, les Brévipennes se rapprochent des Quadrupèdes ; ils ont plusieurs estomacs ; l'os plat de la poitrine, le *sternum*, ne présente pas chez eux cette crête longitudinale qui existe chez tous les Oiseaux propres au vol ; aussi les Arabes donnent-ils à l'Autruche le nom d'*Oiseau-Chameau*, et Linné a consacré cette dénomination pittoresque dans le langage

scientifique en lui imposant le nom de *Struthio-camelus*.

L'*Autruche proprement dite* est répandue en Arabie et dans toute l'Afrique, depuis la Barbarie jusqu'au cap de Bonne-Espérance. Ces Oiseaux habitent de préférence les plaines arides et solitaires où ils vivent tantôt en troupes nombreuses, tantôt en groupes composés de quelques individus seulement. Quelquefois, on les voit paître à côté des Zèbres ; car l'Autruche est herbivore ; mais elle est en même temps si vorace et a le sens du goût si obtus, qu'elle avale indifféremment les substances animales et minérales. De là, ce proverbe : avoir un estomac d'Autruche.

L'Autruche femelle pond en général de dix à quinze œufs, pesant à peu près un kilogramme et demi. Sous la zone torride, elle se contente de les déposer dans un trou creusé dans le sable, laissant à la chaleur du soleil le soin de les faire éclore. Elle les couve seulement la nuit ; mais au Sud et au Nord de cette zone, les œufs sont couvés jour et nuit, le mâle et la femelle partagent les soins de l'incubation, dont on ne sait pas exactement la durée. Lorsque les petits sont éclos, l'Autruche veille sur eux avec la plus grande sollicitude ; des voyageurs, Levaillant, Bougainville, ont même fait cette remarque, qu'en mère prévoyante, elle place quelques-uns de ses œufs à une faible distance de son nid, dans un endroit abrité, pour servir à la nourriture de ses nouveau-nés.

L'Autruche, prise jeune, s'apprivoise aisément. Certaines tribus africaines en élèvent des troupeaux assez nombreux dans des parcs clos, ou *Krahais* ; c'est sans doute de là que nous vient l'énorme quantité de plumes destinées à orner la coiffure de nos dames, car si la chasse seule devait les fournir, l'espèce ne tarderait pas à disparaître.

On a pu dresser l'Autruche à se laisser monter par l'homme, comme le cheval. Elle supporte assez bien ce fardeau, et court avec une rapidité prodigieuse ; mais il n'est guère possible au cavalier de diriger cette monture de nouvelle espèce au gré de ses désirs. La rapidité de sa course est telle, que le meilleur cheval ne saurait l'atteindre. Mais les Arabes et les nègres qui la chassent savent tirer parti de l'habitude qu'a cet oiseau de décrire en fuyant de grands cercles autour du même point. Le chasseur coupe ces cercles de façon à suivre en cheval la plus grande partie du trajet que fait l'Autruche. Lorsqu'il a répété ce manége bon nombre de fois, il parvient enfin, mais après huit à dix heures de chasse, à s'emparer de sa victime, épuisée de fatigue. Alors il l'assomme à coups de bâton, pour ne pas endommager ses plumes.

Le Nandou, ou *Autruche d'Amérique*, se distingue de son congénère de l'ancien continent par sa taille moitié plus petite, par ses doigts munis d'ongles à chaque pied. Les plumes du Nandou n'ont pas la valeur des plumes de l'Autruche ; elles servent à faire des housses et des plumeaux. Ses mœurs sont celles de l'Autruche. Le Nandou habite les régions tropicales de l'Amérique du Sud jusqu'au détroit de Magellan. Pris jeune, il devient extrêmement familier ; mais dans les basses-cours, il faut le séparer des autres oiseaux, car il abuse de sa force pour les maltraiter.

❀❀❀❀

LE CASOAR DE LA NOUVELLE-HOLLANDE — LE CYGNE NOIR

LES ÉCHASSIERS (Suite) : LE CASOAR A CASQUE. — L'EMOU.

le Casoar à casque, il est aussi plus rapide à la course. Il est assez commun dans les environs de Botany-Bay et de Port-Jackson. Les naturels de l'Australie lui donnent le nom de *Parembang*.

L'APTERIX AUSTRAL, récemment découvert à la Nouvelle-Zélande, s'éloigne encore plus des Oiseaux que le Casoar ou l'Emeu, car il manque totalement d'ailes, comme l'exprime son nom *Apterix, privé d'ailes*. Il a le bec des Courlis et les pattes des Gallinacés. Les poils qui recouvrent son corps n'ont rien de commun avec des plumes. On ne le trouve que dans les forêts les plus sauvages de la Nouvelle-Zélande. Sa nourriture se compose uniquement de Vers. Son cri ressemble à un fort coup de sifflet, et c'est en imitant ce cri que les naturels parviennent à le saisir. Malgré la brièveté et la grosseur de ses jambes, le *Kiwi*, nom sous lequel le désignent les indigènes, court avec une vitesse prodigieuse. Surpris, il se défend à l'aide de ses éperons.

2me SECTION. — LES PRESSIROSTRES

Les *Pressirostres* comprennent des Oiseaux dont le bec est médiocre, légèrement arqué, et dont les pieds sont dépourvus de pouce, ou chez lesquels il est trop court pour atteindre la terre. Tels sont les *Outardes*, les *Pluviers*, les *Vanneaux, etc.*

Les OUTARDES (*Otis tarda*) sont lourdes, pesantes, plus propres à marcher qu'à voler. Aussi volent-elles rarement. D'un naturel sauvage, elles recherchent de préférence les campagnes maigres et pierreuses, où elles se nourrissent indifféremment de graines, d'herbes et d'insectes. On connaît deux espèces : la *Grande-Outarde* et la *Petite-Outarde*. La première a le plumage d'un fauve vif et traversé d'une multitude de traits noirs sur le dos; elle est commune, en hiver surtout, dans la Champagne et le Poitou. La seconde, connue dans le midi de la France sous le nom vulgaire de *Canepetière*, à cause de son cri, est de moitié plus petite que sa congénère, et beaucoup plus rare. Elle est brune, piquetée de noir dessus, blanchâtre dessous. Le mâle a le cou noir, entouré de deux colliers blancs. Cette espèce arrive chez nous au printemps, et nous quitte en septembre : toutes deux sont recherchées comme gibiers et leur chair est très-estimée.

Les PLUVIERS (*Charadrius*) ont le bec comprimé et un peu renflé par le bout. Ce sont des Oiseaux de passage qui tirent leur nom de ce qu'ils arrivent chez nous à l'époque des pluies de l'automne et du printemps. Réunis en troupes parfois considérables, ils fréquentent les prairies et les bords graveleux des rivières. Ils ont le vol bas, la démarche gracieuse et légère. Leur nourriture consiste en Vers et autres Insectes qu'ils font sortir de terre en la frappant continuellement de leurs pieds. Ils sont renommés pour la délicatesse de leur chair.

Les VANNEAUX (*Vanellus*) ne diffèrent des Pluviers que par la présence d'un pouce à l'état rudimentaire, parfois presque imperceptible. De la taille du Pigeon, ils se distinguent par une aigrette de plumes longues et étroites placées sur le derrière de la tête. Ils arrivent au printemps, vivent au milieu des champs cultivés, et nous quittent en automne.

Le CASOAR A CASQUE et l'EMOU font partie, comme l'Autruche, de la section des Brévipennes. Le Casoar à casque a les ailes encore plus courtes que l'Autruche, et ses plumes, ou plutôt les longues soies qui lui en tiennent lieu, sont généralement noires. Sa tête, surmontée d'une protubérance osseuse et cornée, en forme de casque, est teinte de bleu céleste et de couleur de feu, ainsi que son cou garni de caroncules pendantes; son aile est armée de tiges raides, sans barbes, qui lui servent d'arme défensive; sa taille est inférieure à celle de l'Autruche, mais son corps est plus massif.

Cet oiseau habite les îles Moluques, et les îles de Java et de Sumatra. Il est d'un caractère farouche et stupide. Malgré sa lourdeur apparente, il court avec assez de rapidité, et se défend, à coups de pied, d'aile et de bec, contre les chiens lancés à sa poursuite. Il se nourrit d'herbes et de graines; la femelle laisse à la chaleur du soleil le soin de faire éclore ses œufs.

L'EMOU ou EMEU, ou CASOAR DE LA NOUVELLE-HOLLANDE diffère du précédent par l'absence de casque et de membranes sous le cou. Son plumage est brun, plus fourni, et composé de plumes plus barbues. Plus grand que

LA GRUE DE L'INDE

LES ÉCHASSIERS (Suite) : LA GRUE DE L'INDE.

3me SECTION. — LES CULTRIROSTRES

Les *Cultrirostres* ont le bec gros, long et fort, et le plus souvent même tranchant et pointu; leur pouce est assez long pour toucher la terre. Cuvier les divise en trois groupes : les *Grues*, les *Hérons* et les *Cigognes*.

Les Grues ont généralement le bec droit, un peu fendu, la tête et le cou presque dégarnis de plumes. Elles sont insectivores et granivores. Ce sont des Oiseaux essentiellement migrateurs; on les trouve dans toutes les parties du globe, mais surtout dans les régions tempérées. Prises jeunes, elles deviennent familières, et s'habituent aisément à nos basses-cours.

Cette famille, riche en espèces remarquables, se divise en six genres : *Agami, Baléarique, Anthropoïde, Grue proprement dite, Courlan* ou *Courliri*, et *Caurale*.

L'AGAMI-TROMPETTE (*Psophia crepitans*, LINN.) est plus grand qu'un Coq, a le plumage noirâtre, avec des reflets d'un violet brillant sur la poitrine, le manteau cendré et nuancé de fauve vers le haut; la tête et le cou sont recouverts d'un simple duvet; le tour de l'œil est nu, les ailes et la queue sont courtes; il vole mal, mais il court très-vite.

L'Agami habite les forêts de l'Amérique méridionale, se nourrit de graines et de fruits, et niche au pied des arbres. Elevé en domesticité, il est aux Oiseaux ce que le Chien est aux Mammifères. Comme le Chien, il s'attache à son maitre, le caresse, et le suit partout. La nuit, il veille à la garde de la maison, et donne l'alarme au moindre bruit, à l'aide de sa voix qui est très-forte, et qui a quelque analogie avec le son de la trompette. Pendant le jour, il surveille la basse-cour et il parait heureux et fier lorsqu'on lui confie une troupe d'Oies ou de Canards à conduire aux champs. Il est à regretter qu'aucune tentative sérieuse n'ait été faite en Europe pour y acclimater un Oiseau aussi intéressant.

Le genre Baléarique (*Balearica*) a pour type la GRUE COURONNÉE, ou OISEAU-ROYAL (*Ardea pavonia*), qui a 1 m. 30 c. de hauteur. Son corps est cendré, avec le ventre noir et les couvertures des ailes d'un beau blanc; son bec et ses pattes sont noirs; ses joues nues sont colorées de blanc et de rose vif; enfin, son occiput est couronné d'une gerbe de plumes jaunes, effilées, qu'elle étale à volonté. Comme l'Agami, la Grue couronnée se familiarise très-aisément, et semble même rechercher la société de l'homme. Les côtes occidentales de l'Afrique sont sa patrie.

L'espèce la mieux connue du genre *Anthropoïde* (*Anthropoïdes*) est la DEMOISELLE DE NUMIDIE (*Ardea virgo*), qui ressemble beaucoup à la précédente pour la forme et pour la taille. Cette espèce se distingue par ses habitudes bizarres. « Le matin et le soir, dit Gerbe, ces Oiseaux, placés en cercles ou rangés sur plusieurs lignes, quelquefois groupés confusément, gambadent, dansent les uns autour des autres, tournent sur eux-mêmes, et s'avancent en sautant l'un vers l'autre, s'arrêtent brusquement, tendent le cou, le relèvent, le baissent, déploient les ailes, font des sortes de salutations, et se livrent en un mot à la mimique la plus burlesque qu'il soit possible d'imaginer. Ces divertissements sont presque toujours suivis d'autres ébats pris dans les airs. »

Les *Grues proprement dites* ont pour type la GRUE COMMUNE (*Grus cinerea*). La Grue commune est de couleur cendrée, à l'exception de la gorge et de l'occiput, qui sont noirâtres. Le sommet de sa tête est rouge, et son croupion est orné de longues plumes redressées et crépues.

Parmi les Oiseaux voyageurs, la Grue occupe le premier rang. Originaire des pays du Nord, elle vient s'abattre en automne sur nos plaines marécageuses; de là, elle va passer l'hiver dans l'Afrique septentrionale, puis revient en Europe vers le mois d'avril ou de mai. Quand arrive l'époque du départ, les Grues se réunissent en troupes, et au jour marqué, au coucher du soleil, elles s'élèvent d'abord en tourbillonnant et sans ordre. Puis elles s'assemblent et forment un triangle, dont l'une des leurs occupe le sommet, dirigé contre le vent. Leur vol, très-haut et très-rapide, est accompagné de grands cris. Les inflexions de leur voix, comme leur manière de voler, sont vulgairement considérées comme des indices du temps. Si elles s'élèvent et volent paisiblement, c'est signe de beau temps; leurs cris indiquent la pluie; des clameurs bruyantes et confuses annoncent la tempête.

A terre, les Grues, rassemblées, dorment la tête cachée sous l'aile; mais un chef, dit-on, se tient en observation, la tête haute, et si quelque objet frappe son attention, il jette un cri d'alarme.

La GRUE DES INDES (*Ardea antigone*), l'une des variétés les plus curieuses de la famille, est haute de 1 m. 70 c.; son bec est très-gros et fort long; sa tête, nue et caronculée ainsi que son cou, au bas duquel pend une touffe de crins, est ornée de chaque coté d'une petite aigrette de poils. Son plumage est en général d'un blanc grisâtre; ses ailes sont très-grandes, noires, et ses jambes, grêles et longues, sont rouges.

Perchée à l'embouchure d'un fleuve, sur un manglier dont les racines, tendues comme un filet, arrêtent au passage tous les corps flottants, la Grue passe là des heures entières, dans une complète immobilité, attendant patiemment que la marée se retire. Le moment venu, elle descend sur la grève, et dévore les immondices, les Poissons morts, ou toute autre matière putréfiée que l'eau a laissée sur le rivage. Une fois rassasiée, elle retourne dormir sur son arbre, jusqu'à ce qu'une nouvelle marée basse vienne lui fournir l'occasion de satisfaire sa faim renaissante.

La Grue est dans les Indes l'objet d'une vénération particulière. C'est sa forme apparente que, selon les croyances hindoues revêt l'âme des Brahmines quand elle a quitté son enveloppe terrestre. Protégée par cette superstition, la Grue a pullulé d'une manière prodigieuse. Les bords des lacs, de la mer, des fleuves sont habités par d'innombrables troupes de ces Oiseaux, qui rendent d'ailleurs de véritables services au pays, en nettoyant et assainissant les rivages.

Les genres *Courlan* et *Caurale* ne comprennent chacun qu'une seule espèce.

4.

LE HÉRON — LE SAVACOU — L'IBIS SACRÉ

LES ÉCHASSIERS (Suite) : LE HÉRON. — LE SAVACOU. — L'IBIS SACRÉ.

Les *Hérons* forment le second groupe des Cultrirostres. Ils ont le bec fendu jusque sous les yeux et garni intérieurement de dentelures renversées en arrière, les doigts et les pouces de moyenne longueur, et l'ongle du doigt du milieu dentelé à son bord interne. Ils se nourrissent de Poissons et de Grenouilles.

Le HÉRON COMMUN (*Ardea major*), le type du genre, se distingue par son cou grêle, garni vers le bas de plumes pendantes. Son plumage est d'un cendré bleuâtre, avec les pennes des ailes noires, et une huppe de même couleur sur la tête. Il fréquente le bord des rivières, des étangs et des marais, où il se tient, des heures entières, immobile, posé sur un seul pied, le corps droit, son long cou presque entièrement replié sur sa poitrine, la tête et le bec cachés entre les deux épaules : en cet état il ressemble à une statue. Mais si un Poisson, un Reptile, une Grenouille vient à passer à sa portée, on voit l'oiseau détendre son cou avec la rapidité d'un ressort, et darder comme un trait son bec acéré. Quelquefois, mais rarement, il s'élève dans les airs et plane à une telle hauteur, que l'œil n'aperçoit plus qu'un point noir. Le Héron niche et fait son nid sur les arbres les plus élevés.

Le SAVACOU, dit *Bec en cuillère* (*Cancroma cochlearia*), par sa conformation comme par sa manière de vivre, touche de près à la famille des Hérons, mais s'en éloigne singulièrement par son bec large et épaté, dont les mandibules ressemblent à deux cuillères appliquées l'une contre l'autre par le côté concave. Habitant des régions chaudes et humides de l'Amérique méridionale, d'un naturel sauvage, il se tient le long des fleuves, dans les savanes noyées, et perche sur le faîte des arbres aquatiques, sorte d'observatoire, d'où il se précipite pour saisir les Poissons au passage.

Les *Cigognes* forment le dernier groupe des Cultrirostres. Elles diffèrent des Hérons en ce que leur ongle du milieu n'est pas dentelé, et que leur œil est moins rapproché de la base du bec; leurs doigts antérieurs sont palmés assez fortement à leur naissance.

Cette famille se divise en plusieurs genres : Les *Cigognes proprement dites*, les *Jabirus*, les *Ombrettes*, les *Becs-ouverts*, les *Tantales* et les *Spatules*.

Les *Cigognes proprement dites* comprennent deux espèces distinctes : la *Cigogne blanche* et la *Cigogne noire*. La Cigogne blanche a le corps d'un blanc éclatant, les pennes des ailes noires, le bec et les pieds rouges; sa tête est garnie de plumes, à l'exception du tour des yeux qui est nu; ses ailes ont deux mètres d'envergure. Essentiellement migrateur, et destiné à parcourir de grandes distances, cet oiseau a le vol puissant et soutenu. On la trouve, selon les saisons, dans la Sibérie méridionale, au Japon, en Perse, en Syrie, en Sénégambie, et dans presque toute l'Europe, en Hollande surtout, où les lois et les coutumes locales protégent son séjour, car la Cigogne est réputée l'amie de l'homme, et sa présence dans une demeure est considérée comme une faveur de la Providence; l'hospitalité qu'on lui accorde, elle la paie d'ailleurs par la destruction d'une multitude de petits Rongeurs et de Reptiles dont elle fait sa nourriture habituelle.

La *Cigogne noire*, assez répandue en France, recherche les lieux non habités.

Les *Marabouts* ou *Cigognes à sac* (*Leptopilos*), ainsi nommés à cause d'un gros appendice suspendu à leur cou, font partie de ce même groupe. C'est à ces oiseaux que nous sommes redevables de ces plumes ou *Marabouts*, si délicatement frisées, d'un blanc de neige éclatant, dont on fait, dans l'Inde, de précieux éventails, et qui ornent si gracieusement les têtes des Européennes.

Les *Jabirus* (*Mycteria*), habitants de l'Amérique méridionale et du Sénégal, se distinguent uniquement par leur bec, légèrement recourbé vers le haut. Ils sont plus grands et plus forts que la Cigogne.

L'*Ombrette* (*Scopus*) vit également au Sénégal. Elle est de la grosseur d'un Pigeon ordinaire, de couleur d'ombre à reflets irisés violets. La tête du mâle est surmontée d'une huppe.

Les *Becs-ouverts* (*Anastomus*) ont ceci de remarquable, que les mandibules de leur bec ne se joignent que par les deux extrémités, laissant entre elles un intervalle vide. Leur nourriture consiste en coquillages que la forme arquée de leur bec leur permet de saisir et retenir.

Les *Tantales* (*Tantalus*) ont le bec très-long et recourbé vers la pointe. Ils habitent les contrées chaudes et marécageuses des deux continents.

Les *Spatules* ou *Palettes* (*Platalea*) tirent leur nom de la forme de leur bec, qui est long, aplati, surtout vers l'extrémité, où il offre tout à fait l'aspect d'une spatule. On en trouve plusieurs espèces en Europe, surtout en Hollande, en Afrique et en Amérique.

4ᵉ SECTION. — LES LONGIROSTRES.

Les *Longirostres* comprennent les Oiseaux dont le bec grêle, long et faible, ne leur permet guère que de fouiller dans la vase pour y chercher les Vers et les Insectes : tels sont les *Ibis*.

L'*Ibis* ou *Abou-Hannès* (*Ibis religiosa*, Cuv.) a le plumage entièrement blanc, la tête et le cou dépourvus de plumes et recouverts d'une peau noire. Les grandes pennes de ses ailes se terminent par un noir cendré luisant, et les secondes par un beau noir à reflets verts et violets. Les barbes des trois ou quatre pennes internes deviennent, avec l'âge, si longues et si effilées, qu'elles couvrent tout le croupion et que, retombant par dessus le bout des ailes, elles cachent une partie de la queue dont les plumes sont blanches.

L'Ibis était, chez les anciens Égyptiens, l'objet d'une vénération profonde; les temples lui servaient de demeure; son corps était embaumé après sa mort. Des naturalistes même, Buffon entr'autres, ont cherché à expliquer ce culte superstitieux, en faisant de l'Ibis un grand destructeur de Reptiles, qui, à la suite des inondations du Nil, infestaient le pays. Cette opinion est erronée; l'organisation de l'Ibis le rend impropre à de tels services; il ne se nourrit que d'Insectes, de Vers, de Mollusques. C'est un oiseau voyageur qui n'apparaît en Égypte qu'aux époques de la crue du Nil, et il paraît naturel qu'on ait imaginé des fictions pour exprimer avec énergie les heureuses influences du phénomène qui, chaque année, attire et retient l'Ibis en Égypte.

LA BARGE COMMUNE — LE COMBATTANT — LE FLAMMANT

LES ÉCHASSIERS (Suite) : LA BARGE. — LE COMBATTANT. — LE FLAMMANT.

Font partie de la section des Longirostres : les *Courlis*, les *Bécasses*, les *Barges*, les *Maubèches*, les *Combattants*, les *Chevaliers*, les *Échasses*, les *Avocettes*.

Le *Courlis* (*Numenius arcuatus*) ne diffère de l'Ibis que par son bec, plus grêle, et rond dans toute sa longueur. Il court très-vite. Il est de passage dans le centre de la France, mais il ne séjourne que sur nos côtes.

Les *Bécasses* (*Scolopax rusticola*) doivent leur nom à leur bec très-long, droit, et dont la mandibule supérieure, plus longue que l'inférieure, se termine vers la pointe par un renflement obtus en forme de talon.

Les *Barges* (*Limosa*) constituent, immédiatement au-dessous des Bécasses, une petite famille qui leur ressemble par la forme, mais qui en diffère par ses jambes plus hautes, sa taille plus élancée, et son bec encore plus long. Le plumage de la BARGE COMMUNE, le type de l'espèce, est d'un gris uniforme, liseré de blanc, à l'exception de la tête, du cou et de la poitrine dont la couleur est roussâtre. C'est un oiseau très-farouche qu'on rencontre rarement dans l'intérieur des terres. Les rivages de la mer, les côtes de la Hollande sont les lieux qu'il préfère. Les Barges ont sur nos côtes, et particulièrement sur celles de Picardie, un passage régulier en septembre, pendant la courte durée duquel elles fréquentent les marais salés, où elles vivent, comme les Bécasses, de Vers ou de Vermisseaux qu'elles tirent de la vase.

Les *Maubèches* (*Calidris*) appartiennent aux régions arctiques et viennent deux fois l'an, au printemps et en automne, visiter nos côtes. Leur plumage, généralement cendré, varie selon les saisons.

Le COMBATTANT (*Tringa pugnax*, LINN.), voisin du genre Maubèche, arrive au mois d'avril sur les côtes de Hollande, de Flandre et d'Angleterre, et s'en retourne en mai. Les Combattants doivent leur nom à cette habitude singulière qu'ils ont de se livrer, seul contre seul, ou troupe contre troupe, des combats acharnés et sans cesse renaissants. Rien n'est curieux comme de voir deux troupes de ces oiseaux marcher en colonne serrée, l'une contre l'autre, se joindre et s'attaquer corps à corps, en tournoyant sur le sable de la grève, comme le feraient en grand nombre de valeurs resserrés dans un petit espace. Du reste, le Combattant se familiarise fort aisément et vit en bonne intelligence avec nos Poules et nos Canards.

« Les Français, dit un vieux naturaliste, voyant un « Oysillon haut encroché sur ses jambes, quasi comme « étant à cheval l'ont nommé *Chevalier* ». Telle est l'étymologie du nom *Chevalier* (*Totanus*), donné à un oiseau plus petit de corps que les Barges, avec des pieds tout aussi longs, mais dont le bec, plus consistant, lui permet, en temps de sécheresse, de se nourrir d'Insectes, de Vers, de Scarabées, etc.

Les *Échasses* (*Himantopus*) ont les jambes excessivement grêles et hautes, et d'une flexibilité telle, qu'elles peuvent subir une torsion très-prononcée sans risque de se briser. Les bords de la mer, les marais ou les lacs salés sont les seuls endroits qu'elles habitent. A l'époque de la ponte, toutes les Échasses d'un canton se réunissent par troupes, et construisent leurs nids tout près les uns des autres, sur une éminence ou butte à l'abri des eaux.

Les *Avocettes* (*Avocetta*) closent la famille des Longirostres. Cette espèce se rapproche des Oiseaux nageurs par ses pieds palmés presque jusqu'au bout des doigts, et nage au besoin avec facilité. Habitant le nord de l'Europe, elles émigrent dans la saison rigoureuse, et alors on les rencontre dans le midi de la France, où elles nichent dans les grandes herbes, au bord des eaux salées marécageuses.

5me SECTION. — LES MACRODACTYLES.

La section des *Macrodactyles* a pour caractère les doigts très-allongés, ce qui leur permet de courir sur les herbes des marais sans les enfoncer, ou bordés d'une membrane plus ou moins développée, ce qui leur donne la faculté de nager. Cuvier a divisé cette famille en deux groupes, selon leurs ailes armées ou non d'éperons.

Le premier groupe comprend les *Jacana*, les *Kamichi*, les *Chaïa*, originaires du Nouveau-Monde, et les *Mégapodes*, qui appartiennent à l'île Waiggiou, de l'Archipel Indien. Le *Kamichi cornu*, plus grand que notre Oie, se distingue particulièrement par une longue tige cornée, mince et mobile, qu'il porte sur la tête.

Le deuxième groupe comprend les *Râles* et les *Foulques*, dont les ailes sont dépourvues d'éperons. Les *Râles* (*Rallus*) habitent nos climats, et sont excessivement craintifs. Les *Foulques*, que Cuvier partage en trois genres : les *Poules d'Eau* (*Gallinulla*), les *Talèves* ou *Poules Sultanes* (*Porphyrio*), et les *Foulques proprement dits* (*Fulica*), ont essentiellement caractérisés par leur bec, qui se prolonge sur le front de manière à y former une sorte d'écusson, ou de plaque, de substance molle et presque charnue.

Tous ces Oiseaux sont aquatiques, fréquentent les lieux inondés et marécageux, et se nourrissent d'herbes et d'Insectes. Leur plumage varie du brun au noirâtre, à l'exception de la *Poule Sultane*, originaire d'Afrique, dont les plumes, d'un beau bleu, sont relevées de reflets brillants.

Une dernière famille, les *Flammants*, ou *Phœnicoptères*, dont les doigts de devant sont palmés, comme ceux des Canards, forment la transition entre l'Ordre des Echassiers et celui des Palmipèdes. L'aile couleur de flamme, d'où le FLAMMANT (*Phœnicopterus ruber*, LINN.) a tiré son nom, n'est pas le seul caractère frappant de cet oiseau : Son bec, d'une forme extraordinaire, épais et arrondi en dessous comme une large cuiller, denté, courbé et comme brisé vers le milieu ; ses jambes, grêles et minces, d'une excessive hauteur ; son corps, plus petit que celui de la Cigogne ; son cou, long et effilé, lui donnent une apparence bizarre, qui ajoutant quelque chose de distingué.

Le Flammant, originaire d'Afrique, se rencontre parfois sur nos côtes de Languedoc et de Provence. Sa nourriture consiste en coquillages, frai de poisson et Insectes aquatiques, qu'il va chercher dans la vase. Son plumage est en général doux, soyeux ; ses couvertures présentent ce beau rouge de feu dont les Grecs, frappés, tirèrent le nom de *Phœnicoptère*.

Pris jeunes, les Flammants s'apprivoisent aisément, se montrent soumis, affectionnés ; mais ils languissent et meurent vite sous notre climat d'Europe.

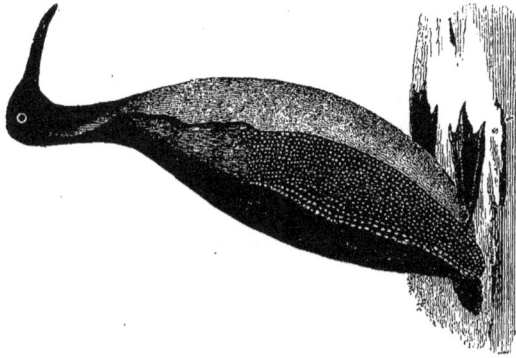

LE GRÈBE CORNU — LE MANCHOT

6ᵉ ORDRE. — LES PALMIPÈDES : LE GRÈBE CORNU ; LE MANCHOT.

Les *Palmipèdes* ou *Oiseaux nageurs*, destinés à vivre à la surface de l'eau et à chercher leur nourriture dans ses profondeurs, sont spécialement conformés pour la natation ; leurs pieds sont palmés, c'est-à-dire terminés par l'addition d'une membrane qui s'étend entre les doigts sans les empêcher de s'écarter, et implantés à l'arrière du corps, disposition favorable à la nage, mais peu propre à la marche. Leur tronc est trapu, ramassé, leurs jambes très-courtes, leur cou ordinairement allongé. Les uns volent avec peine ou sont tout à fait privés de la faculté de s'élever dans les airs ; d'autres, au contraire, comme les Mouettes, les Frégates, égalent pour la rapidité du vol les Martinets et les Hirondelles. Certaines espèces ont pris place parmi nos Oiseaux de basse-cour, et quelques unes, comme les Cygnes, font l'ornement de nos lacs et de nos bassins.

Cuvier partage cet ordre en quatre groupes : les *Plongeurs* ou *Brachyptères*, les *Longipennes*, les *Totipalmes* et les *Lamellirostres*.

1ᵉʳ GROUPE : LES PLONGEURS.

Les *Plongeurs* sont caractérisés par la brièveté de leurs ailes, ce qui les rend très-mauvais voiliers, et par leurs jambes tellement implantées en arrière du corps, qu'ils ne peuvent se tenir à terre que dans une position verticale, ce qui rend leur marche très-pénible. D'où il s'ensuit que l'eau est leur élément naturel. Ils ont le pouce libre, le bec non dentelé.

On divise cette famille en trois grands genres : les *Plongeons* (*Colymbus*), les *Pingouins* (*Alca*) et les *Manchots* (*Aptenodytes*).

Les *Plongeons* se subdivisent en trois groupes : les *Grèbes*, les *Grébifoulques* et les *Plongeons proprement dits*.

Les *Grèbes* ont été souvent confondus avec les Plongeons proprement dits ; mais ils en diffèrent par la structure de leurs pieds. Tandis que les Plongeons ont les trois doigts de devant enveloppés dans une membrane commune, les mêmes doigts chez les Grèbes sont libres depuis la première articulation et bordés seulement d'un lobe qui présente la forme d'une rame ; leur bec est droit, l'aile fort étroite, la queue composée d'un petit faisceau de plumes soyeuses. Ces Oiseaux doivent leur juste célébrité à ces beaux manchons d'un blanc argenté qui ont, avec la moelleuse épaisseur du duvet, l'élasticité de la plume et le brillant de la soie.

Le GRÈBE CORNU (*Podiceps cornutus*, LATH.) a de 33 à 36 centim. de longueur. Il a le dessus du corps noirâtre, et le dessous d'un blanc argenté. Sa tête est ornée d'une double huppe rousse en forme de cornes.

Le Grèbe cornu niche dans les joncs et passe sa vie sur les lacs et les étangs. Quelquefois cependant il s'aventure en mer, et on le voit sur nos côtes de Bretagne et de Picardie et dans la Manche. « Son agilité dans l'eau, dit Buffon, est aussi grande que son impuissance sur la terre ; il nage, plonge, fend l'onde et court à sa surface en effleurant les vagues avec une surprenante ra-

pidité ; on prétend même que ses mouvements ne sont jamais plus vifs, plus prompts et plus rapides que quand il est sous l'eau ; il y poursuit les Poissons jusqu'à une certaine profondeur ; les pêcheurs le prennent souvent dans leurs filets. »

Les *Grébifoulques* appartiennent à l'Afrique et à l'Amérique méridionale ; ils se rapprochent, par leurs pieds, des Foulques et des Grèbes ; mais leur queue est plus développée.

Les *Plongeons proprement dits* diffèrent des Grèbes en ce que leurs trois doigts, comme nous l'avons dit, sont joints par une membrane. L'*Imbrim* (*Colymbus glacialis*), l'espèce principale, habite les bords de la mer Glaciale. Oiseau précurseur des tempêtes, il s'éloigne des côtes dès qu'un orage menace, et avertit par son cri les marins norwégiens, qui l'ont en grande estime.

Les *Pingouins* manquent totalement de pouce. Ils habitent les régions arctiques. Indolents de leur nature, la présence de l'homme les effraye peu. Ces Oiseaux ne font point de nid ; la femelle pond sur la terre nue, dans des trous qu'ils creusent ou dans les anfractuosités des rochers.

Les *Manchots*, dont Buffon a dit « qu'ils étaient le moins oiseaux que possible », ont pour caractères distinctifs : un bec long, pointu, légèrement comprimé vers le b ut ; des ailerons recouverts de rudiments de plumes ayant l'apparence d'écailles, absolument impropres au vol, et qui, remplissant l'office de nageoires, peuvent tout au plus, hors de l'eau, leur servir de balancier pour les aider dans leur marche vacillante ; un gros corps uni et cylindrique, à l'arrière duquel sont attachées deux larges rames plutôt que deux pieds, qui ne leur permettent, pour se soutenir à terre, que de s'appuyer sur le tarse, court et élargi comme la plante du pied d'un Quadrupède ; et, enfin, les trois doigts antérieurs réunis entièrement par une membrane. Cette conformation, qui rend le Manchot étranger aux régions de l'air, ne lui permet pas davantage d'habiter la terre ; mais la mer lui offre au contraire un élément dans lequel il peut se mouvoir avec la facilité la plus grande.

En effet, le Manchot nage avec une vitesse prodigieuse et plonge à de très-grandes profondeurs. Il s'éloigne parfois des côtes à des distances considérables ; on en a rencontré à 130 lieues loin de toute terre ; lorsqu'il nage, tout son corps est submergé, et sa tête paraît seule à la surface de la mer.

Il existe trois ou quatre espèces de Manchots, dont la plus connue est le GRAND-MANCHOT (*Aptenodytes patagonia*, GM.). Sa taille est celle d'une Oie. Il est ardoisé dessus, blanc dessous, à marque noire, entouré d'une cravate citron. On le rencontre aux îles Falkland ou Malouines, aux plusieurs îles de la mer du Sud, aux environs du détroit de Magellan, et même sur les côtes de la Nouvelle-Hollande. Il faut noter ici que, tandis que la nature semble avoir assigné les mers du Nord aux Pingouins, on ne trouve les Manchots que dans les mers Australes.

— ⸙ ❖ ⸙ —

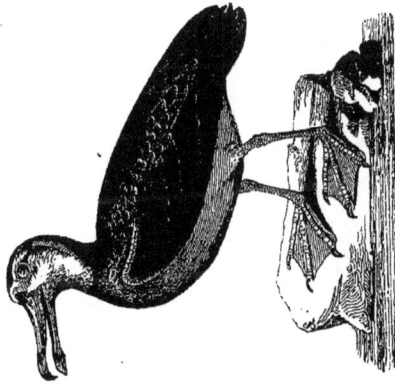

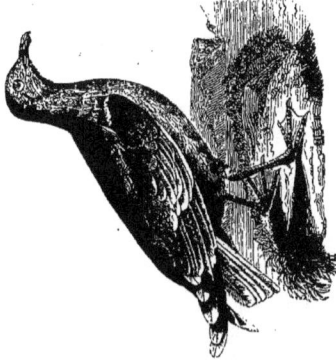

L'ALBATROS — LE GOÉLAND A MANTEAU GRIS

LES PALMIPÈDES (*Suite*) : L'ALBATROS ; LE GOELAND.

2ᵉ GROUPE : LES LONGIPENNES.

Les *Longipennes*, comme l'indique leur nom, sont, au contraire des Plongeurs, remarquables par l'extrême longueur de leurs ailes et par la puissance de leur vol. Leur pouce est libre, c'est-à-dire n'est pas réuni aux autres doigts, et parfois nul. Cette famille renferme les genres *Albatros, Pétrel, Goëland* et *Mouette, Sterne* et *Bec-en-Ciseaux*.

L'ALBATROS DU CAP (*Diomeda exulans*, LINN.), que les navigateurs désignent sous le nom de *Mouton du Cap, Vaisseau de guerre, Poule de la mer Carey*, est le plus massif de tous les Oiseaux d'eau. Ses ailes ont au delà de 3 mètres d'envergure ; sa tête est grosse et arrondie ; son bec, grand, fort et tranchant, présente plusieurs sutures, et se termine à la mandibule supérieure par un long croc que l'on croirait surajouté, tandis que l'inférieure est ouverte en forme de gouttière et comme tronquée. Ses jambes sont courtes, inclinées vers le milieu du corps ; ses pieds n'ont pas de pouce. Le fond de son plumage est d'un blanc gris, brun sur le manteau, avec de petites hachures noires au dos et sur les ailes ; une partie des grandes pennes de l'aile et l'extrémité de la queue sont noires. Sa nourriture consiste en petits Animaux marins, Poissons mous et Zoophytes mucilagineux, qui flottent en quantité sur les mers australes et aux environs du Cap de Bonne-Espérance, dans les parages duquel il habite.

Dans son vol ordinaire, l'Albatros effleure la surface de l'onde, et il ne prend un vol plus élevé que dans les gros temps. Si la tempête l'entraîne loin des terres, il se repose et dort sur l'eau. A l'époque de la ponte, il s'établit à poste fixe sur les rivages des mers australes, y construit un nid en terre, élevé de 70 centim. à un mètre pour le protéger contre les inondations, et la femelle y pond un œuf unique.

Les *Pétrels*, appelés aussi *Oiseaux de tempête*, ont toute l'organisation des Albatros, mais sont plus marins encore que ces derniers. Ce sont, de tous les Oiseaux nageurs, ceux qui se tiennent le plus constamment éloignés des terres. La mer est leur séjour de prédilection ; ils se livrent avec autant de confiance que d'audace au mouvement des flots et paraissent braver la tempête plutôt que la fuir. Ils courent sur les vagues en se soutenant de leurs ailes et en frappant de leurs pieds la surface des eaux, d'où leur nom de *Pétrels*, dérivé, par corruption, de *Peter, Pierre*, parce que les matelots comparent ces Oiseaux à Saint Pierre marchant sur les flots.

Les *Goëlands* et les *Mouettes*, qui appartiennent au même genre et ne diffèrent entr'eux que par la taille, ont le bec tranchant, allongé, aplati sur les côtés, avec la mandibule supérieure arquée vers le bout, l'inférieure formant en dessous un angle saillant. Leur tête est grosse, ils la portent mal, presque entre les épaules, au repos aussi bien qu'en marche. Ils courent assez vite sur les rivages et volent encore mieux au dessus des flots. Leur corps est fourni d'un duvet fort, épais, de couleur bleuâtre, surtout à l'estomac ; mais ils n'acquièrent complètement leurs couleurs, c'est-à-dire le beau blanc sur le corps, le noir ou gris bleuâtre sur le manteau, qu'a-près avoir passé par plusieurs mues successives, et seulement dans leur troisième année.

Oiseaux voraces et criards, ils nettoient la mer des cadavres de toute espèce qui flottent à sa surface ou qu'elle rejette sur ses rivages. Répandus par tout le Globe, ils couvrent les plages, les écueils et les rochers, qu'ils font incessamment retentir de leurs clameurs importunes. Quelques espèces fréquentent les eaux douces, mais il en est que l'on rencontre en mer à plus de cent lieues de distance des terres. Les plus grandes paraissent s'attacher aux côtes de la mer du Nord, où les cadavres des gros Poissons et des Baleines leur offrent une pâture plus abondante ; les plus petites recherchent les rivages des étangs ou de la mer couverts d'herbes.

Le genre Goëland et Mouette renferme une vingtaine d'espèces, parmi lesquelles nous avons choisi le GOELAND A MANTEAU GRIS (*Larus glaucus et argentatus*, GM.). Un peu moins grand que le Goëland à manteau noir, qui est le plus grand de tous, il a, comme ce dernier, tout le plumage blanc, à l'exception de son manteau qui est gris avec des échancrures noires aux grandes pennes des ailes. Il abonde en novembre et décembre sur les côtes de Normandie et de Picardie, où on l'appelle *Bleu-Manteau* et *Gros-Miaulard*, à cause des cris redoublés qu'il fait entendre, comme tous les Goëlands.

Plus petites que les Goëlands, les *Mouettes* ont toutes leurs habitudes, et cachent, sous des dehors gracieux, ce même caractère de férocité qui a valu aux Goëlands, de la part de Buffon, la qualification de « Vautours de la mer ».

Les *Sternes*, appelés vulgairement *Hirondelles de mer*, à cause de leurs ailes longues et pointues, de leur queue fourchue et de leurs pieds courts, qui leur donnent un air de famille avec les Hirondelles de terre, ont le bec presque droit, comprimé, tranchant et effilé. Leurs pieds, garnis de petites membranes, sont peu propres à la nage ; aussi volent-elles presque continuellement, tantôt s'élevant très-haut dans les airs, tantôt rasant les eaux d'un vol rapide, et saisissant au passage les petits Poissons qui nagent à la surface, comme nos Hirondelles y saisissent les Insectes. A toute heure du jour, elles jettent, en volant, des cris perçants qui redoublent d'intensité quand il y a imminence de tempête. Elles arrivent par troupes sur nos côtes de l'Océan au commencement de mai ; la plupart y demeurent ; d'autres immigrent plus loin, en suivant le cours des rivières.

Les *Becs-en-Ciseaux*, ou *Coupeurs d'eau*, le dernier groupe du genre, ont ceci de remarquable, que les deux mandibules de leur bec sont aplaties en lames minces, et que la supérieure, plus courte d'un tiers que l'inférieure, présente une étroite rainure qui reçoit celle-ci. Lorsque cet Oiseau vole, rasant la surface de la mer, il plonge dans l'eau sa mandibule inférieure, et dès qu'elle a rencontré un petit Poisson, il ferme le bec et avale sa proie. Il déploie une égale adresse à s'emparer des Mollusques bivalves : si l'un d'eux entr'ouvre sa coquille, il enfonce prestement sa mandibule inférieure entre les deux valves, qui se referment sur le champ. Il s'envole alors, emportant le coquillage, qu'il ouvre en le frappant contre une pierre, et s'en repaît à son aise.

LE PÉLICAN

LES PALMIPÈDES (*Suite*) : LE PÉLICAN.

3e GROUPE : LES TOTIPALMES.

Les *Totipalmes* diffèrent des Longipennes par la disposition de leurs pieds, dont le pouce est réuni aux autres doigts par une palmure ou membrane commune. Ils ont généralement les ailes très-longues, sont bons voiliers, comme les Longipennes, mais ils nagent moins bien, quoique leurs pieds soient plus parfaitement palmés. A cette famille appartiennent les genres *Pélican, Cormoran, Frégate, Fou, Anhinga* et *Phaéton*.

Le PÉLICAN est le plus grand des Oiseaux aquatiques ; sa taille surpasse celle du Cygne. Ses jambes sont courtes, tandis que ses ailes ont jusqu'à quatre mètres d'envergure. Son plumage est, en général, d'un blanc nuancé de rose, sur lequel tranche fortement le noir éclatant des pennes des ailes. Le front et le dessus du cou sont revêtus d'un duvet léger qui s'allonge sur la nuque et retombe en huppe ; la peau nue des tempes et du tour des yeux est de couleur chair. Le bec, droit, aplati, a 50 centim. de longueur sur 4 à 5 centim. environ de largeur ; la mandibule supérieure, terminée en forme de crochet, est jaune vers son milieu et rougeâtre sur les bords ; la mandibule inférieure est divisée en deux branches qui se réunissent à la pointe et à chacune desquelles est suspendue une membrane nue d'un jaune clair, formant poche et profondément sillonnée par des plis. C'est cette poche qui est le trait le plus caractéristique du Pélican, et c'est par là surtout qu'il a toujours attiré l'attention des observateurs. Peu saillante à l'état de repos, cette membrane acquiert, lorsqu'elle fonctionne, un développement extraordinaire : quand elle est entièrement dilatée, elle peut recevoir 18 à 20 litres d'eau et contenir assez de poissons pour fournir à six hommes un repas abondant. Ce magasin est d'autant plus précieux, que, placés là en réserve et en dehors de toute action digestive, l'eau et le poisson s'y conservent dans un parfait état de fraîcheur.

Cette faculté accordée au Pélican doit faire des provisions a influé sur ses mœurs, et sa vie se partage en alternatives d'un travail très-actif et d'un repos complet, pendant lequel il savoure le fruit de ses peines. Le matin, il se met en chasse ou plutôt en pêche. Se balançant sur ses ailes puissantes, il explore rapidement une grande étendue d'eau, en se tenant à une médiocre hauteur. Lorsque son œil perçant a découvert quelque poisson nageant à la surface des flots, il s'arrête, il plane pour attirer l'attention de sa victime, il s'abaisse insensiblement ; puis, tombant tout à coup comme une masse, il frappe l'eau de ses ailes, la fait bouillonner, et le poisson est dans le sac avant d'être revenu de sa surprise et de sa frayeur. Si plusieurs Pélicans viennent à se rencontrer, ils se concertent, et alors la méthode change. Lorsqu'ils ont trouvé un banc de Poissons, ils forment à l'entour un cercle qu'ils resserrent peu à peu jusqu'à ce que les Poissons, refoulés, se trouvent renfermés dans un espace étroit. Alors, à un signal donné, toutes les ailes frappent l'eau à la fois, et chacun joue du bec au milieu du groupe affolé qui nage çà et là en tumulte et en désordre. Quand la poche est suffisamment garnie, le Pélican prend directement son vol vers le rocher le plus voisin, car son fardeau est si peu commode à porter, que, pour soulager le cou et rétablir l'équilibre, il est forcé de rejeter sa tête en arrière. Arrivé à destination, il choisit une roche sur laquelle il puisse appuyer l'extrémité de son bec, puis, ainsi à l'aise, il mange et dort alternativement jusqu'à l'épuisement complet de ses provisions. Ce n'est que vers le soir que l'Oiseau paresseux sort de son état de léthargie pour aller chercher son souper. Cette seconde pêche est bientôt faite, car c'est l'heure où le Poisson monte volontiers à la surface de l'eau, et cependant quelquefois, quand la faim ne le presse pas trop, le Pélican aime mieux se coucher à jeun que de quitter son gîte, tant le mouvement lui semble chose pénible.

Mais lorsque le Pélican, devenu père de famille, a plusieurs estomacs à nourrir, il lui faut rompre avec ces douces habitudes ; alors tout son temps est occupé à pêcher tant pour lui-même que pour ses petits, auxquels il donne leur pâture en pressant son sac plein contre sa poitrine et en faisant passer ainsi les provisions de son réservoir dans leur bec. C'est cette habitude qui a donné naissance à cette fable traditionnelle, que le Pélican se perce le sein pour nourrir ses petits de son sang. On en a fait en conséquence le symbole de l'amour paternel, et, de nos jours, on représente encore Jésus-Christ sous l'emblème de cet Oiseau.

Le Pélican est répandu dans toutes les parties du globe, mais il semble cependant préférer les pays chauds. Il n'a rien de farouche et s'habitue volontiers à la société de l'homme. Il en existe deux espèces en Europe : le PÉLICAN ORDINAIRE (*Pelecanus onocrotalus*, LINN.), que représente notre gravure ; le *Pélican huppé* (*Pelecanus crispus*), qui doit son nom à l'espèce de huppe que forment les plumes de sa tête et de la partie supérieure de son cou. Son plumage est également blanc, mais nuancé de roux sur la poitrine.

Le *Cormoran* (*Phalacrocorax carbo*, Cuv.) a les tarses totalement emplumés, la mandibule supérieure crochue et l'inférieure tronquée. Il est à peu près de la grandeur de l'Oie, mais sa taille est allongée par une grande queue composée de 14 plumes roides, qui sont, ainsi que presque tout le plumage, d'un noir lustré de vert. Quoiqu'il nage et plonge admirablement, il ne fait pas de longs séjours dans l'eau ; il prend fréquemment son essor et se perche sur les arbres.

Le Cormoran est remarquable par son adresse à pêcher, et sa voracité est telle, que, quand il se jette sur un étang, il y fait à lui seul plus de dégâts qu'une troupe d'autres Oiseaux pêcheurs. En Chine, on a su mettre à profit son talent pour la pêche, et en faire, pour ainsi dire, un pêcheur domestique.

La *Frégate*, le *Fou*, l'*Anhinga* feront l'objet de la notice suivante.

--- ⸱⁂⸱ ---

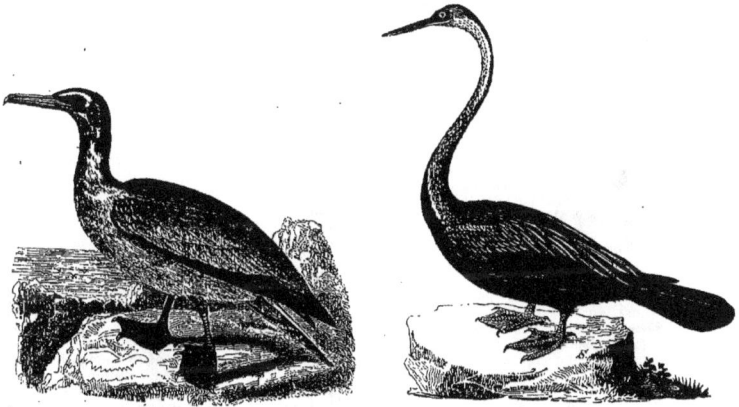

LE FOU DE BASSAN — LA FRÉGATE — L'ANHINGA

LES PALMIPÈDES (*Suite*) : LA FRÉGATE; LE FOU; L'ANHINGA.

La *Frégate*, le *Fou*, l'*Anhinga* font partie, ainsi que le *Phaéton* ou *Paille-en-Queue*, du groupe des Palmipèdes Totipalmes.

La *Frégate* se distingue par sa queue fourchue, ses pieds courts, dont les quatre doigts dirigés en avant sont réunis par une membrane profondément échancrée, et surtout par l'excessive dimension de ses ailes, dont l'envergure mesure de 3 à 4 mètres. La peau qui recouvre sa gorge est assez extensible ; son bec est long, robuste, très-fendu, marqué de sutures, et crochu à la pointe. On ne connaît bien qu'une espèce, la FRÉGATE ORDINAIRE (*Pelecanus aquilus*, LINN.). Le mâle est entièrement noir, et la femelle a toutes les parties inférieures blanches ; elle est de la grosseur d'une Poule.

De tous les Oiseaux de son ordre, c'est la Frégate qui a le vol le plus étendu et le plus puissant. « Balancée sur des ailes d'une prodigieuse longueur, dit Buffon, se soutenant sans mouvement sensible, la Frégate semble nager paisiblement dans l'air tranquille, pour attendre le moment de fondre sur sa proie avec la rapidité d'un trait ; et lorsque les airs sont agités par la tempête, légère comme le vent, elle s'élève jusqu'aux nues et va chercher le calme en s'élançant au-dessus des orages. Elle voyage en tous sens, en hauteur comme en étendue ; elle se porte au large à plusieurs centaines de lieues, et fournit tout d'un vol ces traites immenses, auxquelles la durée du jour ne suffisant pas, elle continue sa route dans les ténèbres de la nuit et ne s'arrête que dans les lieux qui lui offrent une pâture abondante. »

Ce n'est qu'entre les tropiques, ou un peu au delà, dans les mers des deux mondes, qu'on rencontre la Frégate. Elle est excessivement commune sur les côtes de l'Amérique, niche sur les arbres et ne pond jamais que deux œufs.

Le FOU DE BASSAN (*Pelecanus bassanus*, LINN.) diffère de la Frégate par sa tête plus petite, ses ailes moins longues, sa queue non fourchue terminée en coin, et par son corps plus massif ; il est blanc, avec les ailerons et les pieds noirs, le bec verdâtre ; sa grosseur égale celle de l'Oie.

Le Fou vole droit et presque aussi bien que la Frégate ; il a, comme elle, la vue perçante et pêche de la même manière ; il ne s'éloigne pas à plus de vingt lieues des terres et y retourne coucher chaque soir. Ces Oiseaux se réunissent en troupes, habitent les écueils et les îlots les plus déserts, et nichent dans les rochers. Ils sont communs en Écosse, dans la baie de Bassan (golfe d'Édimbourg), et il en vient quelques-uns en hiver sur nos côtes de la Manche.

On ne sait trop pourquoi ces Oiseaux ont été appelés du nom de Fous, car leurs qualités morales sont tout à fait opposées à la pétulance et à l'extravagance, attributs ordinaires de la folie ; ils auraient été plus justement désignés par un terme qui eût exprimé la stupidité et l'imbécillité. Ils paraissent en effet avoir les organes très-peu développés ; ils montrent une inertie presque incroyable à la vue des dangers les plus imminents ; ils se laissent tuer à coups de bâton sur les îles et sur les rivages, prendre sur les vergues des bâtiments qu'ils rencontrent

en mer. Il est vrai qu'un naturaliste explique cette inertie, dans le premier cas, par la difficulté qu'ils ont à s'élever dans les airs en raison de la longueur de leurs ailes et de la brièveté de leurs jambes; et dans le second, par l'ignorance assez naturelle du péril qu'ils courent sur ces vaisseaux, en présence de l'homme qu'ils voient rarement et qu'ils ne soupçonnent pas d'être leur plus dangereux ennemi. Le même auteur atténue le reproche qu'on leur adresse de se laisser ravir trop facilement le fruit de leur pêche par la Frégate, dont ils semblent destinés à être les pourvoyeurs, en rappelant qu'il y a d'autres Oiseaux, dans la famille même des Rapaces, qui se trouvent également obligés de céder le fruit de leur chasse à de plus fortes espèces : tel est le cas du Fou.

L'ANHINGA LEVAILLANT (*Plotus Levaillant*, TEM.) se distingue par son cou grêle, fort long, portant une petite tête cylindrique, munie d'un bec droit, mince et effilé. Sa taille n'excède pas celle du Canard ; il a le bec jaune, le dessus de la tête et le derrière du cou d'un rouge de brique, bordé d'un ruban noir qui descend jusque sur les épaules ; le front, les joues et les côtés du cou d'un blanc pur ; la gorge et la partie antérieure du cou d'un jaune d'ocre pâle ; la poitrine et le dessous du corps d'un noir profond à reflets verdâtres ; le manteau et les petites couvertures des ailes bruns ; le milieu de chaque plume est d'une couleur rouille claire. Sa queue, composée de douze pennes raides et longues, est disproportionnée avec son corps.

Lorsqu'il est immergé ou caché dans l'herbe des rivages, son long cou, se mouvant en mille ondulations diverses, imite tellement bien les mouvements du Serpent, qu'il fait illusion au point qu'il saisit d'effroi le spectateur.

L'Anhinga habite les contrées chaudes des deux continents, parmi les eaux douces et les savanes noyées, vivant de Vers, de Mollusques et de petits Poissons. Il passe la nuit sur les arbres et fait son nid sur les branches les plus élevées. Il vole très-haut et très-vite, et nage avec rapidité. D'une méfiance excessive, au moindre bruit, il plonge et ne reparaît qu'à de longues distances pour respirer et disparaître de nouveau. Sa chasse est très-difficile ; il ne se laisse jamais surprendre, ni sur terre, ni sur l'eau, où les roseaux lui servent de refuge.

Les *Phaétons* ou *Paille-en-queue* se distinguent, parmi tous les autres Totipalmes, par leur tête entièrement emplumée, par le beau blanc de leur plumage et surtout par deux pennes étroites et très-longues qu'ils portent à la queue, et qui, de loin, ressemblent à des brins de paille. Ces brins ont jusqu'à 65 centim. de longueur. Habitants des îles placées sous la zone torride, ils annoncent, par leur présence, le voisinage du tropique ; de là leur nom d'*Oiseaux du tropique*. Quant à leurs mœurs, ce sont celles des Pétrels et des Albatros. Leur vol est puissant et rapide ; ils s'éloignent quelquefois de terre à des distances prodigieuses. Dans ces longues traites, leurs larges pieds, entièrement palmés, leur donnent la faculté de trouver sur l'eau un point d'appui et de s'y reposer.

LE CYGNE NOIR — LE CYGNE BLANC

LES PALMIPÈDES (*Suite*) : LES CYGNES NOIR ET BLANC.

4ᵉ GROUPE : LES LAMELLIROSTRES

Les *Lamellirostres* forment le quatrième et dernier groupe des Palmipèdes; ils ont pour caractères : un bec large, épais, revêtu d'une peau molle, au lieu de corne, et garni sur ses bords de lamelles transversales ou de petites dents destinées à faire passer l'eau et la vase comme par un tamis, quand l'Oiseau a saisi sa proie ; le pouce libre et des ailes médiocres. Cette famille comprend quatre genres : les genres *Oie*, *Cygne*, *Canard* et *Harle*.

L'*Oie* (*Anser*) a le bec médiocre et court, plus étroit en avant qu'en arrière, plus haut que large à la base. Ses jambes, assez élevées et placées presque au milieu du corps, lui rendent la marche facile, quoique lente. Elle va rarement à l'eau, nage peu, ne plonge pas, et ne vient sur le bord des rivières, car elle aime les eaux claires, que pour y passer la nuit. Le jour, elle se tient dans les terrains bas, humides et marécageux, où elle se nourrit d'herbes et de graines, de végétaux aquatiques et de racines bulbeuses. A l'état sauvage, les Oies vivent en troupes, sont farouches à l'extrème et très-difficiles à approcher. A l'état de domesticité, elles gardent ces habitudes défiantes ; mais elles s'affectionnent à nos demeures et se montrent susceptibles d'attachement et de reconnaissance.

Le genre Oie se divise en trois sous-genres : *Oies propres*, *Bernaches* et *Céréopses*.

L'*Oie proprement dite*, dont l'espèce type est l'*Oie cendrée* (*Anser cinereus*), est grise, à manteau brun ou de de gris, avec le bec orangé. Elle est regardée comme la souche de nos Oies domestiques, si utiles comme aliment, et dont la plume nous sert à tant d'usages. Dans certaines parties de la France, telles que la Normandie, le Maine, la Guyenne, on les élève un très-grand nombre. L'espèce sauvage niche dans le Nord, et arrive l'hiver en grandes troupes dans nos climats. Leur vol est très-haut et a lieu dans un ordre admirable.

Les *Bernaches* (*Bernicla*) se distinguent des Oies ordinaires par un bec plus court, plus menu, et dont les bords recouvrent les lamelles. Elles habitent les régions polaires des deux continents, et sont de passage chez nous en automne et en hiver.

Les *Céréopses* (*Cereopsis*) sont propres à la Nouvelle-Hollande. Elles ne diffèrent des Bernaches que par leur bec plus petit.

Le CYGNE (*Cygnus*) est le plus grand des Oiseaux de son ordre. Son plumage est entièrement blanc ; son bec, couvert à sa base d'une peau tuberculeuse d'un beau noir, est d'une couleur rouge orangée ; ses pieds sont d'un noir terne faiblement nuancé de jaune.

Le Cygne, par la douceur de ses mouvements, par l'élégance de ses formes, doit compter parmi les êtres qui démontrent avec le plus d'éclat les merveilleuses harmonies de la nature. « Le Cygne, dit Buffon, règne sur les eaux à tous les titres qui fondent un empire de paix, la grandeur, la majesté, la douceur. Roi paisible des Oiseaux d'eau, il attend l'Aigle sans le provoquer, sans le craindre. Au reste, il n'a que ce fier ennemi, tous les Oiseaux de guerre le respectent, et il vit en ami plutôt qu'en Roi au milieu des nombreuses peuplades des Oiseaux aquatiques. . . . .

« Les grâces de la figure, la beauté de la forme répondent, chez le Cygne, à la douceur du naturel ; il plaît à tous les yeux, il décore, embellit tous les lieux qu'il fréquente ; on l'aime, on l'applaudit, on l'admire. A sa noble aisance, à la facilité, la liberté de ses mouvements sur l'eau, on doit le reconnaître comme le plus beau modèle que la nature nous ait offert pour l'art de la navigation. Son cou élevé et sa poitrine relevée et arrondie semblent, en effet, figurer la proue du navire ; son large estomac en représente la carène ; son corps, penché en avant pour cingler, se redresse à l'arrière et se relève en poupe ; la queue est un vrai gouvernail; les pieds sont de larges rames, et ses grandes ailes, demi-ouvertes au vent et doucement enflées, sont les voiles qui poussent le vaisseau vivant et pilote à la fois. »

Les bords de ses domaines, qu'il semble parcourir avec amour, offrent au Cygne tout ce qui est nécessaire à ses plaisirs et à ses besoins, et il lui suffit d'errer le long de ses rivages pour recueillir les graines, les racines, les plantes aquatiques, les Vers, les Insectes dont il se nourrit, et que son cou, souple et élastique, lui permet d'atteindre à de longues distances. Ce n'est qu'à l'époque de la ponte que les Cygnes transportent leur domicile sur la terre, où ils se construisent un nid d'herbes et de joncs tout à proximité des eaux. Le mâle, pendant tout le temps que dure l'incubation, ne s'éloigne guère, malgré son amour pour l'eau, du nid où les fonctions de couveuse retiennent sa femelle, qu'il protège contre les attaques de tout ennemi. Quand les petits sont éclos, il partage avec elle les soins de la maternité et de l'éducation, et lorsque la jeune famille, devenue grande, ne réclame plus de protection, les époux n'en restent pas moins unis, et une douce et constante affection continue de les unir jusqu'à la saison nouvelle.

Ces mœurs des Cygnes qui animent et embellissent nos pièces d'eau, sont communes aux Cygnes sauvages répandus dans les contrées septentrionales, et qu'un vol d'une force et d'une hauteur extraordinaires emporte vers nos régions tempérées aux approches des hivers; leur plumage et leurs formes sont aussi les mêmes; cependant les rivières et les lacs de la Nouvelle-Hollande sont peuplés d'une multitude d'Oiseaux de tout ennemi la même famille dont toute la robe, à l'exception des six premières pennes de chaque aile, est d'un beau noir luisant. L'aspect de ces Cygnes noirs, qui s'acclimatent facilement en Europe, n'est pas moins agréable à l'œil que celui des Cygnes blancs.

La chair des Cygnes est noire et dure, et leur duvet fin et moelleux est le seul produit qu'on en puisse tirer. Ce bel Oiseau n'est donc, à proprement parler, qu'un objet de parade, et n'a qu'une mission, qu'il remplit d'ailleurs admirablement, celle de charmer les yeux. Sa vie semble se prolonger au-delà d'un siècle.

Cuvier rapproche des Cygnes quelques espèces qui semblent former la transition entre les Oies et les Cygnes ; de ce nombre est l'*Oie de Gambie* (*Anas gambensis*), remarquable par la longueur de ses jambes, par le tubercule qu'elle porte sur le front, et par les deux gros éperons dont ses ailes sont armées.

LE CANARD SAUVAGE — LE TADORNE — L'EIDER

LES PALMIPÉDES (*Suite*) : LES CANARDS SAUVAGES :
L'EIDER ; LE TADORNE ; LE CANARD COMMUN.

Le genre *Canard* appartient, comme l'Oie et le Cygne, au groupe des Lamellirostres. Les Canards, considérés comme les véritables types de l'Ordre des Palmipèdes, ont le bec moins haut que large à sa base et aussi large et même quelquefois plus large à son extrémité que vers la tête ; leurs jambes sont courtes et implantées en arrière du corps, ce qui rend leur marche difficile ; leur cou est moins long que celui des Oies et des Cygnes ; leur vol, pénible au départ, est lent, mais soutenu.

L'espèce du Canard se partage en deux races tout à fait distinctes, dont l'une, depuis longtemps privée, se propage dans nos basses-cours, où elle forme une des plus nombreuses familles de nos volailles, et dont l'autre, encore plus étendue, nous fuit constamment, se tient sur les eaux et ne fait, pour ainsi dire, que passer et repasser en hiver dans nos contrées. C'est de celle-ci que nous nous occuperons d'abord.

Cuvier la divise en six genres : *Macreuse, Garrot, Eider, Millouin, Souchet*, et *Tadorne*. Les quatre premiers genres ont le pouce bordé d'une membrane, des formes lourdes et ramassées, et vivent plus exclusivement de Poissons et d'Insectes ; les genres Souchet et Tadorne n'ont pas de membrane au pouce, ont le corps moins épais, et recherchent les plantes et leurs graines autant que les Poissons et les Mollusques.

Les MACREUSES (*Oidemia*) se distinguent par leur bec large, renflé et surmonté d'une gibbosité à la base. Elles marchent difficilement, et leur vol est pesant et court ; mais, en revanche, elles nagent bien, plongent à de grandes profondeurs, et courent sur les vagues avec agilité. Les Macreuses nichent et pondent sur les terres et les îles des régions arctiques, et c'est de là qu'elles viennent chaque hiver en bandes nombreuses visiter nos côtes de Picardie. Leur plumage est entièrement noir.

Les GARROTS (*Clangula*) ont le bec court et rétréci à son extrémité. Ils sont blancs, avec la tête, le dos et la queue noires, l'aile rayée de blanc. En hiver, ils viennent s'ébattre par troupes sur nos étangs.

Les EIDERS (*Somateria*) ont la base du bec garnie d'une membrane ridée qui se partage en deux sur le front, orné d'une bande de plumes veloutées d'un beau noir à reflets violets ; les joues, la partie inférieure du cou, le dos et les petites couvertures des ailes sont blancs ; le bas de la poitrine, le ventre, le croupion et les grandes plumes des ailes sont noirs ; leurs jambes sont vertes. Leur taille approche de celle de l'Oie.

L'Eider n'est pas un Oiseau migrateur, comme ses congénères ; il ne quitte pas les régions glacées du pôle. Lorsqu'arrive le temps de la ponte, c'est sur les rivages des terres polaires, sur leurs rochers, sur leurs caps, que les Eiders viennent faire ce nid qui nous fournit le précieux duvet connu sous le nom d'*édredon*. Le mâle et la femelle le construisent de concert ; la femelle, avant de pondre, en recouvre le fond et les bords d'une plume légère qu'elle s'arrache du cou et de la poitrine, et dont elle forme, autour du nid, un gros bourrelet. L'Eider mâle, comme tous les Canards, demeure étranger aux soins de la couvée, et lorsque la femelle

abandonne son nid pour aller chercher sa nourriture, elle recouvre ses œufs de ce duvet, si doux et si fin, qui a la propriété de conserver tellement la chaleur, que, quand la femelle revient à son nid, elle retrouve ses œufs aussi chauds que lorsqu'elle les a quittés.

Mais il arrive trop souvent que son nid est vide et dégarni : des hommes aux aguets ont profité de son absence pour le dépouiller. La femelle se plume de nouveau, et fait une nouvelle ponte ; les hommes viennent encore ravir œufs et duvet. La femelle ne se décourage pas ; mais comme elle n'a plus rien à s'arracher, le mâle se dépouille à son tour, et une troisième ponte a lieu. Cette fois, comme l'édredon est grossier et a beaucoup moins de valeur, on ne dérange plus la couveuse, et les Eiders, dès que leurs petits sont éclos, les emmènent à la mer. Il n'est pas rare de rencontrer loin des rivages de petits Eiders que la femelle surveille sur les vagues, comme une Poule le fait dans un champ pour ses poussins.

Les MILLOUINS (*Fuligula*) varient beaucoup de taille. Deux espèces nous visitent assez fréquemment ; l'une, couleur cendrée finement striée de noirâtre ; l'autre noire, avec le ventre blanc et une tache blanche sur l'aile.

Les SOUCHETS (*Rhyncaspis*) se distinguent par leur long bec, dont la mandibule supérieure, arrondie en forme de demi-cylindre, s'élargit au bout. Le Souchet a la tête et le cou verts, la poitrine blanche, le ventre roux, et les ailes variées de blanc, de cendré, de vert et de brun. Il arrive dans nos régions au commencement du printemps.

Les TADORNES (*Tadorna*) diffèrent des autres Canards par leur bec très-aplati vers le bout et relevé en bosse saillante à sa base. Ce genre contient un assez grand nombre d'espèces remarquables. Nous citerons :

Le TADORNE COMMUN (*Anas tadorna*), appelé aussi *Oie-Renard, Canard-Renard, Canard-Lapin*, ou *Canard terrier*, à cause de la singulière habitude qu'il a de gîter dans les terriers, comme le Renard et le Lapin. C'est un des plus jolis Oiseaux de son genre ; il est blanc avec la tête verte ; une ceinture jaune-cannelle entoure sa poitrine et ses épaules ; il a l'aile variée de noir, de blanc, de roux et de vert. Il habite les rivages de la Baltique et de la mer du Nord, et niche dans les dunes de ces contrées, où il choisit pour demeure les trous abandonnés par les Lapins, ou qu'il leur dispute et leur enlève. Il est de passage au printemps sur nos côtes, et ne s'écarte guère du bord de la mer.

Le CANARD COMMUN (*Anas boschas*), qui se reconnaît à ses pieds aurore, à son bec jaune, au beau vert changeant de la tête et du croupion du mâle, et aux quatre plumes moyennes de sa queue, relevées en boucle. Cette espèce, répandue dans toute l'Europe tempérée, où elle niche au bord des eaux stagnantes, est essentiellement voyageuse ; mais elle a surtout ceci de remarquable, qu'elle passe facilement de l'état sauvage à l'état domestique, et plus facilement encore de l'état domestique à l'état sauvage ; c'est la souche principale de nos Canards domestiques.

LES CANARDS DE LA CHINE

LES PALMIPÈDES (*Suite*) : LE CANARD DOMESTIQUE ; LE CANARD DE LA CHINE.

De tous nos Oiseaux de basse-cour, le plus facile à élever, le moins coûteux, et en même temps le plus productif, c'est sans contredit le *Canard domestique*. Omnivore et vorace à l'excès, ayant une propension bien caractérisée vers les substances animales, vivantes ou bien à l'état de corruption, il débarrasse les mares, les cours, les jardins des Insectes et des immondices qui les infectent. Animaux immondes, détritus de toutes sortes, grains, fruits, légumes, racines, tout lui est bon; il remplit, dans la basse-cour, la même fonction que le Cochon dans la ferme.

On n'élève généralement dans nos campagnes que deux espèces de Canards domestiques qui ne diffèrent entr'elles que par la grosseur: le *Canard commun* ou *barbotteur*, et le *Canard normand*. Le premier, rustique, vagabond, identique avec le Canard émigrant, dont l'origine lui est commune; le second, plus gros, plus apte à prendre la graisse. La première espèce est la plus appréciée, elle demande à peine les soins les plus ordinaires, et si même elle est à proximité d'un marais ou d'un étang, elle sait fort bien y trouver d'elle-même sa nourriture.

Quelques autres espèces sont recherchées dans les basses-cours des maisons bourgeoises, mais beaucoup moins pour leur utilité reconnue que pour la beauté de leur plumage. Tels sont les *Canards de la Chine* ou *Canards à éventail*, et le *Canard musqué* ou *Canard de Barbarie*.

Le CANARD DE LA CHINE (*Anas galericulata*, LINN.), nouvellement domestiqué, se trouve depuis longtemps dans toutes les ménageries de l'Europe, et ce bel Oiseau, avec sa huppe vert pourpré en dessus, jaune pâle un peu orangé en dessous; avec son cou fauve et noir verdâtre, sa gorge grise écussonnée de deux bandes blanches à bordure bleuâtre, son manteau et sa queue vert olive à reflets métalliques, et ses éventails orangé brillant, est vraiment digne de disputer au Faisan doré la royauté d'une basse-cour.

Le CANARD MUSQUÉ (*Anas moschata*), improprement appelé *Canard de Barbarie*, car il est originaire d'Amérique, a la robe blanche, et des caroncules rouges garnissent son bec et ses joues.

Ces deux espèces se trouvent à l'état sauvage en Chine et en Amérique.

Le Canard, par ses œufs et par sa chair, est d'un grand produit dans l'alimentation. La *Cane*, c'est le nom qu'on donne à la femelle du Canard, commence à pondre dans les premiers jours de mars, pour finir à la fin de mai. Dans cet intervalle, elle se montre pondeuse infatigable, et il n'est pas rare de voir une Cane donner soixante œufs de suite. Ces œufs, plus gros que ceux de la Poule, sont légèrement teintés de vert, et le blanc conserve un petit goût sauvagin.

Si la Cane pond avec facilité, en revanche, elle n'est jamais empressée de couver ; il faut même la surveiller de très-près ou la confiner dans la basse-cour, car elle dépose ses œufs partout où elle se trouve. Quelquefois, cependant, elle disparaît pendant six semaines, et, un beau jour, on la voit revenir, orgueilleuse mère, chassant devant elle une nombreuse couvée de Canetons.

Les Canetons sont trente-un jours à éclore. Dès qu'ils ont brisé leur coquille, ils peuvent se passer de leur mère et ne réclament quelques soins que pour le choix de leur nourriture. On leur donne d'abord du pain émietté, imbibé de lait ou d'eau; puis, on y joint de la farine de maïs et des feuilles d'orties tendres et cuites. Lorsqu'ils ont acquis un peu de force, on peut leur donner des herbes potagères; mais il faut avoir la précaution de les mélanger de son détrempé d'eau. Au bout de dix ou douze jours, on peut les laisser aller en liberté, et c'est alors qu'on remarque avec quel admirable instinct ces petits êtres si faibles, à peine couverts d'un duvet jaune, devinent de quel côté se trouvent la mare ou le ruisseau les plus voisins. Ils y courent en toute hâte, s'y précipitent, plongent et s'y jouent comme s'ils n'avaient jamais fait autre chose. S'ils ont été couvés par une Poule, ce qui arrive fort souvent, il faut voir la pauvre mère s'agiter sur les bords, pousser des cris multipliés pour rappeler ses petits, prendre son élan pour les secourir, puis s'arrêter tout à coup dès qu'elle sent ses pattes se mouiller, car si les objets de sa sollicitude aiment l'eau par instinct, c'est aussi par instinct que la Poule la fuit.

Comme le rapport des œufs de Canard ne produirait que pendant six semaines de l'année, il s'ensuit que c'est surtout pour la consommation qu'on élève les Canetons, et, dès qu'ils sont gras, on les envoie au marché. On ne garde pendant l'hiver que les Canes qu'on veut faire couver au printemps suivant, car on ne recherche que les jeunes, dont la chair est en effet un mets fort délicat.

L'élève du Canard se pratique un peu partout, mais particulièrement dans le Languedoc, resté, avec une partie de l'Alsace, le centre de l'industrie un peu barbare des foies gras. Ce développement exagéré de l'organe représente tout simplement une maladie que la science désigne sous le nom de *cachégie hépatique*. On la détermine en tenant l'Oiseau dans l'obscurité et en l'empâtant, soir et matin, d'une bouillie de maïs; quinze jours suffisent à l'opération.

Sous le nom de *Sarcelles*, on réunit diverses petites espèces qui n'offrent aucuns caractères, si ce n'est la taille, propres à les distinguer des Canards. Ils en ont toutes les habitudes, même le plumage ; leur description serait superflue.

Les *Harles*, le dernier genre des Lamellirostres, sont très-voisins des Canards, avec le bec plus mince, plus cylindrique, et armé, sur ses bords, de petites dents en forme de scie dirigées en arrière. Ils vivent sur les lacs et les étangs, où ils se nourrissent de Poissons et d'animalcules. Ils nagent le corps submergé, la tête seule hors de l'eau. Leur naturel farouche les a toujours empêchés de passer, comme les Canards, à l'état de domesticité. Ils habitent les régions froides des climats tempérés ; pendant l'hiver, quelques-uns visitent certaines parties de la France.

Le Harle clôt le groupe des Oiseaux.

Nous passons au 2e groupe de la classe des VERTÉBRÉS OVIPARES, aux REPTILES.

LA TORTUE DE MER

VERTÉBRÉS OVIPARES. — 2e GROUPE : LES REPTILES.

Les *Reptiles*, ces créatures d'essai « dans la production desquelles, dit Cuvier, la nature semble s'être jouée à imaginer les formes les plus bizarres, et à modifier, dans tous les cas possibles, le plan général qu'elle a suivi pour les Animaux vertébrés » , sont des animaux à sang froid, à respiration pulmonaire, qui, par leur forme générale, se rapprochent plus des Mammifères que des Oiseaux, mais dont la forme particulière, si on les compare entr'eux, varie considérablement. Chaque espèce a, en effet, une conformation et une organisation qui lui sont propres; les uns ont des membres, les autres en manquent complètement ou n'en ont que des vestiges; ceux-ci sont remarquables par leur grande stature, ceux-là sont infiniment petits; chez certaines espèces, la peau est écailleuse, chez d'autres, elle est unie. Un grand nombre pondent des œufs ; chez quelques-uns, les œufs éclosent avant la ponte. D'autres, enfin, viennent au monde dans un état imparfait et sont soumis à des métamorphoses. Une propriété cependant leur est commune : c'est une force de reproduction et une vitalité extraordinaires. Certaines parties de leur corps ont la faculté de renaître après avoir été enlevées par la mutilation, et Cuvier a constaté qu'une Tortue, dont on avait coupé la tête, vécut encore ainsi vingt-deux jours.

Nous avons déjà défini, dans notre Introduction aux Vertébrés ovipares, le caractère distinctif des Reptiles ; ajoutons ici qu'ils ont généralement les habitudes paresseuses, et que, dans les pays froids ou tempérés, ils passent l'hiver dans un état d'engourdissement complet.

Cuvier partage les Reptiles en quatre ordres: les *Chéloniens*, les *Sauriens*, les *Ophidiens* ou *Serpents*, et les *Batraciens*. Les trois premiers contiennent les espèces à peau écailleuse et sans métamorphose ; le dernier, les espèces à peau nue et à métamorphoses.

1er ORDRE. — LES CHÉLONIENS OU TORTUES.

Les *Chéloniens*, nom grec qui sert à désigner les Animaux plus connus sous la dénomination vulgaire de *Tortues* (*Testudo*), ont pour caractères des mâchoires sans dents, revêtues de corne, et un *Test* ou double bouclier dans lequel leur corps est renfermé tout entier. L'un de ces boucliers, formé de la réunion des côtes et des vertèbres dorsales, et arrondi en forme de voûte, recouvre tout le dos et se nomme *Carapace* ; l'autre, formé par le sternum extraordinairement développé, est situé sous le ventre, et se nomme le *Plastron*. Ces deux boucliers sont soudés l'un à l'autre, de chaque côté, par un large prolongement osseux, ou par de simples cartilages, de façon à laisser en avant et en arrière des ouvertures donnant passage à la tête, aux pattes et à la queue de l'Animal. Cette espèce de cuirasse est encore recouverte par une peau garnie elle-même de larges plaques écailleuses. Au moindre danger dont la Tortue se voit menacée, elle enfouit profondément dans son enveloppe sa tête, sa queue et ses pattes ; le Plastron, dont la surface est plane, pose alors immédiatement sur le sol, et, comme la Carapace dépasse ce plastron aux deux extrémités, un mur d'écaille vient s'interposer entre l'animal et ses assaillants. La Tortue se trouve alors aussi en sûreté sous ce bouclier naturel, qu'elle pourrait

l'être dans le trou profond et inaccessible d'une roche dure.

A cette étrange conformation, la Tortue joint la faculté de pouvoir vivre longtemps sans prendre aucune nourriture ; une diète absolue de six mois, même d'un an, ne paraît amener aucun désordre dans sa constitution. Et telle est aussi chez elle la persistance de la force vitale qu'en outre du fait cité plus haut, notre naturaliste Boitard raconte qu'une Tortue à laquelle il avait enlevé la cervelle, survécut six mois à cette opération.

On divise les Tortues en quatre familles : les *Chersites* ou *Tortues terrestres* ; les *Émydes* ou *Tortues de marais*; les *Chélis* et *Triones*, ou *Tortues fluviatiles* ; les *Chélonées* ou *Tortues de mer*.

Les *Tortues terrestres* sont les véritables Tortues. Elles se reconnaissent à leurs pattes en forme de moignons arrondis, propres à la marche et impropres à la natation ; leurs doigts sont courts, peu distincts et armés d'ongles forts et coniques. Leur carapace est très-bombée et complètement ossifiée ainsi que le plastron. Elles se nourrissent spécialement de végétaux ; leur taille varie depuis 10 centim. jusqu'à 1 mètre. L'espèce la plus commune en Europe est la *Tortue grecque*, qu'on rencontre en Grèce, en Italie et en Sardaigne. Chez toutes les espèces, l'intelligence est très-bornée ; elles ne semblent vivre que pour manger et dormir.

Les *Tortues de marais*, comme l'indique leur nom , vivent sur les bords des lacs, des marais et des cours d'eau. Leurs doigts sont plus ou moins distincts et réunis à leur base par une palmure plus ou moins étendue. Elles n'ont pas la lenteur proverbiale des Tortues terrestres et nagent avec assez de facilité.

Les *Tortues fluviatiles*, impropres à la marche, ont les pattes disposées en forme de rames ou de nageoires. Ces pattes sont comme déprimées, aplaties, et leurs doigts, quoique distincts, sont réunis jusqu'aux ongles par de larges membranes flexibles. Chez les *Chélis*, la carapace moins bombée, presque aplatie, tend en quelque sorte à disparaître, et présente qu'un appendice insuffisant à recouvrir le corps; chez les *Triones*, la carapace est remplacée par une peau molle et très-épaisse, complètement cartilagineuse dans tout son pourtour, ce qui leur a valu le nom de *Tortues molles*. Elles habitent les grandes rivières et les lacs des pays chauds, et sont voraces et féroces. Dans quelques espèces, le plastron se divise en deux battants qui s'ouvrent et se ferment à volonté à l'aide d'une articulation en charnière.

Les *Tortues de mer* ont aussi les pattes disposées en forme de rames. Leurs doigts, très-allongés et renfermés dans une membrane commune, sont entièrement immobiles. Leur carapace est presque plate et trop petite pour abriter totalement leurs pattes. Leur taille est bien supérieure à celle des Tortues terrestres. La TORTUE FRAN-CHE proprement dite (*Chelonia Mydas*), que représente notre gravure, a souvent une longueur de 1 mètre sur 1 mètre 50 de largeur et pèse jusqu'à 400 kilogrammes. Sa carapace à reflets verdâtres la fait désigner quelquefois sous le nom de *Tortue verte*. Elle abonde dans l'Océan atlantique, particulièrement à l'île de l'Ascension.

LE CAÏMAN OU ALLIGATOR

LES REPTILES (*Suite*). – 2º ORDRE. – LES SAURIENS : LE CAÏMAN.

Les *Sauriens* (mot dérivé du grec, qui signifie *Lézard*) diffèrent des Tortues en ce qu'ils n'ont ni carapace, ni plastron, et que leurs côtes et leurs vertèbres dorsales sont mobiles. Ils ont en outre pour caractères principaux : un corps allongé, arrondi, recouvert d'une peau écailleuse ou chagrinée, terminé par une longue queue ; presque toujours quatre pattes, quelquefois deux seulement, avec les doigts garnis d'ongles ; une bouche largement fendue et fortement dentée. Les Sauriens vivent généralement très-longtemps, et leur nourriture consiste exclusivement en matières animales. On trouve réunis, dans cet ordre, tous les modes de locomotion, tels que : ramper, marcher, courir, grimper, nager, plonger, même voler. Les petites et les moyennes espèces de Sauriens, plus connues sous le nom vulgaire de *Lézards*, sont terrestres ; les grandes espèces sont amphibies et passent la plus grande partie de leur temps dans l'eau, où elles nagent rapidement ; sur terre, leurs mouvements sont lents, leur tronc allongé ne s'accommodant guère avec leurs membres courts et grêles. Comme les Tortues, les Sauriens déposent leurs œufs dans la terre et dans le sable, laissant à la chaleur du soleil le soin de les faire éclore.

On subdivise l'Ordre des Sauriens en six Familles : les *Crocodiliens*, les *Lacertiens*, les *Iguaniens*, les *Geckotiens*, les *Caméléoniens* et les *Scincoïdiens*.

Les *Crocodiliens* comprennent tous les Sauriens d'une grande stature, à queue forte et aplatie par les côtés. Leurs membres sont courts, palmés, plus propres à la natation qu'à la marche, et de fortes écailles carrées, dont plusieurs sont garnies d'arêtes saillantes, recouvrent leur corps. L'Europe exceptée, on les rencontre sur tous les continents, où ils se tiennent dans les eaux des grands lacs et sur les bords des grands fleuves. Cette famille se compose de trois genres : les *Crocodiles proprement dits*, les *Gavials* et les *Caïmans*.

Le *Crocodile proprement dit*, dont la taille atteint quelquefois dix mètres, habite le cours supérieur du Nil, les grands fleuves du Sénégal et de la Cafrerie. Il a le museau aplati, médiocre, et, de chaque côté de la mâchoire supérieure, une échancrure qui reçoit une des dents de la mâchoire inférieure et les rend visibles à l'extérieur. La couleur de son dos est d'un vert foncé tacheté de brun ; le dessous de son corps est plus pâle. Il nage avec une excessive rapidité, mais toujours en droite ligne ; il attaque l'Homme et les plus grands animaux carnassiers, tels que le Tigre. Quand il aperçoit un imprudent nageur, il se glisse entre deux eaux, le saisit par une jambe et l'entraîne au fond du fleuve. Puis, comme il préfère la chair corrompue à la chair fraîche, il va cacher le cadavre sous des racines, pour empêcher que le courant ne l'entraîne, et ne revient pour le manger que quand il est putréfié.

Le *Gavial* vit sur les bords du Gange, en Asie. Il a le museau grêle et allongé, surmonté d'une proéminence cartilagineuse d'un volume assez considérable. On le dit inoffensif ; les Poissons semblent constituer sa nourriture exclusive.

Le *Caïman* ou *Alligator* est un genre de Crocodile propre au Nouveau-Monde. Il diffère du Crocodile proprement dit par sa tête moins oblongue et par son museau large et court. Parmi les espèces, citons : le CAÏMAN A MUSEAU DE BROCHET, que représente notre gravure, dont la nuque est recouverte de quatre bandes de fortes écailles ; il est commun dans l'Amérique centrale ; le *Caïman à lunettes*, chez lequel une arête transversale réunit en avant le bord saillant des orbites ; le *Caïman à paupière osseuse*, dont la paupière supérieure est recouverte d'une lame écailleuse que divisent trois sutures.

Les *Lacertiens* ont pour type le *Lézard proprement dit* ; ce sont de petits animaux qui ont cinq doigts à tous les pieds et une langue mince, extensible, terminée par deux longs filets. Le *Lézard* est doux et inoffensif ; il se plaît dans les endroits secs, au soleil, où il reste immobile des heures entières, ce qui l'a fait considérer comme l'emblème de la paresse. Les anciens l'avaient surnommé l'ami de l'homme ; en effet, il semble, malgré sa timidité naturelle, se complaire avec nous ; la musique l'attire et un air mélodieux le fait s'approcher sans crainte. Trois espèces sont remarquables entre toutes : le *Lézard gris*, le *Lézard vert piqueté*, et surtout le grand *Lézard vert ocellé*, le plus beau de tous.

Les *Iguaniens* n'ont pas la langue extensible et sont bien plus grands que les Lacertiens ; ils atteignent quelquefois deux mètres de longueur, dont la queue forme plus de la moitié. Ils grimpent sur les arbres avec la plus grande facilité. A cette famille appartiennent : les *Agames*, qui n'ont pas de dents ; les *Basilics*, d'Amboine et de Java, qui ont une sorte de nageoire verticale sur la queue ; les *Dragons*, petits êtres inoffensifs, doués d'espèces d'ailes à l'aide desquelles ils poursuivent de branche en branche les Insectes dont ils se nourrissent.

Les *Geckotiens* sont des Lézards nocturnes, timides et inoffensifs, à la tête aplatie et à l'aspect repoussant, comme les Crapauds. Leur mâchoire n'a qu'une rangée de dents ; leur langue n'est pas extensible ; leurs doigts, au nombre de cinq à chacune de leurs quatre pattes, armés d'ongles crochus, rétractiles, sont libres, très-élargis, et garnis d'espèces de ventouses, à l'aide desquelles certains de ces Sauriens peuvent marcher suspendus aux plafonds. Comme les Iguaniens, ils vivent d'Insectes.

Les *Caméléoniens* doivent leur célébrité à la faculté singulière qu'on leur attribue, bien à tort, de pouvoir à volonté changer de couleur. Le *Caméléon* ne peut modifier sa couleur naturelle ; mais, comme il a le poumon énorme, qu'il peut se gonfler d'air à volonté, dans cet état son corps devient diaphane, et alors, selon les passions qui l'agitent, sa peau revêt une apparence plus pâle ou plus foncée, de la même manière que l'homme pâlit ou rougit. Les Caméléons ont la tête anguleuse, le corps déprimé et terminé par une queue prenante. Ils vivent de petits Insectes qu'ils attrapent en dardant subitement sur eux leur langue gluante et visqueuse. Ils habitent les contrées les plus chaudes de l'Asie et de l'Afrique.

Les *Scincoïdiens*, petits animaux inoffensifs, au corps cylindrique ou fusiformes, se trouvent dans le sud de l'Europe, dans l'Abyssinie et la Nubie. Ils forment la transition des Sauriens aux Ophidiens.

LE CROTALE   LE BOA   LE NAJA

LES REPTILES (Suite). — 3e ORDRE. — LES OPHIDIENS: LE BOA; LE CROTALE.

Les *Ophidiens* ou *Serpents* sont des Reptiles complètement dépourvus de membres, et dont le corps cylindrique et très-allongé se meut au moyen des replis qu'il fait sur le sol. La plupart ont des yeux sans paupières, fixes et menaçants ; leur bouche, très-fendue et suceptible d'une grande dilatation, est garnie de dents aiguës, recourbées en arrière, ou bien de crochets ou dents creuses, munis à leur base d'une glande remplie de venin. Leur peau est presque nue, d'un tissu extensible, protégée parfois par des tubercules, presque toujours par de minces écailles, et recouverte par un épiderme qui se détache de temps à autre tout d'une pièce. Les écailles ou plaques de la région inférieure sont généralement plus grandes que celles du dos, et servent à la locomotion. Leur voix est une sorte de sifflement long et sourd. Ils sont essentiellement carnassiers ; mais les dents crochues dont leur bouche est armée, propres à retenir la proie qu'ils ont saisie, ne sauraient la dépecer ; de là, la nécessité pour eux de l'avaler tout entière. L. nombre de leurs vertèbres et de leurs côtes est très-considérable. Il s'élève jusqu'a 202 vertèbres chez la Vipère commune, à 422 chez le Python. La Couleuvre possède 300 paires de côtes. Ils préfèrent, en général, les lieux obscurs, humides et chauds. Ils en est de terrestres et d'aquatiques ; d'autres sont exclusivement marins.

Les Ophidiens se divisent en trois Familles: les *Anguis*, les *Amphisbènes* ou *Serpents doubles-marcheurs*, et les *Serpents proprement dits*.

Les *Anguis* sont, pour ainsi dire, des Sauriens dépourvus de pattes. Avec les Scincoïdiens, dont nous avons parlé précédemment, ils forment la transition des Sauriens aux Ophidiens. En effet, ils se rapprochent des Sauriens par leur structure osseuse, par les dents et par la langue ; leurs yeux sont également munis de trois paupières. En outre, on trouve chez eux, en dessous de la peau, des vestiges d'épaules, de sternum, de bassin et de membres postérieurs. Ils ont le dessus et le dessous du corps également écailleux et les écailles sont imbriquées, c'est à dire placées comme les tuiles d'un toit. Le principal genre de cette famille se compose des *Orvets* ou *Anguis fragiles*, animaux faibles et innocents, qui se nourrissent de Mollusques, de petits Insectes, et qui se raidissent avec tant de force, lorsqu'on les prend avec la main, que souvent leur queue se casse, ce qui les a fait appeler *Serpents de verre*.

Les *Amphisbènes* ou *Doubles-marcheurs* sont considérés comme la première famille des *Vrais-Serpents* ; ils n'ont ni sternum, ni vestiges d'épaules, mais leur mâchoire inférieure est encore soutenue par un os directement articulé au crâne, ce qui fait que leur bouche ne peut se dilater autant que celle des Serpents proprement dits. Leur tête est tout d'une venue avec leur corps, forme qui leur permet de marcher également en avant et en arrière.

Les *Serpents proprement dits* ont les mâchoires indépendantes l'une de l'autre et simplement attachées au crâne par des ligaments et des muscles. Cette tribu se subdivise, d'après l'absence ou la présence de dents venimeuses, en *Serpents non venimeux* et *venimeux*.

Les *Serpents non venimeux* constituent deux genres principaux : les *Boas*, qui en dessous de la queue des plaques simples, et les *Couleuvres*, qui ont les plaques rangées par paires.

Les *Boas* renferment les plus grandes espèces de Serpents qu'on connaisse. Il en est dont la longueur dépasse, dit-on, 15 mètres et atteint même jusqu'à 20 mètres. Ils ont pour caractères propres : un corps très-long, fusiforme, d'un diamètre considérable au milieu, allant en diminuant vers la tête et vers la queue ; une tête relativement petite, tenant au corps par un cou assez mince et grêle ; la queue prenante, par laquelle ils se suspendent aux rameaux des grands arbres pour guetter leur proie et la saisir au passage ; des rudiments de membres postérieurs cachés sous la peau et visibles au dehors sous forme de crochets.

Le Boa choisit son repaire dans les cavités des vieux arbres, sous leurs racines, d'où il ne sort jamais que pressé par la faim. Alors il se cache dans les grandes herbes, ou se suspend à une grosse branche, prêt à saisir tout ce qui passe à sa portée. Lorsqu'un animal quelconque vient à paraître, une Gazelle, une Chèvre, une Biche, il s'élance sur lui, l'étouffe, puis, redoublant d'efforts, l'aplatit et le broie contre l'arbre. Il laisse alors tomber sa victime à terre, la couvre d'une bave gluante et, ouvrant une gueule immense, il commence à avaler un animal beaucoup plus gros que lui. La digestion est si longue et si difficile, qu'il s'engourdit, et, dans cet état, privé de toutes ses facultés, on peut le tuer aisément. Malgré cette gloutonnerie, il peut rester, comme tous les Serpents, un temps considérable sans manger.

Les Boas habitent les contrées chaudes de l'Amérique, la Guyane, le Brésil. On en distingue plusieurs espèces : le *Boa constricteur*, appelé aussi *Boa royal* ou *devin* (Voir la gravure accompagnant la notice No 61), reconnaissable à la large chaîne, formée alternativement de grandes taches noirâtres, irrégulièrement hexagones, et de taches pâles, ovales, échancrées aux deux bouts, qui règne le long de son dos et y forme un dessin très-élégant ; le *Boa anaconda*, très-bon nageur ; le *Boa brodé*, etc.

Parmi les *Couleuvres*, signalons le *Python de Java*, comparable au Boa pour la taille et la force. La femelle du Python entoure ses œufs des replis de son corps, les soumet ainsi à une sorte d'incubation. Quant aux *Couleuvres proprement dites*, la famille en est extrêmement nombreuse. Elles ont pour caractères : une tête ovalaire, déprimée, séparée du tronc par un col assez marqué ; une queue longue et terminée par une pointe effilée. Ce sont de petits animaux inoffensifs, d'un naturel très-doux et susceptibles d'être apprivoisés. Les principales espèces sont : la *Couleuvre à collier* (*Tropidonotus torquatus*), très-commune dans nos climats, où elle habite les prairies voisines des eaux douces ; la *Couleuvre noire*, qui atteint jusqu'à 2 mètres 50 cent. de longueur, et qui se trouve dans l'Amérique du Nord.

Les *Serpents venimeux* forment deux sections, les *Venimeux à crochets isolés* et les *Venimeux à plusieurs dents maxillaires*. A la première section appartiennent les *Crotales*, les *Trigonocéphales*, les *Vipères*.

Nous leur consacrons la Notice suivante.

LA VIPÈRE ET SES PETITS

LES OPHIDIENS (*Suite*). — LES SERPENTS VENIMEUX : LA VIPÈRE ; LE NAJA.

Les *Serpents venimeux à crochets isolés*, ou mobiles, ont, comme tous les Ophidiens, une double rangée de petites dents dans le palais ; mais leur mâchoire supérieure est en outre armée de deux dents fort aiguës, lesquelles sont percées d'un petit canal qui donne issue à un venin d'une couleur verte, sécrétée par une glande considérable située sous chaque œil. Ces dents, au repos, se cachent dans un repli de la gencive, et quand le Reptile veut s'en servir, il les redresse, le venin coule, et pénètre dans la morsure. Ajoutons que ce venin, quoique très-violent, n'agit que lorsqu'il est en contact direct avec le sang ; on peut l'aspirer, l'avaler impunément ; aussi le premier soin à donner aux personnes mordues par une Vipère, par exemple, est-il de sucer ou de leur faire sucer la blessure pour en extirper le poison. Quant à ce qu'on dit de la faculté qu'auraient les Serpents de fasciner les Animaux dont ils font leur nourriture à ce point, non seulement de les empêcher de fuir, mais encore de les forcer à venir d'eux-mêmes dans leur gueule, ce n'est pas précisément une fable ; leur large tête, leurs yeux sans paupières, fixes et menaçants, leur donnent un aspect féroce, la frayeur, l'horreur que leur vue inspire est si grande, qu'elle les terrifie et les leur livre sans défense.

Les Serpents venimeux sont ovovivipares c'est-à-dire que leurs œufs éclosent avant la ponte et que leurs petits viennent au monde vivants.

Les *Crotales* (*Crotalus durissus*, Cuv.), vulgairement appelés *Serpents à sonnettes*, à cause du bruissement que produisent des appendices creux disposés comme autant de grelots à l'extrémité de leur queue, sont réputés les Serpents venimeux par excellence. Leur morsure est très-souvent mortelle. Il paraît même que les crochets venimeux conservent indéfiniment leur funeste propriété. Le naturaliste Audubon raconte qu'un fermier américain, mordu à la jambe au travers de sa botte par un Serpent à sonnettes, mourut en quelques heures. Un an après, son fils chaussa les bottes de son père ; en les retirant, le soir, il sentit à la jambe une légère écorchure, bientôt suivie de souffrances très-vives, et il expira également. Ces mêmes bottes échurent à un frère du défunt, qui en reçut aussi une écorchure dont il mourut. L'événement fit du bruit, un médecin fut appelé ; il interrogea les parents, les amis des victimes, se fit montrer les fatales bottes, et trouva implantée dans le cuir de l'une d'elles la pointe d'un crochet de Serpent à sonnettes. Il le détacha, et pour prouver que c'était là qu'il fallait chercher la cause de la triple catastrophe, il en piqua le museau d'un chien, qui cessa de vivre peu de temps après.

Les Crotales habitent les contrées chaudes de l'Amérique du Sud.

Le *Trigonocéphale* ne se distingue des Crotales que par l'absence du bruyant appareil qui caractérise ces derniers. Du reste, le venin du Trigonocéphale n'est pas moins redoutable que celui du Crotale. Le *Trigonocéphale jaune* ou *Vipère fer-de-lance*, la principale espèce, est propre aux petites Antilles, dont il est en même temps le fléau. Vif, alerte, il n'attend pas sa victime, il la cherche, la provoque, se dressant verticalement devant elle,

égalant l'homme en hauteur, et la poursuit jusque sur les arbres où elle croit trouver un refuge. On dit qu'à la Martinique, les champs de cannes à sucre sont infestés de ces terribles Reptiles, et qu'il ne périt pas moins de 50 personnes, année moyenne, par suite de leurs morsures. On a essayé de divers moyens pour détruire une espèce si dangereuse ; mais aucune tentative n'a eu de résultats satisfaisants.

Les *Vipères* ont la tête entièrement couverte de petites écailles carénées. La *Vipère commune* (*Vipera aspis*), dont la taille ne dépasse pas 60 à 70 centim., est brune avec une raie noire en forme de zigzags le long du dos, et une rangée de taches noires de chaque côté ; le ventre est ardoisé. Sa tête est plate, triangulaire, brusquement tronquée au bout du museau, au dessus duquel elle porte une tache affectant la forme d'un cœur ou d'un V dont la pointe est tournée vers le nez. Du reste, elle varie beaucoup pour la couleur, ce qui a déterminé quelques naturalistes à créer plus eurs espèces sous les noms de *Vipère rouge*, *grise*, *noire* et *Aspic*, quand les angles externes des zigzags se prolongent en demi-bandes très-noires sur un fond plus roux.

La Vipère, très-commune dans les bois dont le sol est parsemé de roches et de granit, est le seul reptile dangereux qui existe en France, et encore l'est-elle moins qu'on ne le croit généralement. Elle ne mord que quand elle y est forcée pour sa propre défense, et sa blessure est rarement mortelle.

La Vipère met au monde quinze à dix-huit petits tout vivants, un peu moins grands qu'un Ver de terre, et néanmoins déjà pourvus de leurs crochets venimeux. Lorsque le ciel est pur, le soleil chaud, la Vipère porte ses petits dans un lieu exposé au midi, et là, elle les lèche, les approprie et les surveille attentivement, comme une Poule ses Poussins. Si l'un s'écarte trop, elle le force à rejoindre ses frères, en le poussant doucement avec la tête. Si un danger apparaît, elle les appelle par une sorte de sifflement sourd, pose sa tête sur le sol, ouvre la gueule, et tous les Vipereaux effrayés s'y précipitent à la hâte et vont se cacher dans son estomac. Dès qu'ils y sont tous, elle fuit, les emportant ainsi avec elle. Il paraît que pendant fort longtemps ils n'ont pas d'autre demeure.

A la seconde section des Serpents venimeux appartient le *Naja* (*Vipera naja*), qui se reconnaît aux caractères suivants : crochets à venin, implantés sur les os maxillaires supérieurs, et cachés, au repos, dans un repli de la gencive ; mâchoires très-dilatables ; langue très-extensible ; tête élargie en arrière et recouverte de grandes plaques ; cou dilaté en forme de disque par le redressement des côtes qui le soutiennent ; queue munie d'un double rang de plaques et arrondie à son extrémité. Le *Naja vulgaire*, appelé communément *Serpent à lunettes* et *Cobra capello* par les Portugais, habite l'Inde et la Perse. Il doit s n nom français à un trait qu'il a au dessus du cou et qui représente assez bien une paire de lunettes. Sa morsure est aussi dangereuse que celle du Crotale.

Passons à la 4e Famille des Ophidiens, aux Batraciens.

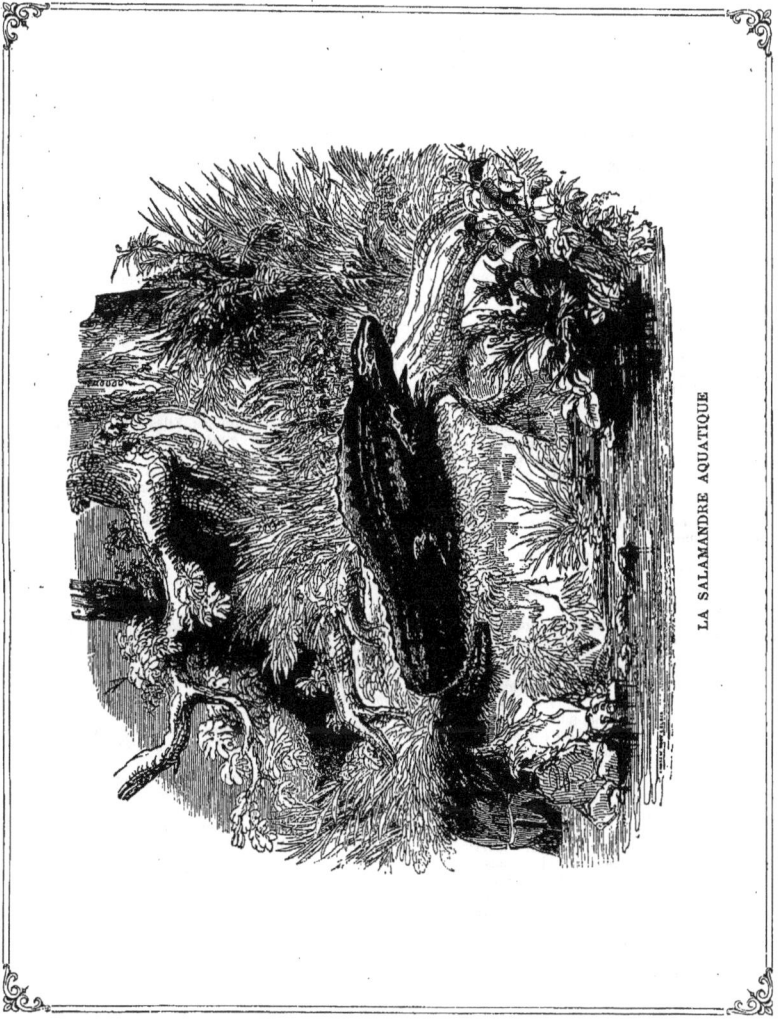

LA SALAMANDRE AQUATIQUE

LES REPTILES (Suite). — 4ᵉ ORDRE. — LES BATRACIENS : LA SALAMANDRE.

Les *Batraciens* sont, comme nous l'avons dit, des Reptiles à peau nue et à métamorphoses, qui forment la transition entre les Reptiles et les Poissons. Dès leur naissance et dans le jeune âge, ils respirent par des branchies, comme les Poissons, et leur ressemblent par la conformation générale de leur corps ; dans l'âge adulte, ils respirent par des poumons et prennent la forme des Reptiles.

Les *Batraciens* sont ovipares ; ils pondent des œufs en chapelets, qui sont mous et s'enflent dans l'eau ; il en sort un être imparfait composé d'une boule terminée par une longue queue, que les naturalistes nomment *Têtard*, et qui est pourvu de branchies respiratoires analogues à celles des Poissons. Ce Têtard continue à séjourner dans l'eau. Peu à peu, dans cet élément, ses organes intérieurs se perfectionnent, ses poumons se développent. En même temps ses branchies, devenues inutiles, s'atrophient et tombent ; puis sa peau se fend par degrés, et le Batracien naît avec sa tête volumineuse, ses gros yeux saillants et des pieds à doigts distincts et sans ongles. Alors, son régime change, et, d'herbivore qu'il avait été jusque-là, il devient carnivore.

On divise les *Batraciens* en quatre Familles : les *Anoures*, qui subissent une métamorphose complète, et qui, dans l'âge adulte, ont des poumons, des membres, et n'ont plus ni branchies, ni queue ; les *Urodèles*, qui, conformés comme les Anoures, conservent leur queue, ce qui les fait ressembler aux Lézards ; les *Pérennibranches*, qui conservent leur queue, leurs branchies et ont aussi des poumons, comme les Anoures et les Urodèles ; les *Cécilies*, qui manquent complètement de membres, et ont la forme générale des Serpents.

Les *Anoures* comprennent les Grenouilles, les Crapauds, les *Rainettes* et les *Pipas*.

Les *Grenouilles* ont les formes élégantes et sveltes, la peau presque lisse et parfois agréablement colorée. Elles vivent dans les lieux humides, sur les bords des fontaines, des étangs, où elles s'élancent au moindre bruit. Elles sont bonnes nageuses ; sur terre, leur marche consiste en petits sauts répétés. L'hiver elles se réunissent dans la vase, en masses profondes, parfois d'une épaisseur de 30 centim. La *Grenouille commune* ou *verte* est d'un beau vert tacheté de noir, avec trois raies jaunes sur le dos, et le ventre jaunâtre. La chair des vraies Grenouilles est blanche et délicate.

Les *Crapauds* diffèrent des Grenouilles en ce que leurs deux mâchoires sont dépourvues de dents. Ce sont des êtres inoffensifs ; mais leur aspect inspire généralement de l'aversion. Leur peau sombre est couverte de pustules d'où suinte une humeur fétide ; mais il n'est pas vrai que leur morsure et leur salive soient venimeuses. Ils vivent très-longtemps, même dans des espaces très-resserrés ; absolument privés d'air, ils meurent, comme les autres animaux.

Les *Raines* ou *Rainettes* se distinguent des Grenouilles et des Crapauds par leurs doigts que termine à leur extrémité une sorte de pelote visqueuse à l'aide de laquelle elles grimpent et se fixent sur les arbres.

Les *Pipas* se font remarquer par leur physionomie aussi hideuse que bizarre : tête aplatie, triangulaire, petits yeux, longues narines. Ils sont célèbres par la manière dont ils procréent leurs petits. Lorsque les œufs sont pondus, le Pipa mâle les étend sur le dos de la femelle, qui se rend aussitôt à l'eau. La peau de cette région éprouve une sorte d'inflammation, gonfle et forme des cellules dans lesquelles les œufs éclosent. Les petits y passent leur état de Têtards, et n'en sortent qu'après avoir acquis la forme de l'animal adulte.

La seule espèce connue est le *Pipa de Surinam*.

La famille des *Urodèles* se compose des *Salamandres terrestres* et des *Salamandres aquatiques* ou *Tritons*. Les Salamandres présentent les mêmes caractères que les Batraciens, avec la forme générale des Lézards. Les *Salamandres terrestres* ont, comme les Grenouilles, les deux mâchoires garnies de dents, la tête aplatie, une longue queue ; leur peau est lisse, d'un brun clair légèrement teinté de rose, et parsemée de grandes taches d'un jaune vif. Sur les flancs sont deux rangées de tubercules d'où suinte une liqueur laiteuse qui peut les défendre pendant quelque temps contre l'effet d'un feu médiocre ; c'est ce qui a donné lieu à la fable des Salamandres vivant dans les flammes. Elles sont ovovivipares.

Les *Salamandres aquatiques* ont la queue comprimée verticalement. Elles passent presque toute leur vie dans les eaux stagnantes, où elles se font remarquer par leur vivacité. Mais ce qui les distingue particulièrement, c'est la facilité avec laquelle elles réparent les mutilations que leur corps a subies ; leur queue, leurs pattes même repoussent plusieurs fois après avoir été coupées, et cela, avec les os, les muscles et les vaisseaux. La vitalité des Salamandres est telle, qu'une congélation même assez prolongée ne les fait point périr. Un naturaliste observateur, M. Boitard, rapporte, à ce sujet, une curieuse expérience. une Salamandre, emprisonnée par lui dans un bloc de glace et laissée pendant trois années dans une glacière, fut, après ce laps de temps, dégelée doucement et retrouvée pleine de vie.

Les *Pérennibranches* renferment les *Protées*, les *Axolotls*, les *Ménobranches* et les *Sirènes*.

Les *Protées* habitent les lacs souterrains de la Carniole. On n'en connaît qu'une espèce, le *Protée anguillard*, qui a les pieds de devant garnis de trois doigts, et ceux de derrière de deux seulement.

Les *Axolotls* ressemblent à des larves de Salamandre au moment où elles vont passer à leur état parfait. On les trouve dans le lac qui entoure la ville de Mexico.

Les *Ménobranches* vivent dans les grands lacs de l'Amérique septentrionale. Ils ont quatre doigts à chaque pied.

Les *Sirènes* sont privées de pieds. Elles habitent les marais de l'Amérique du Nord.

Le genre *Cécilie* comprend des animaux privés d'yeux, ou dont les yeux sont cachés sous des téguments qui en rendent l'usage absolument nul. L'absence de membres leur donne un aspect serpentiforme. On ne les trouve que dans les contrées intertropicales.

Les *Cécilies* forment la transition entre les Ophidiens et les Batraciens.

LA PÊCHE AU REQUIN

VERTÉBRÉS OVIPARES. — 3me GROUPE : LES POISSONS.

Nous avons défini les Poissons des animaux à peau nue ou écailleuse, à sang rouge et froid, pourvus de nageoires et respirant par des branchies, au lieu de poumons. Destinés à vivre dans un milieu d'une autre nature que l'air, leur organisation diffère essentiellement de celle des animaux que nous avons décrits jusqu'ici.

Les *branchies* sont des organes formés par un grand nombre de petites lamelles membraneuses, soutenues par des arceaux osseux, appelés *arcs branchiaux*. Chez la plupart des Poissons, les branchies sont *libres*, c'est-à-dire simplement fixées par leur base ; chez d'autres, elles sont *fixes*, c'est-à-dire attachées à la peau par leur bord externe et aux arcs branchiaux par leur bord interne. Lorsque l'animal ouvre la bouche, l'eau qui y pénètre, se tamisant entre ces lamelles, laisse échapper l'air qu'elle tient en dissolution, puis ressort par une ouverture appelée *ouïe*. Cet orifice est souvent recouvert d'un *opercule osseux*, qui peut s'ouvrir et se fermer à volonté au moyen d'une membrane appelée *membrane branchiostège*.

La forme extérieure des Poissons est très-variable. En général, leur corps est tout d'une venue, avec une tête aussi grosse que le tronc dont elle n'est pas séparée par un rétrécissement, ou *cou*, comme chez les Vertébrés supérieurs. Mais ce qui les distingue particulièrement, c'est l'absence totale de membres, qui sont représentés par des nageoires membraneuses, soutenues par des osselets disposés en éventails et appelés *rayons*; ces rayons sont dits *épineux* ou *mous*, selon qu'ils sont formés d'une seule pièce osseuse ou d'une multitude de petites pièces articulées. Les nageoires portent différents noms, suivant la place qu'elles occupent. Les unes sont disposées par paires, et tiennent lieu des quatre membres des animaux vertébrés : ce sont les *pectorales*, situées derrière les ouïes, qui remplacent les membres antérieurs, et les *ventrales*, attachées aux os du bassin, qui remplacent les membres postérieurs. Les autres, qui sont impaires, sont appelées *dorsales*, *anales* ou *caudales*, selon qu'elles sont disposées sur le dos, sous la queue, ou à l'extrémité de celle-ci. Ce sont ces trois dernières qui concourent, avec la queue, à donner au Poisson la faculté de se mouvoir dans l'eau avec une extrême rapidité. Les premières lui permettent surtout de diriger sa marche et de se maintenir en équilibre. Cette dernière condition est encore facilitée chez un certain nombre d'espèces par la présence, dans l'abdomen, d'une poche à air, ou *vessie natatoire*, que l'animal dilate ou comprime à volonté.

Le squelette des Poissons est généralement osseux ; quelquefois, cependant, il reste à l'état cartilagineux. Les côtes sont longues et amincies ; elles constituent, avec les rayons des nageoires, ce que l'on appelle communément les *arêtes*. Mais ce qui est le plus caractéristique, c'est la multiplicité des os qui composent la tête, multiplicité d'autant plus naturelle, que la tête comprend, avec les os du crâne et de la face, la charpente de tout l'appareil respiratoire et circulatoire.

Les sens sont en général très-obtus chez les Poissons, à l'exception de l'ouïe, qui paraît très-fine. Le système musculaire est au contraire excessivement dé-

veloppé. Ajoutons que les Poissons, étant dépourvus de trachée, n'ont pas de voix.

Enfin, les Poissons sont, comme les Oiseaux, privés de mamelles, et se reproduisent par des œufs, dont la grosseur varie beaucoup; le nombre en est toujours très-considérable et dépasse parfois un million.

La classification des Poissons est une œuvre des plus ardues. « La classe des Poissons, dit Cuvier, est, de toutes, celle qui offre le plus de difficultés, quand on veut la subdiviser en ordres, d'après des caractères fixes et sensibles. Après bien des efforts, je me suis déterminé pour la classification suivante, qui, dans certains cas, pèche contre la précision, mais qui a l'avantage de ne point couper les familles naturelles. »

C'est cette classification que nous allons suivre.

Les Poissons se divisent, d'après la nature de leur squelette, en deux grandes séries distinctes : les *Poissons osseux*, et les *Poissons cartilagineux* ou *Chondroptérygiens*. Ces deux séries forment neuf ordres.

Les Poissons osseux se subdivisent en quatre sections : 1° les *Acanthoptérygiens* ; 2° les *Malacoptérygiens* ; 3° les *Lophobranches*, et 4° les *Plectognathes*.

Les Acanthoptérygiens ont la mâchoire supérieure complète et mobile, et les branchies en forme de peignes ; mais ce qui les caractérise principalement, c'est que la première partie de la dorsale, ou la première dorsale, quand il y en a deux, est toujours soutenue par des rayons épineux. Cette section comprend les trois quarts des Poissons connus.

Les Malacoptérygiens ont les rayons des nageoires mous. Ils comprennent : 1° les *Malacoptérygiens abdominaux*, qui ont les nageoires ventrales suspendues sous l'abdomen et en arrière des pectorales; 2° les *Malacoptérygiens subbrachiens*, qui ont les ventrales attachées sous les pectorales; 3° les *Malacoptérygiens apodes*, qui sont dépourvus de ventrales.

Les Lophobranches sont caractérisés par des branchies en forme de petites houppes rondes.

Les Plectognathes se rapprochent des Poissons cartilagineux par le durcissement tardif de leur squelette ; de plus, la mâchoire supérieure est soudée au crâne, comme chez les Oiseaux et les Mammifères.

Les Poissons cartilagineux ou Chondroptérygiens se subdivisent, d'après la disposition de leurs branchies, en deux groupes : 1° les *Chondroptérygiens à branchies libres*, et 2° les *Chondroptérygiens à branchies fixes*.

Les Chondroptérygiens a branchies libres, ou Sturioniens, diffèrent des Poissons osseux en ce que leur membrane branchiostège n'est pas soutenue par des rayons.

Les *Chondroptérygiens à branchies fixes* forment deux sections :

1° Les Sélaciens, qui ont les mâchoires mobiles et disposées pour la mastication ;

2° Les Cyclostomes ou Suceurs, dont le corps allongé, cylindrique, et dépourvu de pectorales et de ventrales, se termine antérieurement par une lèvre charnue circulaire que soutient un anneau cartilagineux fixe.

LE CHÉTODON

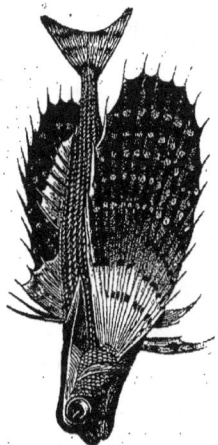

LE DACTYLOPTÈRE

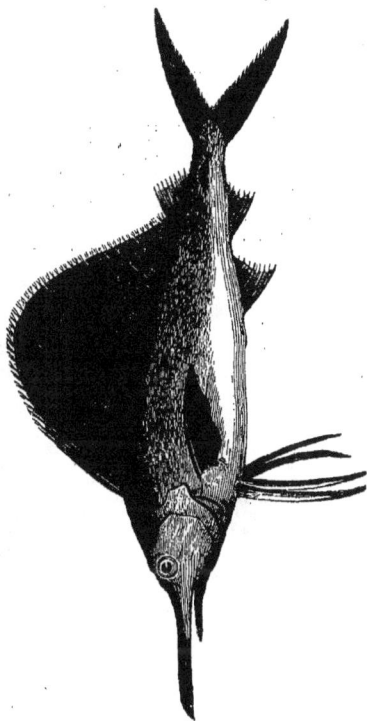

LE VOILIER PORTE-GLAIVE

Ire DIVISION. — POISSONS OSSEUX ou ORDINAIRES.

1er ORDRE. — LES ACANTHOPTÉRYGIENS.

Les Poissons osseux comprennent six ordres, dent le premier et le plus important est celui des Acanthoptérygiens. Cet ordre se divise en quinze familles, qui sont : les *Percoïdes*, les *Joues cuirassées*, les *Sciénoïdes*, les *Sparoïdes*, les *Ménides*, les *Squammipennes*, les *Scombéroïdes*, les *Tænioïdes*, les *Teuthyes*, les *Pharyngiens labyrinthiformes*, les *Mugiloïdes*, les *Gobioïdes*, les *Pectorales pédiculées*, les *Lubroïdes* et les *Bouches en flûte* ou *Aulostomes*.

1° Percoïdes. — Les Percoïdes ont le corps oblong et plus ou moins comprimé, et couvert d'écailles généralement dures et âpres. Ils ont pour type la *Perche commune* (*Perca fluviatilis*), un de nos plus beaux et et de nos meilleurs poissons d'eau douce. Elle est verdâtre, à larges bandes verticales noirâtres, avec les nageoires ventrales et anale rouges. Les *Bars*, les *Rougets* et les *Surmulets* appartiennent à cette famille.

2° Joues cuirassées. — Les *Joues cuirassées* doivent leur nom à l'espèce de cuirasse qui recouvre leurs joues et qui est formée par un prolongement des os sous-orbitaires. Parmi les espèces qui composent cette famille, nous choisirons quelques-unes des principales.

Les *Dactyloptères*, plus connus sous le nom d'*Hirondelles de mer*, ont les nageoires pectorales tellement développées, qu'elles peuvent fonctionner comme des ailes.

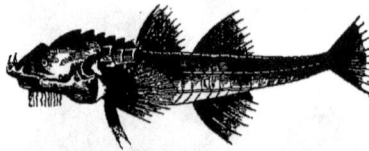

L'Aspidophorus europœus.

Aussi voit-on ces poissons s'élancer hors de la mer et voler pendant quelques secondes pour échapper aux espèces voraces qui les poursuivent avec acharnement ; mais ils retombent dans l'eau aussitôt que la membrane qui unit les rayons de leurs nageoires est desséchée. Le Dactyloptère de la Méditerranée (*Dactyloptera pirapeda*) est long de 33 centimètres, brun en dessus, rougeâtre en dessous, et a les nageoires diversement tachetées de blanc.

Le genre *Aspidophore* n'est représenté sur nos côtes que par une petite espèce qui y est extrêmement commune. C'est l'Aspidophorus europœus. Sa tête est large, osseuse, inégale; son corps est octogone, dépourvu d'écailles, mais recouvert d'incrustations osseuses qui se projettent en pointes aiguës.

Les Epinoches (*Gasterosteus*) ont pour caractère particulier que leurs épines dorsales sont libres et ne forment pas une nageoire. Elles sont très-communes dans nos eaux douces, et surtout en Angleterre, où on les emploie à nourrir les cochons et fumer les terres. Elles se distinguent en outre par une particularité de mœurs fort curieuse : le mâle construit un nid où la femelle dépose ses œufs, et non-seulement il en surveille l'éclosion, mais encore il protège ses petits jusqu'à ce qu'ils aient atteint une certaine grosseur.

3° Sciénoïdes. — Les *Sciénoïdes* diffèrent principalement des précédents en ce qu'ils ont le palais dénué de dents; de plus, les os du crâne et de la face

sont caverneux et forment un museau plus ou moins bombé. Les Sciénoïdes renferment un assez grand nombre d'espèces, dont la plupart sont bonnes à manger. Telles sont la *Sciène* et l'*Ombrine*.

4° Sparoïdes. — Les *Sparoïdes* se rapprochent des Sciénoïdes par l'absence de dents au palais ; mais leur museau n'est pas bombé et les os de leur tête ne sont pas caverneux. Ils forment quatre tribus : les *Spares*, les *Dentés*, les *Canthères* et les *Bogues*.

5° Ménides. — Les *Ménides* ont beaucoup d'analogie avec les Sparoïdes ; mais ils s'en distinguent par leur mâchoire supérieure, qui est protractile et rétractile. Parmi les espèces qui composent cette famille, deux seulement se trouvent sur nos côtes ; ce sont les *Mendoles* et les *Picarels*.

6° Squammipennes. — Les *Squammipennes* tirent leur nom de ce que la partie molle et souvent la partie épineuse de leurs nageoires, tant dorsales qu'anales, sont recouvertes d'écailles qui les encroûtent et rendent ces organes difficiles à distinguer de la masse du corps, qui est en général très-comprimé et écailleux.

Les Squammipennes se divisent en trois tribus, dont la plus curieuse est celle des *Chétodons*, c'est-à-dire *dents-soies*, parce que leurs dents sont très-fines et rassemblées sur plusieurs rangs serrés, comme les crins d'une brosse. Ils sont remarquables par leurs couleurs éclatantes, disposées sur des fonds rose, pourpre, azuré, etc. Le Chétodon rostré (*Chætodon rostratus*), qui habite la mer des Indes, se distingue surtout par la manière dont il prend sa proie, qui ne se compose que d'Insectes. Dès qu'il en aperçoit un sur la tige de quelque plante aquatique, il s'en approche avec précaution, et, à l'aide de sa bouche, en forme de canon, il lui lance une goutte d'eau avec tant de précision, qu'il manque rarement de le faire tomber sans mouvement à la surface de l'eau.

7° Scombéroïdes. — Les *Scombéroïdes* sont caractérisés par des écailles petites et lisses et par des nageoires verticales généralement dépourvues d'écailles ; en outre, leur queue et surtout leur nageoire caudale sont très-vigoureuses.

Cette famille renferme un grand nombre de genres.

Le genre *Espadon* se distingue principalement par la saillie que forme la mâchoire supérieure, qui se prolonge en une lame comprimée, tranchante des deux côtés et terminée en pointe, comme une lame d'épée. Ce genre ne comprend qu'une espèce, l'Espadon commun (*Xiphias gladius*), appelé aussi Voilier porte-glaive, assez répandu sur les côtes de la Sicile. Parfois il atteint une longueur de 6 à 7 mètres et un poids de 150 à 200 kilog. Il nage avec une rapidité extrême, et poursuit les navires en marche pour se lancer sur leur coque et les percer de son glaive.   H. L.

6*

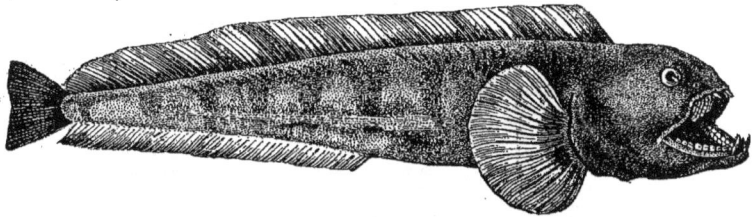

L'ANARRHIQUE-LOUP DE MER

LA JAUNE DORÉE

LA PAUDROIE COMMUNE

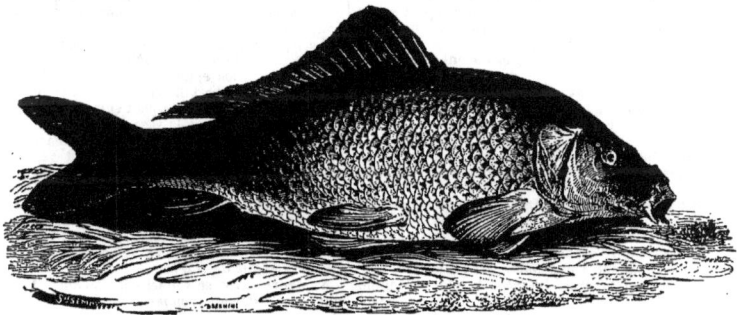

LA CARPE

LES ACANTHOPTÉRYGIENS (Suite et fin). — 2me ORDRE. — LES MALACOPTÉRYGIENS ABDOMINAUX.

Le genre *Scombre*, qui a donné son nom à la famille des Scombéroïdes, comprend les *Maquereaux*, qui ont le dos d'un beau bleu métallique changeant en vert irisé, avec des raies ondulées noires, et le reste du corps blanc argenté, et les *Thons*, gros poissons à peau nue, pesant jusqu'à 500 kilog., dont la chair est très-estimée, et qui abondent dans la Méditerranée.

Citons encore les *Dorées* (*Zeus*), qui ont la dorsale échancrée, avec des épines accompagnées de longs lambeaux de la membrane, et une série d'épines fourchues le long des bases de la dorsale et de l'anale. Une des espèces de ce genre est assez commune dans la Méditerranée ; c'est la JAUNE DORÉE (*Zeus faber*), qui doit son nom à sa couleur jaunâtre ; elle a le corps déprimé et la tête large, et est extrêmement vorace.

8° TÆNIOIDES. — Les *Tænioïdes* ou *Poissons en ruban* doivent leur nom à la forme de leur corps, qui est très-allongé et très-aplati sur les côtés.

9° TEUTHYES. — Les *Teuthyes* sont caractérisés par leur corps oblong et comprimé, leur dorsale unique et leur bouche petite, armée à chaque mâchoire d'une seule rangée de dents tranchantes.

10° PHARYNGIENS LABYRINTHIFORMES. — Les *Pharyngiens labyrinthiformes* sont remarquables par la forme singulière que présentent chez eux les os pharyngiens supérieurs. Ces os sont en effet divisés en petits feuillets plus ou moins nombreux, formant des cellules dans lesquelles il reste de l'eau, qui découle sur les branchies et leur permet encore de fonctionner quand l'animal est à sec. De là, la propriété qu'ont ces Poissons de pouvoir sortir de l'eau et s'en éloigner à d'assez grandes distances, en rampant sur la terre. Le type de cette famille est l'*Anabas*, qui habite les Indes, la Chine et les Moluques.

11° MUGILOIDES. — Les *Mugiloïdes* ont le corps allongé, presque cylindrique et recouvert de grandes écailles ; leurs dents sont tellement fines, qu'elles sont à peine perceptibles. Le genre le plus important de cette famille est le genre *Muge*, assez commun sur nos côtes.

12° GOBIOIDES. — Les *Gobioïdes* se reconnaissent à leurs épines dorsales grêles et flexibles et à l'absence de vessie natatoire. Parmi les espèces que l'on rencontre dans nos parages, nous citerons les *Anarrhiques*.

Les Anarrhiques ont une longue nageoire dorsale, mais sont dépourvus de ventrales ; leur museau est arrondi, leur mâchoire est armée de dents si acérées, que, lorsqu'ils s'attaquent à une ancre, ils y laissent l'empreinte de leurs morsures. L'espèce la plus commune est l'ANARRHIQUE-LOUP (*Anarrhichas lupus*), appelé vulgairement *Loup marin*, à cause de sa voracité. Il atteint une longueur de 2 m. à 2 m. 30 cent. Sa peau, épaisse et gluante, est brune avec des bandes nuageuses plus foncées. Il abonde dans les mers du nord.

13° PECTORALES PÉDICULÉES. — Les *Pectorales pé-*diculées sont caractérisées par l'allongement des os du carpe, lesquels forment une espèce de bras qui porte les nageoires pectorales ; en outre, leurs écailles sont presque nulles. Le genre le plus important est le genre *Baudroie*, dont le type est la BAUDROIE COMMUNE (*Lophius piscatorius*), que sa forme bizarre et hideuse a fait nommer par les pêcheurs *Diable de mer*. C'est un des grands poissons de nos mers, dont la taille va jusqu'à 1 m. 70. Il est très-fort et très-vorace.

14° LABROIDES. — Les *Labroïdes* ont le corps oblong et écailleux, et leurs mâchoires, armées de dents très-fortes, sont couvertes par des lèvres charnues, d'où ils tirent leur nom.

15° BOUCHES EN FLUTE ou AULOSTOMES. — Les Poissons qui composent la dernière famille des Acanthoptérygiens doivent leur nom au long tube situé en avant de leur crâne et à l'extrémité duquel se trouve leur bouche. Une espèce de cette famille, la *Bécasse de mer*, est assez commune dans la Méditerranée.

2me ORDRE. — MALACOPTÉRYGIENS ABDOMINAUX.

L'ordre des MALACOPTÉRYGIENS ABDOMINAUX, qui comprend presque tous les Poissons d'eau douce, se divise en cinq familles, qui sont : les *Cyprinoïdes*, les *Esoces*, les *Siluroïdes*, les *Salmones* et les *Clupes*.

1° CYPRINOIDES. — Les *Cyprinoïdes* ont la bouche peu fendue, les mâchoires faibles et le plus souvent sans dents, le corps écailleux, et une vessie natatoire généralement double et quelquefois triple. C'est le genre *Carpe* (*Cyprinus*) qui a donné son nom à cette famille. Il est caractérisé par la longueur de la dorsale, qui a, ainsi que l'anale, une épine plus ou moins forte pour deuxième rayon.

Le type de ce genre est la CARPE VULGAIRE (*Cyprinus carpio*), d'un vert olivâtre en dessus, jaunâtre en dessous, avec des épines dorsales et anales fortes et dentelées, et des barbillons courts aux angles de la mâchoire supérieure. Elle se plaît surtout dans les étangs, où elle s'enfonce dans la vase pour passer l'hiver. A la belle saison, elle est d'une vivacité remarquable. Sa nourriture paraît être principalement végétale. Non-seulement sa longévité est très-grande et dépasse trois siècles, témoins les Carpes des fossés du château de Fontainebleau, mais son énergie vitale permet encore de la transporter à de grandes distances. La Carpe est très-estimée comme aliment ; mais le morceau le plus apprécié des gastronomes est le palais, nommé vulgairement *Langue de Carpe*.

Au genre Carpe se rattache la *Dorade*, appelée communément *Poisson rouge* ou *Poisson doré*, qui fait l'ornement de nos bassins.

Citons encore, parmi les autres genres de cette famille, les *Barbeaux*, les *Goujons*, les *Tanches*, les *Brèmes*, les *Loches*, etc., qui concourent presque tous à notre alimentation.   H. L.

L'Anarrhique-Loup de mer

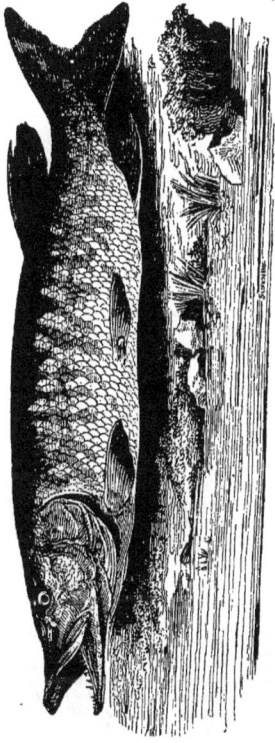

LE BROCHET

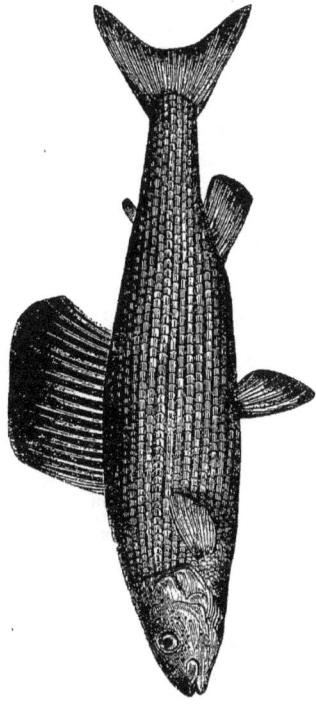

L'OMBRE COMMUNE

LES MALACOPTÉRYGIENS ABDOMINAUX (*Suite et fin*).

2º Ésoces. — Les *Ésoces* sont caractérisés par des mâchoires garnies de fortes dents ; ils ont l'orifice des opercules très-grand, une vessie natatoire, et la dorsale située au dessus de l'anale.

Le genre le plus important de cette famille est le genre *Brochet*, qui a pour type le Brochet commun (*Esox lucius*). Ce poisson a le corps allongé, arrondi, ou plutôt à quatre pans, dont les angles sont obtus. Sa gueule est fendue jusqu'au delà des yeux sous un museau large et déprimé. La voracité est le trait le plus saillant de son caractère ; aussi lui a-t-on donné le surnom de *Requin des eaux douces ;* il se nourrit en effet de tous les animaux qu'il y rencontre, sans même épargner les individus de sa propre espèce. Il semble du reste que la nature l'ait créé à cet effet, car ses mâchoires sont formidablement armées de dents longues et très-tranchantes.

Les Brochets croissent vite et atteignent une taille considérable ; dans le Volga, on en pêche qui mesurent 2 m. 50 de longueur et pèsent jusqu'à 24 kilog. Ils vivent aussi fort longtemps.: on en cite un, entre autres, qui a été pêché près de Manheim en 1497 et dont l'âge authentique était d'au moins 235 ans. La chair du Brochet est très-estimée et d'une digestion facile, mais ses œufs possèdent des propriétés purgatives fort énergiques.

A cette famille appartiennent encore les *Exocets*, reconnaissables à la grandeur excessive de leurs nageoires pectorales, à l'aide desquelles

L'Exocet commun ou Poisson volant.

ils peuvent se soutenir quelques instants en l'air ; aussi les désigne-t-on vulgairement sous le nom de *Poissons volants.* L'espèce la plus commune dans notre hémisphère, l'Exocet commun (*Exocetus volitans*) est un joli petit poisson de 15 à 20 cent. de long, à la parure resplendissante d'azur et d'argent, que rehausse la teinte bleu foncé de la dorsale, de la queue et de la poitrine.

3º Siluroides. — Les *Siluroides* se distinguent surtout des autres familles de cet ordre en ce qu'ils n'ont pas de véritables écailles, mais seulement une peau nue ou garnie de grandes plaques osseuses.

4º Salmones. — Les *Salmones* ont le corps oblong, écailleux, avec une petite dorsale à rayons mous, suivie d'une peau remplie de graisse et non soutenue par des rayons. Tous les Salmones sont remarquables par leur voracité, par leur vie vagabonde et par la délicatesse de leur chair. La plupart vivent dans la mer ; mais, à l'époque du frai, ils remontent les rivières jusque vers leurs sources, et y déposent leurs œufs dans des trous qu'ils creusent à cet effet. Dans ces migrations, ils franchissent les chûtes d'eau les plus élevées.

Les Salmones se divisent en un assez grand nombre de genres, dont le plus important comprend les *Saumons proprement dits* et les *Truites.* La plus grande espèce du genre est le *Saumon ordinaire* (*Salmo salar*),

dont la longueur varie de 80 cent. à 1 m. 80. Ce poisson est extrêmement abondant dans tout l'Océan septentrional. La chair du Saumon est rougeâtre, ferme et savoureuse. Sa pêche a lieu à l'embouchure des fleuves, au moment où il quitte la mer pour aller frayer ; elle constitue dans certains pays, en Écosse, par exemple, une industrie des plus productives. Les *Truites* sont toutes caractérisées par la présence sur le corps de taches d'une belle couleur vermillon qui résiste à la cuisson ; elles sont répandues dans un très-grand nombre de rivières et de lacs de l'Europe.

Parmi les autres genres de cette famille, nous citerons encore les *Éperlans*, qui ont la forme des Truites, mais manquent de taches, et les *Ombres*, dont la bouche est peu fendue et garnie de dents très-fines. L'Ombre commune (*Thymallus communis*) est brunâtre, avec des raies noirâtres dans sa longueur ; elle atteint la taille de 50 centim. ; sa chair est très-estimée. On la trouve en Suisse, en Italie et dans le sud-est de la France.

5º Clupes. — Les *Clupes* diffèrent des Salmones par l'absence de nageoire adipeuse. En outre, leur corps est comprimé et couvert de grandes écailles, généralement peu adhérentes Cette famille comprend un assez grand nombre de genres, dont les plus intéressants sont le genre *Hareng* et le genre *Anchois*.

Les *Harengs* ont le corps comprimé à la partie inférieure et garni d'écailles formant une denteture comme celle d'une scie ; ils sont en outre remarquables par le grand nombre et la finesse de leurs arêtes. Ce genre comprend deux tribus : les *Harengs proprement dits*, et les *Aloses.*

La première tribu a pour type le *Hareng commun*, connu de tout le monde. Vivant, il est vert glauque sur le dos, blanc sur les côtés et sur le ventre, et vert sur tout le corps d'un brillant glacé métallique ; après la mort, le vert du dos se change en bleu. Les Harengs, comme les Maquereaux, avec lesquels on les rencontre d'ailleurs fréquemment, vivent en troupes considérables, appelées *Bancs.* Ils habitent les mers du nord, d'où ils viennent chaque année sur les côtes de l'Europe, de l'Asie et de l'Amérique, sans jamais dépasser le 45º degré de latitude nord. Leur multiplication est prodigieuse ; aussi, malgré les ennemis qui lui font la chasse, la pêche du Hareng est-elle une des plus productives. Parmi les autres espèces qui appartiennent à la même tribu, citons les *Sardines*, qui ne diffèrent des Harengs que par la grandeur de leurs écailles et l'exiguité de leur taille.

Les *Aloses* sont beaucoup plus grandes que les Harengs ; mais leur chair est d'un goût moins fin.

Le genre *Anchois* se distingue principalement du genre *Hareng* par la grandeur de la bouche. L'*Anchois commun* abonde sur les côtes de la Bretagne et dans la Méditerranée, où il fait l'objet d'un commerce important.

LE RÉMORA

LE MERLAN

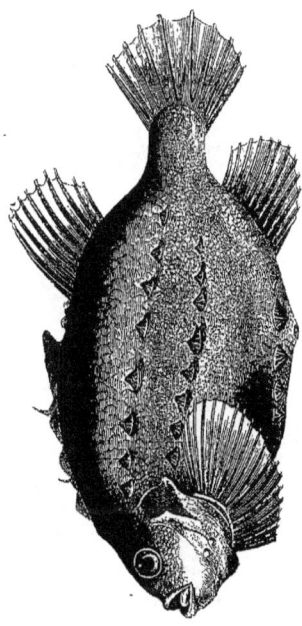

LE LUMP

3me ORDRE. — LES MALACOPTÉRYGIENS SUBBRACHIENS.

Les MALACOPTÉRYGIENS SUBBRACHIENS sont, comme nous l'avons dit, des Poissons osseux, à rayons mous, dont les ventrales sont attachées sous les pectorales et immédiatement suspendues aux os de l'épaule. Cet ordre se divise en quatre familles : les *Gadoïdes*, les *Pleuronectes*, les *Discoboles* et les *Echénéides*.

1º GADOIDES. — Les *Gadoïdes* sont reconnaissables à leurs ventrales attachées sous la gorge et aiguisées en pointe. Ils ont le corps médiocrement allongé, peu comprimé et couvert d'écailles molles ; leur tête est bien proportionnée et sans écailles ; leurs mâchoires sont armées de dents pointues, médiocres ou petites, faisant office de râpe ; enfin, ils ont une vessie natatoire volumineuse. Ils se subdivisent en quatre genres principaux : les *Morues*, les *Merlans*, les *Merlus* et les *Lottes*.

Les *Morues* se distinguent par la présence de trois nageoires dorsales, de deux anales, et d'un barbillon à l'extrémité de la mâchoire inférieure. La *Morue proprement dite* (*Gadus morrhua*) est longue de 70 cent. à 1 mètre. Sa couleur est un verdâtre, mêlé de jaune sur le dos, qui passe par degrés au blanc argenté des parties inférieures. Les nageoires supérieures sont verdâtres, les inférieures sont blanchâtres. Ce poisson habite les mers du nord, principalement au banc de Terre-Neuve, et il s'y multiplie tellement, que des flottes entières s'y rendent chaque année pour se livrer à sa pêche. On estime à 9 millions le nombre d'œufs que renferme une Morue de taille ordinaire.

Le Lump.

Les *Merlans* ont le même nombre de nageoires que les Morues, mais sont dépourvus de barbillons. Le MERLAN COMMUN (*Gadus Merlangus*) est long d'environ 30 centim. Son dos est d'un gris qui tire un peu sur le verdâtre, tandis que le reste du corps est d'un éclat argenté très-brillant. Il habite les mers septentrionales de l'Europe, où l'on en fait des pêches considérables. Sa chair est très-estimée, surtout à cause de sa légèreté.

Les *Merlus* ont deux nageoires dorsales et une anale ; mais ils manquent de barbillons.

Les *Lottes* ont le même nombre de nageoires que les précédents ; mais elles sont munies de barbillons plus ou moins nombreux. Ces deux derniers genres, comme les Merlans, sont aussi l'objet de pêches importantes.

2º PLEURONECTES. — Les *Pleuronectes* ou *Poissons plats* ont un caractère unique parmi les Vertébrés, le défaut de symétrie de leur tête. En effet, les deux yeux sont du même côté, lequel reste supérieur quand l'animal nage et est toujours fortement coloré, tandis que le côté dépourvu d'yeux est toujours blanchâtre. En outre, les deux côtés de la bouche ne sont point égaux. Le corps est très-comprimé et très-haut verticalement. La dorsale règne tout le long du dos, l'anale occupe le dessous du corps, et les ventrales semblent la continuer en avant. Ils se tiennent en général au fond des eaux comme appliqués contre le sable et la vase, et s'y glis-

sent pour ainsi dire à plat. Ils fournissent le long des côtes, dans presque tous les pays, une nourriture saine et agréable. Signalons parmi les espèces les plus connues : les *Plies*, les *Limandes*, les *Turbots* et les *Soles*.

3º DISCOBOLES. — Les *Discoboles* sont essentiellement caractérisés par la forme de leurs nageoires ventrales, qui sont unies et arrondies en disque. L'un des principaux genres de cette famille est le genre *Cyloptère*. Les Poissons qui le composent se distinguent par leurs ventrales, dont les rayons, suspendus tout autour du bassin et réunis par une seule membrane, forment un disque ovale et concave qui leur sert de ventouse pour se fixer aux rochers. Le type de ce genre est le LUMP ou LAMP (*Cyclopterus lampus*), vulgairement appelé *Gras-Mollet*. Il a en outre trois rangées de gros tubercules de chaque côté du corps. Sa chair est molle et insipide. On le rencontre dans nos mers.

4º ECHÉNÉIDES. — Les *Echénéides*, que Cuvier range à la suite des Discoboles, tout en faisant observer qu'il conviendrait peut-être d'en faire une famille particulière, sont remarquables, entre tous les Poissons, par un disque aplati qu'ils portent sur la tête et qui se compose d'un certain nombre de lames cartilagineuses transversales, obliquement dirigées en arrière, et mobiles, à l'aide desquelles le poisson s'attache très-fortement aux corps étrangers ou à d'autres Poissons, vraisemblablement en faisant le vide entre les lames.

Des quatre espèces qui composent cette famille, l'une se rencontre dans la Méditerranée ; c'est le RÉMORA (*Echeneis remora*), si fameux par les contes dont il a été l'objet ; entre autres propriétés merveilleuses dont il serait doué, il aurait la faculté d'arrêter la marche d'un navire. C'est même de cette fable que viennent les noms scientifiques et vulgaire sous lesquels on le désigne : *Echeneis*, (en grec, qui retient un vaisseau) ; *Remora* (du latin *morare*, retarder), et *Arrête-nef*.

Le Rémora est long de 25 à 30 centim., il a le corps allongé et de couleur brune, la peau molle et visqueuse, avec de très-petites écailles. Ses nageoires sont petites, aussi nage-t-il avec peine, d'autant plus qu'il est alors, suivant certains auteurs, obligé de se tenir renversé sur le dos. Cette difficulté expliquerait l'habitude qu'il a de s'attacher aux autres Poissons et particulièrement au Requin ; elle expliquerait aussi ce préjugé, fort répandu chez les marins, qu'il sert de pilote à ce Squale et à d'autres grandes espèces de la même famille.

Il existe dans l'Océan indien une autre espèce d'Echénéide, appelée *Naucrate*. Suivant certains auteurs, les naturels de la côte de Mozambique utiliseraient la propriété dont il jouit pour le faire servir à pêcher les Tortues marines endormies à la surface des flots, et sous le plastron desquelles il se fixe à l'aide de son disque. Mais ces récits ne sauraient être acceptés que sous toutes réserves.　　　　H. L.

LE CONGRE COMMUN

LE GYMNOTE ÉLECTRIQUE

L'HIPPOCAMPE

4me ORDRE. — LES MALACOPTÉRYGIENS APODES. — 5me ORDRE. — LES LOPHOBRANCHES.

Les MALACOPTÉRYGIENS APODES sont des Poissons osseux, dépourvus de nageoires ventrales, dont le corps est allongé et revêtu d'une peau épaisse, souvent fort gluante, et laissant à peine paraître les très-petites écailles qui la garnissent. Ils ont peu d'arêtes, et possèdent, pour la plupart, une vessie natatoire, dont la forme est parfois très-singulière. L'ordre des Apodes se divise en sept genres, dont les deux principaux, les Anguilles et les Gymnotes, méritent une étude spéciale.

1° ANGUILLES. — Le terme Anguille ne s'applique pas uniquement au poisson d'eau douce, qui est si abondant dans nos rivières; il sert à désigner un genre nombreux de Poissons, dont l'Anguille commune est le type. Ces poissons sont remarquables par la petitesse de leurs opercules, qui sont si bien cachés sous l'épaisseur de la peau, que leur appareil respiratoire se trouve ainsi mis à l'abri de tout contact extérieur, ce qui leur permet de demeurer assez longtemps hors de l'eau sans périr. Leur corps est long et grêle et revêtu d'une peau grasse et épaisse, où les écailles ne deviennent visibles que lorsque la surface extérieure est desséchée. Parmi les sous-genres que comprend le genre Anguille, nous citerons les deux plus importants : les Anguilles propres et les Murènes.

Les Anguilles propres, qui se divisent en Anguilles vraies et en Congres, sont caractérisées par la présence de nageoires pectorales sous lesquelles les ouïes s'ouvrent de chaque côté; la dorsale et l'anale se prolongent jusqu'à l'extrémité du corps où elles constituent par leur réunion une caudale pointue.

Les Anguilles vraies ont la dorsale qui commence à une grande distance en arrière des pectorales, et leur mâchoire supérieure est en général plus courte que l'inférieure. Telle est l'Anguille commune, qui atteint jusqu'à 2 mètres de longueur. La couleur de la partie supérieure de son corps varie suivant la nature de l'élément qu'elle habite : dans les eaux limoneuses, elle est noirâtre foncé, tandis que dans les eaux limpides elle est d'un beau vert olive, avec le ventre d'un blanc argent éclatant. Les naturalistes ne sont pas d'accord sur le mode de reproduction des Anguilles; il paraît démontré aujourd'hui que ces poissons se rendent à la mer pour frayer, et que les petits, dès qu'ils ont atteint 4 à 5 cent. de long, remontent les fleuves en bandes serrées que l'on appelle montées.

Les Congres diffèrent des Anguilles vraies par leur dorsale qui commence assez près des pectorales ou même sur elles. Le type de cette tribu, le CONGRE COMMUN, atteint 1 m. 60 à 1 m. 95 de longueur. C'est un poisson de couleur blanchâtre, de la grosseur de la jambe, que l'on apporte en grande quantité sur le marché de Paris, où on lui donne le nom d'Anguille de mer.

Les Murènes manquent complétement de nageoires,

L'Hippocampe.

et ont les opercules si minces et si bien cachés sous la peau, que d'habiles naturalistes en ont nié l'existence. La Murène commune, qui habite la Méditerranée, est à la fois remarquable par la délicatesse de sa chair et par sa voracité.

2° GYMNOTES. — Les Gymnotes ont une nageoire ventrale qui règne sous la plus grande partie du corps et le plus souvent jusqu'au bout de la queue; mais il n'y en a pas du tout le long du dos. En outre, leur peau est sans écailles sensibles.

L'espèce la plus connue est le GYMNOTE ÉLECTRIQUE (Gymnotus electricus), appelé vulgairement Anguille électrique. Ce poisson, que l'on rencontre dans les rivières de l'Amérique méridionale, a la peau noirâtre et enduite d'une matière gluante. Sa longueur atteint parfois 2 mètres. Il est surtout remarquable par les propriétés électriques dont la nature l'a doué, et grâce auxquelles il se défend contre ses ennemis et tue les poissons dont il se nourrit. Ses décharges, d'abord assez faibles, deviennent, quand il s'irrite, extrêmement vives et violentes, au point de tuer un homme et même un cheval. Mais plus le Gymnote renouvelle ses décharges, plus il s'épuise; il est alors obligé de se reposer, et c'est le moment que l'on choisit pour l'approcher et s'en emparer sans danger.

Parmi les autres genres, citons seulement les Equilles, ces jolis petits poissons que les lecteurs ont pu voir dans le sable de nos stations balnéaires et dont la vivacité est telle, qu'il est extrêmement difficile de s'en emparer.

5me ORDRE. — LOPHOBRANCHES.

Les LOPHOBRANCHES sont, comme nous l'avons dit, des poissons osseux, à mâchoires complètes et libres, dont les branchies forment de petites houppes rondes placées par paires le long des arcs branchiaux. Ils ont de plus l'opercule attaché de toutes parts par une membrane qui ne laisse qu'un petit trou pour la sortie de l'eau. Enfin leur corps est cuirassé par des écussons qui le rendent presque toujours anguleux. Ils sont tous de petite taille. Cet ordre se divise en quatre genres :

Les Syngnathes, dont le corps est allongé et si mince, qu'on leur a donné le nom d'Aiguilles de mer;

Les Hippocampes, vulgairement appelés Chevaux marins, qui ont le tronc comprimé latéralement et notablement plus élevé que la queue. En se courbant après la mort, ce tronc et la tête offrent une sorte de ressemblance avec l'encolure d'un cheval en miniature; c'est de cette circonstance que ces poissons tirent leur nom. On en trouve dans nos mers deux espèces dont l'une est reconnaissable aux épines qui garnissent non-seulement la tête, mais toute la partie supérieure du corps, tandis que l'autre n'en a que sur la tête;

Les Solénostomes, appartenant à la mer des Indes;

Les Pégases enfin, qui se distinguent par la grandeur de leurs pectorales, ce qui leur a valu leur nom. H. L.

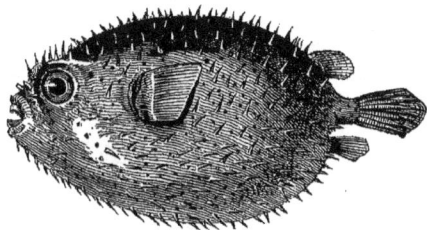

LE DIODON ATINGA

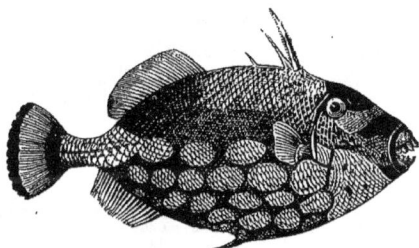

LE BALISTE CENDRÉ

6ᵐᵉ ORDRE. — LES PLECTOGNATHES.

Les PLECTOGNATHES, qui constituent le sixième et dernier ordre des Poissons osseux, servent de transition entre ces derniers et les Poissons cartilagineux, dont ils se rapprochent par l'imperfection des mâchoires et le durcissement tardif du squelette. De plus, la mâchoire supérieure est soudée au crâne, comme chez les Oiseaux et les Mammifères; enfin, les opercules sont cachés sous une peau épaisse, qui ne laisse voir à l'extérieur qu'une petite fente branchiale. Cet ordre se divise en deux familles, les *Gymnodontes* et les *Sclérodermes*.

1º GYMNODONTES. — Les *Gymnodontes*, au lieu de dents apparentes, ont les mâchoires garnies d'une substance éburnée, ou semblable à de l'ivoire, divisée intérieurement en lames qui représentent les dents, et dont l'ensemble forme comme un bec de Perroquet. Cette famille comprend trois genres principaux : les *Diodons*, les *Tétrodons* et les *Moles*.

Les *Diodons*, ainsi nommés parce que leurs mâchoires indivises ne présentent qu'une pièce en haut et une en bas, sont propres aux mers tropicales. Ces poissons possèdent la faculté singulière de se gonfler à volonté comme des ballons, en avalant une grande quantité d'air et en distendant ainsi une sorte de jabot très-mince et très-extensible, qui occupe toute la longueur de l'abdomen. Quand ils sont gonflés, ils culbutent, et flottent, le ventre en haut, à la surface de l'eau, sans pouvoir se diriger ; mais c'est pour eux un moyen de défense, car les épines dont leur peau est semée se trouvent alors dressées de toutes parts et menacent de blessures fort dangereuses la main qui cherche à les saisir. Dans cet état, les Diodons ressemblent au fruit du Marronnier ; de là le nom vulgaire d'*Orbes épineux* sous lequel on les désigne. Souvent, en se détendant tout à coup, ils expulsent avec bruit l'air contenu dans leur intérieur.

Le DIODON ATINGA (*Diodòn atinga*), l'une des espèces de ce genre, est remarquable par la présence d'une dent ronde et sillonnée derrière le bord tranchant des deux pièces qui forment sa mâchoire. Il est brun en dessus, bleuâtre sur les côtés, blanc sous le ventre et semé partout de petites tâches noires. Sa chair est peu recherchée et son fiel est un poison dangereux. Sa nourriture se compose de vase, de petits poissons et de coquillages.

Les *Tétrodons* ont les mâchoires divisées dans le milieu de manière à présenter l'apparence de quatre dents, deux inférieures et deux supérieures. Ainsi que les Diodons, ils peuvent se gonfler comme des ballons, et se défendent de la même manière. Les espèces à corps épineux ont reçu le nom de HÉRISSONS DE MER ; les espèces à peau unie sont électriques.

Les *Moles* ont les mâchoires indivises comme les Diodons ; mais leur corps, comprimé et sans épines, ne peut s'enfler. Leur queue est si courte et si haute verticalement, qu'ils ont l'air de poissons dont on aurait coupé la partie postérieure. Ils manquent de vessie natatoire. L'espèce type est la *Mole de la Méditerranée*, vulgairement appelée *Poisson-lune*, à cause de sa forme ; elle atteint 1 m. à 1 m. 50 de longueur, et son poids dépasse parfois 150 kilog. Sa peau, très-rude, est d'une belle couleur argentée ; mais sa chair est visqueuse et d'une odeur nauséabonde.

2º SCLÉRODERMES. — Les *Sclérodermes* sont principalement caractérisés par un museau conique ou pyramidal, prolongé depuis les yeux et terminé par une petite bouche armée de dents distinctes et en petit nombre à chaque mâchoire. Leur peau est généralement âpre ou revêtu d'écailles dures ; de là, le nom sous lequel on les désigne. Cette famille comprend deux genres principaux, les *Balistes* et les *Coffres*.

Les *Balistes* ont le corps comprimé, la peau grenue ou écailleuse, huit dents à chaque mâchoire et deux dorsales. On les trouve en grand nombre dans la zone torride près des rochers à fleur d'eau, où ils brillent de couleurs éclatantes. Ces poissons se nourrissent de polypes et de fucus, et leur chair est peu estimée. L'aiguillon dont est armée leur première dorsale, et qui leur a valu leur nom, leur sert d'arme défensive et fait de cruelles blessures.

Le Hérisson de mer.

Le BALISTE CENDRÉ (*Balistes arcuatus*) a le corps entier recouvert de grandes écailles rhomboïdales, qui, n'empiétant point les unes sur les autres, ont l'air de compartiments à la peau ; sa première dorsale a trois aiguillons, dont le premier est de beaucoup plus grand que le troisième, très-petit et plus écarté en arrière ; les côtés de sa queue sont armés d'épines courbées en avant et disposées sur trois rangs. Sa chair est, dit-on, un aliment dangereux à l'époque où il se nourrit de polypes de coraux ; il mange aussi des coquillages et des mollusques.

Les *Coffres* présentent, au lieu d'écailles, des compartiments osseux et réguliers, soudés entre eux de manière à constituer une cuirasse flexible. La queue, les nageoires, la bouche et une sorte de petite lèvre qui garnit le bord des ouïes passent par les trous de cette cuirasse, et sont les seules parties molles de l'animal. Les mâchoires ont chacune de dix à douze dents coniques. Ces poissons ont peu de chair ; mais leur foie est gros et donne beaucoup d'huile. Ils habitent les mers intertropicales de l'Inde et de l'Amérique. On en distingue trois espèces, d'après la forme de leur corps : les *Coffres à corps triangulaire*, les *Coffres à corps quadrangulaire* et les *Coffres à corps comprimé*.

Ces espèces terminent la première division des Poissons, celle des Poissons osseux.   H. L.

LE GRAND ESTURGEON

LE PÈLERIN COMMUN

IIme DIVISION. — P OISSONS CARTILAGINEUX ou CHONDROPTÉRYGIENS.
7me ORDRE. — LES STURIONIENS. — 8me ORDRE. — LES SÉLACIENS.

Les STURIONIENS, ou CHONDROPTÉRYGIENS A BRAN-CHIES LIBRES, qui constituent le septième ordre de la classe des Poissons et le premier ordre des Poissons cartilagineux, se rapprochent des Poissons osseux par leurs branchies, qui sont libres, et par la disposition de leurs ouïes, qui n'ont qu'un seul orifice très-ouvert et garni d'un opercule; mais, comme nous l'avons dit précédemment, ils en diffèrent en ce que la membrane branchiostège n'est pas soutenue par des rayons. Cet ordre se divise en quatre genres: les *Esturgeons*, les *Polyodons*, les *Chimères* et les *Callorhynques.*

Les *Esturgeons* ont le corps allongé et garni d'écussons osseux implantés sur la peau en rangées longitudinales. La tête est très-cuirassée à l'extérieur: la bouche, petite et dénuée de dents, est placée

L'Esturgeon commun.

sous le museau, duquel pendent des barbillons. La nageoire dorsale est située en arrière des ventrales et au dessus de l'anale; enfin, la caudale entoure l'extrémité de la queue et a en dessous un lobe saillant.

Les Esturgeons sont de grands poissons, dont la nourriture consiste en harengs, maquereaux, etc. Dans les fleuves, où ils montent au printemps pour frayer, ils se nourrissent de Saumons, avec lesquels leur migration coïncide. La chair de l'Esturgeon est fine et délicate et lui a même valu le nom de *Poisson royal.* Ses œufs, qui sont toujours en quantité considérable, servent à préparer le *Caviar*, dont on fait en Russie une grande consommation; enfin, sa vessie fournit la meilleure colle de poisson connue. Il existe plusieurs espèces d'Esturgeons. L'ESTURGEON COMMUN (*Acipenser sturio*), dont les écussons forts et épineux sont disposés sur cinq rangées, est long de 2 à 4 mètres et pèse jusqu'à 500 kilog. Sa chair est assez semblable à celle du veau. On le pêche dans nos grands fleuves et principalement dans le Danube, le Don et le Volga. Le GRAND ESTURGEON ou HAUSEN (*Acipenser guso*) à la peau plus douce que le précédent; il atteint 6 à 8 m. de longueur et pèse de 6 à 700 kilog. Sa chair est moins estimée. Citons encore le *Sterlet* ou *Petit Esturgeon*, dont la grandeur ne dépasse pas 65 cent., et qui est un mets très-recherché.

Les trois autres genres de cet ordre sont peu importants, et ne comprennent chacun qu'une seule espèce.

8mo ORDRE. — SÉLACIENS.

Les *Sélaciens* appartiennent au deuxième groupe des Poissons cartilagineux, les POISSONS CARTILAGINEUX A BRANCHIES FIXES, dont ils forment la première section. Ils sont caractérisés par des mâchoires mobiles et disposées pour la mastication. Cet ordre se divise en deux grandes familles: les *Squales* et les *Raies.*

I. SQUALES. — Les Squales ont le corps allongé, une queue grosse et charnue, et les nageoires pectorales de médiocre grandeur; leurs dents sont, chez la plupart, simplement attachées sur le derme qui recouvre leurs mâchoires; elles sont de forme très-variable et souvent placées sur plusieurs rangs. Les Squales sont généralement de grande taille, et ont la peau rugueuse et la chair coriace; ils sont célèbres par leur voracité. Ils se divisent en 5 tribus: les *Roussettes*, les *Squales proprement dits*, les *Marteaux*, les *Scies* et les *Anges.*

1o ROUSSETTES. — Les *Roussettes* se distinguent des autres Squales par leur museau court et obtus et par leurs narines percées près de la bouche. Leurs dents ont une pointe au milieu et deux plus petites sur les côtés. Elles ont une anale et deux évents. On appelle ainsi des ouvertures, situées à la face supérieure de la tête, qui portent aux branchies l'eau nécessaire à la respiration lorsque l'animal tient dans sa gueule une proie trop volumineuse.

2o SQUALES PROPREMENT DITS. — Les *Squales proprement dits* ont le museau proéminent. Ils se divisent en trois familles, d'après la présence ou l'absence, soit des évents, soit de la nageoire anale.

La première famille renferme les espèces sans évents, mais pourvues d'une anale. Elle comprend le genre *Requin.* Ce genre est caractérisé par ses dents tran-

Le Requin proprement dit.

chantes et pointues, et son museau déprimé. Le REQUIN PROPREMENT DIT (*Carcharias verus*), qui en est le type, se reconnaît à ses dents blanches comme de l'ivoire et dentelées à la mâchoire supérieure. Sa force est extrême et la vitesse de sa marche est prodigieuse. Quant à sa voracité, elle dépasse toute expression; aussi est-il fort dangereux de se baigner dans les parages fréquentés par ce Squale, quoique la position inférieure de sa bouche l'oblige à se retourner pour saisir sa proie, ce qui permet souvent aux nageurs d'éviter son atteinte.

La seconde famille comprend les Squales qui ont à la fois des évents et une anale. Elle renferme cinq genres: les *Milandres*, qui se distinguent des précédents par leurs dents dentelées seulement à leur bord extérieur; les *Emissoles*, dont les dents sont en forme de petits pavés; les *Grisets*, qui diffèrent des Mélandres par l'absence de la première dorsale; les *Pèlerins*, dont le type, le PÈLERIN COMMUN (*Selache maximus*), est remarquable par la grandeur des ouvertures branchiales et la petitesse de ses dents avec dentelures, et les *Cestracions*, propres à l'Australie. H. L.

LE MARTEAU

L'ANGE ÉPINEUX

LES SÉLACIENS (*Suite*).

La troisième famille des Squales proprement dits renferme ceux qui sont munis d'évents, mais sont dépourvus d'anale. Ils forment trois genres : les *Aiguillats*, les *Humantins* et les *Leiches*.

Les *Aiguillats* ressemblent au Requin par leur forme générale ; mais ils s'en distinguent par une forte épine en avant de chacune des deux dorsales. L'*Aiguillat commun*, qui se voit souvent sur nos marchés, est brun dessus et blanchâtre dessous. Sa peau, comme celle de la Roussette, sert, quand elle est desséchée, à polir les corps durs, tels que l'ivoire.

Les *Humantins* ne diffèrent des précédents que par la position de la seconde dorsale, qui est au dessus des ventrales, et par la brièveté de la queue, ce qui leur donne une taille ramassée.

Les *Leiches* ont tous les caractères des précédents, excepté les épines aux dorsales.

3o MARTEAUX. — Les *Marteaux* ont le corps des Requins, mais ils sont essentiellement caractérisés par une forme de tête dont le Règne animal n'offre pas d'autre exemple. Cette tête est aplatie horizontalement, tronquée en avant, et ses côtés se prolongent transversalement en branches qui la font ressembler à la tête d'un marteau. Les yeux sont situés à l'extrémité des branches et les narines à leur bord antérieur. L'espèce la plus commune dans nos mers est le MARTEAU COMMUN (*Zygœna malleus*), vulgairement appelé *Maillet*. Sa tête est noirâtre et son corps gris pâle. Il atteint quelquefois 4 mètres de longueur et son poids s'élève jusqu'à 340 kilogrammes.

L'Ange de mer (Squatina angelus).

4o SCIES. — Les *Scies* ont la forme allongée des Squales ; mais ce qui les distingue particulièrement, c'est le prolongement considérable que prend l'extrémité du museau, dont la forme est celle d'une lame d'épée armée de chaque côté de fortes épines osseuses, pointues et tranchantes, implantées comme des dents. Ce bec, qui leur a valu leur nom, est une arme puissante avec laquelle ces poissons ne craignent pas d'attaquer les plus gros Cétacés. Leurs dents ont la forme de petits pavés, comme chez les Émissoles. Leur taille est considérable : elle a parfois jusqu'à 5 m. de long, et leur bec atteint de 1 m. 50 à 1 m. 60.

5o ANGES. — Les *Anges* forment la transition entre les Squales et les Raies. Ils ont la tête arrondie, et leur bouche est fendue à l'extrémité, et non en dessous, comme chez les Squales et les Raies. Ils ont la forme allongée des premiers et ressemblent aux secondes par la position de leurs yeux, qui sont à la face dorsale et non sur les côtés, ainsi que par la forme de leur corps, qui est large et aplati horizontalement. Les pectorales sont grandes et présentent en avant une échancrure au fond de laquelle on aperçoit les ouvertures branchiales. Les deux dorsales naissent en arrière des ventrales, et leur caudale est attachée également au dessus et au dessous de la queue. Des deux espèces qui se pêchent dans

nos mers, l'une, l'ANGE DE MER (*Squatina angelus*), atteint une longueur de 2 m. 25 à 2 m. 60 cent., et offre, chez le mâle, de petites épines au bord des pectorales ; l'autre, l'ANGE ÉPINEUX (*Squatina aculeata*), porte le long du dos une rangée de fortes épines. Ils sont remarquables par la manière dont ils font la guerre aux poissons qui constituent leur nourriture. Ils s'enterrent dans la vase et ne laissent sortir au dehors que les petits barbillons qu'ils ont autour de la gueule et qu'ils remuent doucement. Les Plies, les Soles et autres poissons les prennent pour des vers, s'en approchent sans défiance et sont aussitôt saisis et dévorés.

II. RAIES. — Les *Raies* se reconnaissent à leur corps aplati horizontalement et assez semblable à un disque, à cause de son union avec des pectorales charnues et fort amples, qui se joignent l'une à l'autre en avant, ou avec le museau, et qui s'étendent en arrière des deux côtés de l'abdomen jusque vers la base des ventrales. Les yeux sont tantôt en dessus de la tête, tantôt sur les côtés ; derrière eux existent les ouvertures toujours très-visibles des évents. La bouche est toujours située à la face ventrale ; les nageoires dorsales sont le plus souvent sur la queue La peau est en général lisse et mince, et est constamment enduite d'une abondante mucosité. Cependant, elle est fréquemment hérissée d'aspérités plus ou moins fines, et elle porte en même temps des espèces d'écussons armés d'épines recourbées, qu'on appelle les *Boucles* des Raies. On rencontre aussi parfois des épines placées régulièrement le long de la colonne vertébrale, tantôt sur un rang, tantôt sur trois. Mais certaines espèces ont la peau toute couverte de granulations calcaires, serrées les unes contre les autres, et adhérant au tégument avec une telle force, que les arts ont su en tirer parti. La peau de ces espèces sert à fabriquer une sorte de parchemin, recouvert d'un réseau hexagonal d'une très-grande solidité, et susceptible de prendre un très-beau poli, que l'on désigne sous le nom de *Galuchat*. Les œufs des Raies sont bruns, coriaces, carrés, avec les angles prolongés en pointe.

Les genres les plus importants de cette famille sont les genres *Rhinobate*, *Torpille*, *Raie proprement dite*, *Pastenague*, *Mourine* et *Céphaloptère*.

1o RHINOBATES. — Les *Rhinobates* sont surtout caractérisées par leur queue grosse, charnue, et garnie de deux dorsales et d'une caudale bien distinctes, par où ces poissons se rapprochent des Squales. Le quadrilatère formé par leur museau et leurs pectorales est aigu en avant et bien moins large à proportion que dans les autres genres de la famille. Les dents sont serrées en quinconce, comme de petits pavés plats. Dans les unes, telle que la *Rhinobate lisse*, qui habite la mer Rouge, la première dorsale est encore au dessus des ventrales ; dans d'autres, telles que la *Rhinobate ordinaire*, de la Méditerranée, elle est plus en arrière. H. L.

LA GRANDE LAMPROIE

LA TORPILLE COMMUNE

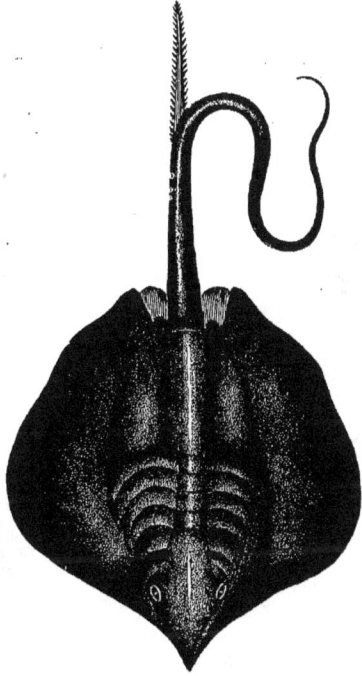

LA PASTENAGUE COMMUNE

LES SÉLACIENS (*Suite et fin*). — 9me ORDRE. — LES CYCLOSTOMES.

2e TORPILLES. — Les *Torpilles* ou *Raies électriques* se distinguent des Rhinobates par leur queue, qui est assez charnue, mais courte, et surtout par la forme de la partie antérieure de leur corps, qui est aplatie et arrondie en disque. Cet élargissement est dû, non-seulement, comme chez toutes les Raies, à la grandeur des nageoires pectorales, mais encore à la présence d'un appareil particulier, qui remplit l'intervalle existant entre le bout du museau et l'extrémité de la nageoire, de manière à compléter le disque du corps. Cet appareil, dans lequel réside la puissance électrique qui a rendu ces poissons si célèbres, se compose d'une multitude de tubes membraneux verticaux, serrés les uns contre les autres comme des rayons d'abeilles; ces tubes sont divisés par des cloisons horizontales en petites cellules hexagonales remplies de mucosités; enfin, tout l'appareil est animé par plusieurs branches très-grosses des nerfs pneumogastriques. C'est dans ces singuliers organes que se forme l'électricité à l'aide de laquelle les Torpilles peuvent donner, à ceux qui les touchent, des commotions violentes, et produire tous les phénomènes, qui, dans les expériences de physique, résultent d'un courant ordinaire, tels que des étincelles, des décompositions chimiques, etc. La décharge de cet appareil n'a lieu qu'à la volonté du poisson lui-même; il peut en outre condenser en quelque sorte cette électricité pour la lancer, grâce à la conductibilité de l'eau, contre les animaux dont il veut faire sa proie. Les Torpilles sont moins puissantes que les Gymnotes; néanmoins la commotion est assez forte pour déterminer un engourdissement très-marqué.

Il existe plusieurs espèces de Torpilles, qui diffèrent par leur puissance électrique. Celles du cap de Bonne-Espérance est la plus redoutable. Parmi celles qui fréquentent nos mers, signalons la TORPILLE COMMUNE (*Torpedo communis*), que l'on trouve sur les côtes de la Provence. Sa peau est parfaitement lisse, comme chez tous les poissons électriques.

3e RAIES PROPREMENT DITES. — Les *Raies proprement dites* ont le disque de forme rhomboïdale, et la queue mince, garnie en dessus, vers la pointe, de deux petites dorsales et quelquefois d'un vestige de caudale. Leur chair est généralement dure et coriace. L'une des plus estimées est la *Raie bouclée* (*Raia clavata*), remarquable par les boucles qui hérissent irrégulièrement ses deux surfaces.

4e PASTENAGUES. — Les *Pastenagues* se distinguent aisément des Raies par leur queue armée d'un aiguillon dentelé en scie des deux côtés. La PASTENAGUE COMMUNE (*Trygon pastinaca*), qui se trouve dans nos mers, a le disque rond et lisse, d'un jaune sombre en dessus, d'un blanc sale en dessous; sa queue est longue, grêle et dépourvue de nageoires; son aiguillon passe à tort pour venimeux; seulement ses dentelures rendent plus dangereuses les blessures qu'il fait. Ce genre renferme quelques espèces qui habitent les eaux douces, mais elles sont propres à l'Amérique méridionale.

5e MOURINES. — Les *Mourines* ou *Myliobates* ont la tête saillante hors des nageoires pectorales; en outre, celles-ci sont beaucoup plus larges transversalement que dans les autres Raies, ce qui leur donne jusqu'à un certain point l'aspect d'un Oiseau de proie qui aurait les ailes étendues. Leur queue, extrêmement grêle et longue, est armée, comme celle des Pastenagues, d'un fort aiguillon dentelé en scie des deux côtés. Tel est le *Myliobate aigle* (*Myliobatis aquila*), appelé vulgairement *Aigle de mer,* que l'on trouve dans la Méditerranée.

6e CÉPHALOPTÈRES. — Les *Céphaloptères* diffèrent des Mourines en ce que leur tête est tronquée en avant, et que les pectorales, au lieu de l'embrasser, prolongent chacune leur extrémité antérieure en pointe saillante, ce qui leur donne l'air d'avoir deux cornes. La Méditerranée nourrit une espèce de ce genre, le *Céphaloptère giorna,* qui atteint une taille gigantesque.

9me ORDRE. — CYCLOSTOMES.

LES CYCLOSTOMES, appelés aussi SUCEURS, qui forment le troisième ordre des Poissons cartilagineux et le neuvième et dernier ordre de la classe des Poissons, sont les plus imparfaits de tous les Vertébrés. Ils ont le corps cylindrique, arrondi en avant, comprimé en arrière et dépourvu de pectorales et de ventrales. Leur corps allongé se termine antérieurement par une lèvre charnue circulaire, soutenue par un anneau cartilagineux immobile, d'où le nom de *Cyclostomes* (*Bouche en cercle*). Les branchies, au lieu de former des peignes, présentent l'apparence de bourses résultant de la réunion d'une des faces d'une branchie avec la face opposée de la branchie voisine. Cet ordre comprend deux genres principaux: les *Lamproies* et les *Myxines.*

1e LAMPROIES. — Les *Lamproies* se reconnaissent aux sept ouvertures branchiales qu'elles ont de chaque côté du cou. Elles ont la faculté de se fixer par la succion aux pierres et aux autres corps solides; de là leur nom scientifique de *Petromyzon* (*Suce-pierre*). C'est ainsi qu'elles attaquent les grands Poissons, qu'elles parviennent souvent à percer et à dévorer, à l'aide de leurs dents puissantes, placées au fond de leur bouche.

La GRANDE LAMPROIE (*Petromyzon marinus*) est longue de 80 cent. à 1 mètre, marbrée de brun sur un fond jaunâtre, avec la première dorsale bien distincte de la deuxième et deux grosses dents rapprochées en haut de l'anneau maxillaire. Elle habite la Méditerranée, d'où, au printemps, elle remonte à l'embouchure des fleuves. Sa peau est très-visqueuse, et sa chair fort estimée. La *Lamproie de rivière* est argentée, avec le dos noirâtre ou olivâtre; sa longueur ne dépasse pas 50 cent. La *Petite Lamproie de rivière* ou *Succt* est encore plus petite: sa taille varie de 20 à 25 centimètres.

2e MYXINES. — Les *Myxines* n'ont qu'une seule dent au haut de l'anneau maxillaire, qui est lui-même tout à fait membraneux; mais les dentelures latérales de la langue sont fortes et disposées sur deux rangs de chaque côté, en sorte que ces poissons ont l'air de ne porter que des dents latérales. La bouche est circulaire, entourée de huit barbillons, et son bord supérieur est percé par un évent qui communique avec l'intérieur de la cavité buccale. On ne voit pas de trace d'yeux. Les espèces qui composent ce genre habitent l'Océan. Telle est la *Myxine glutineuse,* de la mer du Nord. **H. L.**

7·

LES POULPES OU PIEUVRES

ANIMAUX INVERTÉBRÉS.

3me CLASSE. — LES MOLLUSQUES. — 1er GROUPE. — LES CÉPHALOPODES.

Nous avons dit dans notre Introduction que le caractère général, commun, de tous les *Animaux invertébrés* consiste dans l'absence de squelette intérieur et de cette charpente osseuse longitudinale, appelée *Colonne vertébrale*. Leur sang est incolore ; quelques Vers seulement font exception. Les diverses espèces d'animaux qui composent cet embranchement sont très-nombreuses, et ont entre elles des différences essentielles. De là, leur division en trois classes bien distinctes : les MOLLUSQUES, les ANIMAUX ARTICULÉS, et les ZOOPHYTES ou ANIMAUX RAYONNÉS, qui forment les 3me, 4mo, et 5me classes du Règne animal.

3me CLASSE. — MOLLUSQUES.

Les MOLLUSQUES sont les Invertébrés les plus parfaits et ceux qui se rapprochent le plus des Poissons. Ils sont munis d'un appareil circulatoire toujours double et plus ou moins complet. Pour la plupart, ils sont destinés à vivre dans l'eau, comme l'Huître, et respirent au moyen de branchies. D'autres, tels que les Limaces, les Escargots, respirent l'air atmosphérique et sont pourvus d'un poumon en forme de sac. Leur appareil digestif est très-développé. Leurs mouvements consistent généralement en contractions successives des diverses parties de leur corps, au moyen desquelles ils rampent ou nagent; chez quelques-uns, comme chez les Poulpes, il existe des appendices flexibles et allongés, destinés à la locomotion, et appelés *Tentacules*. La forme générale des Mollusques est extrêmement variable. Leur corps est toujours mou, d'où le nom sous lequel on les a désignés. Il est enveloppé d'une membrane visqueuse et charnue, plus ou moins épaisse, qu'on appelle *Manteau*. On nomme *Mollusques nus* ceux dont le manteau est simplement charnu ou membraneux, et *Mollusques testacés*, ceux dont le manteau secrète une substance plus ou moins dure, cornée ou calcaire, qui s'y dépose par couches successives et forme ce que l'on appelle la *Coquille*. Cette coquille reste quelquefois cachée dans l'intérieur du manteau, et se nomme alors *coquille intérieure;* mais, le plus souvent, elle est extérieure et visible, et prend un développement tel, que l'animal peut se contracter en tout ou en partie et se retirer sous son abri ; dans ce cas, il lui est attaché par des muscles, qui servent à le ramener à l'intérieur ou à rapprocher l'une de l'autre les pièces ou *valves* qui la composent. Les variétés de forme, de couleur, de surface et d'éclat des coquilles sont infinies. Sous le rapport du nombre des valves, les coquilles se distinguent en *coquilles multivalves*, lorsqu'elles sont formées de plus de deux pièces soudées entre elles ou simplement rapprochées et maintenues par le manteau ; *coquilles bivalves*, quand elles sont composées de deux valves articulées à charnière, comme celle de l'Huître, et *coquilles univalves*, lorsqu'elles sont formé s d'une seule pièce, comme celle de l'Escargot. Ces dernières sont le plus souvent contournées en spirale, c'est-à-dire que les couches successives s'enroulent l'une autour de l'autre en s'éloignant du sommet. Elles sont quelquefois pourvues d'une pièce accessoire, appelée *opercule*, qui sert à clore l'ouverture de la coquille, quand l'animal y est rentré.

Les Mollusques se divisent en six groupes, d'après la forme générale de leur corps et de leurs organes de locomotion. Ce sont les *Céphalopodes*, les *Ptéropodes*, les *Gastéropodes*, les *Acéphales*, les *Brachiopodes* et les *Cirrhopodes*.

1er GROUPE. — CÉPHALOPODES.

Les CÉPHALOPODES sont caractérisés par un corps en forme de sac, dont l'ouverture, placée en avant, laisse passer une tête ronde, pourvue de deux grands yeux et munie de tentacules qui servent à l'animal d'organes de préhension et de locomotion, c'est-à-dire de bras et de pieds. Ces tentacules sont en général munis de ventouses à l'aide desquelles ces Mollusques se fixent avec force aux corps qu'ils embrassent. Les Céphalopodes nagent la tête en arrière ; mais ils marchent dans toutes les directions, en ayant la tête en bas et le corps en haut. C'est de cette conformation qu'ils tirent leur nom de *Céphalopodes*, qui a les pieds à la tête. Ils sont essentiellement aquatiques et par conséquent respirent à l'aide de branchies. De là, leur division en *Céphalopodes dibranchiaux* et en *Céphalopodes tétrabranchiaux*, suivant qu'ils ont une ou deux paires de branchies.

La famille des *Céphalopodes dibranchiaux* se compose de Mollusques généralement dépourvus de coquille extérieure, mais en possédant au moins une rudimentaire à l'intérieur. Ils ont auprès du foie une glande particulière qui débouche vers l'extrémité de l'intestin et secrète un liquide noir appelé *Encre*. L'animal, lorsqu'il est attaqué, projette cette liqueur au dehors en quantité suffisante pour troubler l'eau et se dérober ainsi à la vue de son adversaire. Leurs tentacules sont charnus et garnis d'un assez grand nombre de ventouses ou suçoirs. Leur voracité est extrême. Nous indiquerons seulement les espèces les plus remarquables.

Les *Poulpes* ont le corps en forme de sac ovalaire, nu, dépourvu de nageoires et muni de 8 longs tentacules réunis à leur base par une membrane, et armés de cent vingt paires de suçoirs. La coquille intérieure n'est représentée chez eux que par deux petits stylets cornés, logés dans l'épaisseur du manteau. Le POULPE VULGAIRE (*Octopus vulgaris*), qui est commun sur nos côtes, n'atteint jamais, y compris les bras, plus de 80 centim. de long. C'est un animal très-agile et d'une grande voracité. La liqueur qu'il sécrète sert, dit-on, à préparer l'*encre de chine*. Dans certains pays, on mange sa chair; mais, comme elle est très-dure et très-coriace, il faut auparavant la battre longtemps avec un bâton ou un petit maillet. Il existe dans l'Océan pacifique une espèce, qui a quelquefois 2 mètres de long, et qui est redoutée des pêcheurs de la Polynésie; on conçoit en effet qu'un Poulpe de cette taille puisse s'accrochant à un plongeur le faire périr ; mais il y a loin de cette réalité aux histoires terribles que l'on s'est plu à raconter sur les Poulpes, ou *Pieuvres*.

La Méditerranée nourrit une variété de Poulpes qui diffèrent des précédents en ce qu'ils n'ont qu'une seule rangée de ventouses sur chacun de leurs tentacules. L'espèce la plus remarquable est douée d'une forte odeur de musc, ce qui lui a fait donner par les pêcheurs le nom de *Poulpe musqué*.   H. L.

L'ARGONAUTE ARGO

LES CÉPHALOPODES (*Suite et fin*). — 2me GROUPE. — LES PTÉROPODES.
3me GROUPE. — LES GASTÉROPODES.

Les *Argonautes* diffèrent des précédents par leur coquille en spirale dans laquelle ils reposent sans y adhérer, et par les dilatations membraneuses des deux tentacules voisins du dos. L'espèce la plus commune, l'ARGONAUTE ARGO (*Argonauta argo*), habite la mer des Indes ainsi que la Méditerranée. Sa coquille est mince, et le dernier tour de spire est si grand, qu'elle a l'air d'une chaloupe dont les autres spires seraient la poupe. Aussi l'Argonaute s'en sert-il comme d'un canot pour naviguer, et c'est un curieux spectacle de voir, lorsque la mer est calme, ces Mollusques se promener par troupes nombreuses à la surface de l'onde, livrant au vent, comme des voiles, leurs deux grands tentacules dilatés et se servant des six autres comme de six avirons. Survient-il quelque danger, un orage menace-t-il, l'Argonaute retire ses voiles et ses rames dans son embarcation, qu'il fait chavirer, et il plonge au fond de l'eau.

Citons encore les *Calmars*, dont le sac est allongé et pourvu de deux nageoires terminales ; leurs tentacules sont au nombre de dix, dont deux, plus longs que les autres, ne portent de ventouses qu'à leur extrémité, qui est élargie ; et les *Seiches*, dont la coquille, vulgairement appelée *Biscuit de mer* et *Os de seiche*, sert à polir divers objets, et est donnée aux oiseaux de volière pour s'aiguiser le bec. La *Seiche commune* est très-recherchée pour sa bourse à encre, qui fournit une couleur brune employée en peinture sous le nom de *Sépia*.

Les *Céphalopodes tétrabranchiaux* ont la coquille disposée en spirale, et chaque tour de spire adhère au tour voisin de telle sorte, que le dernier enveloppe tous les autres ; des cloisons partagent l'intérieur en chambres ou loges, dont la dernière est la demeure de l'animal. Leurs tentacules sont très-nombreux et dépourvus de ventouses. Le type de cette famille, le NAUTILE FLAMBÉ (*Nautilus Pompilius*), est commun dans la mer des Indes. Sa coquille, qui peut atteindre 2 décimètres de diamètre, est recouverte en dehors d'une croûte blanche, ornée de bandes et de flammes couleur de feu. En dissolvant cette croûte, on met à découvert une très-belle nacre que l'on utilise dans le commerce. Les habitants des îles Nicobar estiment sa chair, qu'ils fument ou boucanent, et dont ils font des provisions pour la mauvaise saison.

A cette famille se rattachent les coquilles fossiles, connues sous le nom d'Ammonites et de Bélemnites.

2me GROUPE. — PTÉROPODES.

Les PTÉROPODES sont caractérisés par deux expansions antérieures, symétriques, en forme d'ailes, placées aux deux côtés de la bouche. Ils sont exclusivement marins, et flottent continuellement à la surface des eaux à l'aide des expansions dont nous venons de parler ; car ils sont dépourvus de tout organe qui leur permette de se fixer ou de ramper sur les corps solides. Tous sont de petite taille. Les formes qu'ils offrent sont très-variables. Les uns sont nus ou sans coquille ; d'autres présentent une enveloppe cartilagineuse ; plusieurs sont munis d'une coquille mince. Parmi les principaux genres, nous citerons les suivants : les *Clios* qui ont le corps oblong, membraneux, sans manteau, et la tête formée de deux lobes arrondis d'où sortent de petits tentacules. L'espèce la plus célèbre est la *Clio boréale*, qui est longue de 27 millim., et qu'on trouve dans le voisinage des pôles en telle abondance qu'elle sert de pâture habituelle aux Baleines. La *Clio australe* est deux fois plus longue que la précédente. Sa couleur est rosacée, avec les ailes et l'extrémité de la queue blanchâtres. Les *Hyales* ou *Cavolines* ont deux grandes ailes, point de tentacules, un manteau fendu sur les côtés, ainsi que la coquille qui le revêt ; par les fentes de la coquille sortent des lanières plus ou moins longues qui sont des productions du manteau. Elles se tiennent le ventre en l'air en nageant ; leurs mouvements sont très-prompts. On en connaît une vingtaine d'espèces répandues dans presque toutes les mers. L'espèce la plus commune dans la Méditerranée est l'*Hyale tridentée*, dont la coquille, longue d'environ 17 millim., est d'une teinte rosée, en partie blanchâtre en dessus. On trouve peu d'Hyales à l'état fossile.

L'Argonaute Argo.

Le Nautile flambé.

3me GROUPE. — GASTÉROPODES.

Les GASTÉROPODES sont des Mollusques qui sont pourvus d'une tête, et qui rampent ou nagent à l'aide d'un pied charnu placé sous le ventre. Ce pied a le plus souvent la forme d'un disque, comme dans la Limace et le Colimaçon. Leur corps est allongé ; leur tête n'a que 2, 4 ou 6 tentacules rétractiles, toujours situés au-dessus de la bouche ; les yeux, dont le nombre n'excède jamais deux, sont souvent placés au sommet des deux tentacules, quand il n'y en a que deux, ou au sommet de la paire supérieure, quand il y en a plusieurs paires ; quelquefois aussi ils manquent complètement. Certains Gastéropodes sont nus ; les autres, et c'est le plus grand nombre, sécrètent une coquille, toujours univalve, contournée en spirale, dans laquelle ils se renferment à volonté. C'est aux Mollusques de ce groupe qu'appartiennent les plus belles coquilles des collections de Conchyliologie. Presque tous sont terrestres ou d'eau douce ; quelques-uns seulement vivent dans l'eau salée. Aussi, leur appareil respiratoire est-il tantôt pulmonaire, tantôt branchial ; en outre, la disposition des branchies est très-variable. C'est d'après la nature et la structure des organes de la respiration que Cuvier a divisé les Gastéropodes en neuf ordres, qui sont : les *Pulmonés*, les *Nudibranches*, les *Inférobranches*, les *Tectibranches*, les *Pectinibranches*, les *Tubulibranches*, les *Scutibranches*, les *Cyclobranches* et les *Hétéropodes*. H. L.

GASTÉROPODES PULMONÉS.

Le grand Escargot, ou Hélice vigneronne.

GASTÉROPODES PECTINIBRANCHES.

La Bulle ampoule.   Le Troque du Nil.   Le Sabot marbré.   La Nérite saignante.

Le Cône mosaïque.   La Porcelaine tigrée.   La Volute musique.

Le Buccin ondé.   Le Rocher hérisson.   Le Strombe à piquants.

GASTÉROPODES SCUTIBRANCHES.   GASTÉROPODES CYCLOBRANCHES.

L'Haliotide tuberculée.   La Patelle commune.   L'Oscabrion écailleux.

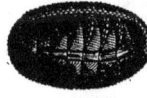

MOLLUSQUES GASTÉROPODES.

LES GASTÉROPODES (*Suite et fin*).

1° PULMONÉS. — Les *Pulmonés* sont les seuls Mollusques qui aient la faculté de respirer l'air en nature ; ils ont, en conséquence, au lieu de branchies, un appareil respiratoire aérien. Les uns sont terrestres, les autres aquatiques. Les premiers ont ou n'ont pas de coquille. Parmi les Pulmonés terrestres sans coquille, citons les *Limaces*, dont le manteau consiste en un disque charnu et serré qui occupe le devant du dos et ne recouvre que la cavité pulmonaire. Elles aiment les lieux frais et humides, et vivent principalement de substances végétales. Les Pulmonés terrestres à coquille complète et apparente ont le plus souvent les bords de l'ouverture relevés en bourrelet. Tels sont les Mollusques, qui forment le grand genre *Escargot* dont le type est le GRAND ESCARGOT ou HÉLICE VIGNERONNE (*Hélix pomatia*), appelé vulgairement *Colimaçon*. Son manteau constitue un grand cône contourné sur lui-même et recouvert par la coquille. La partie du corps dirigée en avant est demi-cylindrique, le dos porte la coquille, et le corps se termine en arrière par une extrémité plus amincie et triangulaire. Sa tête est pourvue d'appendices rétractiles, appelés *Cornes*, qui portent, croit-on, l'organe de la vue. En été il est demi-vorace, et en hiver il vit retiré dans un trou. Il est fort commun, surtout dans les vignes. On le mange et on l'emploie pour faire des bouillons visqueux. Les Pulmonés aquatiques, comme les *Planorbes*, les *Limnées*, etc., habitent les eaux peu profondes, obligés qu'ils sont de venir respirer à la surface. Cette section comprend aussi les Mollusques avec ou sans coquille.

2° NUDIBRANCHES. — Les *Nudibranches* sont caractérisés par l'absence de coquille et de cavité pulmonaire, et leurs branchies sont toujours à nu sur le dos, la tête ou les côtés. Ils sont tous marins.

3° INFÉROBRANCHES. — Les *Inférobranches* diffèrent des précédents en ce que leurs branchies sont situées, comme deux longues séries de feuillets, des deux côtés du corps, sous le rebord avancé du manteau.

4° TECTIBRANCHES. — Les *Tectibranches* ont les branchies attachées du côté droit ou sur le dos, en forme de feuillets plus ou moins divisés, mais non symétriques. Telles sont les *Bulles* dont la coquille, recouverte d'un léger épiderme, est assez grande pour renfermer l'animal. L'une des espèces de ce genre, la BULLE AMPOULE (*Bulla ampulla*), est remarquable par la beauté de sa coquille.

5° PECTINIBRANCHES. — Les *Pectinibranches* sont essentiellement caractérisés par leurs branchies pectinées, c'est-à-dire composées de nombreux feuillets rangés comme les dents d'un peigne. Cependant quelques-uns sont munis d'un appareil respiratoire aérien. Ils se divisent en trois familles, les *Trochoïdes*, les *Capuloïdes*, et les *Buccinoïdes*. Dans les deux premières familles, l'animal n'a pas de tube respiratoire, ou siphon, qui lui permette de respirer sans sortir de sa coquille, tandis que les Buccinoïdes ont un siphon qui passe par une échancrure de la coquille.

Citons parmi les Trochoïdes : le TROQUE DU NIL (*Trochus niloticus*), qui a la forme d'une toupie ; le SABOT MARBRÉ (*Turbo marmoratus*), dont la coquille est marbrée de vert, de blanc et de brun, et qui fournit une nacre très-recherchée, connu dans le commerce sous le nom de *Burgaudine;* la NÉRITE SAIGNANTE (*Nerita peloronta*), vulgairement appelée *Quenotte saignante*, dont la coquille épaisse est de couleur cendrée ou fauve et ornée de bandes noires, roses ou violettes en zigzag.

Parmi les Buccinoïdes, nous signalerons : le CÔNE MOSAÏQUE (*Conus tesselatus*), dont la coquille en forme de cornet est l'une des plus belles du genre ; la PORCELAINE TIGRÉE (*Cypræa tigris*), d'un beau bleu clair tacheté de noir ; la VOLUTE MUSIQUE (*Voluta musica*), dont la coquille, de forme cylindrique et comme roulée sur elle-même, est remarquable par les plis que présente une des lèvres de l'ouverture ; les *Buccins*, dont une espèce, le *Buccin pourpre*, fournissait aux Romains la belle pourpre de Tyr ; une autre espèce, le BUCCIN ONDÉ (*Buccinum undatum*), est commun sur nos côtes, le ROCHER HÉRISSON *Murex ramosus*), qui doit son nom à sa forme rocailleuse et et d'une grande beauté ; et le STROMBE A PIQUANTS (*Strombus pugilis*).

6° TUBULIBRANCHES. — Les *Tubulibranches* diffèrent des précédents par leur coquille, qui est en forme de tube plus ou moins irrégulier, avec le commencement en spirale. Ils comprennent trois genres : les *Vermets*, les *Siliquaires* et les *Magiles*.

7° SCUTIBRANCHES. — Les *Scutibranches* sont caractérisés par une coquille très-ouverte, qui recouvre l'animal comme ferait un bouclier. Un seul genre a la coquille turbinée, c'est-à-dire en forme de cône contourné en spirale. Ce sont les *Haliotides* ou *Ormiers*, dont nous avons sur nos côtes une espèce fort élégante, l'HALIOTIDE TUBERCULÉE (*Haliotis tuberculata*), appelée vulgairement *Ormier* et *Oreille de mer*.

8° CYCLOBRANCHES. — Les *Cyclobranches* se reconnaissent à la disposition de leurs branchies, qui sont en forme de petits feuillets ou de petites pyramides et qui s'attachent en cordons plus ou moins complets tout autour du corps sous les rebords du manteau. Cet ordre comprend deux familles : les *Patelles* et les *Oscabrions*. La PATELLE COMMUNE (*Patella communis*), le type de cette famille, a le corps entier recouvert d'une coquille d'une seule pièce en cône évasé. Elle rampe lentement sur un pied charnu et en forme de disque, à l'aide duquel elle se fixe aux rochers avec tant de force, qu'elle se laisse déchirer sur place plutôt que de lâcher prise, à moins qu'on ne l'enlève à l'improviste par un mouvement oblique. Les *Oscabrions* ont le corps ovale, déprimé, plus ou moins convexe, arrondi aux extrémités, débordé tout autour par une peau très-coriace et recouvert en partie par une série de huit pièces testacées et mobiles, qui leur permettent de se courber à la manière des *Hérissons* ; tel est l'OSCABRION ÉCAILLEUX (*Chiton squamosus*), qui habite toutes les mers.

9° HÉTÉROPODES. — Les *Hétéropodes*, qui forment le dernier ordre des Gastéropodes, sont organisés, non pour ramper sur le ventre, mais pour nager. Leur pied est comprimé en une lame verticale musculaire, qui leur sert de nageoire. Ils nagent ordinairement le dos en bas et le pied en haut. Ils peuvent gonfler leur corps en le remplissant d'eau.　　　　H. L.

L'Huître-feuille.

L'Huître perlière.

La Coquille de Saint-Jacques.

Le Grand Jambonneau.

L'Anomie pelure d'oignon.

MYTILACÉS.

La Moule commune.

La Mulette perlière.

MOLLUSQUES ACÉPHALES.

4me GROUPE. — LES ACÉPHALES.

Les Acéphales, ainsi que l'indique leur nom, sont des Mollusques dépourvus de tête. Leur bouche reste cachée dans le fond ou entre les replis du manteau. Celui-ci est ordinairement replié en deux, de façon à ce que le corps s'y trouve renfermé comme un livre dans sa couverture ; alors les deux feuillets du manteau sont libres par leur bord inférieur. Parfois ces deux feuillets se réunissent par devant et le manteau représente un tube ouvert à ses deux bouts. Dans quelques cas, l'une de ces extrémités est elle-même fermée et le manteau offre l'apparence d'un sac. Presque toujours une coquille calcaire à deux valves recouvre ce manteau. Chez d'autres, cependant, le tégument calcaire est remplacé par une substance cartilagineuse, quelquefois si mince, qu'elle est flexible comme une membrane. C'est d'après la présence ou l'absence de coquilles que Cuvier a divisé les Acéphales en deux ordres bien tranchés : les *Acéphales testacés*, et les *Acéphales sans coquille* ou *Tuniciers*. Chez les premiers, les branchies ont en général la forme de quatre feuillets, tandis que chez les seconds l'appareil respiratoire offre des formes diverses, mais n'est jamais divisé en quatre feuillets. Tous sont aquatiques, et ont la bouche absolument dépourvue de dents ; aussi puisent-ils uniquement leur nourriture dans les molécules que l'eau leur apporte.

Les Acéphales testacés renferment un très-grand nombre de genres que Cuvier a répartis en cinq grandes familles : les *Ostracés*, les *Mytilacés*, les *Camacés*, les *Cardiacés* et les *Enfermés*.

1o Ostracés. — Les Ostracés se distinguent de tous les autres Acéphales en ce qu'ils ont le manteau ouvert en arrière aussi bien qu'en avant ; de plus, ils manquent de pied ou n'en ont qu'un petit, et ils sont pour la plupart fixés, soit par leur coquille, soit par un faisceau de fils plus ou moins déliés, appelé *byssus*, aux rochers et aux autres corps plongés dans l'eau.

Le genre *Huître* (*Ostrea*), qui a donné son nom à la famille des Ostracés, est de beaucoup le plus intéressant. Les Mollusques qu'il renferme ont, comme tout le monde sait, deux coquilles irrégulières, feuilletées à l'extérieur, et nacrées dans l'intérieur ; elles sont réunies par une charnière formée d'un petit ligament logé de part et d'autre dans une fossette et qui tend sans cesse à écarter les deux valves, tandis qu'à l'aide d'un muscle unique, qui va d'une valve à l'autre, l'animal les maintient appliquées et s'y renferme hermétiquement. Les Huîtres se multiplient d'une manière prodigieuse. Chacune d'elles pond, chaque année, de 50 à 60 mille œufs. Ces œufs contiennent dans une coque transparente une petite coquille bivalve qui ne s'aperçoit qu'à l'aide du microscope. Lorsque la coque est rompue, l'embryon, pourvu de cils vibratiles, nage en tournant et finit par tomber, soit sur d'autres Huîtres déjà développées, soit sur des corps solides sur lesquels il s'attache, principalement par le sommet de la valve inférieure. Ainsi se forment ces amas prodigieux d'Huîtres auxquels on donne le nom de *Bancs*. Les Huîtres croissent très-rapidement. Dès la première année, elles ont 5 cent. de diamètre, et au bout de 3 à 4 ans elles ont atteint leur complet développement.

La plus répandue et la plus intéressante des Huîtres est l'*Huître comestible* (*Ostrea edulis*), dont on fait depuis l'antiquité une énorme consommation. Tous les ans, la pêche aux Huîtres se fait en France, du mois de septembre au mois d'avril, au moyen d'une espèce de rateau, muni d'un filet, appelé *drague* ; avant de les livrer à la consommation, on les *parque*, c'est-à-dire qu'on les fait séjourner dans des bassins d'eau salée communiquant avec la mer, où elles engraissent et acquièrent une saveur particulière. L'aménagement de ces parcs et la création de bancs artificiels pour la conservation et l'éclosion du *naissain* constituent la science de l'*Ostréiculture*. Parmi les autres espèces comestibles, citons l'*Huître pied-de-cheval*, remarquable par sa dimension, l'*Huître de Cancale*, l'*Huître d'Ostende*, l'*Huître de Marennes*, l'*Huître-feuille* (*Ostrea folium*), que représente notre gravure, etc. Les *Huîtres vertes* sont des Huîtres ordinaires que l'on fait engraisser dans des parcs où l'eau n'est pas renouvelée.

Les *Pintadines* ont deux valves égales, à charnière rectiligne, avec une échancrure pour le passage du byssus ; leur coquille est épineuse au dehors, surtout pendant le jeune âge. A ce genre appartient la Pintadine perlière (*Pintadina margaritifera*), appelée vulgairement *Huître perlière* et *Mère aux perles*, commune dans la mer des Indes et principalement à l'île de Ceylan. Les perles précieuses qu'elle produit sont des excroissances nacrées, le plus souvent adhérentes à la coquille, que l'on attribue à une maladie de l'animal.

Les *Peignes* ont la coquille semblable à celle des Huîtres ; mais ils se distinguent de ces dernières par leur coquille inéquivalve, demi-circulaire, toujours sillonnée de côtes qui vont en rayonnant du sommet de chaque valve vers ses bords, et munie de deux productions angulaires, appelées *oreillettes*, qui élargissent les côtes de la charnière. Une des espèces de ce genre, le Peigne operculaire (*Pecten opercularis*), vulgairement appelé *Coquille de Saint-Jacques*, est fort commun sur nos côtes, et sa coquille est souvent employée en guise de plat pour servir certains mets.

Les *Jambonneaux*, ainsi nommés à cause de leur forme, ont deux valves égales et réunies par un ligament le long d'un de leurs côtés. Tel est le Grand Jambonneau (*Pinna ingens*).

Les *Anomies* ont deux valves minces, inégales et irrégulières, dont l'inférieure porte une échancrure à travers laquelle passe un ligament qui permet à l'animal de se fixer aux rochers. L'espèce type, l'Anomie pelure d'oignon (*Anomia ephippium*), est commune dans la Manche et la Méditerranée.

2o Mytilacés. — Les Mytilacés sont des Mollusques bivalves dont le manteau est ouvert par devant, comme chez les Ostracés, mais avec une ouverture particulière pour les excréments. Ils ont aussi un pied distinct, qui leur sert soit à ramper, soit à diriger et à placer leur byssus. Les uns vivent dans la mer, les autres dans les eaux douces. Parmi les premiers, nous citerons la Moule commune (*Mytilus edulis*), et, parmi les seconds, la Moule du Rhin ou Mulette perlière (*Unio margaritifera*).

H. L.

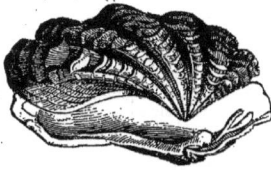

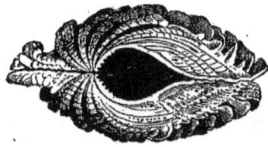

La Tridacne gigantesque, ou Bénitier.

La Came feuilletée.

L'Arche de Noé.

Cardiacés.

La Bucarde comestible.

La Donace tronquée.

La Telline rayée.

La Cythérée épineuse.

La Mactre mouchetée.

MOLLUSQUES ACÉPHALES.

LES ACÉPHALES (*Suite*).

La Moule commune constitue le genre type de la famille des *Mytilacés*. Sa coquille est close, à valves de forme triangulaire, égales et bombées. La charnière, située sur l'un des côtés de l'angle aigu des valves, est munie d'un ligament étroit et allongé. La tête de l'animal est dans l'angle aigu ; le côté opposé de la coquille laisse passer le byssus ; le bord du manteau est frangé vers l'angle arrondi de la coquille, parce que c'est par là qu'entre l'eau nécessaire à la respiration ; enfin, le pied est muni postérieurement d'un byssus soyeux. Elle abonde le long de toutes nos côtes, et il s'en fait une consommation considérable ; mais elles occasionnent souvent une sorte d'empoisonnement, dont la cause n'a pas encore pu être bien déterminée. La Moule du Rhin, ou Mulette perlière, a la nacre fort belle. On l'emploie pour la fabrication des boutons, des manches de couteaux, etc. La Mulette perlière produit aussi quelquefois des perles susceptibles d'être employées dans la bijouterie.

3º Camacés. — Les *Camacés*, la troisième famille des Acéphales testacés, sont caractérisés par leur coquille bivalve à sommet quelquefois recoquillé, et par leur manteau percé de trois orifices, le premier donnant passage au pied, le second à l'eau nécessaire pour la respiration, et le troisième aux excréments.

Le genre le plus remarquable de cette famille est le genre *Tridacne*, dont une espèce, la Tridacne gigantesque (*Tridacna gigas*), pèse jusqu'à 250 kilogram. On voit dans plusieurs églises des coquilles de cette Tridacne qui servent de bénitiers ; de là le nom vulgaire de *Bénitier* sous lequel on la désigne souvent. L'église de Saint-Sulpice, à Paris, possède deux belles coquilles de Tridacne données à François 1er par la République de Venise.

Les *Cames* (*Chama*) ont la coquille irrégulière, à valves inégales, et généralement rugueuses à l'extérieur, épineuses ou écailleuses. Leur charnière n'est composée que d'une proéminence ou *dent* épaisse et oblique, s'articulant dans une fossette de la valve opposée. Elles vivent à une petite profondeur, et on les trouve attachées en groupes, et par leur plus grande valve, aux rochers ou aux coraux, sur lesquels elles forment des masses considérables. Nous citerons, comme exemple de ce genre, la Came feuilletée, que représente notre gravure.

Les *Arches* ont la charnière en ligne droite et formée par une série de dents nombreuses. Une des coquilles de ce genre est nommée Arche de Noé (*Arca Noe*), à cause de l'aplatissement de sa base et de sa forme allongée et ventrue, qui lui donnent quelque ressemblance avec un bateau.

4º Cardiacés. — Les *Cardiacés* ont le manteau ouvert par devant et disposé postérieurement en deux tubes unis ou distincts qui servent de conduits aux orifices destinés à la respiration et au passage des excréments ; ils permettent à l'animal de vivre enfoncé dans le sable ou dans la vase. A chaque extrémité du corps se trouve un muscle transverse, destiné à fermer les deux valves de la coquille. A la partie antérieure, on remarque un pied dont l'animal se sert généralement pour ramper. Nous indiquerons seulement les principaux genres de cette famille.

Les *Bucardes* (*Cardium*) ont le manteau largement ouvert, le pied grand, coudé, à pointe dirigée en avant, et les tubes courts ou de longueur médiocre ; les valves de la coquille sont égales, bombées, à sommets recourbés et à bords dentés. Réunies, elles offrent une certaine ressemblance avec la figure d'un cœur de carte à jouer, ce qui a valu à ce genre le nom sous lequel il est désigné. La charnière est garnie de quatre dents sur chaque valve, deux au milieu, une en avant, et une en arrière. Les coquilles des Bucardes ont des couleurs peu vives ; elles sont tantôt lisses, tantôt garnies de côtes. L'espèce la plus commune sur nos rivages est la Coque ou Bucarde comestible (*Cardium edule*), que l'on trouve souvent sur nos marchés et dont la coquille présente vingt-six côtes ridées en travers.

Les *Donaces* ont, comme les Bucardes, la charnière armée de dents ; mais leur coquille est aplatie, triangulaire, striée du sommet aux bords. Ces Mollusques ont deux longs tubes qu'ils peuvent faire rentrer entièrement dans leur coquille, et un pied lamelleux et large. Ce pied a cela de particulier que l'animal peut s'en servir pour sauter ; le mouvement subit qu'il imprime à la coquille par son élasticité peut la lancer à trente et quelques centimètres. Nous citerons, comme type, la Donace tronquée (*Donax truncata*).

Les *Tellines* ont le milieu de la charnière muni d'une dent à gauche et de deux à droite ; leur coquille est plus ou moins ronde en avant, tandis qu'en arrière elle est anguleuse et présente un léger pli. Elles sont pourvues, comme les Donaces, de deux tubes assez longs. On en trouve sur les côtes de l'Amérique une assez jolie espèce, connue sous le nom de Telline rayée (*Tellina radiata*).

Les *Cythérées* ont la charnière composée de quatre dents cardinales, (c'est-à-dire placées au-dessous du sommet de la charnière), dont trois divergentes et rapprochées à leur base, et une isolée, sur une valve ; l'autre valve n'a que trois dents cardinales divergentes et une fossette sur peu distante. Les Cythérées sont toutes marines. Il y en a un grand nombre d'espèces, remarquables par la beauté et la diversité de leurs couleurs. Quelques-unes sont lisses ; d'autres ont des stries concentriques plus ou moins prononcées et même des épines. Telle est la Cythérée épineuse, qui vient des Antilles et est connue des collectionneurs sous le nom de *Conque de Vénus*.

Les *Mactres* ont une coquille transverse un peu baillante à l'extrémité postérieure ; la charnière est munie sur chaque valve d'une dent cardinale et de deux latérales. L'animal fait sortir par le côté supérieur deux siphons et par l'antérieur un pied musculeux et comprimé. Les espèces de Mactres sont très-nombreuses et se trouvent dans presque toutes les mers. Elles vivent enfoncées dans le sable, à peu de distance de l'embouchure des rivières. Leur coquille est généralement lisse, et quelquefois assez vivement colorée. Citons, comme exemple de ce genre, la Mactre mouchetée, assez commune sur nos rivages.

H. L.

ACÉPHALES TESTACÉS. — ENFERMÉS.

La Mye tronquée.

Le Solen sabre.

La Pholade dactyle.

Le Taret commun.

MOLLUSQUES ACÉPHALES.

La Térébratule vitrée.

L'Anatife lisse.

MOLLUSQUES BRACHIOPODES.

CIRRHOPODES.

LES ACÉPHALES (*Suite et fin*). — 5me GROUPE. — LES BRACHIOPODES.
6me GROUPE. — LES CIRRHOPODES.

5° ENFERMÉS. — Les *Enfermés*, qui forment la 5me famille des Acéphales testacés, ont le manteau ouvert par le bord antérieur, ou vers le milieu seulement, pour le passage du pied, et prolongé de l'autre bord en un tube double qui sort de la coquille, laquelle est toujours baillante par ses extrémités. Cette famille reçu le nom d'*Enfermés* parce que presque tous les Mollusques qui la composent vivent enfoncés dans le sable, dans la vase, dans la pierre ou dans le bois. Elle comprend un grand nombre de genres, dont nous décrirons seulement les plus intéressants.

Les *Myes* sont caractérisées par l'existence, à la valve gauche, d'une grande dent cardinale, comprimée en forme de lame et dressée presque verticalement, et, à la valve droite, d'une fossette correspondante ; la dent et la fossette sont réunies par le ligament. Les Myes vivent dans le sable des côtes ou à l'embouchure des fleuves. Elles se trouvent dans toutes les mers ; l'espèce la plus commune sur nos rivages est la MYE TRONQUÉE (*Mya truncata*).

Les *Solens*, vulgairement appelés *Manches de couteau*, ont une coquille bivalve, allongée transversalement, baillante aux deux extrémités ; la charnière est garnie d'un ligament extérieur et pourvue de dents saillantes et bien prononcées. Signalons parmi les espèces qui composent ce genre le SOLEN SABRE (*Solen ensis*), qui doit son nom à sa forme recourbée.

Les *Pholades*, ou *Dails*, ont deux valves principales, larges et bombées du côté de la bouche, se rétrécissant et s'allongeant du côté opposé, et laissant à chaque bout une grande ouverture oblique. Leur charnière est semblable à celle des Myes. Le pied sort par l'ouverture du côté de la bouche, qui est la plus large, et de l'autre bout, sortent les deux tubes réunis, lesquels sont susceptibles de se dilater beaucoup et en tous sens. Les Pholades sont pour la plupart des coquillages térébrants, c'est-à-dire qui percent les pierres, le bois, ou s'enfoncent dans le sable et vivent dans les trous qu'elles se sont pratiqués. Quelques espèces de ce genre, entre autres la PHOLADE DACTYLE ou *Dail commun* (*Pholas dactylus*), sont assez abondantes sur les bords de la Méditerranée, où on les recherche à cause de leur goût agréable.

Les *Tarets* sont remarquables par leur corps fort allongé et presque vermiforme, qui n'est recouvert que dans une très-petite partie par deux valves rhomboidales, mais est enveloppé dans un manteau tubuleux ouvert à l'extrémité antérieure et à la partie inférieure de cette extrémité pour livrer passage au pied. Ce manteau se termine par deux tubes courts, dont la base est pourvue de chaque côté d'une palette pierreuse et mobile. Ces Mollusques sont célèbres par les dégâts qu'ils produisent en perçant, à l'aide de leurs palettes, les bois plongés sous l'eau, tels que pilotis, quilles de navires, écluses. Ce genre contient un assez grand nombre d'espèces ; la plus répandue chez nous est le TARET COMMUN (*Teredo navalis*). Elle fait de grands ravages dans nos ports de mer, et elle a menacé plus d'une fois la Hollande de sa destruction, en ruinant ses digues.

Les ACÉPHALES TUNICIERS se distinguent des Acéphales testacés, comme nous l'avons dit, par l'absence de coquille, laquelle est remplacée par une substance cartilagineuse flexible. Leur manteau constitue tantôt un sac, tantôt un tube ouvert à ses deux bouts. Ils n'ont ni pieds, ni bras.

5me GROUPE. — BRACHIOPODES.

Les *Brachiopodes* sont des Mollusques sans tête apparente, revêtus de coquilles bivalves et dépourvus de moyens de locomotion. Ils ont, comme les Acéphales, un manteau à deux lobes, mais ce manteau est toujours ouvert. Au lieu de pieds, ils ont deux bras charnus, garnis de nombreux filaments, qu'ils peuvent étendre hors de la coquille et y faire rentrer à volonté. Les branchies consistent en de petits feuillets rangés autour de chaque lobe de la face interne. Les Brachiopodes naissent, vivent et meurent fixés aux rochers du fond de la mer ou enfouis dans le sable des rivages.

Parmi les genres que comprend ce groupe, signalons le genre *Térébratule*, qui se distingue par ses valves inégales, jointes par une charnière composée de deux dents sur une valve et de deux fossettes correspondantes sur l'autre. Le sommet de l'une des valves, plus saillant que celui de l'autre, est percé d'une ouverture par laquelle passe le pédicule charnu qui attache la coquille aux rochers, aux madrépores, etc. Citons, comme type, la TÉRÉBRATULE VITRÉE (*Terebratula vitrea*).

6me GROUPE. — CIRRHOPODES.

Les *Cirrhopodes*, que nous placerons, avec Cuvier, parmi les Mollusques, dont ils forment le dernier groupe, nagent librement dans les premiers temps de leur vie ; mais bientôt après ils se fixent pour toujours. Ils changent alors complétement de forme, et ils se renferment dans une enveloppe appelée *Manteau*. La face abdominale du corps présente deux rangées de filets nommés *Cirrhes* et composés d'une multitude de petites articulations ciliées. Ces cirrhes, au nombre de douze paires, représentent des espèces de pieds ou de nageoires.

L'un des genres principaux de ce groupe, le genre *Anatife*, est caractérisé par une coquille, en forme de cône aplati, composée de cinq valves, supportées par un pédicule creux et contractile. Ce pédicule est toujours fixé aux rochers, à la quille des navires ou à des morceaux de bois flottants. L'espèce la plus commune dans nos mers est l'ANATIFE LISSE (*Lepas anatifera*). Ce nom bizarre rappelle un préjugé vulgaire, encore fort répandu chez les habitants du Nord de l'Europe, qui croient que cet animal donne naissance aux Bernaches, aux Macreuses et aux Canards sauvages. Cette erreur est sans doute due à la ressemblance grossière qu'offre la coquille de l'Anatife avec un oiseau.

Les Cirrhopodes forment la transition entre les Mollusques et les Animaux articulés, parmi lesquels certains auteurs les ont du reste classés.

On s'accorde de nos jours à placer les Animaux articulés avant les Mollusques. Cuvier a assigné à cet embranchement un rang contraire. Nous continuerons à suivre sa classification.

H. L.

1. LE CAPRICORNE HÉROS — 2. LE CAPRICORNE DES ALPES — 3. LE LAMIE CHARPENTIER
4. LE LAMIE TISSERAND — 5. LE LAMIE LUGUBRE

4ᵐᵉ CLASSE. — ANIMAUX ARTICULÉS ou ANNELÉS.

Les ANIMAUX ARTICULÉS ou ANNELÉS tirent leur nom de leur conformation extérieure. Leur corps représente une série d'anneaux soudés ensemble ou articulés de façon à jouir d'une mobilité plus ou moins grande. Cette enveloppe annulaire constitue pour ces animaux un véritable *squelette extérieur*, qui porte les membres ou *appendices* dont la plupart d'entre eux sont pourvus. Ils se divisent en deux embranchements : les *Animaux articulés proprement dits*, et les *Vers*.

Les ANIMAUX ARTICULÉS PROPREMENT DITS forment quatre groupes : les *Insectes*, les *Myriapodes*, les *Arachnides* et les *Crustacés*.

Les VERS comprennent trois groupes : les *Annélides*, les *Helminthes* et les *Rotateurs*.

ANIMAUX ARTICULÉS PROPREMENT DITS.

1ᵉʳ GROUPE. — LES INSECTES.

Le groupe des INSECTES, le plus nombreux en espèces (il y en a plus de 200,000), renferme tous les Animaux articulés ayant *six pattes* et dont le corps est divisé en trois parties distinctes : la *tête*, le *thorax* et l'*abdomen*. La tête porte deux cornes ou *antennes*, composées de pièces, ou *articles*, articulées bout à bout, les organes de la manducation et les yeux. Le thorax ou *corselet*, qui occupe la partie moyenne du corps, présente une série de trois anneaux successifs, à chacun desquels sont fixées une paire de pattes, terminées par une sorte de pied ou *tarse*, et une paire d'ailes, à l'exception du premier anneau qui ne porte jamais d'ailes. Ces ailes sont formées d'une double membrane soutenue à l'intérieur par des nervures. L'abdomen est composé d'une suite d'anneaux, articulés les uns sur les autres, à l'extrémité desquels s'ouvre le canal intestinal.

La *bouche* des Insectes varie dans sa forme et son organisation. Chez les Insectes *broyeurs*, elle se compose de deux lèvres et de plusieurs pièces, dont les deux supérieures, appelées *mandibules*, leur servent pour saisir et déchirer leur proie, et dont les deux inférieures, qui sont les *mâchoires proprement dites*, opèrent la mastication par un mouvement latéral de droite à gauche. Chez les Insectes *suceurs*, elle présente une sorte de suçoir mobile, le plus souvent en forme de trompe.

Leur appareil respiratoire est représenté par un système de tubes déliés, appelés *trachées*, qui reçoivent l'air extérieur par des orifices, ou *stigmates*, situés généralement sur les côtés des anneaux de l'abdomen.

Leur sang est ordinairement incolore. L'appareil circulatoire se réduit à un simple vaisseau, appelé *vaisseau dorsal*, fixé le long de la face interne du dos.

Les sens des Insectes paraissent très-développés ; mais on ignore encore quels organes s'exercent quelques-uns de ces sens. Leurs yeux sont de deux sortes, *composés* ou *simples* ; les premiers, qu'on appelle aussi *yeux à facettes*, sont formés d'une multitude de tubes qui sont en réalité autant d'yeux distincts ; les yeux simples, qu'on désigne aussi sous le nom de *stemmates* ou *ocelles*, n'ont qu'une facette et ne forment qu'un seul œil.

Les Insectes, sauf quelques rares exceptions, sont tous ovipares. À sa sortie de l'œuf, l'Insecte est à l'état de *larve* ou chenille, et ressemble à un ver. Après avoir subi plusieurs *mues* successives, il se transforme en *nymphe* ou *chrysalide*. Tantôt la nymphe est renfermée dans une coque, ou *cocon* de soie, que la larve s'est fabriquée avant sa métamorphose ; tantôt elle a pour enveloppe la peau desséchée de la larve. C'est alors que se développent les organes dont l'animal adulte doit être pourvu ; l'évolution terminée, il apparaît à l'état d'*Insecte parfait*, se reproduit et meurt. Les Insectes qui passent par ces trois états différents sont dits à *métamorphose complète*. D'autres ne subissent qu'une partie de ces transformations ; la métamorphose est dite alors *incomplète* ou *demi-métamorphose*.

Les INSECTES se divisent en trois grandes sections : *Tétraptères*, *Diptères* et *Aptères*, suivant qu'ils ont quatre ailes ou deux ailes, ou qu'ils en sont dépourvus.

INSECTES TÉTRAPTÈRES.

Les INSECTES TÉTRAPTÈRES se subdivisent en six ordres : les *Coléoptères*, les *Orthoptères*, les *Névroptères*, les *Hyménoptères*, les *Lépidoptères* et les *Hémiptères*.

1ᵉʳ ORDRE. — COLÉOPTÈRES. — Les *Coléoptères* sont caractérisés par la présence de quatre ailes, dont les deux supérieures, dures et opaques, désignées sous le nom d'*élytres*, recouvrent, comme des *étuis*, les inférieures, qui sont longues, minces et transparentes, et repliées en travers sous les élytres à l'état de repos. Leur tête porte deux antennes, et leur bouche est pourvue de mandibules et de mâchoires propres à broyer les substances solides.

L'ordre des Coléoptères se subdivise en quatre tribus, d'après le nombre des articles qui composent le tarse.

1ᵒ COLÉOPTÈRES PENTAMÈRES. — Les *Coléoptères pentamères* ont cinq articles à tous les tarses. Citons les *Lampyres*, appelés improprement *Vers luisants*, et remarquables par leurs propriétés phosphorescentes ; les *Hannetons*, si communs dans nos climats ; les *Lucanes* ou *Cerfs-volants*, dont les mâles ont des mandibules très-longues, dentées et arquées comme des cornes.

2ᵒ COLÉOPTÈRES HÉTÉROMÈRES. — Les *Coléoptères hétéromères* ont cinq articles aux tarses des quatre pattes antérieures et quatre seulement à ceux des deux pattes postérieures. À cette tribu appartient la *Cantharide*, qui fournit une substance vésicante énergique.

3ᵒ COLÉOPTÈRES TÉTRAMÈRES. — Les *Coléoptères tétramères* ont quatre articles à tous les tarses. Signalons les *Charançons* ou *Calandres*, dont la larve occasionne des dégâts considérables dans les champs de blé ; les *Capricornes*, remarquables par la dimension de leurs antennes, et parmi lesquels nous citerons le CAPRICORNE HÉROS (*Cerambyx heros*) et le CAPRICORNE DES ALPES (*Acanthoptera alpina*) ; les *Lamaires*, et parmi eux, le LAMIE CHARPENTIER (*Acanthocinus ædilus*), dont les antennes, chez le mâle, ont quatre à cinq fois la longueur du corps ; le LAMIE TISSERAND (*Lamia textor*) et le LAMIE LUGUBRE (*Lamia lugubris*), etc.

4ᵒ COLÉOPTÈRES TRIMÈRES. — Les Insectes de cette tribu sont caractérisés par la présence de trois articles à tous les tarses. Nous ne mentionnerons qu'un seul genre, les *Coccinelles*, dont le corps presque hémisphérique est peint des plus éclatantes couleurs et qui sont connues sous le nom de *Bêtes à bon Dieu*. H. L.

LE FOURMI-LION

LES INSECTES (Suite). — LE FOURMI-LION.

2me ORDRE. — ORTHOPTÈRES. — Les *Orthoptères* se rapprochent des Coléoptères par la conformation de leur bouche, ainsi que par le nombre de leurs ailes; mais leurs élytres, au lieu d'être dures et cornées, sont le plus souvent molles ou membraneuses, et les ailes de la deuxième paire se plissent, non transversalement, mais dans le sens longitudinal, à la manière d'un éventail. Ces insectes ne subissent que des demi-métamorphoses, qui se réduisent à la croissance et au développement des élytres et des ailes.

Les Orthoptères se divisent, d'après la conformation de leurs pattes, en deux tribus : les *Orthoptères coureurs* et les *Orthoptères sauteurs.*

1° ORTHOPTÈRES COUREURS. — Les *Orthoptères coureurs* ont leurs six pattes semblables et uniquement propres à la course. Citons, parmi les genres les plus importants : les *Forficules,* ou *Perce-oreilles,* dont la partie postérieure de l'abdomen est armée d'une pince puissante en forme de crochets; les *Blattes,* qui sont d'une extrême voracité et exhalent une odeur nauséabonde très-persistante. Une des espèces de ce genre, la *Blatte orientale,* infeste les cuisines et les boulangeries, où on l'appelle vulgairement *Panetière* ou *Cafard.*

2° ORTHOPTÈRES SAUTEURS. — Les *Orthoptères sauteurs* sont caractérisés par leurs pattes très-longues, armées d'une cuisse très-forte, et par conséquent propres au saut. A cette tribu appartiennent : les *Sauterelles,* qui ont les ailes et les élytres placés obliquement en forme de toit, de longues antennes effilées, et quatre articles aux tarses; l'espèce type, la *Sauterelle verte* ou *Grande-Sauterelle,* très-commune en France, a le corps et les élytres entièrement verts; les *Criquets,* ou *Sauterelles de passage,* qui ont les ailes disposées comme les Sauterelles, mais seulement trois articles aux tarses. Ils émigrent par bandes si nombreuses, que, comme des nuées, ils obscurcissent le soleil. C'est surtout en Afrique qu'apparaissent ces essaims destructeurs. Malheur au pays sur lequel ils s'abattent ! En un instant toute trace de végétation disparaît ; les *Grillons,* qui ont les ailes, ainsi que les élytres, horizontales et dépassant leurs étuis à l'état de repos, et parmi lesquels nous citerons : les *Courtilières* ou *Taupes-Grillons,* qui se construisent des galeries souterraines à la manière des Taupes, et coupent toutes les racines qu'elles rencontrent; le *Grillon domestique,* qui habite l'intérieur de nos maisons, et de préférence les endroits chauds, et dont le mâle produit un son aigu et désagréable, qui lui a valu le nom de *Cri-cri.*

3me ORDRE. — NÉVROPTÈRES. — Les Insectes qui composent cet ordre ont les ailes membraneuses, transparentes, *réticulées,* c'est-à-dire à nervures en réseau, comme une dentelle, et toutes deux de même grandeur; leur corps est le plus souvent mou, allongé. Les uns subissent des métamorphoses complètes, les autres des demi-métamorphoses seulement. Cet ordre se divise en trois grandes familles : les *Subulicornes,* les *Planipennes* et les *Plicipennes.*

1° SUBULICORNES. — Les *Subulicornes* tirent leur nom de leurs antennes en forme d'alène. Les principaux genres de cette famille sont les *Libellules* et les *Éphé-* mères. Les *Libellules,* vulgairement appelées *Demoiselles,* se distinguent par leurs formes sveltes et élancées, par leurs couleurs agréables et variées, et par leurs grandes ailes, réticulées, toujours écartées, et semblables à une gaze éclatante ; elles affectionnent le voisinage des eaux, où vivent d'ailleurs leurs larves et leurs nymphes. Les *Éphémères* doivent leur nom à la brièveté de leur vie à l'état parfait. Elles apparaissent généralement au coucher du soleil, dans les beaux jours d'été et d'automne; leur vie est limitée à quelques heures. Dès que les femelles ont pondu, elles tombent mortes.

2° PLANIPENNES. — Les *Planipennes* sont caractérisés par leurs antennes notablement plus longues que la tête et composées d'un grand nombre d'articles, par leurs mandibules très-distinctes, et par leurs ailes inférieures qui sont presque toujours égales aux supérieures. Nous décrirons quelques-uns des genres les plus intéressants de cette famille.

Le FOURMI-LION ORDINAIRE (*Myrmeleon formicarium*) est long d'environ vingt cinq millim., noirâtre et tacheté de jaunâtre ; il a les ailes transparentes, avec les nervures noires entrecoupées de blanc. Cet insecte, assez commun chez nous, doit son nom à la grande destruction de Fourmis que fait sa larve, dont la tête, petite et aplatie, est armée de deux longues mandibules, dentelées au côté interne et pointues au bout. Elle ne se rencontre guère que dans les lieux sablonneux et très-exposés à l'ardeur du soleil; là, elle se construit dans le sable le plus fin une sorte d'entonnoir au fond duquel elle se tient, la tête seule en dehors, attendant patiemment qu'un insecte tombe dans le précipice et devienne ainsi sa proie. Lorsqu'elle doit passer à l'état de nymphe, elle se file une coque ronde, d'une matière blanche et soyeuse, qu'elle recouvre extérieurement de grains de sable. Au bout de quinze à vingt jours, l'insecte en sort à l'état parfait.

Les *Termites,* que l'on appelle aussi *Fourmis-blanches* parce qu'ils rappellent les Fourmis par leurs mœurs et leurs habitudes, sont des insectes très-destructeurs. Ils vivent en sociétés innombrables, et se construisent, comme les Abeilles, de vastes habitations, remarquables par leur solidité, et dont l'intérieur est divisé en un nombre infini de galeries et de compartiments, disposés avec beaucoup d'ordre et de symétrie. Ces insectes appartiennent aux régions tropicales; cependant, on en trouve dans l'ouest de la France une espèce, le *Termite lucifuge,* qui est devenue un véritable fléau pour les chantiers de la marine, à La Rochelle, à Rochefort, etc.

3° PLICIPENNES. — Les *Plicipennes* sont essentiellement caractérisés par leurs ailes inférieures, qui sont ordinairement plus larges que les supérieures et plissées dans leur longueur. Les *Friganes* ou *Phryganes,* qui constituent le principal genre de cette famille, ont beaucoup de rapport avec les Éphémères par la brièveté de leur vie à l'état parfait. Leurs larves sont aquatiques, et, comme leur corps est très-mou, elles se construisent une sorte de fourreau solide dans lequel elles sont entièrement cachées, à l'exception de la tête qu'elles laissent sortir. **H. L.**

8*

LE CYNIPS DU ROSIER

1. Bédégar du Rosier. — 2. Le même, ouvert. — 3. La Larve, de grandeur naturelle. — 4. La même, grossie. — 5. Le Cynips, de grandeur naturelle. — 6. Le même, grossi.

LES INSECTES (Suite). — LE CYNIPS DU ROSIER.

4ᵐᵉ ORDRE. — HYMÉNOPTÈRES. — Les *Hyménoptères* constituent sans contredit l'ordre le plus intéressant des Insectes par l'instinct merveilleux dont sont douées quelques espèces qui en font partie. Comme chez les Névroptères, les quatre ailes sont membraneuses et transparentes; mais ces ailes, au lieu d'être réticulées, sont simplement *veinées*, c'est-à-dire pourvues de nervures longitudinales, et lorsqu'elles sont au repos, elles se croisent horizontalement sur le corps. En outre, leurs mâchoires et leur lèvre inférieure, excessivement allongées, représentent une sorte de trompe, mobile et flexible, qui sert de conduit aux aliments toujours mous ou liquides dont ils se nourrissent. C'est pourquoi ils sont considérés comme établissant le passage entre les Insectes *broyeurs* et les Insectes *suceurs*.

La tête des Hyménoptères est globuleuse, munie de deux yeux composés, et de trois yeux simples placés en triangle sur le sommet. Le thorax est formé de trois segments, non plus distincts, mais réunis ensemble, et l'abdomen, suspendu au corselet par un étranglement, se termine chez les femelles par une tarière, ou par un aiguillon ordinairement composé de trois appendices longs et grêles. Tantôt leurs larves sont dépourvues de pattes, tantôt elles en ont six à crochets, et souvent encore douze à seize autres membraneuses, ce qui a valu à ces dernières le nom de *fausses chenilles*. Toutes ces larves sont pourvues de mandibules, de mâchoires, et d'une lèvre garnie à son extrémité d'une filière destinée au passage de la matière soyeuse qui servira à construire la coque de la nymphe. Parmi ces larves, les unes se nourrissent de substances végétales, les autres de substances animales, que la mère, par un instinct admirable de prévoyance, dépose à proximité de son nid, ou dans le nid même, lorsqu'elles sont privées de pattes. D'autres fois, les larves sont élevées en commun par des individus sans sexe réunis en société. Arrivés à leur état parfait, les Hyménoptères vivent presque tous sur les fleurs, et la durée de leur vie ne dépasse pas une année.

L'ordre des Hyménoptères se divise en deux sections, celle des *Térébrants*, caractérisée par l'existence d'une tarière chez les femelles, et celle des *Porte-aiguillon*, où la tarière est remplacée par un aiguillon rétractile.

I. HYMÉNOPTÈRES TÉRÉBRANTS. — Les *Hyménoptères térébrants* comprennent deux familles. Chez l'une, les *Porte-scie*, l'abdomen est uni au corselet dans toute son épaisseur, et la tarière se termine en forme de scie; chez l'autre, les *Pupivores*, l'abdomen n'est attaché au corselet que par un simple filet, ou pédicule, et l'extrémité de la tarière ressemble à un fer de lance. A cette dernière famille appartient le genre *Cynips* ou *Gallicole*.

« Les Cynips, dit Latreille, ont la tête petite et le thorax gros et élevé, de telle sorte qu'ils paraissent comme bossus. Chez les femelles, l'abdomen renferme une tarière qui ne paraît composée que d'une seule pièce, longue et très-déliée, dont l'extrémité est creusée en gouttière, avec des dents latérales imitant celles d'un fer de flèche. C'est avec cet instrument que l'Insecte pique les végétaux et agrandit ensuite l'ouverture pour y déposer ses œufs. Les sucs affluent à l'endroit qui a été piqué, et il s'y développe une excroissance ou une tumeur, de forme variable selon les espèces, qu'on désigne sous le nom de *galle*, et au centre de laquelle on trouve les œufs du Cynips. Bientôt il naît de ces œufs de petites larves sans pattes, mais ayant souvent des mamelons qui en tiennent lieu. Elles y vivent tantôt solitairement et tantôt en société; elles rongent l'intérieur de leur demeure, sans nuire à son développement, et y restent cinq à six mois dans cet état. Les unes y subissent leurs métamorphoses; les autres la quittent pour s'enfoncer dans la terre, où elles demeurent jusqu'à leur entière transformation. Des trous ronds que l'on voit à la surface des galles annoncent que l'animal en est sorti..... »

L'espèce la plus intéressante du genre Cynips est le *Cynips de la galle à teinture*, qui se trouve dans l'Europe orientale. La galle qu'il produit, appelée communément *Noix de galle du commerce*, sert dans la teinture en noir, la fabrication de l'encre, la préparation des cuirs, etc.

Une autre espèce remarquable est le CYNIPS DU ROSIER (*Cynips rosæ*). C'est cet insecte qui produit sur les Rosiers sauvages ces excroissances chevelues si connues sous le nom de *Bédégars*, à l'intérieur desquelles le Cynips dépose ses œufs, et où se développent ses larves. Il est commun aux environs de Paris.

Citons encore, parmi les Pupivores, les *Ichneumons*, ou *Mouches vibrantes*, qui rendent de si grands services à l'agriculture en détruisant une multitude de Chenilles; leur nom même leur a été donné pour cette raison, par analogie avec l'Ichneumon quadrupède, qui était censé détruire les Crocodiles ; les *Microgastres*, qui déposent leurs œufs dans dans les chenilles du grand Papillon du Chou et doivent être classés parmi les hôtes les plus utiles de nos potagers ; les *Calchidites* et les *Eulophes*, qui vivent aux dépens des œufs et des chenilles de la Pyrale de la vigne ; les *Chrysides*, enfin, ou *Guêpes dorées*, qui, par la richesse de leurs couleurs, rivalisent avec les Oiseaux-mouches.

II. HYMÉNOPTÈRES PORTE-AIGUILLON. — Les *Hyménoptères Porte-aiguillon* diffèrent des Térébrants en ce qu'ils portent, au lieu de tarière, un aiguillon rétractile. Cet aiguillon, qui existe toujours chez les femelles et souvent chez les neutres des espèces réunies en société, se compose de trois parties : une première supportant tout l'appareil, une gaine cornée appelée *étui*, et un dard formé de deux stylets aigus. Dans l'état de repos, ces diverses pièces sont logées dans l'intérieur du corps, et ce n'est que lorsqu'il veut en faire usage que l'insecte fait sortir l'étui, qu'il enfonce, à l'aide de son dard, dans la peau de son ennemi. L'aiguillon communique ordinairement avec une petite glande, située à sa base, qui secrète une liqueur vénéneuse. Ce venin coule dans la blessure par un petit sillon creusé à la face interne des stylets, et détermine une inflammation plus ou moins douloureuse, et quelquefois mortelle, selon les espèces. Les Porte-aiguillon se divisent en quatre familles : les *Hétérogynes*, les *Diploptères*, les *Fouisseurs* et les *Mellifères*.
H. L.

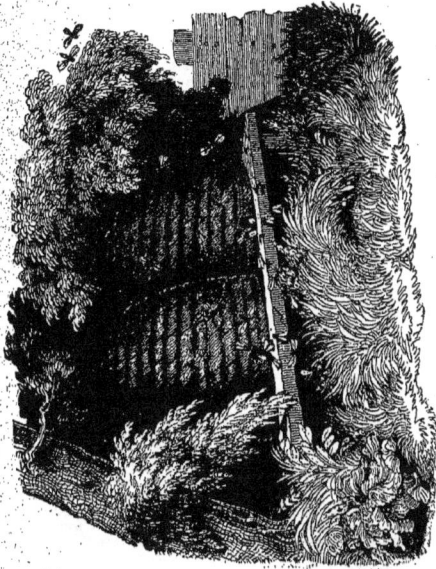

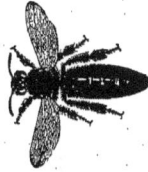

Abeille femelle.

Portion du gâteau.

Coupe d'alvéole.

LES ABEILLES

Abeille neutre.

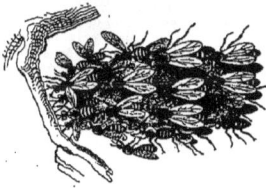

Portion d'essaim.

Abeille mâle.

LES INSECTES (*Suite*). — LES ABEILLES.

1ᵒ HÉTÉROGYNES. — Les *Hétérogynes* se distinguent généralement en mâles, femelles et en individus stériles ou *neutres*, c'est à cette famille qu'appartiennent les *Fourmis*, dont les mœurs si curieuses ont de tout temps attiré l'attention des observateurs. Les Fourmis, comme les Termites, dont nous avons parlé précédemment, vivent en sociétés plus ou moins nombreuses, dans lesquelles règne l'harmonie la plus complète . On reconnaît les neutres, appelées communément *ouvrières*, à l'absence d'ailes, à la grosseur de leur tête, et à la force de leurs mandibules. A ces dernières incombe le soin de construire les nids ou *fourmilières*, de veiller à l'entretien et à la garde de l'habitation, de loger les œufs dans les cellules qui leur sont destinées suivant le sexe des larves qui en doivent éclore, de nourrir ces larves et d'aller chaque jour à la recherche des provisions nécessaires à la colonie. Un singulier instinct de prévoyance les anime dans cette œuvre. Parmi leurs mets favoris est un liquide sucré qui suinte du corps des pucerons et de quelques autres petits Insectes hémiptères ; les Fourmis emportent ces insectes dans leur demeure et les y élèvent, comme les fermiers le font pour leurs vaches laitières. De là, le nom de *peuple-pasteur* qui leur a été donné plaisamment. Mais ce n'est pas là le trait le plus extraordinaire de leurs mœurs : certaines fourmis s'en vont en guerre contre d'autres espèces plus faibles, et dont elles enlèvent les larves et les nymphes ; elles les élèvent ensuite pour en faire plus tard des esclaves qui devront exécuter pour leurs maîtres tous les travaux de la communauté.

2ᵒ DIPLOPTÈRES. — Les *Guêpes*, qui constituent le genre le plus important de cette famille, vivent aussi en sociétés nombreuses, composées de mâles, de femelles et de neutres ; mais ces sociétés sont annuelles, et non permanentes, comme celles des Fourmis. Elles se construisent dans le creux des arbres ou entre les branches des arbustes des demeures d'une forme particulière, appelées *Guêpiers*. Nous citerons : la *Guêpe commune*, qui est noire, avec des tâches jaunes sur le devant de la tête et sur le corselet, et la *Guêpe frelon*, tachetée de fauve, qui fait la guerre aux Insectes et particulièrement aux Abeilles, dont elle vole le miel.

3ᵒ FOUISSEURS. — Les *Fouisseurs* ont la propriété de fouir le sable, la terre, ou le bois. Leurs larves n'ont jamais de pieds ; aussi les femelles ont la précaution de placer à côté de leurs œufs, dans les nids qu'elles ont préparés, des insectes, des larves, même des arachnides, etc. Nous nous bornerons à signaler la *Cerceris des sables*, qui nourrit ses petits avec l'un des Coléoptères les plus nuisibles à l'agriculture, le Charançon.

4ᵒ MELLIFÈRES. — Les *Mellifères* sont essentiellement caractérisés par la conformation de leurs jambes postérieures, dont la face interne, creusée en forme de *corbeille*, est disposée de manière à recevoir la poussière, appelée *pollen*, que l'insecte recueille sur les étamines. Cette poussière s'attache aux poils branchus dont son corps est couvert, et en se frottant avec les brosses qui garnissent ses tarses, il la ramasse en pelotes qu'il empile ensuite dans ses corbeilles. Les mâchoires et les lèvres des Mellifères sont en outre fort longues et composent une sorte de trompe avec laquelle ils aspirent la liqueur mielleuse contenue dans les *nectaires* des fleurs et qu'ils transforment en miel.

La famille des Mellifères forme deux tribus, dont nous ne rotiendrons qu'une, celle des *Apiaires*. Quelques espèces sont *solitaires*, c'est-à-dire ne vivent qu'en sociétés restreintes et ne comprennent que des mâles et des femelles : tels sont les *Xylocopes* ou *Abeilles perce-bois*. D'autres sont *sociales*, c'est-à-dire vivent en sociétés formées de mâles, de femelles et d'un nombre considérable de neutres, par exemple, les *Bourdons* et les *Abeilles*.

Les *Bourdons* offrent cette particularité unique chez les Mellifères : l'existence de deux sortes de femelles, les mères destinées à survivre à la famille *annuelle*, et quelques ouvrières, beaucoup plus petites que les mères, et aptes à pondre des œufs dont les larves ne produisent que des mâles.

Les *Abeilles*, appelées vulgairement *Mouches à miel*, ont pour type L'ABEILLE DOMESTIQUE (*Apis mellifica*). Elle est noirâtre, avec une bande transversale grisâtre. Les Abeilles vivent en colonies composées chacune de dix à trente mille neutres ou *ouvrières*, de six à huit cents mâles ou *faux-bourdons*, dépourvus d'aiguillon, et communément d'une *seule* femelle, qui a reçu le nom de *reine*. Ce sont les ouvrières qui s'occupent de tous les travaux de la *ruche*, qu'il s'agisse, soit de construire, avec la cire qu'elles sécrètent, les *rayons* ou *gâteaux* formés de cellules ou *alvéoles* destinées à recevoir les œufs et le miel, soit de nourrir et de soigner les larves après leur éclosion. De là, les noms différents donnés à ces ouvrières : les *Cirières* et les *Nourrices*. Les mâles, comme la femelle, ne participent pas à ces travaux. Au printemps, on les voit sortir ensemble de la ruche ; mais la femelle y rentre seule, et si les mâles tentent de l'y suivre, ils sont tués par les ouvrières.

La fécondité de la femelle, sur laquelle repose tout l'avenir de la colonie, est prodigieuse ; elle pond jusqu'à 12,000 œufs en trois semaines, œufs d'ouvrières, de mâles, et de femelles. Ces œufs éclosent de trois à quatre jours après la ponte, et il en sort une larve de couleur blanchâtre, à laquelle les nourrices apportent aussitôt une bouillie, appropriée à chaque sexe, et dont l'action est telle, que, quand à la mort d'une reine il n'existe pas dans la ruche de larves de femelle, elle peut transformer en larve de femelle une larve d'ouvrière. Mais s'il existe à ce moment plusieurs femelles, elles se livrent entr'elles un combat acharné jusqu'à ce qu'il n'en reste qu'une, soit que les autres aient succombé ou qu'elles abandonnent la ruche suivies d'un certain nombre de mâles et de neutres Les Abeilles qui émigrent ainsi forment ce qu'on appelle un *essaim*, et vont s'établir dans le voisinage, le plus souvent sur une branche d'arbre, où elles forment une espèce de grappe en se cramponnant les unes aux autres par les pattes.

La récolte du miel a lieu vers le mois de septembre. Celui qui coule naturellement des gâteaux est dit miel *vierge* ou *blanc* ; celui qu'on obtient par leur pression, est le miel jaune, mêlé de cire. Le miel et la cire sont l'objet d'un commerce considérable.   A. L.

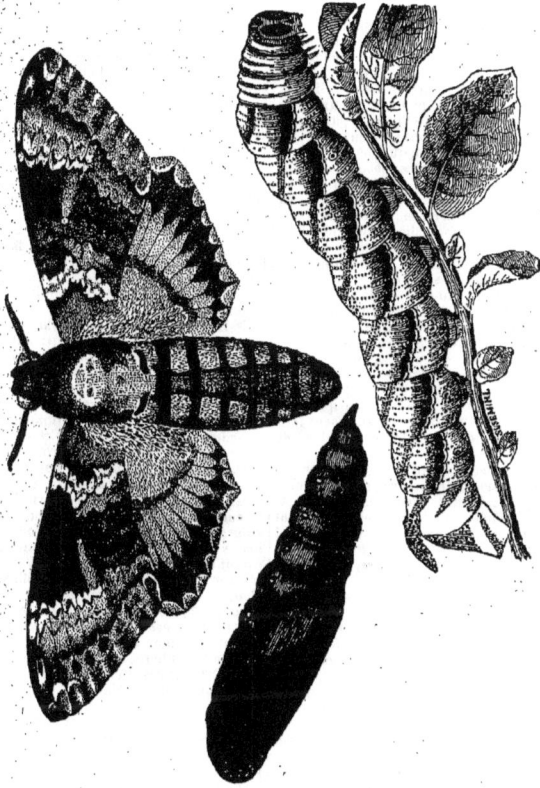

LE SPHINX A TÊTE DE MORT

LES INSECTES (*Suite*). — LE SPHINX A TÊTE DE MORT.

5ᵐᵉ ORDRE. — LÉPIDOPTÈRES. — Les *Lépidoptères*, appelés communément *Papillons*, ont la bouche garnie d'une longue trompe roulée en spirale, formée par l'allongement des mâchoires proprement dites, et disposée exclusivement pour la succion. Leurs ailes, au nombre de quatre, sont simplement veinées et recouvertes, sur leurs deux surfaces, d'une poussière écailleuse, très-diversement colorée, qui s'enlève au contact des doigts. Les Lépidoptères subissent des métamorphoses complètes ; leurs larves, plus connues sous le nom de *chenilles*, ont la bouche armée de mandibules et de mâchoires très-fortes, six pieds écailleux ou à crochets, qui répondent à ceux de l'insecte parfait, et quatre à dix pieds membraneux, dont les deux derniers sont placés à l'extrémité postérieure du corps. Les premiers sont appelés *vraies pattes*, par opposition aux autres, auxquels on a donné le nom de *fausses pattes*. Après plusieurs mues successives, ordinairement au nombre de quatre, ces larves arrivent à l'état de nymphes. Pour opérer cette transformation, les unes s'enveloppent dans un cocon soyeux ; d'autres se roulent dans des feuilles, ou se suspendent à quelque corps étranger au moyen d'un fil de soie ; mais toutes indistinctement sont recouvertes d'une pellicule mince, suivant tous les contours du corps à la manière d'un lange. De là, le nom de *pupes* ou *maillots* sous lequel on les désigne parfois. Ce maillot est en général orné de brillantes taches dorées, qui ont valu à ces nymphes la dénomination générale de *chrysalides*. Les nymphes restent plus ou moins longtemps dans cet état ; les unes, et c'est le plus grand nombre, éclosent en quelques jours ; les autres passent l'hiver et ne subissent leur dernière métamorphose qu'au printemps ou à l'été de l'année suivante.

Les Lépidoptères renferment un très-grand nombre d'espèces répandues dans toutes les régions du globe. Les uns volent de jour ; d'autres n'apparaissent que le matin ou le soir, au crépuscule ; d'autres encore restent comme engourdis pendant le jour et ne se montrent que la nuit. C'est d'après ces caractères qu'on les a divisés en trois grandes sections : les *Diurnes*, les *Crépusculaires*, et les *Nocturnes*.

1º DIURNES. — Les *Diurnes* ont les deux ailes supérieures et même le plus souvent les quatre ailes élevées verticalement dans le repos ; leurs antennes sont ordinairement terminées par un renflement en forme de bouton ou de petite massue. Les chenilles ont seize pattes et se transforment généralement à l'air libre, et les chrysalides sont plus ou moins anguleuses. Les espèces qui composent cette section ne se montrent que dans les heures les plus chaudes de la journée. Citons, parmi les plus belles, le *Papillon Machaon* ou *Porte-queue*, les *Piérides*, les *Vanesses*, etc.

2º CRÉPUSCULAIRES. — Les *Crépusculaires* diffèrent des précédents par la soie raide, écailleuse, en forme d'épine ou de crin, qui part du bord extérieur des ailes inférieures, passe dans un crochet du dessous des ailes supérieures, et les maintient, quand elles sont au repos, dans une position horizontale ou inclinée. Leurs antennes sont en forme de massue allongée. Les chenilles ont toujours seize pattes, et les chrysalides sont, ou enfermées dans une coque, ou enfouies dans la terre, ou encore cachées dans l'intérieur des tiges ou sous quelque autre abri. Le plus grand des Crépusculaires de nos contrées est sans contredit le SPHINX A TÊTE DE MORT (*Acherontia atropos*). Il a les ailes supérieures brunes, saupoudrées de bleuâtre, avec des lignes ondulées blanchâtres ; ses ailes inférieures sont jaunes et traversées par deux bandes noires. Le corps est jaune aussi, entouré de cercles noirs qui coupent une bande bleu cendré, élargie sur le dos. Le corselet est brun, saupoudré de bleu comme les ailes, et marqué d'une tache blanche figurant à peu près une tête de mort : de là son nom. Ses antennes sont en fuseau, c'est-à-dire renflées à leur milieu et amincies à leur base et à leur extrémité. La chenille, qui vit sur la feuille de la pomme de terre, du jasmin, etc., est jaune avec des raies bleues, et son extrémité est pourvue d'une corne. Elle se tient le plus souvent dressée sur ses pattes de derrière, en relevant toute la partie antérieure de son corps, et c'est cette attitude, analogue à celle du Sphinx de la fable, qui lui a valu le nom de *Sphinx*, que conserve encore le Papillon. Ajoutons qu'il commet de grands dégâts dans les ruches des Abeilles, où il s'introduit pour dévorer le miel et les larves.

3º NOCTURNES. — Les *Nocturnes* ne se distinguent des Crépusculaires que par leurs antennes, qui vont en diminuant de la base à la pointe, ou sont grêles et raides comme des soies. Les chenilles, qui ont de dix à seize pieds, se filent le plus souvent une coque, et les chrysalides sont toujours arrondies. A cette section appartient le *Bombyx du mûrier* (*Bombyx mori* ou *Bombyx sericaria*), dont la larve, ou *Ver à soie*, contribue puissamment à la richesse de nos provinces méridionales.

Originaire de la Chine, le Ver à soie fut introduit en Europe au vIᵉ siècle par deux moines grecs ; mais ce n'est que sous le règne de Henri IV que l'industrie de la soie prit possession du midi de la France. Il y est vulgairement appelé *magnan*, d'où le nom de *magnaneries* donné aux établissements dans lesquels on l'élève. Aussitôt après leur éclosion, les Vers à soie sont disposés sur des claies garnies de feuilles de mûrier blanc, d'où, après environ trente-quatre jours, ils montent dans des fagots de menues branches de bruyère ou de genêt, préparées à cet effet, et s'y filent un cocon, en enroulant autour de leur corps le fil de soie qu'ils tirent de leur filière, et dont la longueur atteint jusqu'à 200 à 300 mètres. Cette soie, suivant les espèces, est tantôt jaune, tantôt blanche ; cette dernière est la plus estimée.

Les Vers à soie sont sujets à diverses maladies, dont la plus redoutable, véritable fléau des magnaneries, est la *muscardine*. Elle est due à un champignon parasite, le *Botrytis bassiana*, contre lequel la science est restée jusqu'ici impuissante.

Citons encore, parmi les Lépidoptères nocturnes, les *Pyrales*, dont une espèce, la *Pyrale de la Vigne*, commet des dégâts considérables dans nos vignobles, et les *Teignes*, vulgairement appelées *Vers*, qui attaquent les étoffes de laine, les fourrures, etc. H. L.

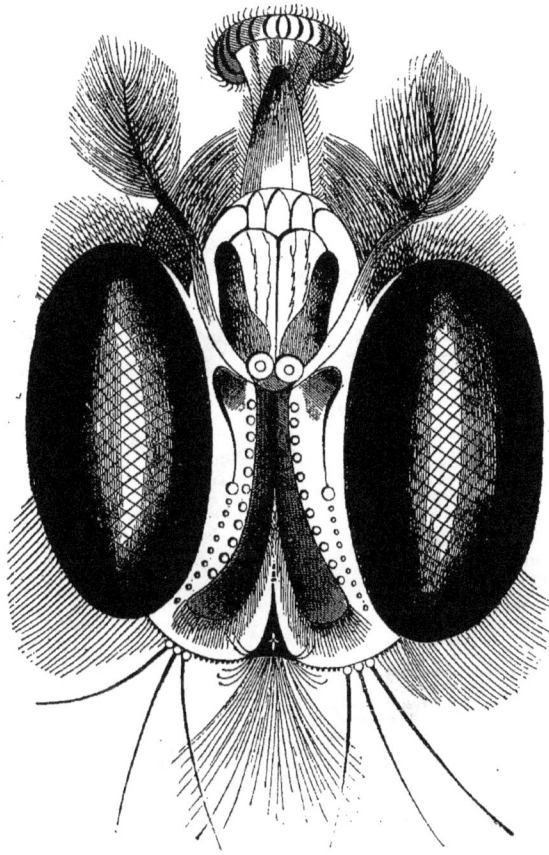

TÊTE DE MOUCHE VUE AU MICROSCOPE

LES INSECTES (Suite et fin).

6me ORDRE. — HÉMIPTÈRES. — Les *Hémiptères* ont, comme les Lépidoptères, la bouche disposée pour la succion. Elle consiste en une sorte de bec composé de quatre soies, raides et pointues, qui forment par leur réunion un suçoir rétractile, faisant en même temps office d'aiguillon. Leurs métamorphoses se réduisent au développement successif des ailes; quelques uns cependant ne subissent aucune transformation. Les Hémiptères se divisent en deux tribus: les *Hétéroptères* et les *Homoptères*.

1° HÉMIPTÈRES HÉTÉROPTÈRES. — Ces Insectes ont les élytres durs et cornés dans leur partie supérieure et membraneux dans leur partie inférieure. Nous citerons les *Halys* ou *Punaises des bois*; les *Nèpes* ou *Punaises d'eau*; les *Notonectes*, qui nagent sur le dos pour mieux saisir leur proie, etc. La *Punaise commune*, ou *Punaise des lits*, fait également partie de cette famille; mais par exception elle n'a pas d'ailes.

2° HÉMIPTÈRES HOMOPTÈRES. — Les *Homoptères* diffèrent surtout des précédents en ce que leurs étuis, ou élytres, sont complètement homogènes et presque semblables aux secondes ailes. Nous signalerons les *Cigales*, dont les mâles portent de chaque côté de l'abdomen un organe particulier à l'aide duquel ils produisent ce bruit monotone et désagréable qu'on appelle vulgairement *chant de la Cigale*; les Fulgores, dont l'espèce type, la *Fulgore porte-lanterne* (*Fulgora laternaria*) est propre à l'Amérique méridionale, et dont la tête répand à certaines époques une vive lumière; les *Pucerons*, qui vivent en société sur les arbres et les plantes, et qui sont tantôt ovipares tantôt vivipares; les *Cochenilles*, dont la plus intéressante est la COCHENILLE DU NOPAL. (*Coccus cacti*), originaire du Mexique, où elle vit sur une espèce de cactus appelé *Nopal*. Le mâle est très-petit; il a le corps allongé et de couleur rouge foncé, avec deux ailes blanches qui se recouvrent horizontalement; en outre, son abdomen est terminé par deux longues soies. Les femelles, beaucoup plus grosses que les mâles, ont, les unes, la peau unie et très-lisse; chez les autres, elle offre des indices de segments. C'est cette espèce qui fournit la substance colorante avec laquelle on fait le *carmin*.

À cette tribu appartient encore le *Phylloxera vastatrix*, qui depuis plusieurs années exerce ses ravages dans nos vignobles; cette espèce redoutable, qui se compose à la fois de sujets ailés et sans ailes, est douée d'une prodigieuse fécondité, et tous les procédés essayés jusqu'à ce jour pour la détruire sont demeurés sans résultat appréciable.

INSECTES DIPTÈRES.

LES INSECTES DIPTÈRES, ou à deux ailes, comprennent deux ordres: les *Diptères proprement dits* et les *Rhipiptères*.

1er ORDRE. — DIPTÈRES PROPREMENT DITS. — Les Insectes composant cet ordre ont leurs deux ailes membraneuses et réticulées qui recouvrent deux appendices écailleux et mobiles, appelés *balanciers*, remplaçant la seconde paire d'ailes; ils servent à régulariser leur vol. Leur bouche consiste généralement en une trompe ou suçoir rétractile. Ils subissent tous des métamorphoses complètes. Leurs larves sont dépourvues de pattes; leur tête est molle, et leur bouche est généralement munie de deux crochets. Tantôt elles changent plusieurs fois de peau, et se filent une coque pour se transformer en nymphes; tantôt elles ne muent pas, et leur peau durcie et raccornie présente une enveloppe solide, ayant toute l'apparence d'une graine. À cet ordre appartiennent les *Cousins*, parmi lesquels le *Cousin piquant*, si commun sous nos climats, et les *Moustiques* ou *Maringouins*, qui infestent les régions tropicales; les *Taons*, qui sont extrêmement avides de sang, et s'attaquent principalement aux chevaux et aux bœufs; les *Mouches*, que tout le monde connaît, et dont notre gravure reproduit la tête vue au microscope.

2me ORDRE. — RHIPIPTÈRES. — Les *Rhipiptères* comprennent un très-petit nombre d'Insectes dont les deux ailes membraneuses sont plissées longitudinalement en forme d'éventail. Leur bouche porte de petites mandibules formées de petites lames linéaires croisées l'une sur l'autre. Elles vivent généralement en parasites sur l'abdomen des Hyménoptères.

INSECTES APTÈRES.

LES INSECTES APTÈRES, ou sans ailes, se divisent en deux ordres: les *Suceurs* et les *Thysanourés*.

1er ORDRE. — SUCEURS. — Les *Suceurs* ont le corps ovale et aplati latéralement; leurs antennes sont très-courtes, et leur bouche a la forme d'un suçoir. Les uns sortent de l'œuf à l'état parfait. Tels sont les *Poux*, qui vivent sur l'homme, et les *Ricins*, qui se fixent sur le Chien et sur divers animaux. On les désigne aussi sous le nom de *Parasites* ou *Anoploures*. Les autres sont sujets à des métamorphoses, comme la *Puce commune*, répandue dans nos régions, et la *Puce pénétrante*, qui s'introduit sous les ongles des orteils, où, en se gonflant, elle produit des accidents assez graves.

2me ORDRE. — THYSANOURÉS. — Les *Thysanourés*, comme les Parasites, ne subissent pas de métamorphoses; mais ils ont la bouche armée de mandibules et de mâchoires, et leur abdomen est garni d'appendices articulés et disposés pour le saut. Tel est le *Lépisme du sucre*, tout couvert de petites écailles argentées, ce qui lui a valu le nom de *Petit Poisson d'argent*. H. L.

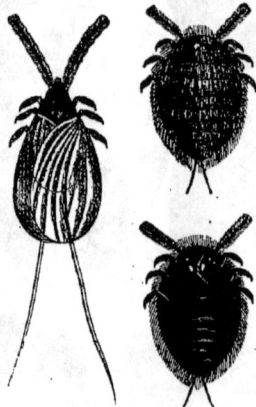

Cochenilles du Nopal.

LA MYGALE AVICULAIRE

ARTICULÉS PROPREMENT DITS. — 2ᵐᵉ GROUPE. — LES MYRIAPODES.

Les Myriapodes se rapprochent des Insectes par leur appareil respiratoire et par leur organisation interne ; mais ils en diffèrent par la forme générale de leur corps, qui est très-allongé, et présente, au lieu d'un thorax et d'un abdomen distincts, une série longitudinale d'anneaux similaires, dont chacun, à l'exception des premiers, porte une ou deux paires de pattes. Ces pattes ne sont jamais moindres que vingt-quatre et sont ordinairement plus nombreuses : de là, le nom de *Mille-pattes* ou *Mille-pieds*, qui leur a été donné par exagération. Les Myriapodes éprouvent dans le jeune âge des métamorphoses, qui ne consistent que dans la formation de nouveaux anneaux et dans une augmentation correspondante du nombre des pattes. Nous citerons les *Iules*, les *Scolopendres*, etc.

3ᵐᵉ GROUPE. — LES ARACHNIDES.

Les Arachnides, dépourvus d'ailes et d'antennes proprement dites, ont quatre paires de pattes, souvent très-longues, terminées par un double crochet. Ces pattes offrent cette particularité, que, si elles viennent à se rompre, les moignons repoussent et en reproduisent d'autres tout à fait semblables. Leur corps, ordinairement de consistance molle, comprend deux parties distinctes : le *Céphalothorax*, formé de la tête et du thorax réunis, et l'*abdomen*, qui consiste tantôt en une masse globuleuse, tantôt en une série d'anneaux distincts. Leur bouche se compose en général d'une lèvre inférieure, de deux mandibules,

Le Scorpion roussâtre.

en forme de petites serres, armées de crochets mobiles, et d'une paire de mâchoires lamelleuses, supportant chacune des filaments articulés et mobiles, ou *palpes*, formés de plusieurs articles.

Les Arachnides se divisent en deux ordres, d'après la structure des organes de la respiration et de la circulation : les *Arachnides pulmonaires*, et les *Arachnides trachéennes*.

I. ARACHNIDES PULMONAIRES. — Les *Arachnides pulmonaires* respirent par des poches ou sacs pulmonaires, et ont un cœur avec des vaisseaux bien distincts. Elles forment deux grandes familles, les *Arachnides fileuses* ou *Aranéides*, et les *Pédipalpes*.

1º ARANÉIDES. — Les *Aranéides* sont caractérisées par les filières qui garnissent la partie postérieure de leur abdomen, et sont percées d'une infinité de petits trous qui donnent passage aux fils soyeux à l'aide desquels ces animaux construisent leurs *toiles*. La plupart possèdent une glande vénimeuse, communiquant avec les crochets mobiles de leurs mandibules, et la liqueur qu'elles versent ainsi au fond des plaies détermine presqu'aussitôt l'engourdissement et la mort des Insectes auxquels elles font la chasse.

Certaines Aranéides ont quatre poumons ; d'autres n'en ont que deux. Signalons, parmi les premières, les *Mygales*, et particulièrement la MYGALE AVICULAIRE

(*Mygale avicularia*), dont la longueur varie de 36 à 54 millim. Elle habite la Martinique, où elle tend une toile assez forte pour arrêter les plus gros Insectes, les petits Oiseaux auxquels elle fait la guerre, tels que les Colibris, les Oiseaux-mouches, etc. Une autre espèce, la *Mygale maçonne*, se creuse une sorte de terrier, dont elle ferme l'ouverture à l'aide d'une véritable porte garnie de sa charnière. Les Aranéides pourvues de deux poumons renferment un très-grand nombre de tribus, parmi lesquelles nous citerons seulement les *Araignées proprement dites*, qui recherchent nos habitations, et dont quelques espèces nous rendent d'utiles services en détruisant une foule d'Insectes nuisibles à l'agriculture ; les *Épeires* et les *Thomises*, qui produisent ces flocons blancs et soyeux qu'on voit voltiger au printemps et en automne, et qu'on décore du beau nom de *Fil de la Vierge* ; les *Tarentules*, les *Argyronètes* ou *Araignées aquatiques*, etc.

2º PÉDIPALPES. — Les *Pédipalpes* sont dépourvus de filières, et leurs palpes, en forme de bras, sont terminées par une pince ou une griffe ; de plus, leur abdomen est composé de plusieurs segments distincts. A cette famille appartiennent les *Scorpions*, remarquables par le grand développement de leurs palpes et par l'aiguillon crochu et aigu que porte le dernier anneau de leur abdomen. Une des espèces les plus dangereuses de ce genre, le Scorpion ROUSSATRE (*Scorpio occitanus*) est fort commun en Espagne ; sa piqûre, sans être mortelle, peut produire des accidents assez graves. Ils habitent en général les pays chauds et recherchent les lieux frais et sombres, où ils se cachent sous les pierres, ou dans des trous.

II. ARACHNIDES TRACHÉENNES. — Les *Arachnides trachéennes* respirent à l'aide de trachées communiquant avec l'air extérieur par deux petits stigmates situés à la face inférieure de l'abdomen. Quant à leur appareil circulatoire, il est réduit, comme chez les Insectes, à un simple vaisseau dorsal. Le nombre de leurs yeux varie de deux à quatre ; quelques espèces même en sont dépourvues. A cet ordre appartiennent les *Phalangiens*, parmi lesquels nous citerons les *Faucheurs des murailles*, qui ont les pattes extrêmement longues, et sont communes en automne dans les jardins et les bois.

D'autres espèces sont parasites, et leur bouche consiste en une petite trompe, d'où sort une espèce de lancette formée par les mâchoires. Telles sont les *Acarides*, dont font partie le *Sarcopte* ou *Acarus de la gale*, qui se glisse sous l'épiderme et y produit la maladie de ce nom ; les *Mites*, si communes sur les vieux fromages et les viandes desséchées ; les *Ixodes*, qui vivent sur les animaux, et quelquefois en quantité si considérable, qu'ils les font périr d'épuisement, et dont l'un, l'*Ixode du Chien*, est connu sous le nom de *Louvette*, etc. La plupart sont presque microscopiques.   H. L.

LE CRABE TOURTEAU OU POUPART

ARTICULÉS PROPREMENT DITS. — 4ᵐᵉ GROUPE. — LES CRUSTACÉS : LE CRABE TOURTEAU.

Les Crustacés sont des Animaux articulés proprement dits, qui respirent par des branchies, et ont de cinq à sept paires de pattes. Leur squelette extérieur consiste généralement en une peau dure et calcaire, qui se renouvelle à des époques régulières, comme celle des Serpents. A chacune de ces époques ou *mues*, l'animal se dépouille de cette peau, soit qu'elle tombe d'elle-même, soit qu'avec une adresse merveilleuse il en sorte sans y occasionner la moindre déformation. Il est alors recouvert d'une deuxième enveloppe, d'abord molle et très-mince, qui, quelques jours plus tard, aura la consistance de la première. Le corps des Crustacés se compose d'une série d'anneaux, plus ou moins distincts et mobiles, dont l'ensemble présente parfois trois parties séparées : la *tête* ou *partie céphalique*, le *thorax* ou *partie thoracique*, et l'*abdomen*, que l'on désigne souvent sous le nom de *queue*. Ces anneaux sont munis d'appendices ordinairement très-nombreux et qui varient singulièrement, tant sous le rapport de leur conformation que sous celui de l'usage auquel ils sont destinés. La tête porte en général deux paires d'antennes filiformes, la bouche, et les yeux ; ces derniers organes, tantôt simples, tantôt composés, sont le plus souvent fixés à l'extrémité d'un pédicule mobile. Les anneaux thoraciques supportent les pattes articulées ou *vraies pattes*, ordinairement au nombre de sept paires ; quelquefois cependant il n'y en a que cinq ; mais alors il existe, en avant de ces pattes, d'autres organes analogues, appelés *pattes mâchoires*, et propres à la mastication. A la suite des vraies pattes on trouve habituellement fixée aux anneaux abdominaux une double rangée d'appendices plus ou moins développés, désignés sous le nom de *fausses pattes*, qui servent, soit à la respiration, soit à la natation, soit même à la reproduction ; enfin, chez les Crustacés nageurs, cette série se termine par une large nageoire qui constitue leur principal organe locomoteur.

Les Crustacés, étant presque tous aquatiques, respirent par des branchies dont la forme et la disposition sont variables ; il est à remarquer cependant que les Crustacés terrestres ont aussi un appareil respiratoire branchial, dont le fonctionnement est assuré par une disposition analogue à celle que nous avons signalée chez quelques Poissons, chez l'Anabas, par exemple.

Le sang des Crustacés est le plus souvent incolore ; mais parfois il offre une légère teinte bleue ou lilas. Leur appareil circulatoire se compose d'un *cœur artériel*, ne présentant qu'une seule cavité ou *ventricule*, et les veines sont remplacées par des sortes de réservoirs ou *sinus veineux*, situés dans le voisinage des branchies.

Les Crustacés se nourrissent presque tous de substances animales, soit à l'état solide, soit à l'état liquide. Chez les premiers, appelés *Crustacés broyeurs*, la bouche est armée de mandibules et de mâchoires proprement dites, auxquelles viennent s'adjoindre les pattes-mâchoires, ou *mâchoires auxiliaires*, dont nous avons déjà parlé. Les *Crustacés suceurs*, qui vivent en parasites sur les autres animaux, ont au contraire la bouche prolongée en forme de suçoir, et leurs mâchoires auxiliaires ne leur servent qu'à se fixer sur leur proie.

Les Crustacés sont tous ovipares, et la femelle, après avoir pondu ses œufs, les porte suspendus sous l'abdomen au moyen de ses fausses pattes. Dans le jeune âge, certains Crustacés subissent des métamorphoses très-remarquables ; mais chez d'autres, les transformations se réduisent à une augmentation du nombre des organes locomoteurs.

Les Crustacés se divisent en cinq sections principales, les *Podophtalmes*, les *Édriophtalmes*, les *Branchiopodes*, les *Entomostracés* et les *Xiphosures*.

1° Podophtalmes. — Les *Podophtalmes*, ainsi nommés parce que leurs yeux sont portés sur des pédicules mobiles, sont des Crustacés broyeurs dont la partie antérieure du corps est recouverte d'une *carapace*, et qui respirent par des *branchies proprement dites*. Les *Décapodes*, qui appartiennent à cette section, ont cinq paires de pattes, et celles de la première paire sont généralement terminées par une pince plus ou moins forte ; leur tête et leur thorax, réunis en une seule masse, sont recouverts d'une grande *carapace* ; enfin, leurs branchies sont logées dans la cavité thoracique. Les uns, comme les *Homards*, les *Langoustes*, les *Écrevisses*, sont disposés pour la nage et ont l'abdomen terminé par une large nageoire transversale ; d'autres sont au contraire conformés pour courir, et leur abdomen est très-court et se recourbe sous le thorax. Tel est le Crabe tourteau, ou Poupart (*Cancer pagurus*), qui est très-commun sur les côtes de l'Océan et dont la chair est très-estimée.

2° Édriophtalmes. — Les *Édriophtalmes* ont la tête distincte du thorax, qui se compose de sept anneaux portant chacun une paire de pattes. Ils n'ont pas de carapace, et leurs yeux ne sont pas pédiculés. Enfin, leurs branchies affectent différentes formes et sont situées, tantôt à la base des pattes thoraciques, tantôt à la partie inférieure des fausses pattes. Citons parmi les Crustacés appartenant à cette section les *Crevettes des ruisseaux*, les *Talitres*, les *Cloportes*, si communs dans nos caves, etc.

3° Branchiopodes. — Les *Branchiopodes* tirent leur nom de ce que leurs pattes sont en forme de lames foliacées, et constituent en même temps des organes de natation et de respiration. Ils vivent généralement dans les eaux douces et sont très-petits.

4° Entomostracés. — Les *Entomostracés* sont de petits Crustacés aquatiques, remarquables par leurs métamorphoses. Citons parmi eux les *Cyclopes*, qui n'ont qu'un œil et vivent dans nos eaux dormantes, et les *Lernées*, qui sont parasites et se fixent sur le corps d'autres animaux aquatiques. C'est dans cette section que les zoologistes modernes rangent les *Cirrhopodes*, que, comme Cuvier, nous avons placés dans le dernier groupe des Mollusques.

5° Xiphosures. — Ces animaux offrent cette particularité, que les six paires de pattes qui entourent leur bouche servent à la fois à la marche et à la mastication. Leur corps, recouvert de deux boucliers successifs, se termine par une longue queue. Ils ne forment qu'un seul genre, les *Limules*, qu'on désigne vulgairement sous le nom de *Crabes des Moluques*.　　　H.L.

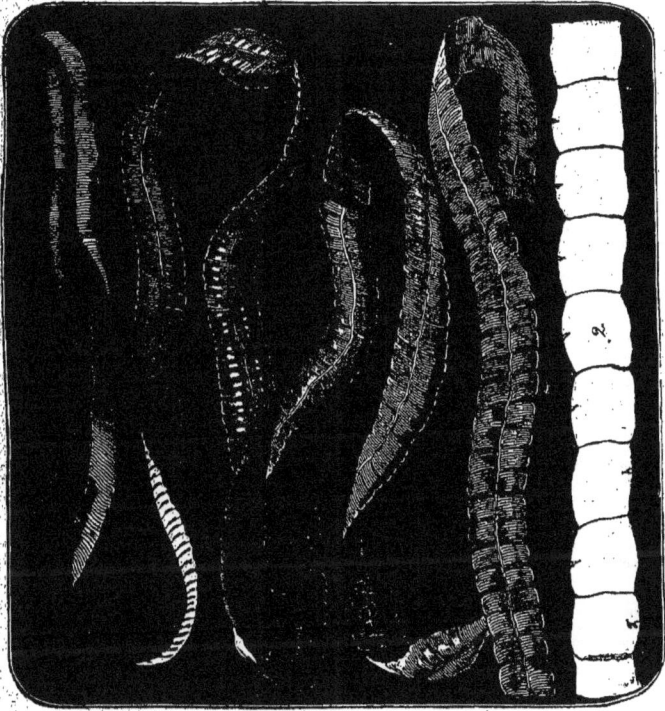

LE TÉNIA OU VER SOLITAIRE

VERS. — LE TÉNIA ou VER SOLITAIRE.

Les VERS sont caractérisés par l'absence de membres articulés et par l'imperfection de plus en plus grande de leur organisation. Ils forment trois groupes principaux : les *Annélides*, les *Helminthes* et les *Rotateurs*.

1ᵉʳ GROUPE. — LES ANNÉLIDES.

Le groupe des ANNÉLIDES comprend les *Vers à sang coloré*, dont le corps, plus ou moins allongé, est divisé en un grand nombre d'anneaux. Le premier de ces anneaux porte la bouche, armée d'une ou de plusieurs paires de mâchoires ou d'une trompe protractile, de petites taches noires que l'on croit être les yeux, et des filaments ou antennes. Au lieu de pieds, les Annélides présentent en général de chaque côté du corps une série de soies raides et mobiles au moyen desquelles ils se meuvent. La plupart vivent dans l'eau et respirent par des branchies ; quelques uns cependant sont terrestres. On les divise en trois ordres : les *Annélides tubicoles*, les *Annélides dorsibranches*, et les *Annélides abranches*.

La Dentale éléphantine.

1° ANNÉLIDES TUBICOLES. — Les *Annélides tubicoles*, ainsi nommés parce qu'ils habitent presque tous dans des tuyaux calcaires ou sableux, ont les branchies en forme de panaches et attachées à la tête ou sur la partie antérieure du corps : telles sont les *Serpules* ou *Tuyaux de mer*, les *Sabelles*, les *Amphitrites* ou *Reines des mers*, etc. Cuvier range dans cet ordre la DENTALE ÉLÉPHANTINE (*Dentalium elephantinum*), que les zoologistes modernes classent parmi les Mollusques.

2° ANNÉLIDES DORSIBRANCHES. — Les *Annélides dorsibranches* ont les branchies en forme de houppes, d'arbuscules, de lames foliacées ou de tubercules, et disposées sur les parties latérales du corps. Ils vivent dans la vase, ou nagent librement dans la mer. Nous citerons les NÉRÉIDES, ou VERS DE MER ; les *Arénicoles*, que les pêcheurs de nos côtes recherchent comme amorces, etc.

Néréide.

3° ANNÉLIDES ABRANCHES. — Ces Annélides n'ont point de branchies apparentes, et respirent, soit par la surface du tégument, soit au moyen de petites poches intérieures, analogues à des sacs pulmonaires. Ils se subdivisent en deux grandes familles, les *Annélides terricoles* ou *Sétigères*, et les *Annélides suceurs*. A la première appartiennent les *Lombrics* ou *Vers de terre*, les seuls Annélides qui ne soient pas aquatiques, et si communs dans nos pays ; ils ont cette propriété remarquable, que, coupés par séries annulaires, ils continuent à vivre, et chacun de ces fragments reconstitue un nouvel individu. Parmi les Annélides suceurs, nous citerons les *Sangsues*, dont le corps est muni de ventouses à chacune de ses extrémités. L'une, celle antérieure, est armée de dents qui permettent à l'animal de percer la peau de l'homme. Leur emploi en médecine, général autrefois, devient de plus en plus rare de nos jours.

2ᵐᵉ GROUPE. — LES HELMINTHES.

Les HELMINTHES, appelés aussi *Vers intestinaux*, à cause de leur ressemblance avec les Vers et parce qu'ils vivent le plus souvent dans le canal intestinal de l'homme et de plusieurs autres vertébrés, ont le corps plus ou moins plat ou cylindrique : d'où leur division en trois ordres principaux : les *Ténioïdes* ou *Cestoïdes*, ou *Vers en ruban* ; les *Trématodes* ou *Vers plats*, et les *Nématoïdes* ou *Vers cylindriques*.

1° TÉNIOIDES. — Les *Ténioïdes* ont le corps aplati, très-allongé et divisé en un grand nombre de segments, ce qui leur donne l'aspect d'un long ruban plissé en travers. Le type de cet ordre, le TÉNIA ORDINAIRE ou VER SOLITAIRE (*Tænia solium*), de couleur blanchâtre, atteint quatre à cinq mètres de longueur, les uns disent vingt mètres ; sa tête, supportée par un long cou rétréci, est armée d'une double couronne de crochets aigus et de quatre ventouses arrondies entourant un suçoir central. Comme la plupart des Vers intestinaux, il est sujet à métamorphoses ; mais il présente cette curieuse particularité qu'il ne peut effectuer ses évolutions successives qu'en passant dans le corps d'animaux d'espèces très-différentes. C'est ainsi que les Vers vésiculaires observés chez le Lapin, et connus sous le nom de *Cysticerques*, ne sont autre chose que les larves d'un Ténia, dont il aura avalé des œufs, larves qui ne subiront leur dernière transformation que si elles sont ingérées par un autre vertébré, chez lequel elles donneront alors naissance à des Ténias.

2° TRÉMATODES. — Les *Trématodes* ont le corps plat et sans divisions transversales distinctes. A cet ordre appartient le *Distome hépatique*, nommé vulgairement *Douve du foie*, parce qu'il habite le foie du mouton.

3° NÉMATOIDES. — Les *Nématoïdes* ont le corps cylindrique, avec un léger amincissement aux deux extrémités. Citons l'*Ascaride lombricoïde*, qui se trouve dans l'intestin de l'homme ; l'*Oxyure vermiforme*, petit ver blanc assez commun chez les enfants ; la *Trichine*, qui vit principalement dans la chair du Cochon et qui, introduite dans le corps humain, y produit une maladie quelquefois mortelle, la *Trichinose*. On rattache encore à cet ordre les *Anguilles* du vinaigre et de la colle.

3ᵐᵉ GROUPE. — LES ROTATEURS.

Les ROTATEURS sont de petits animaux microscopiques que l'imperfection des instruments d'optique a fait classer longtemps parmi les Infusoires. Mais leur organisation est plus élevée et leur corps présente en outre des traces distinctes de division annulaire. Leur bouche est munie de cils vibratiles animés de mouvements rotatoires, qui leur ont valu leur nom. Signalons les *Rotifères* célèbres par la propriété qu'ils ont de pouvoir être rappelés à la vie, lorsque, après avoir été desséchés, on les humecte, et les *Brachions*, dont le corps est recouvert d'une carapace composée d'une ou de plusieurs pièces, comme celle de certains Crustacés.   H. L.

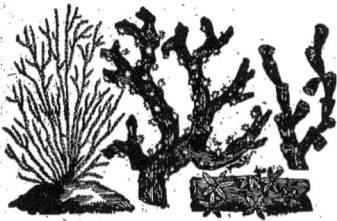

CORAUX.

SOUCI DE MER.

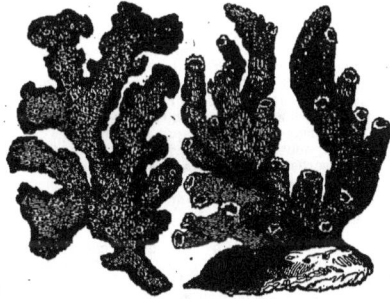

ANÉMONE DE MER.

SPONGIAIRES.

ANIMAUX RAYONNÉS OU ZOOPHYTES.

5ᵐᵉ CLASSE. — ANIMAUX RAYONNÉS ou ZOOPHYTES.

Cette dernière classe du Règne animal renferme une multitude d'êtres d'une organisation inférieure et de structure très-variable. Chez un grand nombre, les diverses parties du corps, au lieu de présenter la symétrie bilatérale commune à presque tous les Animaux des classes précédentes, se groupent autour d'un axe ou *point central*; d'autres ressemblent, par leur aspect extérieur, plutôt à des *plantes* qu'à des êtres animés : de là, les noms de *Rayonnés*, et de *Zoophytes* ou *Animaux-plantes*, appliqués uniformément à toute la classe.

On divise les Rayonnés ou Zoophytes en cinq groupes principaux : les *Échinodermes*, les *Acalèphes*, les *Polypes*, les *Spongiaires*, les *Infusoires*.

1ᵉʳ GROUPE. — LES ÉCHINODERMES.

Les Échinodermes, les plus parfaits des Animaux rayonnés, ont la plupart un canal intestinal ouvert à ses deux extrémités; leur corps, conformé pour ramper sur le sable et sur les rochers du fond de la mer, est garni sur toute sa surface d'un nombre plus ou moins considérable de petits tentacules rétractiles qui constituent à la fois les organes du toucher, du mouvement et de la respiration. Ils comprennent trois ordres : les *Holothuries*, dont le corps plus ou moins allongé est pourvu de nombreux suçoirs; les *Oursins*, caractérisés par la forme sphéroïdale de leur test, et les *Astéries*, ou *Étoiles de mer*, qui doivent leur nom à la disposition étoilée de leurs rayons.

2ᵐᵉ GROUPE. — LES ACALÈPHES.

Les Acalèphes sont des animaux marins de consistance gélatineuse, dont la forme est généralement circulaire et rayonnante, et chez lesquels la bouche tient presque toujours lieu d'anus. Ils présentent ce phénomène physiologique, que leurs œufs donnent naissance à des jeunes qui ne ressemblent nullement à leur mère, et ce n'est qu'à la seconde génération que reparaît un être semblable au premier. Cette succession alternative d'individus de deux sortes a reçu le nom de *métagenèse*, ou de *génération alternante*. Citons comme types les *Méduses*, remarquables par leurs couleurs brillantes et variées.

3ᵐᵉ GROUPE. — LES POLYPES.

Les Polypes ont le corps mou, cylindrique ou conique. L'une de ses extrémités est conformée pour adhérer aux corps étrangers auxquels l'animal est destiné à vivre; l'autre, qui est seule ouverte et tient lieu à la fois de bouche et d'anus, est entourée d'une couronne de tentacules plus ou moins nombreux, disposés comme les rayons d'une fleur composée. Ce sont ces tentacules qui leur ont valu le nom de *Polypes*, du mot grec *Polypous* (plusieurs pieds).

Les Polypes se reproduisent le plus souvent par des *bourgeons* qui naissent sur diverses parties de leur corps, de sorte que les générations successives sont comme greffées les unes sur les autres. Leur peau se durcit en général de manière à présenter une enveloppe cornée ou calcaire, et l'agglomération de ces téguments ossifiés constitue un support solide que l'on nomme *Polypier*, et qui n'est en quelque sorte que le squelette commun d'un nombre infini de Polypes agrégés. C'est ainsi que surgissent dans les mers tropicales des récifs et des îles, dites *Îles madréporiques*, quelquefois considérables. Nous citerons parmi les Polypes les *Actinies*, qui vivent isolées et solitaires, et dont nous donnons deux spécimens, l'*Anémone de mer* et le *Souci de mer*; quelques Actinies excitent au simple toucher une vive irritation de la peau : on les appelle *Orties de mer*. Mentionnons encore : les Coraux, qui ont fait donner à tout le groupe le nom de *Coralliaires*, et dont une espèce, le *Corail rouge*, est très-employée dans la bijouterie. Il se rencontre principalement dans la Méditerranée, sur les côtes d'Afrique. Il a la forme d'un petit arbre, haut de 35 à 40 centim., dépourvu de feuilles et de ramuscules, mais surchargé de fleurs blanches; les *Hydres*, ou *Polypes d'eau douce*, dont le corps gélatineux est susceptible d'être retourné comme un gant. Si on le coupe en petits morceaux, chacun d'eux survit et devient bientôt un animal complet.

A ce groupe se rattachent les Bryozoaires, qui établissent en quelque sorte la transition entre les Mollusques et les Zoophytes, et que l'on s'accorde aujourd'hui à classer parmi les premiers. Ils ont un tube digestif muni de deux ouvertures voisines, mais séparées l'une de l'autre. Ils vivent à la mer, réunis en masse, et forment aussi des Polypiers.

4ᵐᵉ GROUPE. — LES SPONGIAIRES.

Les Spongiaires n'offrent l'apparence d'êtres animés que pendant la première période de leur vie ; ce sont alors de petits corpuscules ovoïdes, munis de cils vibratiles, à l'aide desquels ils nagent dans l'eau. Bientôt ils se fixent contre quelque corps étranger. Dans cet état d'immobilité, la substance gélatineuse de leur corps se transforme, et elle présente un grand nombre de trous et de canaux que l'eau traverse. Les Spongiaires sécrètent alors une multitude de petits filaments cornés qui s'enchevêtrent de manière à constituer une charpente fibreuse; c'est cette charpente qui constitue l'*Éponge*, dont il est fait un si grand usage dans l'économie domestique. Les Éponges sont communes dans la Méditerranée, où on les pêche pendant la belle saison, soit en plongeant, soit à l'aide d'un trident de fer.

5ᵐᵉ GROUPE. — LES INFUSOIRES.

Les Infusoires qui, forment le dernier échelon de l'échelle des êtres, sont des animalcules dont l'organisation est tout à fait rudimentaire, ou qui, en raison de leur exiguïté, n'ont pu encore être suffisamment étudiés. Les uns, comme les *Infusoires polygastriques*, ont le corps couvert de cils vibratiles et semblent avoir une sorte d'estomac; d'autres, par exemple les *Monades*, les *Volvoces*, sont comme des points animés changeant continuellement de forme, et se reproduisant par la scission de leur corps en plusieurs fragments. Citons encore les *Noctiluques*, à qui les mers des pays chauds doivent leur phosphorescence ; les *Foraminifères*, dont les coquilles calcaires constituent en grande partie la croûte terrestre ; enfin, les *Microbes*, révélés par les travaux de M. Pasteur, qui se développent dans la fermentation putride, ainsi que dans certaines maladies contagieuses, telles que le *Charbon*. Les Infusoires servent de transition entre le Règne animal et le Règne végétal.

H. L.

9*

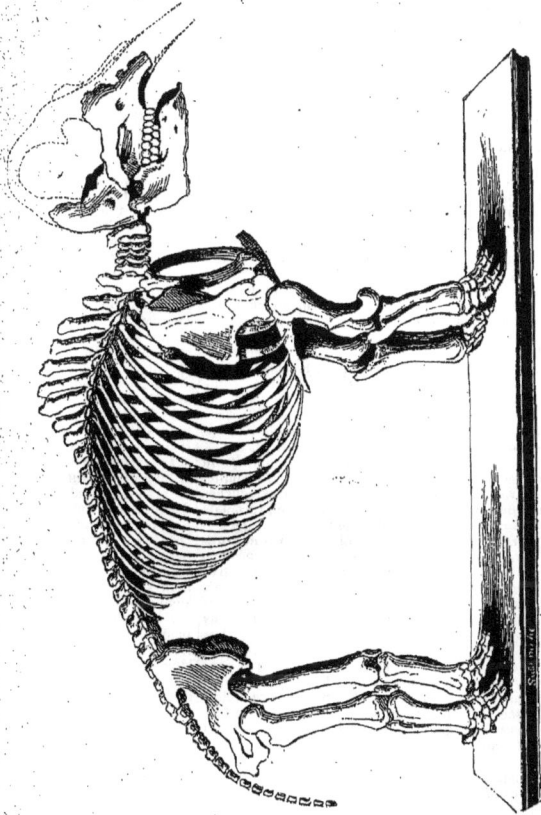

LE GRAND MASTODONDE

ANIMAUX FOSSILES.

Tous les Animaux que nous avons étudiés jusqu'ici sont ceux qui vivent de nos jours sur la surface du globe; mais d'autres *Êtres* les ont précédés, dont les débris ou *Fossiles* sont ensevelis dans les profondeurs de la terre. Avant d'expliquer comment une science nouvelle, la *Paléontologie* (science des êtres anciens), est parvenue à les reconstituer, quelques notions succinctes sur une autre science, la *Géologie* (science de la terre), nous paraissent nécessaires.

La terre est formée d'un noyau de matière en fusion et d'une écorce solide, dont l'épaisseur ne dépasse pas 40 à 50 kilomètres, soit à peine la cent-trentième partie du rayon de la sphère terrestre. Cette écorce est composée à son tour de différentes sections concentriques, ou *terrains* ; les uns, les plus rapprochés du foyer central, sont dits *terrains ignés*; les seconds, qui se sont successivement déposés à la surface des premiers par l'action des eaux, sont appelés *terrains aqueux* ou *dépôts de sédiment*. Si l'on creuse ces derniers terrains, on reconnaît qu'ils sont constitués par la superposition de couches successives, disposées toujours dans le même ordre et qui marquent les différents âges du monde. Les couches les plus anciennes sont complétement privées ou n'ont que peu de fossiles; mais à mesure que l'on s'élève vers la surface du sol, les fossiles deviennent de plus en plus nombreux et se rapprochent davantage des espèces actuelles. Cette écorce et ces fossiles qu'ils renferment, en cinq grandes divisions : les *terrains primitifs*, les *terrains intermédiaires* ou *de transition*, les *terrains secondaires*, les *terrains tertiaires*, et les *terrains quaternaires*.

1° TERRAINS PRIMITIFS. — Les *Terrains primitifs* ou *granitiques*, qui forment la base de l'édifice géologique, se retrouvent aussi mêlés à toutes les autres couches par suite des éruptions volcaniques; mais, en raison de leur origine ignée, ils ne renferment aucun fossile.

2° TERRAINS DE TRANSITION. — Les *Terrains de transition* sont les premiers dans lesquels on rencontre quelques fossiles; mais ce ne sont que des débris d'êtres marins qui s'éloignent beaucoup des espèces modernes.

3° TERRAINS SECONDAIRES. — Les *Terrains secondaires* se subdivisent en cinq étages, qui sont les terrains *houiller*, *pénéen*, *triasique*, *jurassique* et *crétacé*. Les trois premiers n'offrent de l'intérêt et ne révèlent l'existence que d'animaux inférieurs. Ce n'est que pendant la période de formation du terrain jurassique qu'apparaît une nouvelle faune des plus remarquables, caractérisée surtout par ces singuliers Sauriens à formes bizarres et à taille gigantesque, qui rappellent à la fois les Lézards, les Crocodiles et les Mammifères, et dont les pieds, en forme de rames, annoncent une vie toute aquatique: tels sont les *Ichthyosaures*, les *Plésiosaures*, les *Mégalosaures*, les *Ptérodactyles*, etc. C'est dans la partie supérieure de ce terrain que se rencontre pour la première fois l'ordre des Mammifères représenté par les Marsupiaux; on y trouve aussi des débris qu'on croit provenir de Cétacés, des Insectes, etc. Le terrain crétacé, qui forme le dernier étage des terrains secondaires, diffère complétement du précédent par sa faune,

exclusivement composée de Poissons, de Mollusques, de Coquilles de toutes sortes, etc.; mais on n'y rencontre aucune trace de Mammifère. De là cette conclusion, que ce terrain a une origine marine ou fluviatile.

4° TERRAINS TERTIAIRES. — Les *Terrains tertiaires*, dont la formation a précédé l'époque actuelle, se distinguent par la présence d'un grand nombre de Mammifères, dont la plupart ont disparu de la surface du globe. A cette époque, la terre était habitée par l'Éléphant velu, le Mastodonte, le Rhinocéros, l'Hippopotame, l'Hyène, l'Ours des cavernes, etc., qui appartenaient à des *genres* existant encore aujourd'hui, mais dont les *espèces* sont maintenant perdues.

C'est à notre grand naturaliste Cuvier, qui a, le premier, formulé les lois fondamentales de la Paléontologie, qu'est due la reconstitution de la plupart des Animaux dont les fossiles ont été retrouvés dans les terrains tertiaires. Nous signalerons principalement le GRAND MASTODONTE (*Mastodon giganteus*), que représente notre gravure. De la taille de l'Éléphant actuel, ce Mammifère en avait à peu près la forme ; mais il en différait essentiellement par la structure de ses dents molaires, qui présentaient une série d'éminences coniques mamelonnées, au lieu de la surface plane et propre à broyer que l'on voit dans les Éléphants proprement dits. De plus, dans le jeune âge, le Mastodonte portait à la mâchoire inférieure deux petites défenses droites, mais caduques, qui disparaissaient quand l'animal était adulte.

5° TERRAINS QUATERNAIRES. — Les géologues comprennent sous le nom de *Terrains quaternaires* les *Alluvions anciennes* et les *Alluvions modernes*.

Les *Alluvions anciennes*, que l'on désigne aussi sous le nom de *terrains diluviens*, se sont formées à la suite de grandes inondations et de courants d'une force prodigieuse, qui ont profondément sillonné le sol en entraînant au loin la vase, le sable et les fragments de roches. Ces dépôts de transport sont remarquables par les fossiles qu'ils renferment et qui représentent des espèces, pour la plupart encore existantes, mais sous des latitudes autres que celles où nous les retrouvons. C'est aussi dans ces terrains que l'on trouve pour la première fois les débris humains et les traces de l'industrie humaine. C'était d'abord une industrie bien misérable. L'*Homme*, sauvage alors, vivait dans des cavernes, le long des fleuves, taillant grossièrement des pierres pour se faire des armes et combattre les animaux féroces dont il mangeait la chair, et dont les os lui servaient à fabriquer divers ustensiles.

Quant aux *Alluvions modernes*, ce sont celles qui continuent encore à se produire de nos jours. Quoique moins importants que ceux qui ont signalé les temps anciens, les mêmes phénomènes, éruptions volcaniques, tremblements de terre, soulèvements ou affaissements du sol, action mécanique ou chimique des eaux, ne cessent de modifier la surface du globe, ainsi que le témoignent les récentes catastrophes de Chio, d'Ischia et de Sumatra. Ajoutons, pour terminer, que les débris organiques des alluvions modernes appartiennent tous aux êtres qui vivent avec nous sur notre planète. H. L.

RÈGNE ANIMAL. — CLASSIFICATION GÉNÉRALE.

ANIMAUX VERTÉBRÉS.

VERTÉBRÉS VIVIPARES.

Mammifères.
- Quadrumanes.
- Carnassiers.
- Rongeurs.
- Édentés.
- Marsupiaux.
- Pachydermes.
- Ruminants.
- Cétacés.

VERTÉBRÉS OVIPARES.

Oiseaux.
- Rapaces.
- Passereaux.
- Grimpeurs.
- Gallinacés.
- Échassiers.
- Palmipèdes.

Reptiles.
- Chéloniens.
- Sauriens.
- Ophidiens.
- Batraciens.

Poissons.
- Acanthoptérygiens.
- Malacoptérygiens abdominaux.
- Malacoptérygiens subbrachiens.
- Malacoptérygiens apodes.
- Lophobranches.
- Plectognathes.
- Sturioniens.
- Sélaciens.
- Cyclostomes.

ANIMAUX INVERTÉBRÉS.

ANIMAUX ARTICULÉS, OU ANIMAUX ANNELÉS.

ANIMAUX ARTICULÉS prop. dits.
- **Insectes.**
  - Coléoptères.
  - Orthoptères.
  - Névroptères.
  - Hyménoptères.
  - Lépidoptères.
  - Hémiptères.
  - Diptères ppt. dits.
  - Rhipiptères.
  - Suceurs.
  - Thysanoures
- **Myriapodes.** Mille-pieds.
- **Arachnides.**
  - Ar. pulmonaires
  - Ar. trachéennes.
- **Crustacés.**
  - Podophtalmes.
  - Edriophtalmes.
  - Branchiopodes.
  - Entomostracés.
  - Xiphosures.

VERS.
- **Annélides.**
  - Tubicoles.
  - Dorsibranches.
  - Abranches.
- **Helminthes.**
  - Ténioïdes.
  - Trématodes.
  - Nématoïdes.
- **Rotateurs.**
  - Rotifères.
  - Brachions.

MOLLUSQUES.

- **Céphalopodes.**
  - Poulpes.
  - Seiches, etc.
- **Ptéropodes.**
  - Clios.
  - Hyales, etc.
- **Gastéropodes.**
  - Pulmonés.
  - Nudibranches.
  - Inférobranches.
  - Tectibranches.
  - Pectinibranches.
  - Tubulibranches.
  - Scutibranches.
  - Cyclobranches.
  - Hétéropodes.
- **Acéphales.**
  - Ostracés.
  - Mytilacés.
  - Camacés.
  - Cardiacés.
  - Enfermés.
  - Tuniciers.
- **Brachiopodes.** Térébratules, etc.
- **Cirrhopodes.** Anatifes, etc.

ZOOPHYTES OU ANIMAUX RAYONNÉS.

- **Échinodermes.**
  - Holothuries.
  - Oursins.
  - Astéries.
- **Acalèphes.** Méduses, etc.
- **Polypes.**
  - Actinies.
  - Coraux.
  - Hydres, etc.
  - Bryozoaires.
- **Spongiaires.** Éponges, etc.
- **Infusoires.**
  - Inf. polygastriques.
  - Foraminifères.
  - Microbes, etc.

TABLE DES MATIÈRES

VERTÉBRÉS OVIPARES

ANIMAUX INVERTÉBRÉS

Paris. — Charles Unsinger, imprimeur, 13, rue du Bac.

AVIS

CE COURS ÉLÉMENTAIRE

D'HISTOIRE NATURELLE

EST PUBLIÉ SOUS FORME DE

COUVERTURES POUR CAHIERS D'ÉCOLIERS

Il comprend 144 Couvertures

Paris. — Charles UNSINGER, imprimeur, 83, rue du Bac.